westermann

Herausgegeben von
Henning Körner
Arno Lergenmüller
Martin Zacharias

MATHEMATIK
NEUE WEGE 6

MATHEMATIK
NEUE WEGE 6

Herausgegeben von:
Henning Körner, Arno Lergenmüller, Martin Zacharias

Erarbeitet von:
Miriam Dolić, Christiane Dornemann, Erdmann Fricke, Aloisius Görg, Hermann Gora, Bernd Grave, Gaby Heintz, Charlotte Jahn, Martin Janssen, Holger Kleinfeld, Henning Körner, Edmund Kronabel, Arno Lergenmüller, Lisa Julia Makus, Hülya Malatyali, Jürgen Mutzberg, Kerstin Peuser, Elke Renwanz, Miriam Ruschhaupt, Burkhard Rüsing, Michael Rüsing, Jan Schaper, Olga Scheid, Angelika Siekmann, Günter Schmidt, Paul Tyrichter, Thomas Vogt, Laura Witowski, Martin Zacharias, Bärbel Zettner

Für Niedersachsen bearbeitet von:
Henning Körner, Edmund Kronabel

Zum Schülerband erscheinen:
Lösungen: Best.-Nr. 978-3-14-125679-6
Arbeitsheft mit Lösungen: Best.-Nr. 978-3-14-125667-3
Die Webcodes aus den Basiswissen können auf **www.westermann.de/webcode** eingegeben werden.

Druck A^2 / Jahr 2025
Alle Drucke der Serie A sind im Unterricht parallel verwendbar.

Redaktion: Björn Deling, Marcel Orban, Dr. Angelo Profeta
Umschlagentwurf: Lio Designagentur, Braunschweig
Innenlayout: Janssen Kahlert Design & Kommunikation GmbH, Hannover
Illustrationen: Mario Valentinelli, Rostock
Druck und Bindung: Westermann Druck GmbH, Georg-Westermann-Allee 66, 38104 Braunschweig

ISBN 978-3-14-**125661**-1

Inhalt

Auf neuen Wegen
sicher durch den Unterricht.

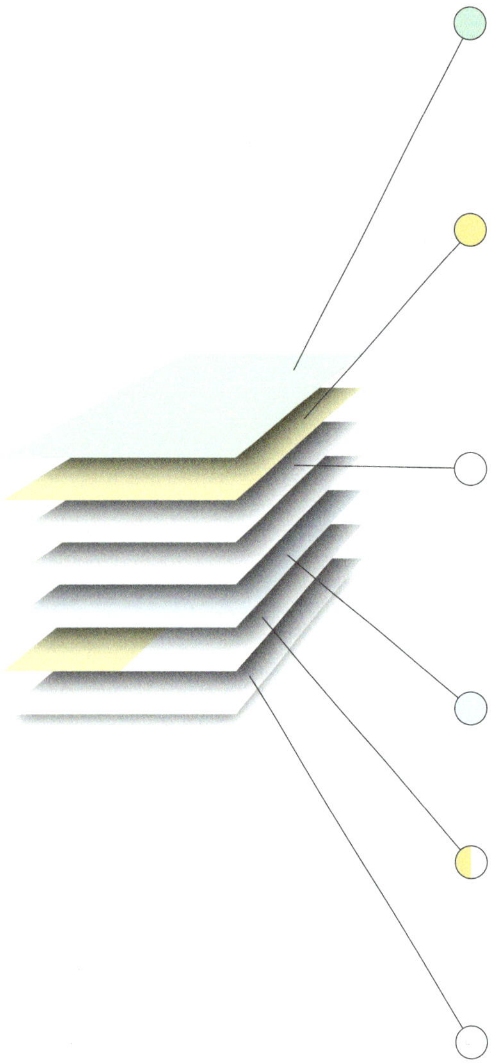

EINSTIEG

Es werden verschiedene Zugänge zum Thema angeboten. Damit kann in Kontexten der Kerninhalt des Lernabschnitts selbst erarbeitet werden. Die letzte Aufgabe stellt meist einen direkten Zugang zum Basiswissen dar. Kooperative Lernformen stehen im Vordergrund.

BASISWISSEN MIT QR- UND WEB-CODE

Die Pflichtinhalte und grundlegenden Strategien werden in schülernaher Sprache kurz und bündig formuliert. Ergänzt wird dies durch konkrete Beispiele mit Lösungen.
QR-Codes und Web-Codes führen zu Erklärvideos, die den Schülern das Basiswissen näher bringen. Dazu einfach den QR-Code scannen oder den Webcode auf **www.westermann.de/webcode** eingeben.

ÜBUNGEN

Zunächst werden Aufgaben angeboten, die in ihrer Grundstruktur an die Beispiele angelehnt sind, sodass grundlegende Kompetenzen erworben und gefestigt werden können. Im weiteren Verlauf der Übungsphase werden die Inhalte variiert. Es treten auch Anwendungen und Vernetzungen auf, um ein „intelligentes Üben" zu ermöglichen.

ÜBUNGEN PLUS

Die blauen Seiten sind ein Zusatzangebot zur binnendifferenzierenden Erweiterung und Vertiefung. Zusätzlich gibt es auch anschaulich gestaltete Lesetexte und Informationen.

CHECK-UP

Das Wichtigste des Kapitels ist als Inhaltskatalog mit Aufgaben zusammengefasst. Die Inhalte beschränken sich auf Pflichtinhalte, die Aufgaben beschränken sich auf alle Basiskompetenzen. Die Lösungen befinden sich am Ende des Buches.

SICHERN UND VERNETZEN

Während die Lernabschnitte inhaltlich geordnet sind, werden sichernde und vertiefende Übungen nach prozessorientierter Strukturierung zum Trainieren, Verstehen und Anwenden angeboten. Die Lösungen sind im Internet einsehbar. Dieser Teil ist damit ein weiterer Baustein für Binnendifferenzierung.

WES-125660-001

An Stellen mit QR Code stehen digitale Zusatzmaterialien wie Videos oder Dateien dynamischer Geometriesoftware zur Verfügung. Dazu einfach den QR-Code scannen oder den Webcode unter **www.westermann.de/webcode** eingeben.

Das Konzept von Neue Wege ist so angelegt, dass in modularer Weise mit dem Buch auf unterschiedliche schulische und lerngruppenspezifische Rahmenbedingungen reagiert werden kann.

So können Sie auch bei Zeitknappheit erfolgreich Stoff vermitteln:

EINSTIEG
Kurzen direkten Zugang zum Basiswissen wählen

BASISWISSEN
Basiswissen mit Beispielen bearbeiten

ÜBUNGEN
Situativ angepasst differenzierte Aufgaben auswählen

CHECK-UP
Mit den Lösungen die Möglichkeit zur selbstständigen Kontrolle nutzen

---

So können Sie in der Übungsphase auch sehr heterogene Klassen fördern und fordern:

ÜBUNGEN
Situativ angepasst differenzierte Aufgaben auswählen

ÜBUNGEN PLUS
Differenzierungsangebot zum Erweitern und Vertiefen

SICHERN UND VERNETZEN
Differenzierungsangebot zum Trainieren, Verstehen und Anwenden

---

So können Schülerinnen und Schüler eigenständig Inhalte erschließen und üben:

BASISWISSEN
Selbstständiges Erarbeiten mithilfe von Beispielen und Videos

ÜBUNGEN
Situativ angepasst differenzierte Aufgaben auswählen

CHECK-UP
Mit den Lösungen die Möglichkeit zur selbstständigen Kontrolle nutzen

1 Brüche

Felix, Hannah und Tim haben ihre Pizza in sechs gleich große Stücke aufgeteilt. Jeder nimmt sich ein Stück, als Tims kleine Schwester Lara ins Zimmer kommt. Lara bettelt: „Ich möchte genauso viel von der Pizza haben wie ihr.“ Die Kinder überlegen, wie sie die Pizza nun noch gerecht aufteilen können. „Lara bekommt das nächste Stück. Dann sind noch zwei von den sechs Stücken übrig, die können wir beide nochmal teilen“, schlägt Hannah vor. „Jeder bekommt dann ein kleines Stück ab.“ „Insgesamt hat dann jeder ein Viertel von der Pizza“, stimmt Felix zu.

1.1 Brüche im Alltag

$\frac{7}{12}$ — 7 Zähler, Bruchstrich, 12 Nenner

Lies: „sieben Zwölftel“

1 Ein Radtour-Bericht mit Brüchen

Seit einer $\frac{3}{4}$ Stunde warteten wir bereits auf das Startsignal für die 24 km lange Tour. Als es endlich losging, war es schon halb neun. Nach ungefähr $\frac{1}{3}$ der Strecke hatten wir dann unsere erste Reifenpanne, nach $\frac{5}{8}$ der Strecke machten wir eine lange Pause.
Nach $1\frac{3}{4}$ Stunden waren wir schließlich am Ziel.

Übersetze alle Angaben im Text so, dass keine Brüche mehr auftauchen.
Beispiel: Seit einer $\frac{3}{4}$ Stunde → Seit 45 Minuten

Ein Dutzend ist ein alter Begriff für 12.

2 Brüche sind überall

Manchmal sind Brüche auch versteckt. Zu jedem Bild gehört eine Zeile in der Tabelle. Jedoch sind die meisten Erklärungen verloren gegangen. Übertrage die Tabelle in dein Heft und fülle die Lücken.

Angabe ohne Bruch	Angabe mit Bruch
6 Stück	$\frac{1}{2}$ Dutzend
50 mm²	■
■	$\frac{1}{5}$ €
■	$\frac{1}{4}$ kg
■	$\frac{3}{4}$ l
45 min	■

3 Waffelrezept

Nicole und Marius wollen Omas Waffelrezept ausprobieren, doch das Abmessen der Zutaten ist schwierig: Die Einteilung auf dem Messbecher zeigt nur Milliliter, die Waage nur Gramm.

Waffelrezept
$\frac{1}{4}$ kg Butter
4 Eier
$\frac{1}{4}$ kg Mehl
$\frac{1}{5}$ ℓ Milch
4 Esslöffel Zucker
1 Prise Salz

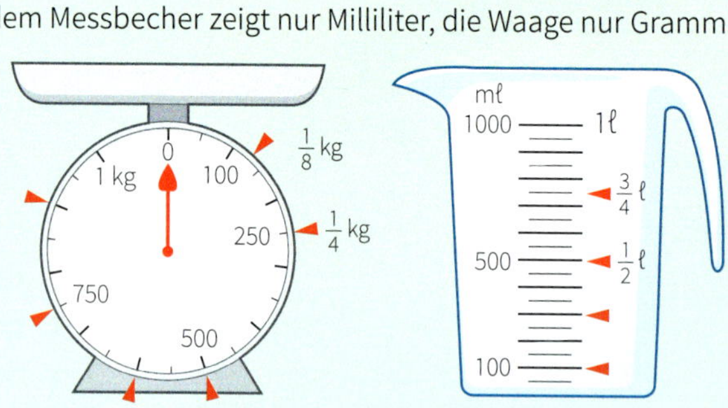

a) Schreibe die Zutaten des Rezepts in g und ml auf. Ist dies immer möglich?
b) Notiere die markierten Gramm- und Milliliterangaben als Bruchteile.
c) Entscheide mit der Skala des Messbechers, was mehr ist: $\frac{4}{5}$ l oder $\frac{3}{4}$ l.

Basiswissen

WES-125661-001

$\frac{7}{12}$ — Zähler (7), Bruchstrich, Nenner (12)

Lies: „sieben Zwölftel"

Brüche im Alltag

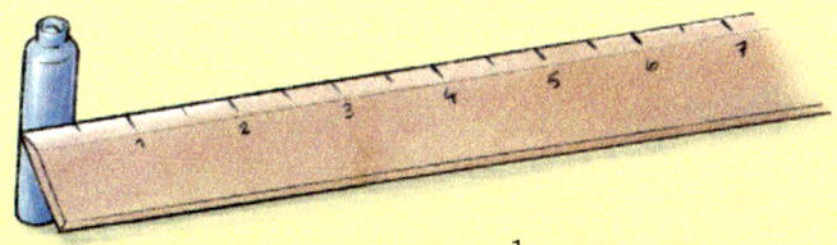

„ein halber Zentimeter" $\frac{1}{2}$cm = 5 mm

„eine dreiviertel Stunde" $\frac{3}{4}$h = 45 min

„ein viertel Kilogramm" $\frac{1}{4}$kg = 250 g

„ein halber Liter" $\frac{1}{2}$l = 500 ml

Beispiele

A Anteil eines Dezimeters

Wie lang sind $\frac{3}{5}$dm? Zeichne und erkläre.

Lösung:
Zeichne eine 1 dm = 10 cm lange Strecke. Teile die Strecke in 5 gleich große Teile.
Jede Teilstrecke ist $\frac{1}{5}$dm = 2 cm lang. 3 Teilstrecken sind 6 cm lang.

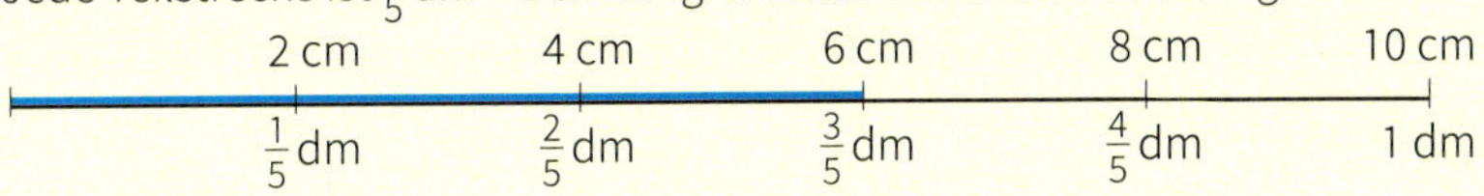

Somit $\frac{3}{5}$dm = 6 cm.

B Anteil einer Stunde

Wie lang sind $\frac{2}{5}$ von einer Stunde?

Lösung:
Wandle in Minuten um: 1 h = 60 min
$\frac{1}{5}$ von einer Stunde sind 12 Minuten.
$\frac{2}{5}$ von einer Stunde sind 24 Minuten.

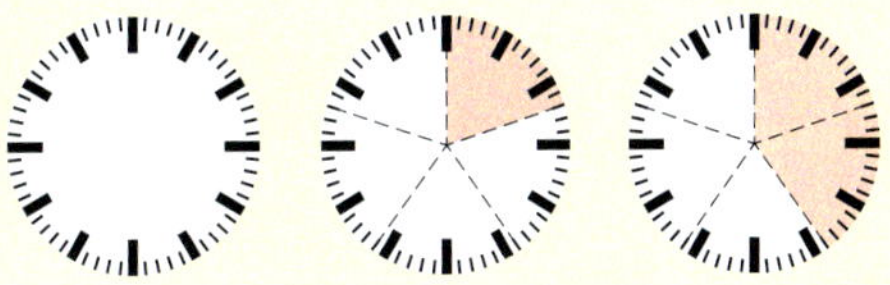

1 h $\xrightarrow{:5}$ $\frac{1}{5}$h $\xrightarrow{\cdot 2}$ $\frac{2}{5}$h

60 min $\xrightarrow{:5}$ 12 min $\xrightarrow{\cdot 2}$ 24 min

Übungen

4 Anteil einer Länge

Skizziere und erkläre.

a) Wie lang sind $\frac{3}{10}$dm?
b) Wie lang sind $\frac{3}{4}$dm?
c) Wie lang sind $\frac{4}{5}$km?
d) Wie lang sind $\frac{3}{8}$km?

5 Anteile von Größen

Gib den Anteil ohne Bruch in einer kleineren Maßeinheit an.

a) $\frac{1}{2}$d $\frac{1}{3}$h $\frac{3}{4}$km $\frac{1}{4}$h $\frac{1}{6}$min
b) $\frac{1}{8}$t $\frac{2}{3}$d $\frac{1}{4}$m $\frac{3}{8}$kg $\frac{4}{5}$l
c) $\frac{3}{4}$dm² $\frac{1}{100}$m² $\frac{1}{2}$m² $\frac{1}{4}$km³ $\frac{3}{5}$m²
d) $\frac{3}{2}$h $\frac{8}{5}$m $\frac{5}{2}$kg $\frac{11}{4}$kg $\frac{5}{4}$l

Tipp

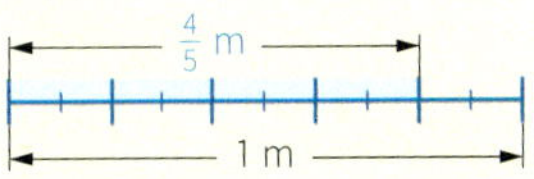

1 m $\xrightarrow{:5}$ $\frac{1}{5}$m $\xrightarrow{\cdot 4}$ $\frac{4}{5}$m

100 cm $\xrightarrow{:5}$ 20 cm $\xrightarrow{\cdot 4}$ 80 cm

6 I Brüche in der Küche

In einem Kochbuch sind die Koch- und Backzeiten für verschiedene Gerichte unterschiedlich angegeben.

„Uhr"	Backzeit	Anteil der gefärbten Fläche
	$\frac{3}{4}$ h = 45 Minuten	$\frac{3}{4}$ „drei Viertel"

Welche „Uhr" (Kreismodell) passt zu den folgenden Back- und Garzeiten?

30 min 15 min 50 min 10 min 5 min 35 min

Zeichne sie in dein Heft und bestimme den gefärbten Anteil.

7 I Uhren

Welcher Anteil einer Stunde ist auf der Uhr gelb markiert? Welcher Anteil fehlt noch zu einer vollen Stunde? Gib die Lösungen jeweils als Bruch in Stunden und Wert in Minuten an.

a) 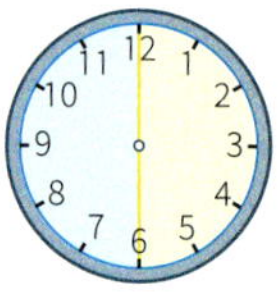
b) 
c) 
d) 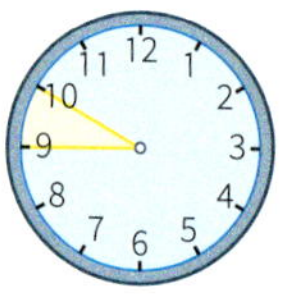
e) 

8 II Rund um die Uhr

Formuliere jeweils eine passende Frage und berechne.

a) Es ist 18.15 Uhr, in $1\frac{1}{2}$ Stunden kommt Fred vorbei.

b) Vor einer Dreiviertelstunde kam mein Zug an, jetzt ist es 13.07 Uhr.

c) Der Zug braucht genau $2\frac{1}{4}$ Stunden nach Essen. Wir fahren um 9.37 Uhr los.

d) Die meisten Sprechweisen im Bild sind unüblich. Was bedeuten sie?

9 I Brüche und Längen

Gib die Länge als Bruch an. Beachte die Aufteilung des Meters.

a) 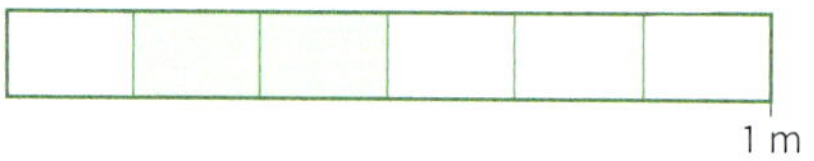

b) 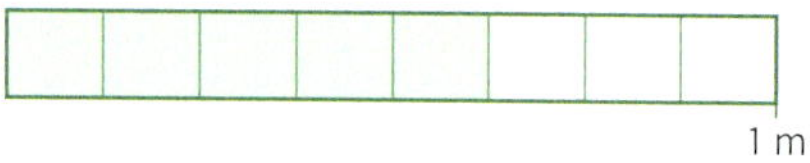

c) 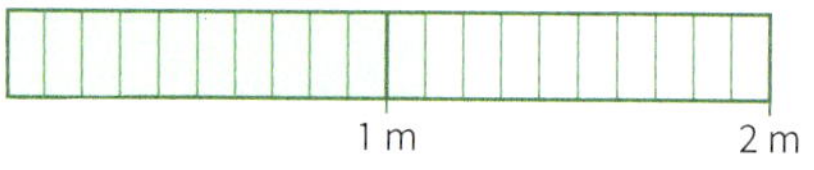

d) 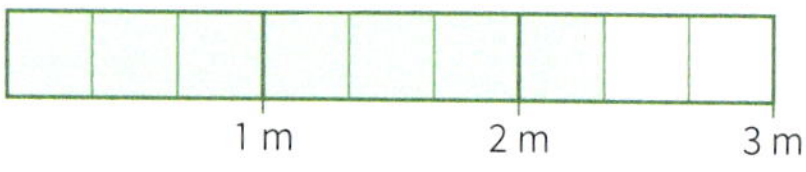

Grundwissen
zum Wiederholen

1 Nenne den größten Teiler von 44 und 99.

2 Welche Figuren haben eine Spiegelachse?

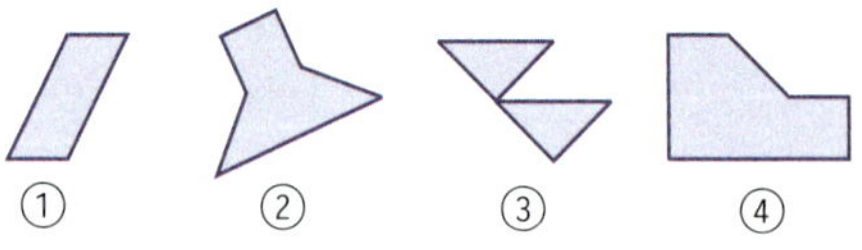

3 Wandle 10 cm in Millimeter um.

4 Berechne.

a) 42 : 7 b) 56 : 8 c) 72 : 6 d) 81 : 3

1.2 Brüche als Anteil eines Ganzen

1 Schokoladenkuchen gerecht teilen

Brittas Mutter hat einen Blechkuchen gebacken.

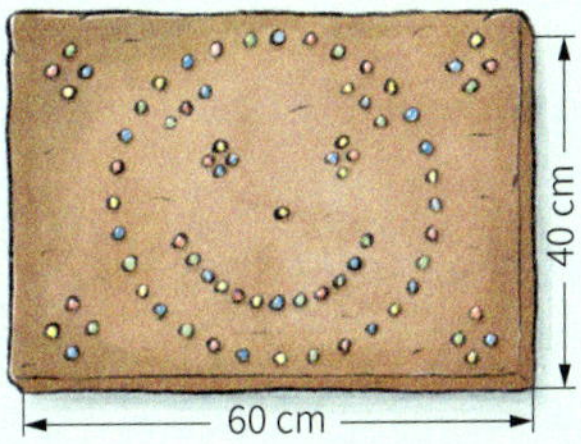

a) Britta, ihre drei Geschwister und die Eltern wollen den Kuchen gerecht teilen. Zeichne den Kuchen als Rechteck mit den Kantenlängen 4 cm und 6 cm in dein Heft. Teile den Kuchen nun gerecht auf.
Findest du verschiedene Möglichkeiten?
Gib auch den Anteil des Kuchens an, den jeder bekommt.

b) Kannst du den Kuchen auch dann aufteilen, wenn nicht alle Familienmitglieder mitessen? Finde auch hier verschiedene Möglichkeiten.

c) Brittas Bruder Eric ist absoluter Kuchenfan. Er sagt: „Ich esse zwei Fünftel des Kuchens." „Okay, ich nehme vom Rest ein Drittel – dann könnt ihr aufteilen, was übrig bleibt", meint Britta. Zeichne.

2 Pizza-Party

Die Klasse 6 b feiert zum Schuljahresende eine Pizza-Party.
Die Abbildungen zeigen, wie viele Stücke Pizza Britta, Marcel und Yvonne essen.

Britta: Salamipizza · Marcel: Thunfischpizza · Yvonne: vegetarische Pizza

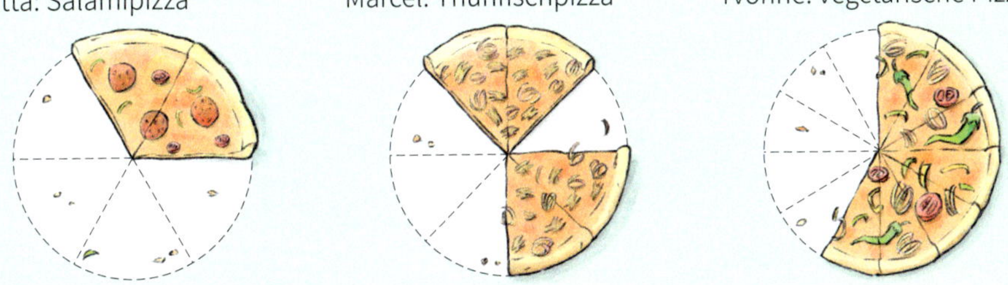

a) Bestimme die Anteile, die Britta, Marcel und Yvonne jeweils von der ganzen Pizza essen.

> Der Bruch $\frac{2}{5}$ bedeutet: Teile das Ganze in 5 gleich große Teile und nimm 2 davon.

b) Auf dem Tisch liegen weitere Pizzen, die genau so geteilt sind wie in den Abbildungen. Janne isst die Hälfte von einer Salamipizza, Timo ein Viertel von einer Thunfischpizza und Fabian vier Zwölftel von einer vegetarischen Pizza.
Wie viele Stücke essen Janne, Timo und Fabian? Skizziere jeweils in einem Kreismodell.
Zum Weiterdenken:
Ole meint: „Dann haben Fabian und Britta gleich viel gegessen". Was meinst du?

3 Schokolade

Eine Tafel Schokolade mit 24 Stücken soll aufgeteilt werden.

a) Justus soll eine Hälfte bekommen, Romi ein Viertel und Mike ein Achtel.
- Wie viele Stücke bekommen die Kinder jeweils?
- Wie viele Stücke bleiben übrig?

Gib als Anteil an.

b) Mona isst 8 Stücke einer solchen Schokolade, David 5. Welchen Anteil essen sie jeweils?

Basiswissen

WES-125661-002

Brüche als Anteile eines Ganzen

Brüche treten beim **Aufteilen** auf.

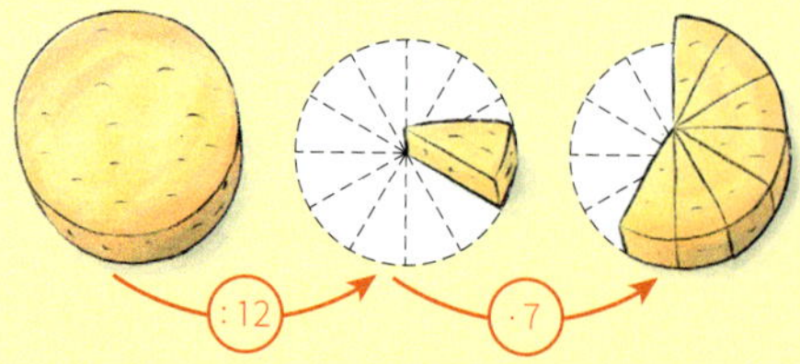

$\frac{7}{12}$ eines Kuchens:

Teile den Kuchen in 12 gleich große Teile und nimm 7 davon.

Mit Brüchen werden Anteile von einem Ganzen dargestellt. Dazu muss das Ganze in **gleich große Teile** aufgeteilt werden.

Modell	Das Ganze	Der Anteil	Der Anteil als Bruch
Rechteckmodell		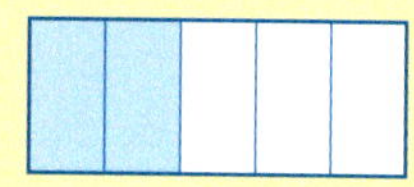	$\frac{2}{5}$ 5 Teile, 2 davon „zwei Fünftel“
Kreismodell		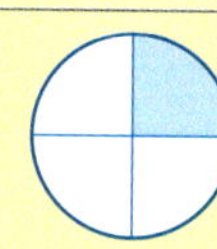	$\frac{1}{4}$ 4 Teile, 1 davon „ein Viertel“

Ein Bruch mit dem Zähler 1 heißt **Stammbruch**.

Beispiele

A **Anteil am Rechteckmodell**

Der Käsekuchen wurde von Omas Geburtstagsgästen kreuz und quer von dem Blech genommen. Wie viel Kuchen ist noch übrig? Schreibe den Anteil als Bruch.

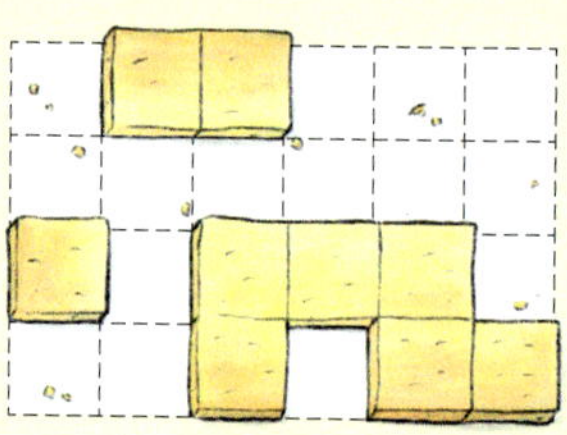

Lösung:
Von 24 Stücken sind noch 9 Stücke übrig, also $\frac{9}{24}$.

B **Anteil am Kreismodell**

Gib die Anteile der Kinder, die ein bestimmtes Schwimmabzeichen erworben haben, als Bruch an.

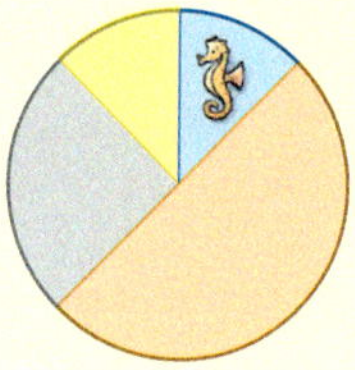

Lösung:
Seepferdchen: $\frac{1}{8}$ Bronze: $\frac{1}{2}$ Silber: $\frac{1}{4}$ Gold: $\frac{1}{8}$

Übungen

4 **Anteile**

Welcher Anteil ist grün gefärbt?

a) 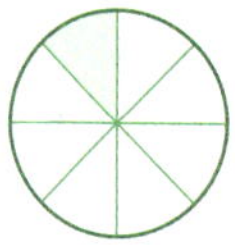 b) 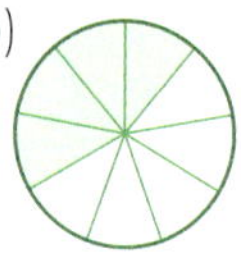 c)  d)  e) 

f)  g) 

5 **Anteil abschneiden**

Welcher Anteil wird links abgeschnitten?

a) 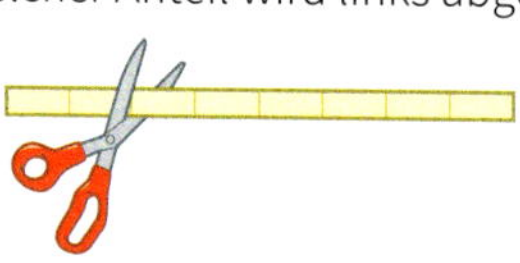 b) 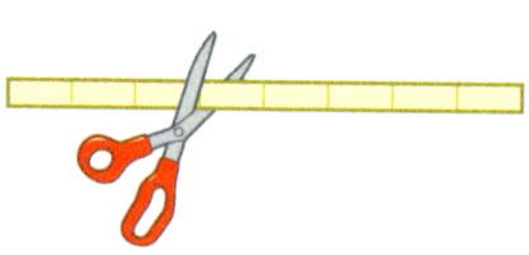 c) 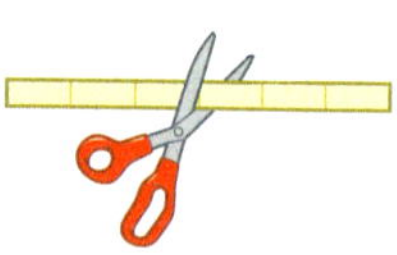

6 I Anteile zeichnen

Stelle die folgenden Anteile zeichnerisch dar.

a) mit einem Kreismodell ① $\frac{3}{8}$ ② $\frac{3}{4}$ ③ $\frac{1}{2}$ ④ $\frac{7}{8}$

b) mit einem Rechteckmodell ① $\frac{1}{3}$ ② $\frac{2}{6}$ ③ $\frac{1}{12}$ ④ $\frac{3}{10}$

7 I Schätzen von Anteilen

Welcher Bruch passt zu einem Anteil, der grün gefärbt dargestellt ist?

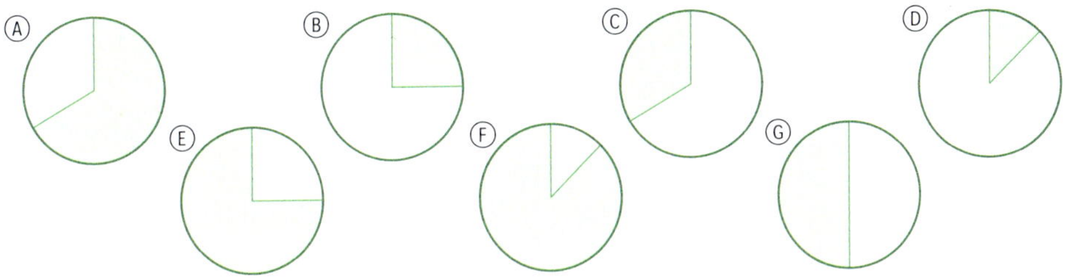

① $\frac{1}{3}$ ② $\frac{3}{4}$ ③ $\frac{7}{8}$ ④ $\frac{1}{4}$ ⑤ $\frac{2}{3}$ ⑥ $\frac{1}{8}$ ⑦ $\frac{2}{8}$ ⑧ $\frac{4}{8}$ ⑨ $\frac{1}{20}$

8 I Pizzamathematik

Toni hat eine Pizza in Viertel geteilt.

a) Er halbiert jedes Viertel und verteilt die Stücke an seine Gäste.
Wie groß ist jedes der Stücke?

b) Wie groß wären die Teilstücke, wenn er jedes Viertel gedrittelt hätte?

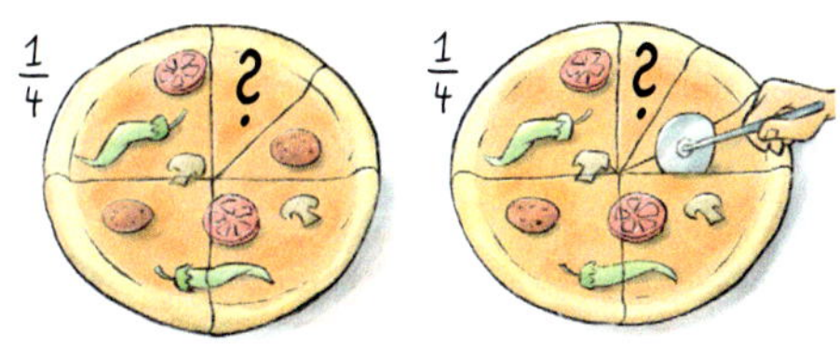

9 II Kann das sein?

Was sagst du zu den Meinungen der Kinder?

Michel: „Es sind immer $\frac{2}{3}$ gefärbt. Die Formen und Farben sind unwichtig."

Ben: „Das sind nicht immer $\frac{2}{3}$, weil die farbigen Flächen unterschiedlich aussehen."

Anna: „Das sind nicht immer $\frac{2}{3}$, weil in Ⓒ vier Flächen gefärbt sind und nicht zwei."

10 II Verschiedene Formen – gleicher Anteil?!

Begründe, dass alle Bilder bis auf eines den Anteil $\frac{3}{4}$ darstellen. Finde das schwarze Schaf.

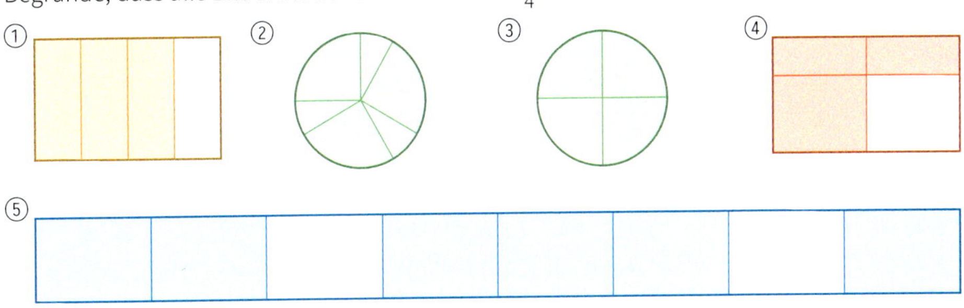

Costa Rica
Republik Kongo
Ruanda
Schweden
Schweiz
Tschechische Republik

11 II Flaggen haben es in sich

a) Welcher Anteil Stoff der Flagge entfällt auf die einzelnen Farben? Zu welchem Land gehört welche Flagge?

b) Suche nach weiteren Flaggen und bestimme die Farbanteile.

c) Entwirf eine Flagge auf kariertem Papier, bei der $\frac{1}{5}$ rot und $\frac{3}{10}$ blau ist. Der Rest soll weiß bleiben. Welcher Anteil ist weiß geblieben?

12 II Brüche mit dem 5 × 5-Geobrett

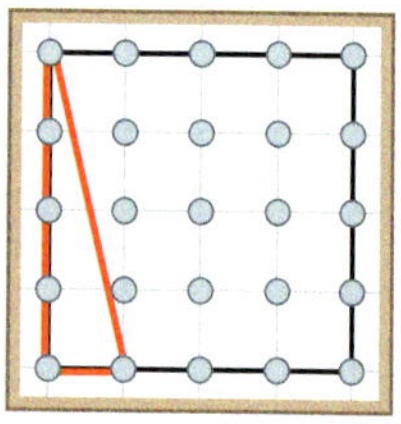

a) Christoph hat mit einem Gummiband $\frac{1}{8}$ der Fläche des Geobretts umspannt. Finde noch zwei weitere Möglichkeiten, $\frac{1}{8}$ der Fläche zu umspannen.

b) Laura hat mit Gummibändern weitere Figuren gespannt. Welcher Bruchteil des Geobretts ist jeweils umspannt?

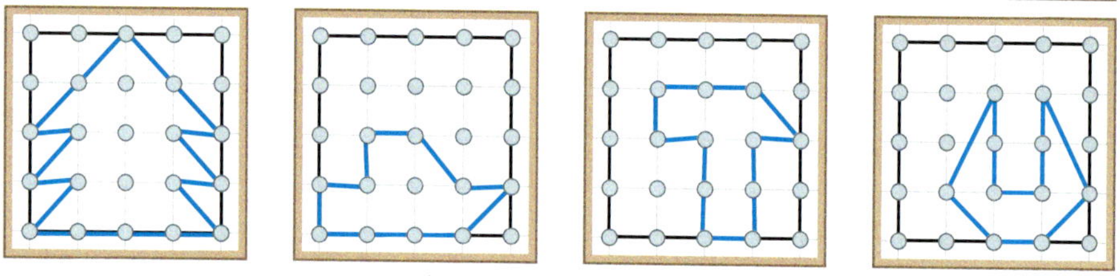

c) Spanne ein Gummiband so, dass $\frac{3}{4}$ der Fläche umspannt ist. Ebenso $\frac{3}{8}$, $\frac{9}{16}$, $\frac{7}{16}$, $\frac{10}{16}$.

d) Erfinde weitere Figuren und gib deren Bruchteil an der Gesamtfläche an.

13 II Schafweide gesucht

Landwirt Herr Schäfer möchte dem Schaf Bella ein Viertel der Wiese zum Weiden überlassen. Doch ihm fallen mindestens fünf Möglichkeiten ein, wie er das bewerkstelligen kann. Eine ist in der Abbildung dargestellt. Zeichne die quadratische Wiese in dein Heft, am besten acht Kästchen lang und acht Kästchen breit, und teile ein Viertel ab. Finde möglichst viele verschiedene Weideflächen für das Schaf.

14 II Das Ganze ergänzen

a) Du siehst jeweils einen Anteil eines Ganzen. Übertrage die Figur ins Heft und verfahre entsprechend dem Beispiel. Die ganze Figur kann ein Quadrat, ein Rechteck oder ein Dreieck sein. Gib den Anteil des ergänzten Stücks an.

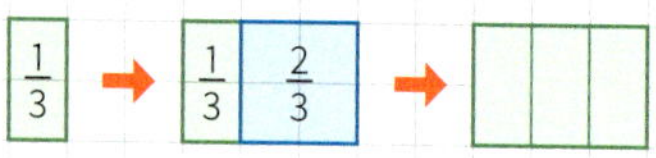

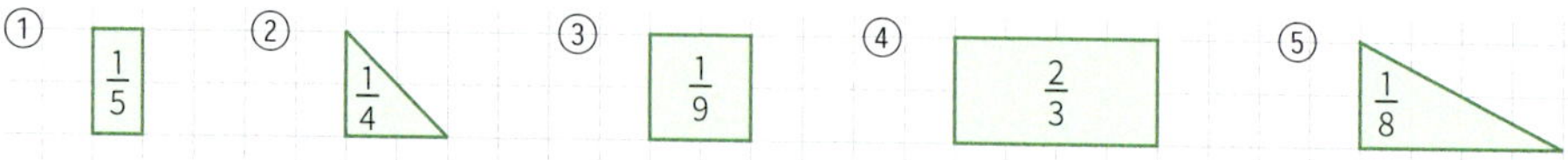

b) Denke dir selbst fünf neue Aufgaben aus und bearbeite sie.

15 II **Kuchenmathematik**

Simone soll beim Konditor vier Stücke Käsekuchen holen. Sie hat in Mathematik gerade mit Bruchrechnung angefangen. Um ihre Kenntnisse auszuprobieren, bestellt sie $\frac{4}{12}$ Käsekuchen. „Aha“, meint die Verkäuferin. „Du möchtest also ein Drittel Käsekuchen.“

a) Meint die Verkäuferin dasselbe? Am besten veranschaulichst du die Anteile mit einem „Kuchendiagramm“. Oder vielleicht sogar mit einem richtigen Kuchen.

b) Wie hätte Simone einen halben Käsekuchen (drei Viertel Käsekuchen) auf verschiedene Arten bestellen können?

Gleiche Brüche können verschiedene Namen haben

Für jeden Bruch gibt es viele verschiedene Namen. Durch eine feinere oder gröbere Aufteilung kann man gleiche Brüche mit verschiedenen Namen erhalten.

$\frac{3}{4}$ $\frac{12}{16}$ $\frac{4}{6}$ $\frac{2}{3}$

$\frac{3}{4}$ und $\frac{12}{16}$ stellen denselben Anteil dar. $\frac{4}{6}$ und $\frac{2}{3}$ stellen denselben Anteil dar.

16 I **Namensvettern bei Brüchen**

① ② ③

a) Welche Brüche sind in den Zeichnungen dargestellt? Gib für die Brüche zwei Namen an.

b) Findest du weitere Namen für die Brüche?

17 II **Bruchuhr**

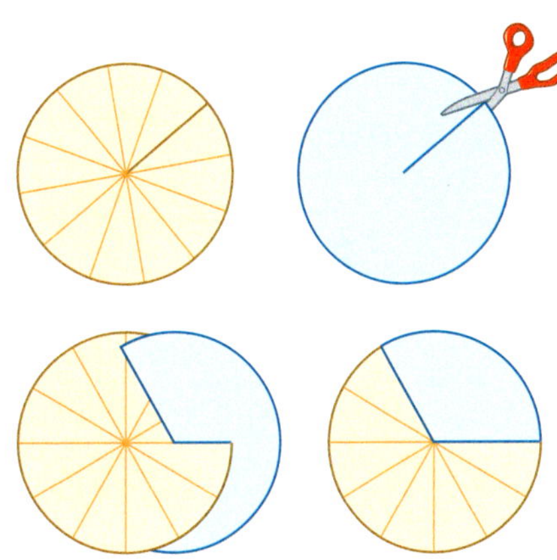

Mit zwei kreisförmigen Papierscheiben hat sich Miriam eine „Bruchuhr“ gebaut. Auf eine der Papierscheiben hat sie dabei eine Unterteilung in 12 gleiche Teile gezeichnet.

a) Baue eine Bruchuhr und stelle damit die folgenden Brüche dar: $\frac{1}{4}$, $\frac{1}{6}$, $\frac{5}{6}$, $\frac{1}{3}$, $\frac{3}{4}$.

b) Stelle einen Anteil ein und zeige deinem Nachbarn die Rückseite der Bruchuhr. Dieser muss nun den eingestellten Bruch erraten. Wechselt euch ab. Wer hat zuerst fünf Brüche richtig erraten?

Grundwissen
zum Wiederholen

1 Nenne den größten gemeinsamen Teiler von 45 und 54.

2 Wandle 1000 cm in Meter um.

3 Berechne im Kopf: a) $15:5\cdot 3$ b) $15:(5\cdot 3)$ c) $15:3\cdot 5$

4 Die Sonne ist von der Erde 150 000 000 km entfernt.
Das Licht legt in einer Sekunde 300 000 km zurück.
Wie lange braucht das Licht von der Sonne zur Erde?

18 Brüche bei Quadern

In einer Schreinerei wurden aus quaderförmigen Holzstücken bestimmte Teile herausgesägt. Welcher Anteil des Quaders wurde jeweils herausgesägt, welcher Anteil ist übrig geblieben?

a) b) c) d)

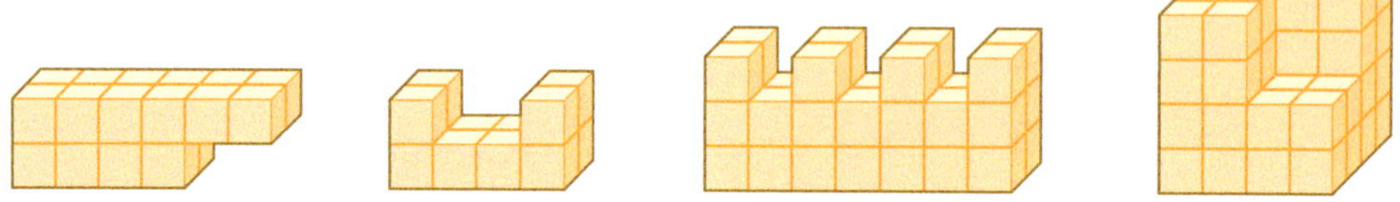

19 Sportlich, sportlich

Die Klasse 5 a besteht aus 27 Schülerinnen und Schülern, die Klasse 5 b aus 28 Schülerinnen und Schülern und die 5 c aus 26 Schülerinnen und Schülern. Sie sind für ihre Sportbegeisterung bekannt und werden für die Schülerzeitung interviewt. Nach dem Interview sind dem Redakteur die Angaben jedoch durcheinander geraten. Er erinnert sich aber noch daran, dass die Anteile aufgehen.

$\frac{2}{3}$ der einen Klasse spielen Handball
$\frac{5}{13}$ der einen Klasse reiten
$\frac{1}{9}$ einer Klasse macht Freeclimbing
$\frac{4}{7}$ von einer Klasse spielen Fußball
$\frac{1}{4}$ einer Klasse spielt Basketball
$\frac{5}{13}$ einer Klasse surfen

Übertrage die Tabelle in dein Heft und fülle die Lücken:

Klasse	Sportart	Anzahl der Kinder	Anteil der Klasse
5 a	Handball		
	Fußball		
⋮	⋮	⋮	⋮

Exkurs

Eisberge

Eisberge sind eine Gefahr für die Schifffahrt. Dies liegt auch daran, dass der größte Teil des Eises unter Wasser liegt. Die Eintauchtiefe von Eisbergen hängt auch vom Salzgehalt des umgebenden Wassers ab. Sind es in Salzwasser etwa $\frac{1}{10}$ bis $\frac{1}{9}$ des Eisberges, die über der Wasseroberfläche liegen, so ist in Süßwasser nur etwa $\frac{1}{12}$ des Eisberges sichtbar.

20 Eisberge

Die Eisberge werden mit Kästchen gezeichnet.

a) Bestimme, welcher Anteil über und welcher Anteil unter der Wasseroberfläche liegt. Welcher der Eisberge schwimmt in Süßwasser?

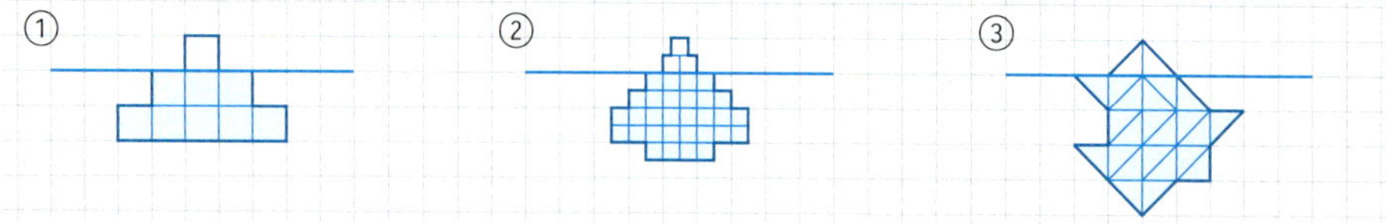

b) Zeichne den Eisberg ab und ergänze ihn so, dass $\frac{9}{10}$ unter der Wasseroberfläche sind.

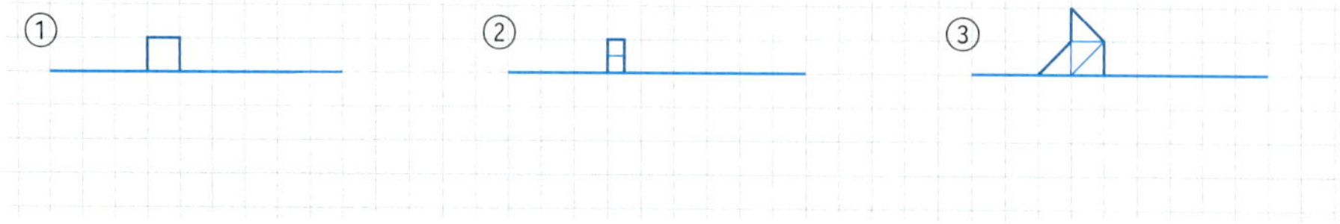

1.3

Brüche beim Verteilen

1 Waffeln verteilen

Fünf oder zehn Waffeln kann man leicht an fünf Kinder verteilen, aber kann man auch zwei Waffeln gerecht an fünf Kinder verteilen?

a) Zeichne zwei Waffeln als Rechtecke in dein Heft und finde Möglichkeiten, sie gerecht zu verteilen. Wie viel bekommt dann jedes Kind?

b) Wie könnte man neun dieser Waffeln an fünf Kinder verteilen? Findest du verschiedene Möglichkeiten?

c) Löse auch die beiden folgenden Verteilungsprobleme.

① Die acht Spieler der Fußballmannschaft von Marcel bekommen 14 Waffeln.

② Die sechs Kinder aus der Akrobatikgruppe bekommen zehn Waffeln.

d) Formuliere die Verteilungsprobleme als Rechenaufgaben. Gib den Anteil, den jedes Kind bekommt, als Bruch an. Was fällt dir auf? Überprüfe deine Vermutung an eigenen Beispielen.

2 Lakritzschnecken verteilen

Fenja hat für sich und ihre Freundinnen Lea und Antonia drei Lakritzschnecken gekauft. Gerade will sie jedem Kind eine geben, da kommt ihr Bruder Lars dazu. „Dann verteilen wir die drei Lakritzschnecken eben an uns Vier“, sagt Fenja. Aber wie?
Die Kinder machen Vorschläge.

Fenja rollt alle Lakritzschnecken ab, legt sie in eine Reihe und teilt die ganze Reihe in vier gleich große Teile.

Lea will jede Lakritzschnecke vierteln und jedem dann von jeder Lakritzschnecke ein Stück geben.

Antonia will jedem Kind eine halbe Lakritzschnecke geben und von der dritten Lakritzschnecke ein Viertel.

a) Hilf den Kindern, indem du ihre Vorschläge aufzeichnest. Eine Lakritzschnecke kannst du zum Beispiel als 6 cm lange Strecke darstellen. Wie würdest du verteilen?

b) Gib den Anteil, den jedes Kind erhält, als Bruch an.

3 Pizzaessen

Tom, Paul, Lara und Anna wollen sich drei Pizzen teilen. Die Kinder bestellen eine Pizza mit Salami, eine Pizza mit Schinken und eine vegetarische Pizza.

a) Verteile die Pizzen gerecht an die Kinder. Fertige auch eine Skizze an und gib den Anteil, den jedes Kind erhält, als Bruch an.

b) Tom mag die Pizza mit Schinken nicht. Zeichne mögliche Verteilungen so, dass trotzdem jedes Kind gleich viel Pizza bekommt.

c) Wie wurde hier verteilt? Erkläre das Verfahren. Wähle je eine Farbe für ein Kind.

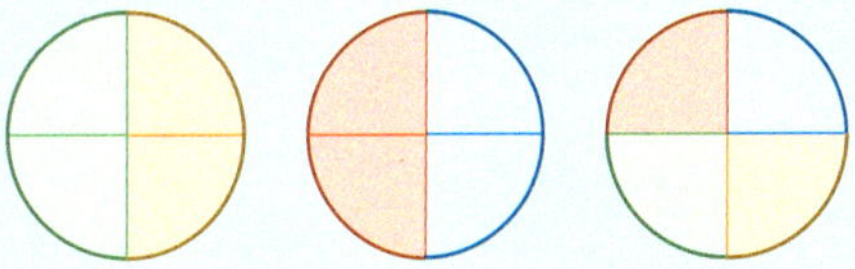

Basiswissen

WES-125661-003

Brüche beim Verteilen

„Verteile 3 Pizzen auf 4 Kinder."

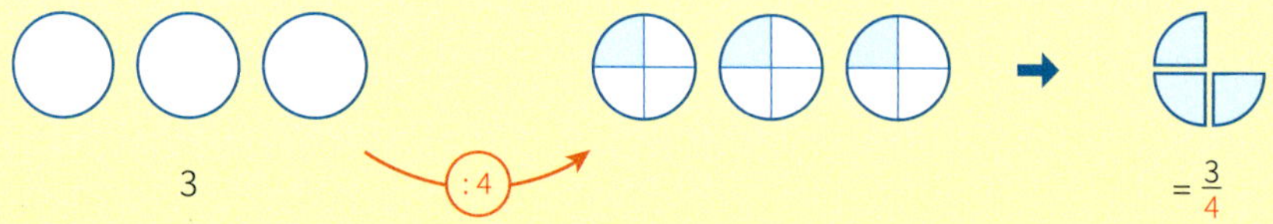

Teile jede Pizza in 4 gleich große Teile. Jedes Kind erhält 3 Viertel, das sind $\frac{3}{4}$ einer Pizza.

„Verteile 5 Pizzen auf 3 Kinder."

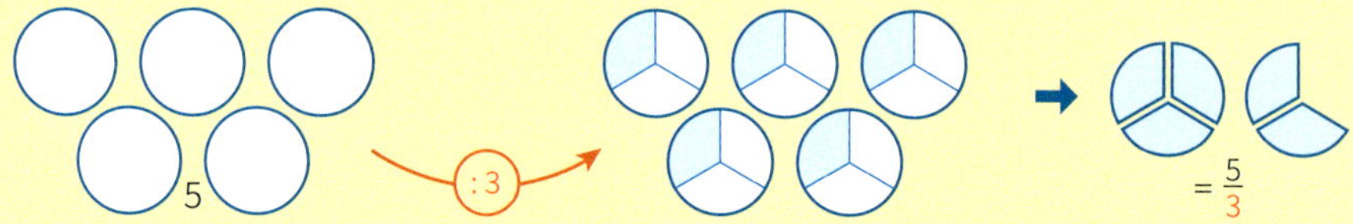

Teile jede Pizza in 3 gleich große Teile. Jedes Kind erhält 5 Drittel. Das schreibt man als $\frac{5}{3}$.

Gemischte Zahlen

Wenn der Zähler größer ist als der Nenner, ist ein Bruch größer als ein Ganzes. Diese Brüche können auch als gemischte Zahl geschrieben werden: $\frac{5}{3} = \frac{3}{3} + \frac{2}{3} = 1 + \frac{2}{3} = 1\frac{2}{3}$

Lies: „Ein Ganzes und zwei Drittel" oder kurz „ein zwei Drittel".

Übungen

4 I Verteilungsproblem

Bestimme, wie viel jedes Kind erhält. Gib das Ergebnis, wenn möglich, als gemischte Zahl an.

a) Verteile 3 Pizzen an 6 Kinder.
b) Verteile 5 Eierkuchen an 4 Kinder.
c) Verteile 8 Tafeln Schokolade an 3 Kinder.
d) Verteile 2 Bleche Kuchen an 5 Kinder.

5 II Manchmal ist Verteilen schwierig

Drei Geschwister teilen stets alles gerecht untereinander auf.

a) Wie viel bekommt jeder von 5 Pfannkuchen?
b) Für das Rasenmähen bekommen die drei Geschwister zusammen 10 €. Warum fällt es den Dreien schwer, die 10 € untereinander aufzuteilen?

6 I „Besondere" Brüche beim Verteilen

① Verteile 4 Pizzen auf ein Kind.

② Verteile 5 Pizzen auf fünf Kinder.

③ Verteile 8 Pizzen auf vier Kinder.

Wie viel Pizza bekommt jedes Kind?

7 II Gemischte Zahlen

Stelle die Brüche als gemischte Zahl dar. Bei drei Aufgaben klappt das nicht. Begründe.

a) ① $\frac{8}{3}$ ② $\frac{35}{8}$ ③ $\frac{11}{15}$ ④ $\frac{27}{6}$ ⑤ $\frac{110}{100}$ ⑥ $\frac{45}{4}$

b) ① $\frac{63}{6}$ ② $\frac{83}{4}$ ③ $\frac{99}{100}$ ④ $\frac{100}{100}$ ⑤ $\frac{101}{100}$ ⑥ $\frac{79}{8}$

Grundwissen
zum Wiederholen

1 Berechne im Kopf: a) $12 - 2 \cdot 4$ b) $(12 - 2) \cdot 4$ c) $12 - (2 \cdot 4)$

2 Welcher geometrische Körper kann gemeint sein:
„Vier Kanten dieses Körpers treffen sich in einer Ecke."

3 Zeichne ein Rechteck mit der Länge 6 cm und der Breite 4 cm.

1.4 Erweitern und Kürzen

1 Verschiedene Brüche – oder verschiedene Namen für dasselbe?

a) In den vier Kreisdiagrammen ist jeweils ein Bruch dargestellt. Der Bruch im Diagramm Ⓐ ist $\frac{1}{2}$. Gib die anderen Brüche an. Vergleiche die Brüche.

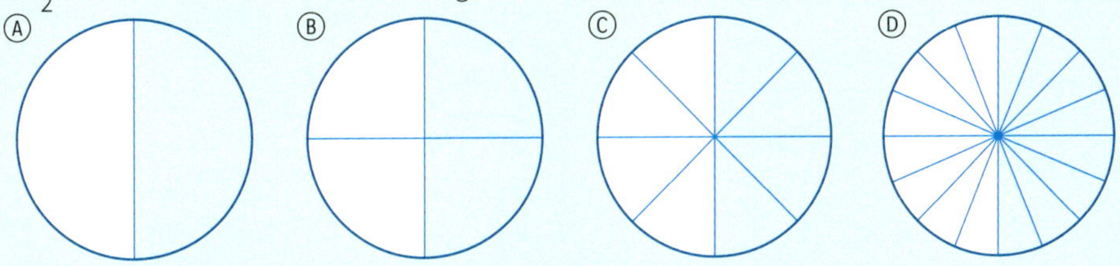

Wie könnten die Brüche aus dem ersten Bruch entstanden sein?

b) Die Abbildungen erinnern an die Kreisdiagramme in Teilaufgabe a).

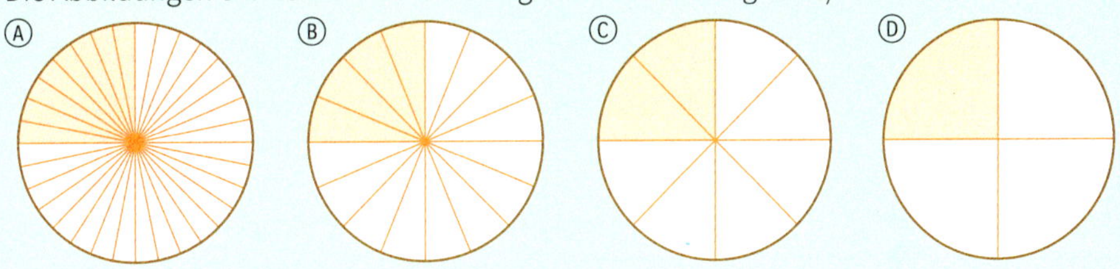

Welche Brüche sind dargestellt? Vergleiche die Brüche.
Wie könnten die Brüche aus dem ersten Bruch entstanden sein?

2 Gleiche Brüche – verschiedene Namen

$\frac{1}{2}$ und $\frac{2}{4}$ sind verschiedene Namen für den gleichen Bruch.

Sprache

a) Finde vier weitere Namen für $\frac{1}{2}$.

b) Erkläre, wie du andere Namen für $\frac{1}{2}$ findest.

c) Julia meint: „Man könnte sagen, gleiche Brüche mit verschiedenen Namen gehören zu einer Familie." Wie groß kann diese Familie sein?

d) Finde andere Namen für $\frac{1}{4}$ $\left(\text{bzw. } \frac{3}{4}\right)$.

Basiswissen

WES-125661-004

Gleichwertige Brüche

Brüche, die denselben Anteil beschreiben, nennt man **gleichwertig**. Alle gleichwertigen Brüche gehören zu einer **Bruchzahl**.

$\frac{1}{4}$

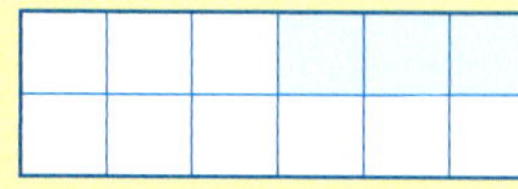

$\frac{3}{12}$

$\frac{6}{24}$

Erweitern

Das **Erweitern eines Bruchs** entspricht einer feineren Unterteilung des Ganzen.

Verfeinern mit 3		Erweitern mit 3
 $\frac{2}{5}$	 $\frac{6}{15}$	Zähler und Nenner mit 3 multiplizieren. $\frac{2}{5}=\frac{2\cdot 3}{5\cdot 3}=\frac{6}{15}$

Beim Erweitern werden der Zähler und der Nenner mit der gleichen Zahl multipliziert.

Durch Erweitern kann man zu einem Bruch beliebig viele gleichwertige Brüche erhalten.

Kürzen

Das **Kürzen eines Bruchs** entspricht einer gröberen Unterteilung des Ganzen.

Vergröbern mit 4		Kürzen mit 4
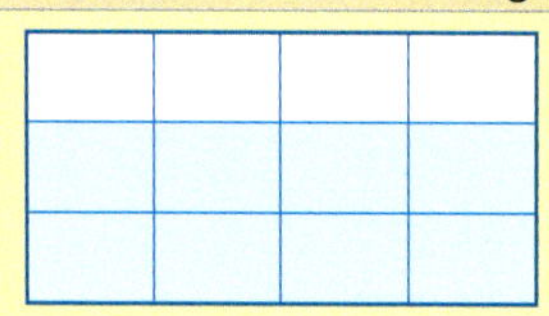 $\frac{8}{12}$	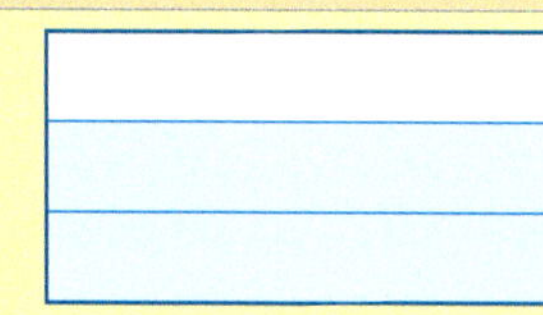 $\frac{2}{3}$	Zähler und Nenner durch 4 dividieren. $\frac{8}{12}=\frac{8:4}{12:4}=\frac{2}{3}$

Beim Kürzen werden der Zähler und der Nenner durch die gleiche Zahl dividiert.

Beispiel

A Kürzen und Erweitern

Finde durch Kürzen und Erweitern insgesamt sechs gleichwertige Brüche zu $\frac{18}{24}$.

Lösung:

Kürzen mit 2	$\frac{18}{24}=\frac{18:2}{24:2}=\frac{9}{12}$	Erweitern mit 2	$\frac{18}{24}=\frac{18\cdot 2}{24\cdot 2}=\frac{36}{48}$
Kürzen mit 3	$\frac{18}{24}=\frac{18:3}{24:3}=\frac{6}{8}$	Erweitern mit 10	$\frac{18}{24}=\frac{18\cdot 10}{24\cdot 10}=\frac{180}{240}$
Kürzen mit 6	$\frac{18}{24}=\frac{18:6}{24:6}=\frac{3}{4}$	Erweitern mit 5	$\frac{18}{24}=\frac{18\cdot 5}{24\cdot 5}=\frac{90}{120}$

Übungen

3 I **Erweitern und Kürzen – Training**

a) Erweitere jeden Bruch mit der angegebenen Zahl.
① $\frac{2}{3}$ mit 5 ② $\frac{4}{9}$ mit 3 ③ $\frac{1}{4}$ mit 10 ④ $\frac{3}{8}$ mit 4

b) Kürze soweit wie möglich.
① $\frac{30}{40}$ ② $\frac{16}{20}$ ③ $\frac{5}{15}$ ④ $\frac{24}{45}$ ⑤ $\frac{6}{33}$ ⑥ $\frac{5}{6}$ ⑦ $\frac{12}{30}$ ⑧ $\frac{13}{39}$

4 I Erweitern und Kürzen – gleichwertige Brüche finden

Finde zu jedem Bruch drei gleichwertige Brüche. Gib jeweils an, mit welcher Zahl du den Bruch gekürzt oder erweitert hast.

a) $\frac{10}{50}$ b) $\frac{6}{11}$ c) $\frac{5}{15}$ d) $\frac{25}{5}$ e) $\frac{7}{9}$ f) $\frac{6}{4}$ g) $\frac{14}{30}$

5 I Etwas fehlt

a) Bestimme den fehlenden Zähler.
$\frac{3}{4}=\frac{\square}{20}$ $\frac{18}{30}=\frac{\square}{5}$ $\frac{2}{7}=\frac{\square}{28}$ $\frac{24}{60}=\frac{\square}{5}$

b) Bestimme den fehlenden Nenner.
$\frac{3}{5}=\frac{36}{\square}$ $\frac{4}{7}=\frac{48}{\square}$ $\frac{1}{9}=\frac{12}{\square}$ $\frac{3}{8}=\frac{27}{\square}$

6 I Immer feiner

a) Was wurde hier jeweils gemacht? Erkläre die Darstellung.

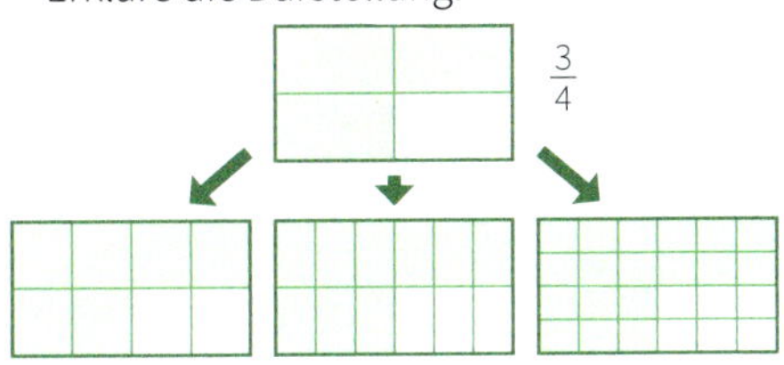

b) Begründe durch geeignete Bilder, dass die Brüche $\frac{1}{3}$, $\frac{2}{6}$, $\frac{3}{9}$ und $\frac{5}{15}$ alle den gleichen Anteil darstellen.

7 I Etwas gehört nicht dazu

Die meisten Brüche aus der Liste sind durch Erweitern aus $\frac{2}{7}$ entstanden. Mit welcher Zahl wurde jeweils erweitert? Welche Brüche passen nicht dazu? Begründe.

$\frac{6}{21}$, $\frac{22}{77}$, $\frac{14}{42}$, $\frac{20}{70}$, $\frac{1}{14}$, $\frac{30}{105}$, $\frac{200}{700}$, $\frac{20}{7}$

8 II Gleich und gleich gesellt sich gern

Finde zu jedem Bruch drei weitere Namen. In welchen Fällen hast du gekürzt, in welchen erweitert?
In welchen Fällen brauchtest du gar nicht rechnen?

a) $\frac{10}{50}$ b) $\frac{16}{32}$ c) $\frac{200}{300}$ d) $\frac{6}{4}$ e) $\frac{6}{11}$ f) $\frac{25}{5}$ g) $\frac{3}{1}$

9 II Unmögliche Unterteilung

a) Einige der Brüche aus der Liste lassen sich auf den Nenner 100 bringen, die anderen nicht. Entscheide und begründe jeweils.

b) Versuche, die Brüche aus der Liste so zu erweitern, dass der Nenner 1000 ist. Wo gelingt es jetzt? Finde eine Erklärung.

$\frac{1}{2}$, $\frac{12}{20}$, $\frac{3}{4}$, $\frac{7}{8}$, $\frac{4}{5}$, $\frac{8}{13}$, $\frac{9}{10}$, $\frac{3}{40}$

10 I Auch kleine Schritte führen zum Ziel

Jonas hat in mehreren Schritten gekürzt:

$$\frac{48}{72}=\frac{12}{18}=\frac{4}{6}=\frac{2}{3}$$

Probiere Jonas Methode beim Kürzen folgender Brüche aus: $\frac{48}{100}$, $\frac{96}{144}$, $\frac{36}{188}$, $\frac{50}{75}$.

Grundwissen
zum Wiederholen

1 Nenne die kleinste zweistellige Zahl.

2 Arne möchte eine zu g senkrechte Gerade durch den Punkt D zeichnen. Wie viele Möglichkeiten hat er?
Ⓐ keine Ⓑ eine Ⓒ zwei Ⓓ unendlich viele

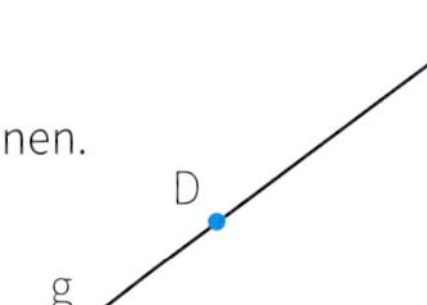

3 Eine kleine Pizza kostet 4,50 € und eine große Pizza 7,50 €.
Thomas bestellt vier kleine und zwei große Pizzen. Wie viel muss er bezahlen?

1.5 Brüche vergleichen und ordnen

1 Große Torte statt vieler Worte

Für die Geburtstagsgäste möchte Opa Beneke ausreichend Torte besorgen. Eigentlich wollte er der erste Kunde sein, aber da war jemand schneller …

a) Von welcher Torte ist am wenigsten übrig, von welcher am meisten?
b) Finde mehrere Namen für den übrig gebliebenen Bruchteil jeder Torte.

2 Wer war in dem Quiz besser?

Acht Mädchen und vier Jungen treten in einem Quiz an. Die Themengebiete sind Stadt, Land, Fluss. Zu jedem Thema muss jedes der acht Mädchen und jeder der vier Jungen je eine Frage beantworten. Die Anzahl der richtigen Antworten sind in der Tabelle dargestellt.

	Mädchen	*Jungen*
Stadt	𝍸	III
Land	IIII	II
Fluss	𝍸I	I

a) Welches war das beste Themengebiet bei den Mädchen, welches bei den Jungen?
b) Bei welchen Themen waren die Jungen besser als die Mädchen?

3 Brüche – mal größer, mal kleiner

Jannick will einige Brüche vergleichen. Bei $\frac{1}{4}$ und $\frac{3}{4}$ sieht er sofort, welcher Bruch größer ist. In schwierigeren Fällen hilft ihm eine Zeichnung.

a) Vergleiche die Brüche durch Hinsehen oder durch Einteilen und Färben in einem Rechteckmodell.
Setze das entsprechende Zeichen <, > oder = ein.

① $\frac{1}{4}$ ■ $\frac{1}{3}$ ② $\frac{4}{6}$ ■ $\frac{2}{3}$ ③ $\frac{4}{7}$ ■ $\frac{5}{7}$ ④ $\frac{7}{12}$ ■ $\frac{1}{2}$
⑤ $\frac{2}{5}$ ■ $\frac{4}{7}$ ⑥ $\frac{7}{8}$ ■ $\frac{4}{3}$ ⑦ $\frac{7}{8}$ ■ $\frac{4}{5}$ ⑧ $\frac{10}{12}$ ■ $\frac{3}{4}$

b) Formuliere die Strategien, die du gefunden hast. Hast du ein rechnerisches Verfahren gefunden, mit dem du $\frac{3}{5}$ und $\frac{5}{8}$ vergleichen kannst?

4 Zeitungsartikel

„Bei einer Geschwindigkeitskontrolle am vergangenen Dienstag fuhr ein Viertel der Autos schneller als erlaubt. Am Mittwoch war sogar ein Fünftel der Autos zu schnell.“
Was meinst du zu dieser Meldung?

Basiswissen

WES-125661-005

Brüche miteinander vergleichen

Gleiche Nenner

Vergleiche $\frac{2}{5}$ und $\frac{3}{5}$.

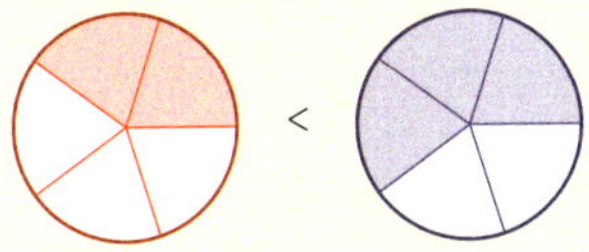

Einteilung in 5 gleich große Teile: $\frac{2}{5} < \frac{3}{5}$

Gleiche Zähler

Vergleiche $\frac{3}{4}$ und $\frac{3}{5}$.

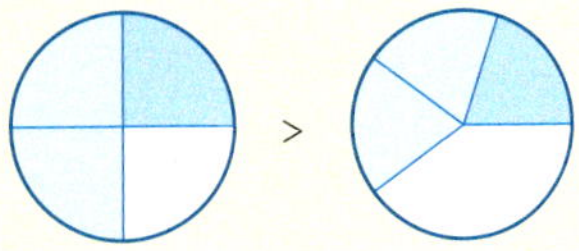

Viertel sind größer als Fünftel: $\frac{3}{4} > \frac{3}{5}$

Verschiedene Nenner und verschiedene Zähler

Vergleiche $\frac{3}{5}$ und $\frac{2}{3}$.

Brüche gleichnamig machen

- Einen gemeinsamer Nenner bestimmen, Produkt der beiden Nenner $3 \cdot 5 = 15$
- Brüche auf den gemeinsamen Nenner erweitern:

  $\frac{3}{5} = \frac{3 \cdot 3}{5 \cdot 3} = \frac{9}{15}$ (erweitern mit 3)

  $\frac{2}{3} = \frac{2 \cdot 5}{3 \cdot 5} = \frac{10}{15}$ (erweitern mit 5)

Gemeinsame Verfeinerung, damit beide Anteile aus gleich großen Stücken bestehen.

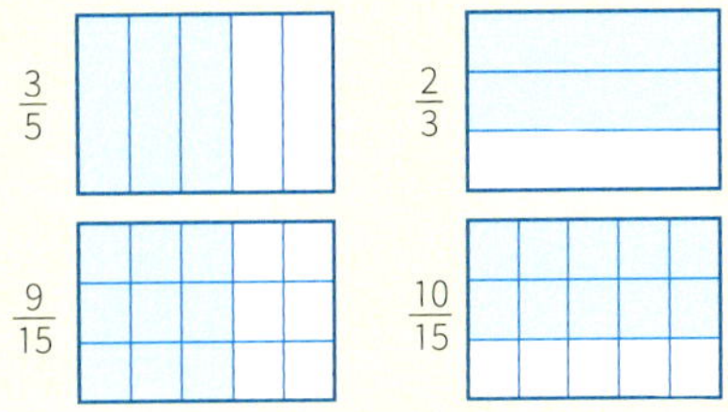

$\frac{3}{5} < \frac{2}{3}$, da $\frac{9}{15} < \frac{10}{15}$

Beispiel

A Vergleich zweier Brüche

Vergleiche die angegebenen Brüche. a) $\frac{5}{9}$ und $\frac{5}{7}$ b) $\frac{5}{8}$ und $\frac{2}{3}$

Lösung:

a) Vergleiche $\frac{5}{9}$ und $\frac{5}{7}$. Die Zähler der beiden Brüche sind gleich.
$\frac{5}{7} > \frac{5}{9}$, da Siebentel größer als Neuntel sind.

b) Vergleiche $\frac{5}{8}$ und $\frac{2}{3}$.
Zähler und Nenner sind verschieden.
Brüche gleichnamig machen:

- Ein gemeinsamer Nenner: $3 \cdot 8 = 24$
- $\frac{5}{8}$ mit 3 erweitern: $\frac{5}{8} = \frac{5 \cdot 3}{8 \cdot 3} = \frac{15}{24}$
- $\frac{2}{3}$ mit 8 erweitern: $\frac{2}{3} = \frac{2 \cdot 8}{3 \cdot 8} = \frac{16}{24}$

$\frac{5}{8} < \frac{2}{3}$, da $\frac{5}{8} = \frac{15}{24} < \frac{16}{24} = \frac{2}{3}$

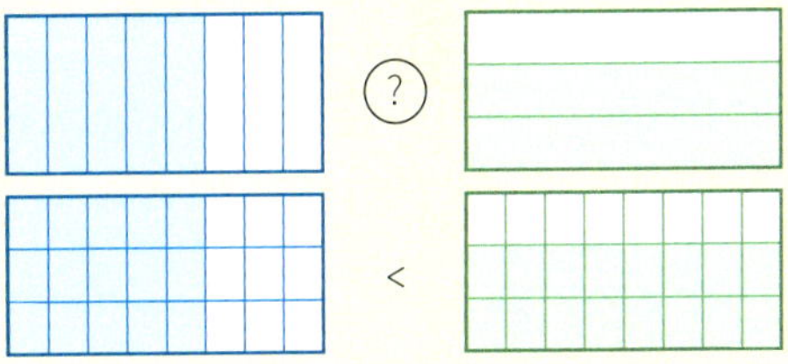

16 Teilstücke sind mehr als 15 genauso große Teilstücke.

Übungen

5 Größer, kleiner oder gleich?

Vergleiche die Brüche. Wenn du nicht sicher bist, helfen dir Diagramme.
Ersetze das ▢ durch >, < oder =.

a) $\frac{1}{3}$ ▢ $\frac{3}{6}$ b) $\frac{2}{4}$ ▢ $\frac{4}{8}$ c) $\frac{3}{4}$ ▢ $\frac{7}{8}$ d) $\frac{4}{5}$ ▢ $\frac{6}{10}$ e) $\frac{2}{3}$ ▢ $\frac{3}{5}$

f) $\frac{2}{3}$ ▢ $\frac{5}{8}$ g) $\frac{5}{7}$ ▢ $\frac{5}{19}$ h) $\frac{3}{4}$ ▢ $\frac{7}{9}$ i) $\frac{5}{11}$ ▢ $\frac{2}{5}$ j) $\frac{4}{5}$ ▢ $\frac{6}{12}$

6 I Brüche im Vergleich

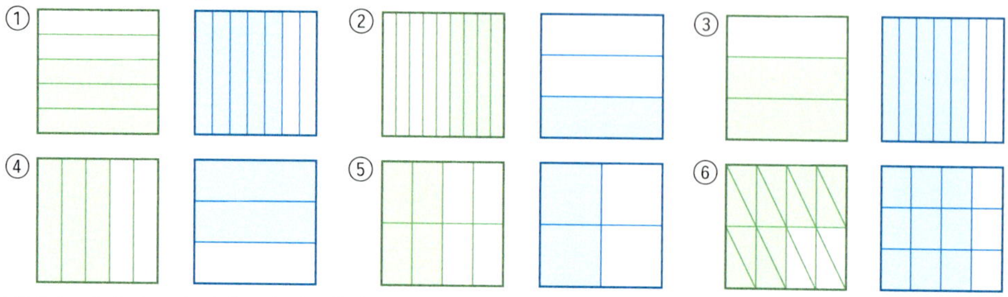

Welche Brüche sind durch die farbigen Anteile dargestellt? Vergleiche die Brüche
- mithilfe der Rechteckmodelle
- durch Erweitern und Kürzen.

7 I Kleiner, größer oder gleich?

Vergleiche die Brüche. Ersetze das ■-Zeichen durch <, > oder =. Vielleicht findest du bei einigen Aufgaben einen gemeinsamen Nenner „auf einen Blick". Schaue dir dazu das vorgerechnete Beispiel an.

Beispiel: Vergleiche $\frac{2}{3}$ und $\frac{5}{9}$.
Ein gemeinsamer Nenner ist 9.
$\frac{2}{3} = \frac{2 \cdot 3}{3 \cdot 3} = \frac{6}{9} > \frac{5}{9}$

a) $\frac{3}{4}$ ■ $\frac{7}{9}$ b) $\frac{3}{4}$ ■ $\frac{3}{5}$ c) $\frac{2}{5}$ ■ $\frac{3}{5}$ d) $\frac{1}{4}$ ■ $\frac{1}{8}$ e) $\frac{3}{4}$ ■ $\frac{7}{8}$

f) $\frac{3}{14}$ ■ $\frac{1}{6}$ g) $\frac{7}{9}$ ■ $\frac{11}{13}$ h) $\frac{2}{5}$ ■ $\frac{14}{35}$ i) $\frac{2}{4}$ ■ $\frac{5}{8}$ j) $\frac{5}{9}$ ■ $\frac{4}{7}$

8 I Strategie „$\frac{1}{2}$" und Strategie „1"

Vergleiche die Brüche. Überlege zunächst, ob einer der Brüche größer als $\frac{1}{2}$ und der andere kleiner als $\frac{1}{2}$ ist. Überlege entsprechend für „größer oder kleiner 1".

a) $\frac{5}{9}$ ■ $\frac{6}{13}$ b) $\frac{8}{7}$ ■ $\frac{14}{15}$ c) $\frac{13}{30}$ ■ $\frac{18}{35}$ d) $\frac{9}{10}$ ■ $\frac{85}{84}$ e) $\frac{3}{4}$ ■ $\frac{9}{12}$

9 II Strategien zum Ordnen von Brüchen

Max, Lina, Samuel, Tobias und Anna haben als Gruppenauftrag, die Brüche

$\frac{7}{9}, \frac{5}{6}, \frac{43}{54}, \frac{7}{10}, \frac{21}{42}, \frac{8}{5}, \frac{1}{100}$

der Größe nach zu ordnen.

Diskutiert die Vorschläge.

Ordnet die Brüche dann.

Max: „Wir bringen alle Brüche auf einen gemeinsamen Nenner und vergleichen sie."
Lina: „6 · 9 = 54"
Samuel: „Ein Bruch lässt sich kürzen."
Tobias: „Zwei Brüche haben denselben Zähler."
Anna: „Ein einziger Bruch ist größer als 1!"
Lina: „Ja, und nur einer ist kleiner als $\frac{1}{2}$".

10 II Strategien zum Ordnen gemischter Zahlen

Sprache

a) Jennifer und Claas vergleichen $\frac{9}{5}$ und $1\frac{5}{7}$ auf verschiedene Weise.

Jennifer: $\frac{9}{5} = 1\frac{4}{5}$; $\frac{4}{5} = \frac{28}{35}$; $\frac{5}{7} = \frac{25}{35}$; $1\frac{5}{7} < \frac{9}{5}$

Claas: $1\frac{5}{7} = \frac{12}{7}$; $\frac{12}{7} = \frac{60}{35}$; $\frac{9}{5} = \frac{63}{35}$; $1\frac{5}{7} < \frac{9}{5}$

Beschreibe jeweils, wie die beiden vorgegangen sind. Vergleiche.

① $1\frac{2}{3}$ ■ $\frac{7}{3}$ ② $\frac{16}{5}$ ■ $\frac{13}{3}$ ③ $4\frac{2}{7}$ ■ $\frac{19}{5}$ ④ $\frac{13}{8}$ ■ $1\frac{8}{13}$

b) Jona: Wenn ich immer in gemischte Zahlen umwandle, bin ich manchmal schnell fertig.

Was meint Jona? Gib Beispiele dafür an.

Grundwissen
zum Wiederholen

1 Nenne einen gemeinsamen Teiler von 26 und 39.

2 Wandle sechs Stunden in Minuten um.

3 Berechne im Kopf: a) $11 - 2 \cdot 3$ b) $(11 - 2) \cdot 3$ b) $11 - 3 \cdot 2$

1.6 Brüche als Zahlen

1 Brüche einmal anders

Vergleiche die beiden Bildfolgen. Erkläre, was die Bildfolgen darstellen.

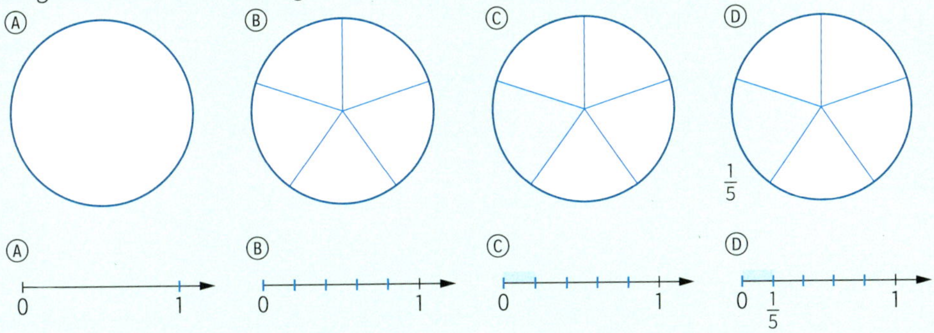

2 Brüche wohnen auf dem Zahlenstrahl

Brüche sind auch Zahlen. Sie wohnen damit auch auf dem Zahlenstrahl, wie die natürlichen Zahlen 1, 2, 3, …

a) Zeichne einen 12 cm langen Zahlenstrahl in dein Heft. Wo wohnen vermutlich die Brüche? Trage die Brüche auf dem Zahlenstrahl ein.

① $\frac{1}{2}$ ② $\frac{1}{4}$ ③ $\frac{3}{4}$ ④ $\frac{3}{8}$ ⑤ $\frac{1}{12}$

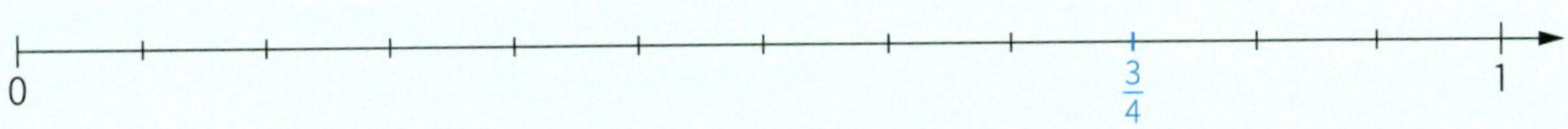

b) Übertrage den Zahlenstrahl in dein Heft. Trage die Brüche auf dem Zahlenstrahl ein.

① $\frac{1}{6}$ ② $\frac{5}{3}$ ③ $\frac{3}{2}$ ④ $\frac{17}{12}$ ⑤ $\frac{8}{4}$

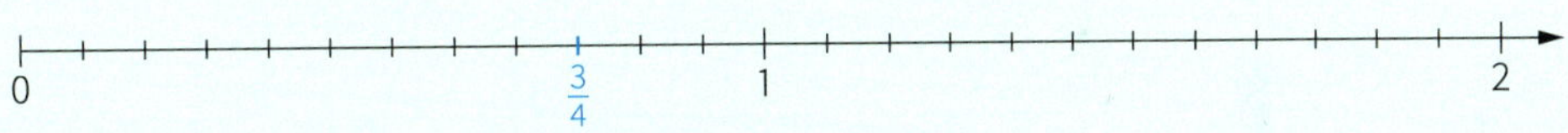

c) Zum Weiterdenken:

- Gibt es bei $\frac{1}{2}$ noch weitere Bewohner?
- Sind die natürlichen Zahlen auch Bewohner im Land der Brüche?
- Gibt es mehr als 10 Bewohner zwischen 0 und 1?

3 Bruchzollstock

Welche Maßzahlen kannst du als Bruch an die markierten Stellen des Zollstocks schreiben?

a)

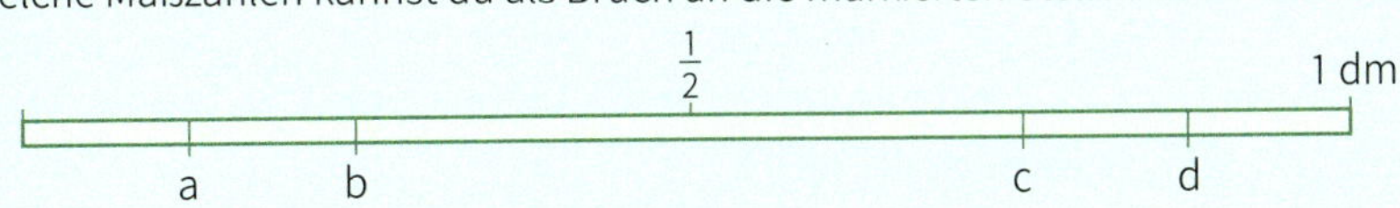

b)

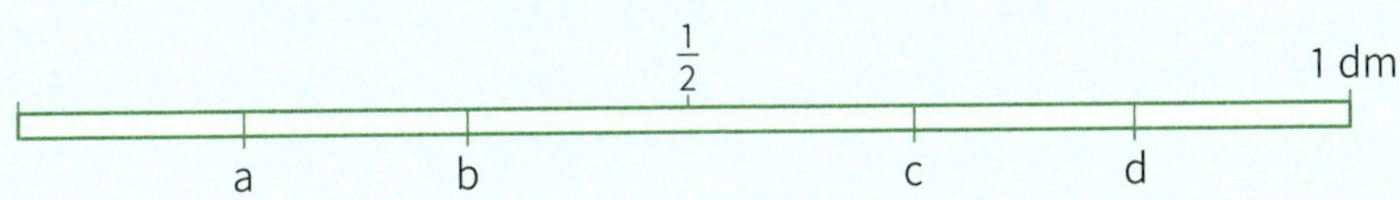

Basiswissen

WES-125661-006

Brüche als Zahlen

Die Zahlen 0, 1, 2, 3,... heißen **natürliche Zahlen**. Man bezeichnet diese Menge mit ℕ.
Sie können auf dem Zahlenstrahl dargestellt werden.

Brüche sind Zahlen. Sie können auf dem Zahlenstrahl eingetragen werden. Dazu muss der Bereich zwischen zwei natürlichen Zahlen in gleich große Teile zerlegt werden.
Am Nenner des jeweiligen Bruches kann man erkennen, in wie viele Teile der Bereich zwischen zwei natürlichen Zahlen zerlegt werden muss.

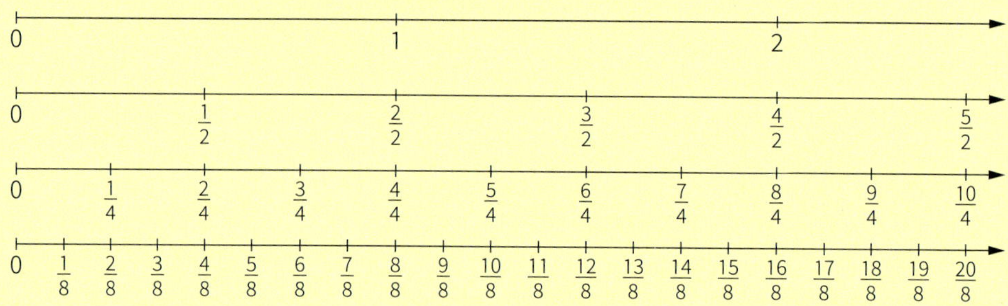

- Eine Bruchzahl kann durch verschiedene Brüche dargestellt werden: $\frac{1}{2} = \frac{2}{4} = \frac{4}{8}$
- Die natürlichen Zahlen können auch als Bruch notiert werden: $2 = \frac{2}{1} = \frac{4}{2} = \frac{8}{4} = \frac{16}{8}$

Beispiele

A **Brüche auf dem Zahlenstrahl eintragen**
Zeichne einen Zahlenstrahl. Trage die Brüche $\frac{5}{8}$ und $\frac{11}{8}$ auf dem Zahlenstrahl ein.

Lösung:
Man muss den Bereich zwischen 0 und 1 in 8 gleich große Teile teilen. Um auch $\frac{11}{8}$ eintragen zu können, muss man die Einteilung über die 1 hinaus fortsetzen.

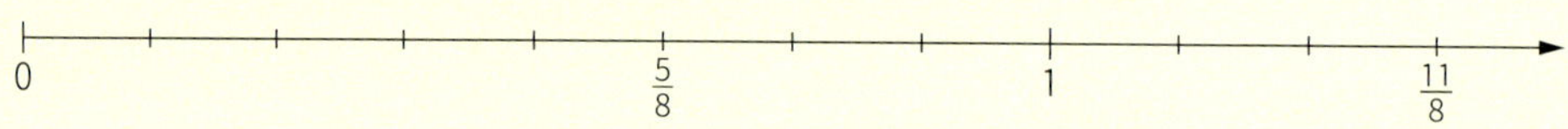

B **Brüche benennen**
Welche Zahlen sind auf dem Zahlenstrahl markiert?

a)
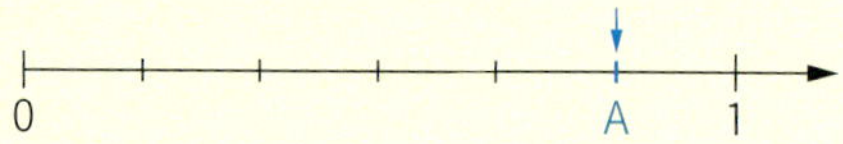

b)
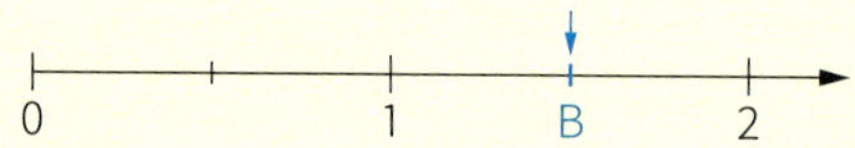

Lösung:
a) Markiert ist $\frac{5}{6}$.
b) Markiert ist $\frac{3}{2}$.

Übungen

4 **Brüche auf Zahlenstrahlen eintragen**
Trage die Brüche auf einem Zahlenstrahl ein. Benutze für jeden Bruch einen Zahlenstrahl.
a) $\frac{3}{5}$ b) $\frac{9}{4}$ c) $\frac{3}{7}$ d) $\frac{13}{10}$ e) $\frac{17}{6}$ f) $\frac{15}{8}$

5 **Richtig oder falsch**
Auf welchem Zahlenstrahl Ⓐ, Ⓑ oder Ⓒ ist der Bruch $\frac{4}{3}$ richtig markiert?

Ⓐ
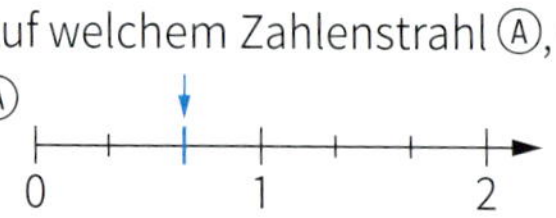

Ⓑ

Ⓒ
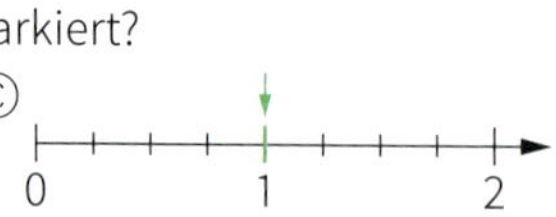

6 I|| **Brüche richtig ablesen**

Welche Zahlen sind auf dem Zahlenstrahl markiert?

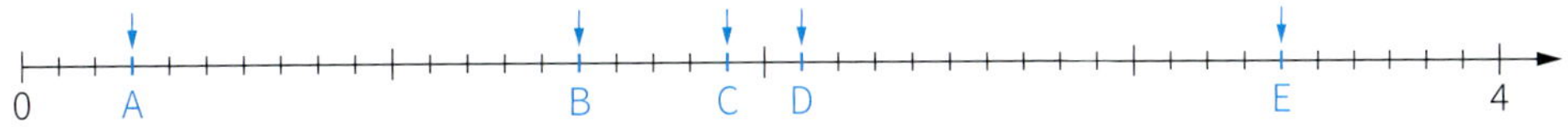

7 II| **Brüche auf einem Zahlenstrahl eintragen**

Hinweis: Heft quer legen

a) $\frac{2}{3}$ $\quad \frac{29}{12}$ $\quad \frac{5}{6}$ $\quad \frac{11}{4}$ $\quad \frac{1}{12}$ $\quad \frac{11}{6}$

Warum können mit einer Einteilung in 12 Teile zwischen zwei natürlichen Zahlen alle Brüche gut eingetragen werden? Trage die Zahlen ein und schreibe sie der Größe nach auf, beginne mit der kleinsten.

b) $\frac{1}{4}$ $\quad \frac{6}{5}$ $\quad 1\frac{1}{4}$ $\quad \frac{7}{10}$ $\quad \frac{27}{20}$ $\quad \frac{15}{20}$

Finde eine sinnvolle Einteilung. Trage dann die Zahlen ein und schreibe sie der Größe nach auf, beginne mit der kleinsten.

c) $\frac{1}{2}, \frac{13}{12}, \frac{1}{3}, \frac{4}{4}, \frac{8}{48}, \frac{1}{4}, \frac{4}{6}, \frac{14}{7}$

d) $\frac{3}{5}, \frac{5}{8}, \frac{5}{10}, \frac{8}{10}, \frac{8}{12}, \frac{37}{37}$

8 I|| **Überraschung**

Trage die folgenden Brüche auf dem Zahlenstrahl ein. Geht das zeichnerisch überhaupt?

a) $\frac{8}{8}$ $\quad$ b) $\frac{10}{100}$ $\quad$ c) $\frac{6}{3}$ $\quad$ d) $\frac{5}{2}$

9 I|| **Unterschiedliche Brüche auf einem Zahlenstrahl**

a) Zeichne einen Zahlenstrahl. Teile den Zahlenstrahl so ein, dass du die Brüche $\frac{1}{2}, \frac{1}{5}, \frac{3}{10}$ und $\frac{1}{4}$ auf dem Zahlenstrahl gut markieren kannst.

b) Zeichne einen Zahlenstrahl. Der Abstand zwischen 0 und 1 sollte 6 cm betragen. Markiere die folgenden Brüche.

$A = \frac{10}{6}$, $\quad B = \frac{11}{6}$, $\quad C = \frac{1}{12}$, $\quad D = \frac{5}{4}$, $\quad E = \frac{7}{12}$, $\quad F = 1\frac{1}{24}$

10 II| **Unterschiedliche Brüche**

„echter Bruch“: Zähler < Nenner
„unechter Bruch“: Zähler > Nenner

Ordne die richtige Bezeichnung „echter Bruch“, „unechter Bruch“, „gemischte Zahl“ den jeweiligen Zahlen zu und stelle sie auf dem Zahlenstrahl dar.
Verwende für jede Teilaufgabe einen eigenen Zahlenstrahl.

a) $\frac{7}{3}$ $\quad$ b) $2\frac{1}{5}$ $\quad$ c) $\frac{9}{10}$ $\quad$ d) $\frac{11}{10}$ $\quad$ e) $1\frac{1}{10}$

Grundwissen zum Wiederholen

1 Ein Turnverein erhebt folgende Beiträge für jeweils ein Jahr: Erwachsener 90 €, Kind 45 €. Bestimme den Beitrag der Familie Elsner (Mutter, Vater, 4 Kinder).

2 Stimmt das?
① Ein Dreieck hat nie parallele Seiten.
② Bei jedem Viereck sind mindestens zwei Seiten parallel zueinander.
③ Bei einem Fünfeck kann es nie parallele Seiten geben.
④ In einem Quadrat sind alle Seiten parallel zueinander.

3 Welche drei Teile lassen sich zu dem Rechteck zusammensetzen?

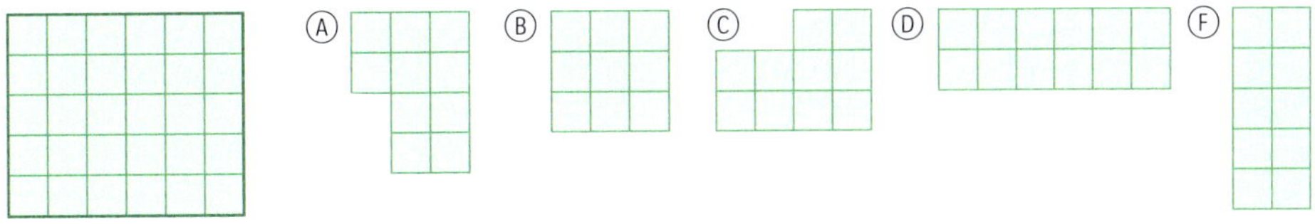

WES-125661-007

11 II **Die Zahl in der Mitte**

Welche Zahl liegt genau in der Mitte zwischen $\frac{1}{3}$ und $\frac{1}{2}$? So viel sei schon verraten: Es gibt diese Zahl. Sie ist ein Bruch. Der Nenner dieses Bruches könnte 12 sein.

Ein Bruch genau in der Mitte zwischen zwei Brüchen

Problem: Finde einen Bruch, der auf dem Zahlenstrahl genau in der Mitte zwischen $\frac{3}{5}$ und $\frac{2}{3}$ liegt.

Strategie: Mache die Brüche gleichnamig und erweitere anschließend mit 2:

$\frac{3}{5} = \frac{9}{15} = \frac{9 \cdot 2}{15 \cdot 2} = \frac{18}{30}$ und $\frac{2}{3} = \frac{10}{15} = \frac{10 \cdot 2}{15 \cdot 2} = \frac{20}{30}$.

$\frac{19}{30}$ liegt genau in der Mitte zwischen $\frac{3}{5} = \frac{18}{30}$ und $\frac{2}{3} = \frac{20}{30}$.

12 II **Zahl in der Mitte von zwei Brüchen**

a) Welche Zahl liegt in der Mitte zwischen den beiden angegebenen Zahlen?

① 5 und 6 ② $\frac{1}{4}$ und $\frac{1}{3}$ ③ $\frac{1}{6}$ und $\frac{1}{5}$

④ $\frac{1}{4}$ und $\frac{2}{3}$ ⑤ $\frac{99}{100}$ und 1 ⑥ $\frac{999\,999}{1\,000\,000}$ und 1

b) Begründe:

Zwischen zwei verschiedenen Brüchen liegt stets eine weitere Zahl.

c) Begründe mit b): Zwischen zwei Brüchen liegen unendlich viele Brüche.

13 II **Nachfolger und Vorgänger**

Bei den natürlichen Zahlen findet man zu allen Zahlen eine nächste Zahl, den Nachfolger. So ist z. B. 4 der Nachfolger der Zahl 3. Was aber ist der Nachfolger von $\frac{1}{3}$?

Begründe die folgenden Aussagen:

a) $6\frac{1}{10}$ ist nicht der Nachfolger von 6.

b) $\frac{99}{100}$ ist nicht der Vorgänger von 1.

c) Was meinst du: Gibt es einen Nachfolger von $\frac{1}{3}$?

14 III **Einfache Brüche für komplizierte**

Kannst du dir unter dem Bruch $\frac{29}{40}$ etwas vorstellen? Ricarda und Jonathan zeichnen und überlegen: $\frac{29}{40}$ kann man nicht kürzen. Aber $\frac{29}{40}$ ist ungefähr so viel wie $\frac{30}{40}$.
Daher ist $\frac{29}{40}$ ungefähr so viel wie $\frac{3}{4}$. Das sieht man auch im Bild.

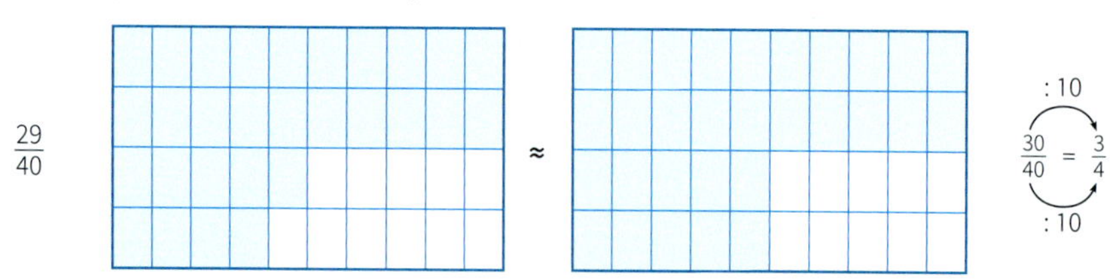

a) Finde auch für die folgenden komplizierten Brüche einfachere. Mache es wie Ricarda und Jonathan: Runde den Zähler oder den Nenner so, dass du kürzen kannst.

$\frac{49}{100}$ $\frac{50}{201}$ $\frac{79}{240}$ $\frac{21}{160}$ $\frac{359}{450}$ $\frac{99}{1000}$ $\frac{320}{481}$

b) Bei einer Verkehrskontrolle in Düsseldorf waren von 162 kontrollierten Fahrern 41 nicht angeschnallt. In Köln wurde zur gleichen Zeit kontrolliert:
Von 119 kontrollierten Fahrern hatten sich 18 nicht angeschnallt. Wo war der Anteil der Verkehrssünder größer?

1.7 Brüche und Prozente

1 „Sale“

In vielen Geschäften gibt es „Sonderangebote, die mit dem %-Zeichen („Prozentzeichen“) angegeben werden.
Was bedeuten „50 %“ und „70 %“?
Angenommen, eine Hose kostet eigentlich 80 €. Was kostet sie jetzt im „Sale“ bei 50 % oder 70 %?

2 Mädchen, Jungen und Bücher

In der KIM Studie („Kinder-Internet-Medien“) aus dem Jahr 2012 wurde gefragt:
„Wie oft liest du Bücher in deiner Freizeit?“ Die Auswertung ist mit einem Diagramm dargestellt. Die Angaben sind in Prozent (%) gemacht. So bedeutet die „18“ bei den Mädchen, dass 18 von 100 Mädchen nie ein Buch in ihrer Freizeit lesen.

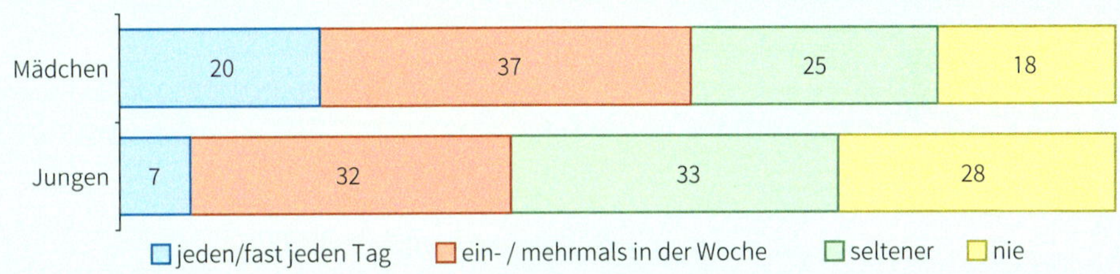

a) Beschreibe, was 20 % bedeutet. Schreibe als Bruch. Schreibe auch die anderen Angaben in Prozent und als Bruch.
b) Ein Viertel der Mädchen und ein Drittel der Jungen liest selten ein Buch.
Stimmt das? Erkläre.
c) Diskutiert die Ergebnisse. Vergleicht sie auch mit aktuelleren Studien.

3 Bruchteile und Prozente

Beschreibe, was die Aufschriften jeweils bedeuten.

Prozente sind Brüche mit dem Nenner 100. $35\,\% = \frac{35}{100}$

a)

b)

c)

Veranschauliche die Prozentangaben in einem passenden Modell.

Basiswissen

WES-125661-008

„Prozent“ kommt aus dem Lateinischen:
centum: hundert
pro centum: von Hundert

Centurio: Offizier des römischen Reichs, der eine *Centuria* (Hundertschaft) befehligte.

Prozentangaben

Prozente sind Anteile. Prozent bedeutet Hundertstel.

$1\,\% = \frac{1}{100}$; $25\,\% = \frac{25}{100} = \frac{1}{4}$

100 % ist das Ganze.
50 % ist die Hälfte des Ganzen.
25 % ist ein Viertel des Ganzen.
10 % ist ein Zehntel des Ganzen.
1 % ist ein Hundertstel des Ganzen.

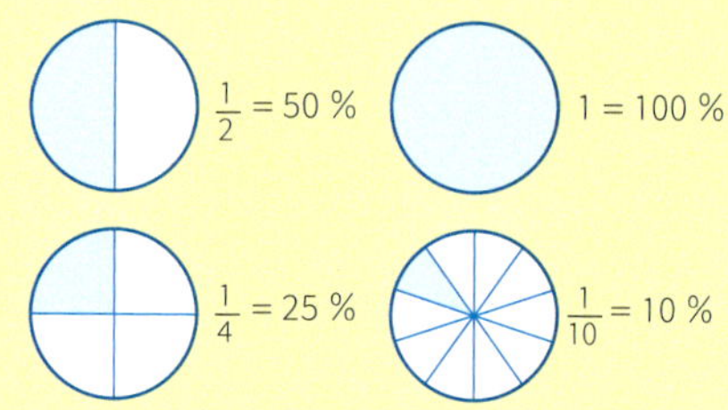

Prozentangabe	1 %	5 %	10 %	20 %	25 %	50 %	100 %
Anteil	$\frac{1}{100}$	$\frac{1}{20}$	$\frac{1}{10}$	$\frac{1}{5}$	$\frac{1}{4}$	$\frac{1}{2}$	1

Beispiele

A Prozentangaben veranschaulichen
Veranschauliche 20 %.

Lösung:
$20\,\% = \frac{20}{100} = \frac{1}{5}$ 20 % ist ein Fünftel des Ganzen.

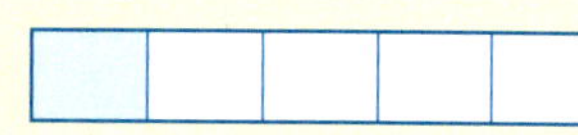

B Lohnerhöhung
Frau Brammer verdient monatlich 2500 €. In der Firma übernimmt sie eine neue Stelle und erhält 10 % mehr Lohn als zuvor. Wie groß ist die Lohnerhöhung in Euro?

Lösung:
10 % sind $\frac{1}{10}$ ihres früheren Lohns. 2500 € $\xrightarrow{:10}$ 250 €
Die Lohnerhöhung macht monatlich 250 € aus.

Übungen

4 **Anteile in Diagrammen**
Ordne jeweils der gefärbten Fläche ihren Anteil zu.

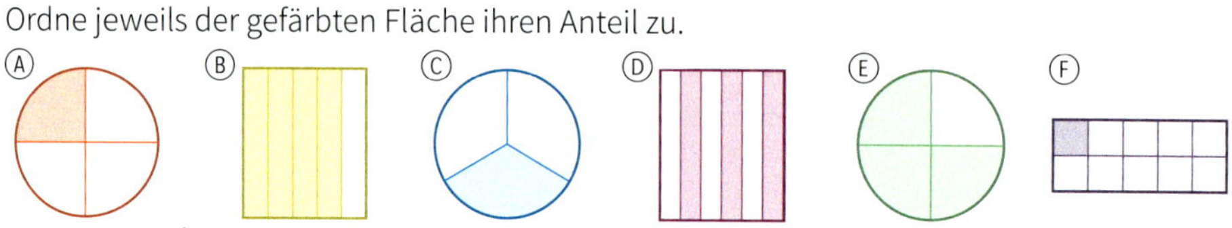

$\frac{1}{3}$ 25% 50% 75% 10% $\frac{4}{5}$

5 **Anteile und Prozentangaben**
Übertrage die Tabelle in dein Heft und ergänze jeweils den Anteil als Bruch oder den Anteil als Prozent.

Anteil als Bruch	■	$\frac{1}{5}$	■	$\frac{1}{8}$	■	$\frac{3}{5}$	■
Anteil als Prozent	10 %	■	25 %	■	75 %	■	100 %

6 **Anteil als Prozent**
Gib den Anteil in Prozent an.

a) $\frac{1}{2}$ b) $\frac{1}{4}$ c) $\frac{2}{5}$ d) $\frac{3}{3}$ e) $\frac{4}{5}$ f) $\frac{3}{10}$

7 I **Prozentangaben im Rechteckmodell**

Bei den beiden großen Rechtecken ist jeweils 25 % der Fläche gefärbt. Zeichne je zwei verschiedene Rechtecke mit folgenden gefärbten Anteilen in dein Heft:

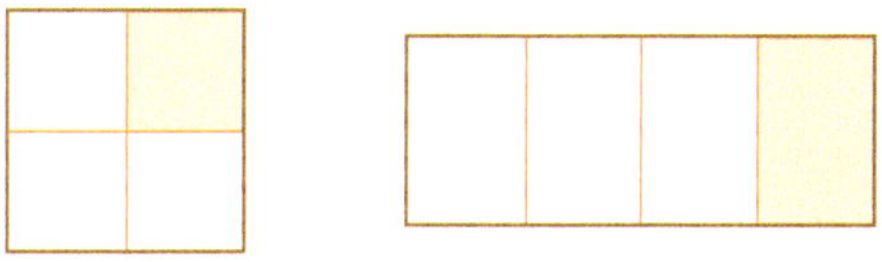

a) 75 %   b) 50 %   c) 20 %   d) 10 %   e) 80 %

8 I **Training mit Größen**

Berechne die angegebenen Anteile, wähle dabei die Einheiten passend.

a) 10 % einer Stunde   b) 75 % von 24 €   c) 30 % von 3 m
d) 50 % von 3,8 km^2 e) 25 % von 2 l   f) 5 % von 1 t

9 II **Prozente im Einsatz**

a) Tim hat bereits 50 % einer Strecke zurückgelegt. Wie viel ist das, wenn die Strecke 1800 m lang ist?
b) Hannah hat bereits 25 % einer 32 km langen Strecke zurückgelegt. Welcher Anteil fehlt noch? Wie lang sind die beiden Teilstrecken?
c) Wie viel sind 20 % von 2000 €?
d) Wie viel sind 75 % von 1,20 €?

10 II **Vereinsbericht**

Marina hat die Geschäftsleitung des VfR Bolzdorf übernommen und liest den letzten Vereinsbericht. Dabei hat sie mit vielen Prozentangaben zu tun.

① Der Verein zählt 240 Mitglieder.
50 % der Mitglieder sind weiblich.
10 % sind jünger als sechs Jahre.
25 % sind Rentner.
5 % spielen in der C-Jugend.

② Die Jahresbeiträge der erwachsenen Vereinsmitglieder sollen ab dem kommenden Jahr von 108 € um 25 % angehoben werden. Dafür sollen die Jahresbeiträge der Jugendlichen von 72 € um 25 % gesenkt werden.

a) Gib zu den Prozentangaben im ersten Teil des Berichts die Anzahl der Personen an.
b) Wie viel müssen die Erwachsenen und die Jugendlichen ab dem kommenden Jahr jeweils bezahlen? Das Beispiel B kann helfen.

11 II **Zwei Gespräche über Prozente**

Was meinst du zu den beiden Gesprächen?

Lehrer Lempel:
„65 % von euch wissen immer noch nicht, was Prozente sind.“
Marc:
„So viele sind wir doch gar nicht.“

Grundwissen zum Wiederholen

1 Ordne die Zahlen nach Größe: 432; 342; 324; 243; 423; 234.

2 Wandle 1000 cm in Kilometer um.

3 Gib die Anzahl und die Form der Flächen an, aus denen das Netz einer quadratischen Pyramide besteht.

+

12 II **Mega-Kuchen**

Bäcker Helmchen hat für das Volksfest einen 8 m langen Kuchen gebacken. Eine Stunde nach Beginn des Festes sind 20 % des Kuchens verkauft. Bereits eine Stunde später sind 25 % des ganzen Kuchens verkauft. Noch zwei Stunden später sind 80 % des ganzen Kuchens aufgegessen. Wie lang war der Rest des Kuchens jeweils? Zeichne und rechne.

13 II **Schülerbefragung**

Emmas kleiner Bruder Benne kann noch keine Bruchrechnung und keine Prozente. Hilf Emma, den Artikel aus der Jugendzeitung für ihn zu übersetzten.

200 Schüler wurden befragt: 80 % gaben an, sich sehr auf die Ferien zu freuen. $\frac{1}{4}$ möchte in diesem Jahr sehr gerne ans Meer fahren. 20 % werden aber zuhause bleiben und dort etwas Schönes unternehmen, während $\frac{1}{5}$ lieber Verwandte besuchen möchte. 5 % werden in den Ferien lernen. Die Hälfte der befragten Schüler war noch in der Grundschule, 30 % auf dem Gymnasium und der Rest auf anderen Schulen.

14 III **Ein Zeitungsartikel**

Weniger Raser auf den Straßen

Fuhr vor einigen Jahren noch jeder zehnte Autofahrer zu schnell, so ist es mittlerweile heute „nur noch" jeder fünfte. Doch auch fünf Prozent sind zu viele. So wird weiterhin kontrolliert, und die Schnellfahrer haben zu zahlen.

Schreibe einen Leserbrief.

15 III **Sale**

a)

T-Shirt	Kleid	Hose
10 €	200 €	50 €

Die Tabelle gibt die Preise an, die die Kleidungsstücke vor dem „Sale" gekostet haben.
Was kosten sie jetzt?

b)

Alter Preis: 140 €

Rabatt in %: $30\,\% = \frac{3}{10}$

Rabatt in €: $140\,€ \xrightarrow{:10} 14\,€ \xrightarrow{\cdot 3} 42\,€$

Neuer Preis: 140 € – 42 € = 98 €

Ein Paar Schuhe hat 140 € gekostet.
Hier siehst du eine Möglichkeit, den Rabatt und den neuen Preis auszurechnen.
Berechne den neuen Preis einer Uhr, die vorher 70 € gekostet hat und von fünf Paar Strümpfen, die vorher 20 € gekostet haben.

16 III **Alltagsprobleme**

① Sven ist auf einer 360 km langen Fahrradtour unterwegs. Nach 5 Tagen hat er 40 % geschafft.

② Die Waldschule hat 750 Schülerinnen und Schüler. 60 % kommen mit dem Fahrrad zur Schule.

③ Die Einwohnerzahl von Ahausen betrug im letzten Jahr 120 000. Sie ist in diesem Jahr um 8 % gestiegen.

1.8 Brüche und Verhältnisse

1 KiBa – Kirsch-Bananen-Saft

KiBa ist ein Mischgetränk aus Kirsch- und Bananensaft.

a) Fülle die Tabelle aus.

Mischung	Diagramm	Anteile
3 Kirsch zu 2 Banane 3 zu 2		
2 Kirsch zu 1 Banane 2 zu 1		$\frac{2}{3}$ Kirsch und $\frac{1}{3}$ Banane
5 Kirsch zu 3 Banane 5 zu 3		

b) Lena und Stefanie haben jeweils einen KiBa mit 3 Teilen Kirschsaft und 2 Teilen Bananensaft gemischt. Lena hat einen Liter hergestellt, Stefanie zwei Liter.
Wie viel Kirsch- und Bananensaft haben die beiden jeweils benutzt?
Was meinst du, schmecken die Mischungen unterschiedlich?

2 Ein tolles Orange

Herr Kühne ist vom Garagentor seiner Nachbarin Frau Schimanski begeistert.

Gib für die folgenden Mischungen jeweils das Mischungsverhältnis der Flüssigkeiten an.

a)

b)

c)

Welchen Bruchteil der Mischung macht jede Flüssigkeit aus?

3 Klassenfahrt

Die Klasse 5 d hat abgestimmt, wohin die nächste Klassenfahrt gehen soll.

Der Mathematiklehrer:
Ihr habt im Verhältnis eins zu vier für eine Fahrt ans Meer abgestimmt.

Miriam:
Dann hat ein Viertel für die Berge gestimmt?!

a) Erkläre die Aussage des Mathematiklehrers. Was meinst du zu Miriams Aussage?

b) Die Klasse 6 a besteht aus 30 Schülerinnen und Schülern. Es haben 12 für das Meer und 18 für die Berge gestimmt.
- Gib das Verhältnis der Stimmen zueinander an.
- Welcher Anteil der Klasse möchte ans Meer, welcher in die Berge?

Basiswissen

WES-125661-009

Brüche und Verhältnisse

Lebensmittel bestehen häufig aus Mischungen verschiedener Teile. Wichtig ist dabei oft das Verhältnis der einzelnen Teile zueinander.

Beispiel: Marzipan wird aus gemahlenen Mandeln (Rohmasse) und Zucker hergestellt.

Verhältnis	Diagramm	Anteile	
Rohmasse und Zucker stehen im Verhältnis **7 zu 3**.	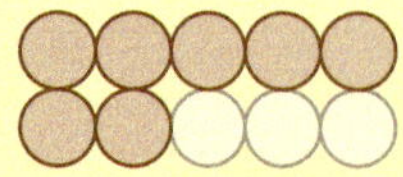	**7 von 10** Teilen sind Rohmasse, **3 von 10** Teilen sind Zucker	Rohmasse: $\frac{7}{10}$ Zucker: $\frac{3}{10}$

Beispiele

A **Verhältnis ablesen**

In welchem Verhältnis wurde die Strecke geteilt?

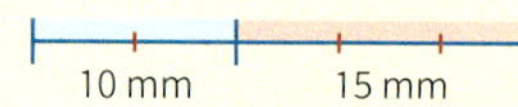

Lösung:

Es sind 5 Abschnitte. Es wurde im Verhältnis 3 zu 2 geteilt.

B **Streckenverhältnis**

Teile eine 35 mm lange Strecke im Verhältnis 2 zu 5 auf.

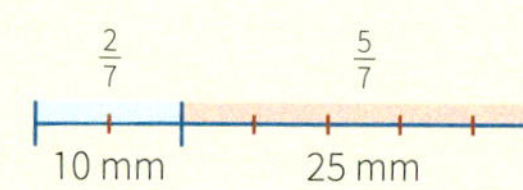

Lösung:

Teile die Strecke in $2 + 5 = 7$ gleich lange Abschnitte.
Jeder Abschnitt ist also $35\,\text{mm} : 7 = 5\,\text{mm}$ lang.
Die Abschnitte von $2 \cdot 5\,\text{mm} = 10\,\text{mm}$ und $5 \cdot 5\,\text{mm} = 25\,\text{mm}$ stehen im Verhältnis 2 zu 5 zueinander.

Übungen

4 **Strecke teilen**

Zeichne eine Strecke von 12 cm und teile sie im angegebenen Verhältnis.

a) 1 zu 3 b) 5 zu 1 c) 4 zu 4 d) 1 zu 11 e) 8 zu 4

5 **Im Baumarkt**

Im Baumarkt wurden Bretter nach angegebenen Verhältnissen zurechtgeschnitten.

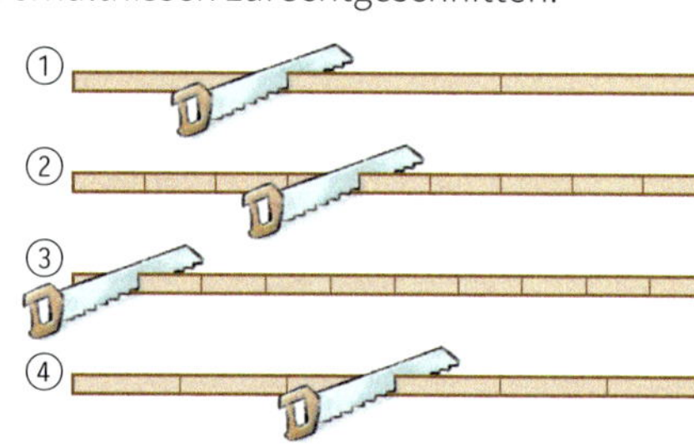

a) Ordne den Zuschnitten im Bild das passende Verhältnis zu.
Ⓐ 4 zu 5 Ⓑ 1 zu 2 Ⓒ 3 zu 3 Ⓓ 1 zu 9

b) Kai: „Ist 3 zu 3 nicht dasselbe wie 1 zu 1?“ Was meinst du? Finde für 1 zu 2 auch eine andere Darstellung für das Verhältnis.

c) Zeichne selbst Bretter in dein Heft, die in folgenden Verhältnissen zugeschnitten wurden: Ⓐ 3 zu 4 Ⓑ 5 zu 5 Ⓒ 2 zu 7

6 **Grautöne**

Aus weißer und schwarzer Farbe sollen verschiedene Grautöne gemischt werden. Für jede Farbdose steht ein Kästchen. Gib jeweils die Mischungsverhältnisse an.

a)  b)  c) 

d) Welcher Bruchteil der Mischungen ist schwarze Farbe, welcher weiße Farbe? Bei welcher der drei Mischungen ist der Grauton am hellsten?

7 I Orangetöne

Aus gelber und roter Farbe sollen verschiedene Orangetöne gemischt werden.

Mischung	A	B	C	D
Verhältnis Rot zu Gelb	3 zu 1	1 zu 1	4 zu 5	2 zu 5

a) Zeichne zu den Mischungsverhältnissen die Anzahl der jeweils benötigten Farbdosen in dein Heft. Welcher der Orangetöne wird eher rötlich, welcher eher gelblich sein?

b) Gib an, welcher Bruchteil der Mischungen gelbe Farbe und welcher rote Farbe ist.

8 I Farbmuster

Manchmal werden mehr als zwei Teile „gemischt“.

In welchem Verhältnis stehen die Farben in den einzelnen Mustern? Gib auch die jeweiligen Anteile an.

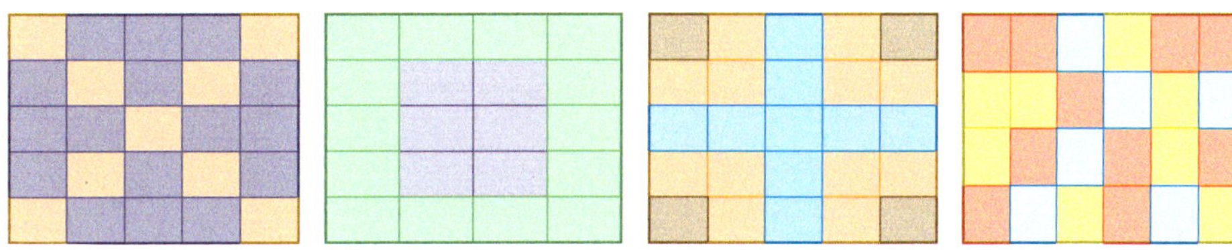

9 II Farben im Drucker

Ein Tintenstrahldrucker erzeugt die Farben durch Mischung von drei Grundfarben. Jeder Farbton ist also durch ein bestimmtes Mischungsverhältnis gekennzeichnet.

	Cyan	Magenta	Gelb
①	0	25	50
②	30	30	40
③	40	60	20

a) Benenne die Mischungsverhältnisse der Farbtöne ①, ② und ③. Gib auch die entsprechenden Bruchteile der einzelnen Grundfarben an. Versuche dir vorzustellen, welcher Farbton entsteht. Ist ein Grünton dabei?

Zum Knobeln

b) Welches Mischungsverhältnis erhält man, wenn man doppelt so viel Magenta wie Cyan und doppelt so viel Gelb wie Magenta mischt? Welche Anteile erhält man?

10 II Cocktails

Beschreibe, welche Anteile von jedem Saft für die Cocktails benötigt werden. Wie viel von jedem Saft muss der Barkeeper nehmen, um jeweils 2 Liter Cocktail herzustellen?

Cocktails
Sommerabend: Himbeersirup und Orangensaft im Verhältnis 1 zu 4
Grüne Wiese: Waldmeistersirup und Limonade im Verhältnis 2 zu 8
Eisbär: Heidelbeersaft und Kokosmilch im Verhältnis 6 zu 4
Alte Liebe: Zu gleichen Teilen Kirsch- und Ananassaft

Beispiel:
Für den Cocktail Sommerabend musst du einen Anteil Himbeersirup mit 4 Anteilen Orangensaft mischen.
Der Cocktail besteht aus einem Fünftel Himbeersirup und vier Fünfteln Orangensaft.
Für 1 Liter Cocktail benötigt man deshalb 200 ml Himbeersirup und 800 ml Orangensaft.

Grundwissen
zum Wiederholen

1 Wandle 1000 Tonnen in Kilogramm um.

2 Welche Aufgaben haben keine Lösung?
a) $0 \cdot 1$ b) $0 : 1$ c) $1 : 0$ d) $1 \cdot 0$

3 Lea will höchstens 5 € für Brötchen ausgeben, ein Brötchen kostet 57 ct. Wie viele Brötchen kann sie kaufen?

Exkurs

Dinosaurier – Riesen der Urzeit

Dinosaurier lebten im mittleren Zeitalter der Erde, dem sogenannten Mesozoikum. Es endete vor ca. 65 Millionen Jahren. Der Mensch, der etwa vor $3\frac{1}{2}$ Mio. Jahren auf die Bühne der Weltgeschichte trat, kann deshalb niemals einem lebenden Dinosaurier begegnet sein. Die Erforschung dieser faszinierenden Giganten begann im 19. Jahrhundert, ist aber noch lange nicht abgeschlossen. Erst 1993 wurde der Argentinosaurus entdeckt. Man hat von diesem Pflanzenfresser zwar nur Rückenwirbel, Rippen, Schienbeine und wenige andere Knochen gefunden, doch lässt sich damit bereits eines sagen: Er ist der größte bisher bekannte Dinosaurier. Seine Länge betrug etwa 30 m, sein Gewicht bis zu 80 Tonnen.
Forscher suchen nun auch noch nach den übergroßen Fleischfressern, die den Argentinosaurus vielleicht einst jagten …

P Projekt: Dinosaurier

Größen mit Maßstäben und Bruchteilen veranschaulichen.

In den Abbildungen unten stecken viele Informationen zu den Dinosauriern, die euch helfen, die folgenden Aufträge zu bearbeiten.

- Bestimmt die Originallänge und -höhe (oder Flügelspannweite) der Dinosaurier. Mit Kreide und Maßband könnt ihr die tatsächlichen Abmessungen auf dem Schulhof verdeutlichen.
- Ermittelt das Gesamtgewicht eurer Klasse und gebt es als Bruchteil der Dinosauriergewichte an.
- In welchem Maßstab zeigt das Bild oben den Argentinosaurus?
- Vergleicht die Höhen der abgebildeten Dinosaurier mit der eines Pferdes. Stellt die Höhen mit maßstabsgerechten Balken nebeneinander dar und gebt die Höhe des Pferdes als Bruchteil der Dinosaurierhöhen an.

Quetzalcoatlus 100 kg
Maßstab 1 : 240

Parasaurolophus 2,5 t
Maßstab 1 : 150

Brachiosaurus 30 t
Maßstab 1 : 300

Allosaurus 1500 kg
Maßstab 1 : 130

Bei manchen Dinosauriermodellen wird ein Mensch im gleichen Maßstab mitgeliefert, um die Größenverhältnisse zu veranschaulichen. Wie lang war der abgebildete Stegosaurus in Wirklichkeit, und in welchem Maßstab ist er hier abgebildet?

Forschungsaufträge und Postererstellung

Sammelt weitere Abbildungen und Modelle von Dinosauriern und ermittelt die Maßstäbe.	Vergleicht die Gewichte der Dinosaurier mit denen großer Säugetiere.	Vergleicht die Spannweite des Quetzalcoatlus mit der heute lebender Vögel.

In den Aufgaben 11, 12, 13 und 14 treten Brüche in all ihrer Vielfalt auf: Anteile, Verhältnisse, Prozente, Mischungen und mehr. Teste deine Fähigkeiten.

- …im Verhältnis von…
- Der prozentuale Anteil von…
- Der Anteil von…

11 II **Darstellungen**

Beschreibe die Darstellungen auf verschiedene Weise. Formuliere jeweils eine Aufgabe zu den Darstellungen.

a)

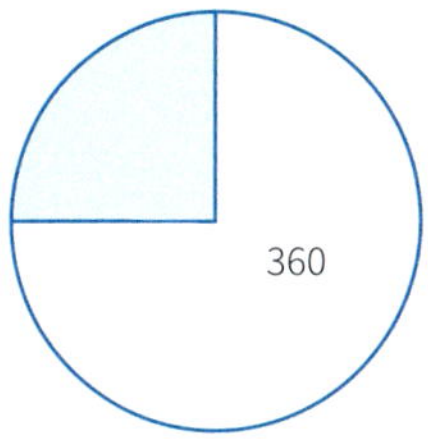

b)

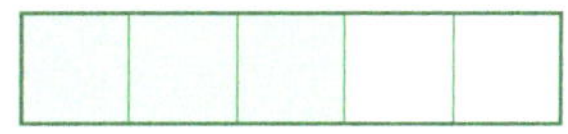

c)

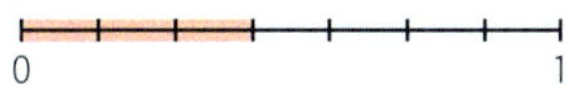

d)

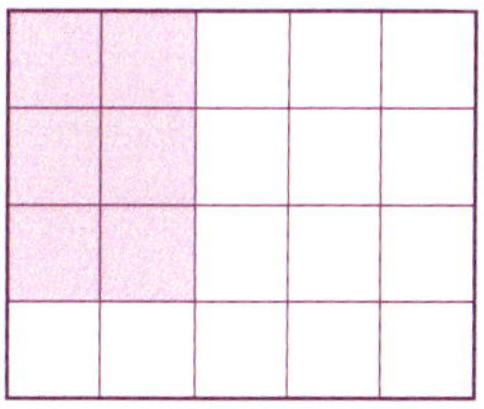

12 II **Anteile, Prozente, Verhältnisse**

Welche Aussagen zu nebenstehender Darstellung sind richtig? Begründe deine Entscheidung.

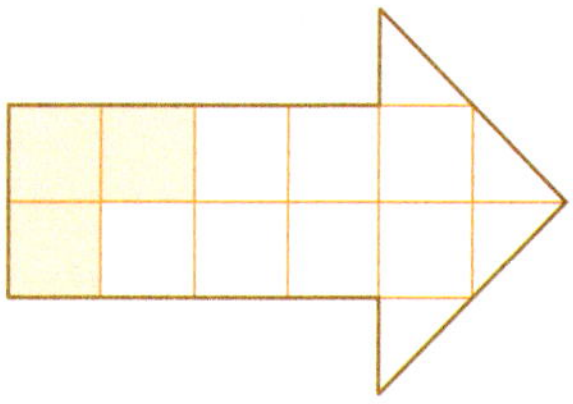

① Der gefärbte Anteil ist $\frac{3}{9}$ vom gesamten Pfeil.
② Der gefärbte und der weiße Teil des Pfeils beschreiben das Mischungsverhältnis 3 zu 9.
③ Der prozentuale Anteil der weißen Teilfläche kann mit 100 % – 25 % berechnet werden.
④ Der gefärbte Anteil ist $\frac{1}{4}$.
⑤ Wenn ich zwei weitere Kästchen im Pfeil färbe, ist der farbige Anteil $\frac{5}{12}$.
⑥ Den gefärbten Anteil kann ich berechnen, wenn ich die Anzahl der farbigen Kästchen durch die Anzahl der weißen Kästchen dividiere.

13 II **Rechteckvergrößerung**

Welches Rechteck gehört zu welcher Beschreibung? Das Ausgangsrechteck ist blau dargestellt, das neue Rechteck ist das gesamte. Hinweis: Es können auch mehrere passen.

Ⓐ

Ⓑ

Ⓒ

① Der Flächeninhalt ist jetzt $\frac{3}{2}$-mal so groß wie der des Ausgangsrechtecks.
② Der Flächeninhalt nahm um 50 % zu.
③ Das neue Rechteck ist im Maßstab 1:2 gezeichnet.
④ Das Verhältnis des Ausgangsrechtecks zum neuen Rechteck ist 2 zu 3.
⑤ Der Flächeninhalt ist jetzt $\frac{3}{2}$-mal größer.

14 II **Natürliche Zahlen und Bruchzahlen**

Schreibe einen Bericht über den Unterschied von natürlichen Zahlen und Bruchzahlen. In diesem Bericht sollten Begriffe aus diesem Kapitel vorkommen.

Brüche

$\frac{2}{5}$ — Zähler, Bruchstrich, Nenner

Lies: „Zwei Fünftel“

Brüche als Anteil eines Ganzen

$\frac{3}{4}$ eines Pfannkuchens

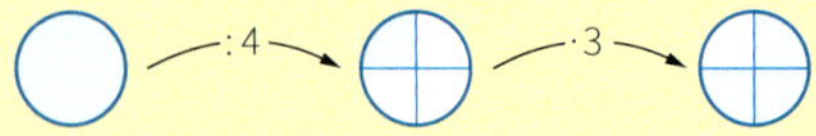

Brüche beim Verteilen

3 Pfannkuchen an 4 Kinder verteilen: $3:4=\frac{3}{4}$

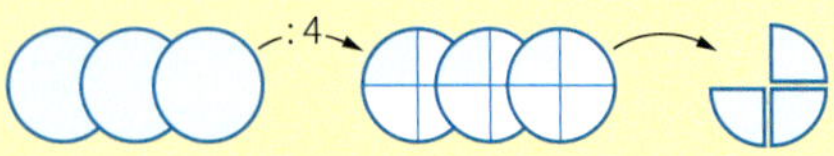

5 Pfannkuchen an 3 Kinder verteilen: $5:3=\frac{5}{3}$

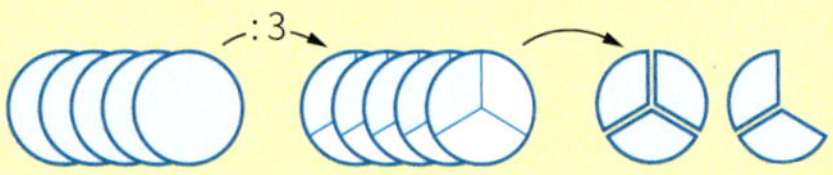

$\frac{5}{3}=\frac{3}{3}+\frac{2}{3}=1\frac{2}{3}$ wird **gemischte Zahl** genannt.

Gleichwertige Brüche

Brüche, die denselben Anteil beschreiben, nennt man gleichwertig.

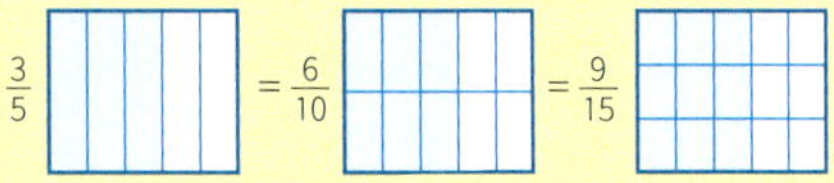

Erweitern

Verfeinern mit 3	Erweitern mit 3
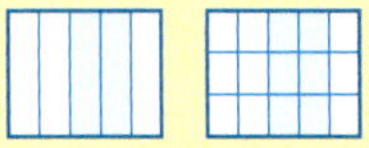 $\frac{2}{5}$ $\frac{6}{15}$	Zähler und Nenner mit 3 multiplizieren. $\frac{2}{5}=\frac{2\cdot3}{5\cdot3}=\frac{6}{15}$

Beim Erweitern werden der Zähler und der Nenner mit der gleichen Zahl multipliziert.

Kürzen

Vergröbern mit 4	Kürzen mit 4
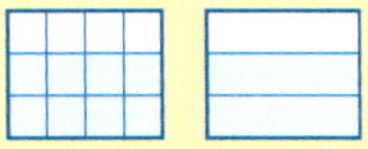 $\frac{8}{12}$ $\frac{2}{3}$	Zähler und Nenner durch 4 dividieren. $\frac{8}{12}=\frac{8:4}{12:4}=\frac{2}{3}$

Beim Kürzen werden der Zähler und der Nenner durch die gleiche Zahl dividiert.

Check-up

1 Anteile bestimmen

Welche Anteile sind gefärbt, welche weiß?

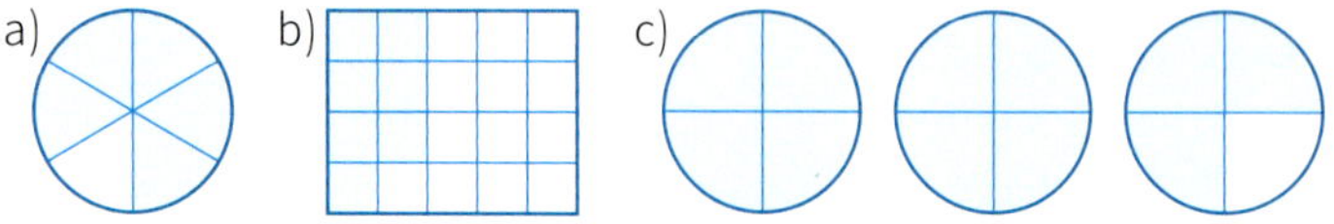

2 Anteile zeichnen

Stelle die Anteile zeichnerisch dar.

a) Kreismodell: ① $\frac{1}{2}$ ② $\frac{3}{4}$ ③ $\frac{5}{8}$ ④ $1\frac{1}{2}$

b) Rechteckmodell: ① $\frac{7}{8}$ ② $\frac{5}{12}$ ③ $\frac{3}{16}$ ④ $1\frac{3}{4}$

3 Anteile von Größen

Gib den Anteil ohne Bruch in einer kleineren Maßeinheit an.

a) $\frac{4}{5}$ m b) $\frac{9}{4}$ kg c) $\frac{3}{10}$ dm d) $4\frac{1}{4}$ km e) $\frac{5}{6}$ h f) $20\frac{1}{2}$ l

4 Verteilungsprobleme

Bestimme, wie viel jedes Kind erhält. Gib das Ergebnis, wenn möglich, als gemischte Zahl an.

a) Verteile 2 Pizzen an 5 Kinder.
b) Verteile 6 Pfannkuchen an 5 Kinder.
c) Verteile 6 Tafeln Schokolade an 4 Kinder.
d) Verteile 3 Bleche Kuchen an 7 Kinder.

5 Gemischte Zahl

a) Stelle als Bruch dar: ① $3\frac{2}{3}$ ② $14\frac{1}{2}$ ③ $7\frac{5}{9}$ ④ $15\frac{1}{10}$

b) Schreibe als gemischte Zahl: ① $\frac{12}{5}$ ② $\frac{13}{4}$ ③ $\frac{55}{23}$ ④ $\frac{1001}{10}$

6 Erweitern und kürzen

Erweitere oder kürze die Brüche.

Erweitere mit 3: a) $\frac{2}{3}$ b) $\frac{4}{7}$ c) $\frac{1}{4}$ d) $\frac{5}{2}$ e) $\frac{6}{5}$

Kürze mit 4: a) $\frac{8}{4}$ b) $\frac{16}{12}$ c) $\frac{24}{52}$ d) $\frac{76}{100}$ e) $\frac{24}{36}$

7 Erweitern oder kürzen und dann vergleichen

Erweitere oder kürze so, dass du >, < oder = setzen kannst.

a) $\frac{3}{8}$ ▪ $\frac{7}{16}$ b) $\frac{9}{10}$ ▪ $\frac{8}{9}$ c) $\frac{7}{3}$ ▪ $\frac{69}{33}$

d) $\frac{4}{5}$ ▪ $\frac{16}{20}$ e) $\frac{4}{16}$ ▪ $\frac{3}{15}$ f) $4\frac{1}{5}$ ▪ $4\frac{1}{3}$

8 Geschickt vergleichen

Vergleiche die Brüche ohne Rechnen.

a) $\frac{2}{3}$ ▪ $\frac{2}{5}$ b) $\frac{5}{6}$ ▪ $\frac{4}{6}$ c) $\frac{2}{3}$ ▪ $\frac{6}{9}$ d) $\frac{4}{5}$ ▪ $\frac{4}{6}$ e) $\frac{4}{7}$ ▪ $\frac{5}{7}$

f) $\frac{3}{5}$ ▪ $\frac{2}{7}$ g) $\frac{8}{9}$ ▪ $\frac{9}{8}$ h) $\frac{7}{4}$ ▪ $\frac{7}{5}$ i) $\frac{15}{5}$ ▪ $\frac{6}{2}$ j) $\frac{11}{12}$ ▪ $\frac{12}{11}$

Brüche miteinander vergleichen

Gleiche Nenner

$\frac{2}{5} < \frac{3}{5}$, da 2 kleiner als 3 ist.

Gleiche Zähler

$\frac{3}{4} > \frac{3}{5}$, da Viertel größer als Fünftel sind.

Verschiedene Zähler und Nenner

Vergleiche $\frac{3}{5}$ und $\frac{2}{3}$.

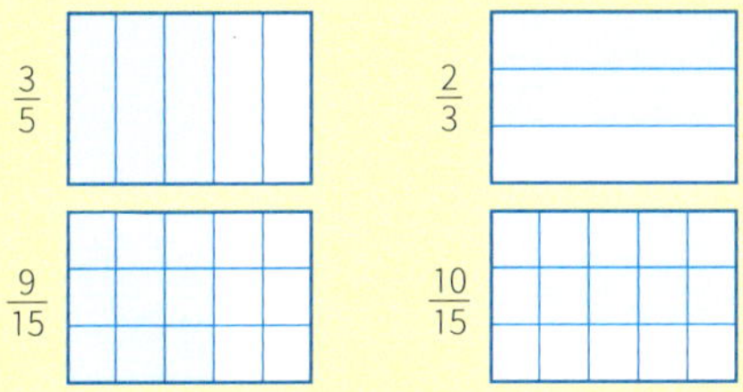

Brüche **gleichnamig** machen

- Einen gemeinsamer Nenner bestimmen, Produkt der beiden Nenner $3 \cdot 5 = 15$
- Brüche auf den gemeinsamen Nenner erweitern

$\frac{3}{5} = \frac{3 \cdot 3}{5 \cdot 3} = \frac{9}{15}$ (erweitern mit 3)

$\frac{2}{3} = \frac{2 \cdot 5}{3 \cdot 5} = \frac{10}{15}$ (erweitern mit 5)

- Brüche vergleichen: $\frac{3}{5} < \frac{2}{3}$, da $\frac{9}{15} < \frac{10}{15}$

Brüche als Zahlen

Brüche auf dem Zahlenstrahl eintragen.

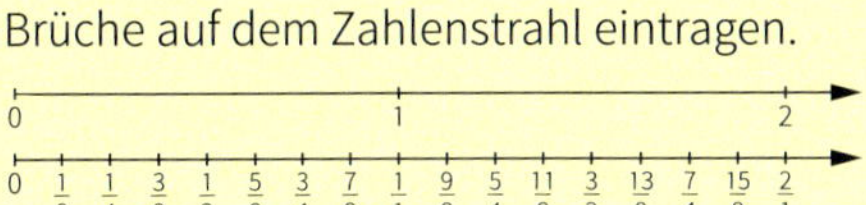

Die natürlichen Zahlen können auch als Bruch notiert werden: $2 = \frac{2}{1} = \frac{4}{2} = \frac{8}{4}$

Prozentangaben

Prozent bedeutet Hundertstel. $1\,\% = \frac{1}{100}$

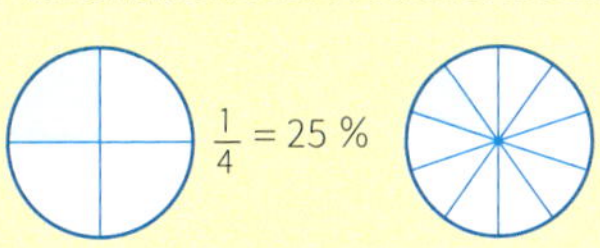

Prozent	1 %	5 %	10 %	20 %	25 %	50 %
Anteil	$\frac{1}{100}$	$\frac{1}{20}$	$\frac{1}{10}$	$\frac{1}{5}$	$\frac{1}{4}$	$\frac{1}{2}$

Verhältnisse

Verhältnis	Diagramm	Anteile
7 zu 3	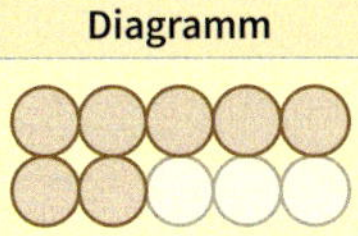	$\frac{7}{10}$ und $\frac{3}{10}$

9 Brüche vergleichen mit Rechnen

Vergleiche die Brüche.

a) $\frac{5}{8}$ und $\frac{2}{3}$ b) $\frac{7}{4}$ und $\frac{8}{5}$ c) $\frac{2}{11}$ und $\frac{3}{14}$ d) $\frac{5}{8}$ und $\frac{8}{13}$

e) $\frac{3}{10}$ und $\frac{4}{12}$ f) $\frac{1}{6}$ und $\frac{4}{20}$ g) $\frac{25}{3}$ und $\frac{42}{5}$ h) $\frac{1}{11}$ und $\frac{11}{111}$

10 Brüche am Zahlenstrahl

Trage auf einem Zahlenstrahl ($\frac{1}{10} \mathrel{\hat{=}} 2$ Kästchen) die Brüche ein.

a) $\frac{2}{5}, \frac{1}{4}, \frac{1}{5}, \frac{3}{5}, \frac{9}{10}, \frac{95}{100}$ b) $\frac{79}{100}, \frac{3}{4}, \frac{81}{100}, \frac{8}{10}, \frac{21}{100}$

11 Platz finden ohne Rechnen

In welchem farbig markierten Bereich liegt der Bruch?

① $\frac{2}{5}$ ② $\frac{14}{8}$ ③ $\frac{13}{10}$ ④ $\frac{25}{11}$ ⑤ $\frac{17}{30}$ ⑥ $\frac{16}{9}$ ⑦ $\frac{29}{12}$

12 Brüche als Prozente

Gib den Bruchteil in Prozent an:

a) $\frac{1}{5}$ b) $\frac{3}{4}$ c) $\frac{3}{10}$ d) $\frac{2}{2}$ e) $\frac{4}{5}$ f) $\frac{1}{8}$

13 Prozente als Brüche

Gib die Prozentzahl als gekürzten Bruch an:

a) 25 % b) 65 % c) 8 % d) 36 % e) 96 %

14 Kopfrechnen

Berechne im Kopf die Bruchteile folgender Größen:

a) 50 % von …
b) 25 % von …
c) 10 % von …

25 km, 16 kg, 2 m, 30 min, 500 g, 3,8 t, 120 cm^2, 75 kg, 18 m^2, 4,4 km, $1\frac{1}{2}$ h

15 Brüche und Prozente ordnen

Sortiere der Größe nach, beginne mit der größten Zahl.

a) 50 %, $\frac{26}{50}$, $\frac{51}{100}$, 52 % b) $\frac{99}{100}$, $\frac{995}{1000}$, 98 %, $\frac{9}{10}$, 95 %

16 Schulstatistik

Die Schule am großen See besuchen 800 Schülerinnen und Schüler. 50 % sind Mädchen, 10 % spielen Fußball im Verein, 70 % kommen mit dem Fahrrad zur Schule und 1 % sind größer als 1,90 Meter. Berechne jeweils die Anzahl der Schülerinnen und Schüler.

17 Mischungen

Gib jeweils die Anteile und das Mischungsverhältnis an.

18 Mischungsverhältnisse herstellen

Zeichne eine Strecke (9 cm lang) und stelle an ihr das Mischungsverhältnis 5 : 13 dar.

Sichern und Vernetzen

Vermischte Aufgaben zu Kapitel 1

Trainieren

WES-125661-060

Lösungen

1 I Von Färbungen zu Brüchen

Welcher Anteil ist grün gefärbt? Kürze den Bruch, wenn möglich.

a) 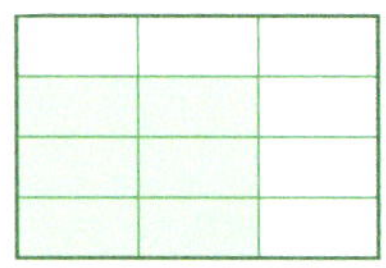 b) 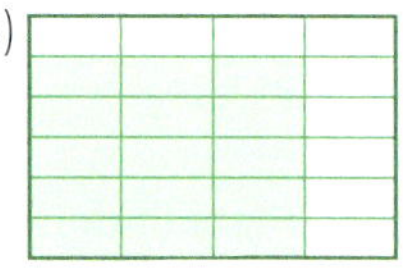 c) 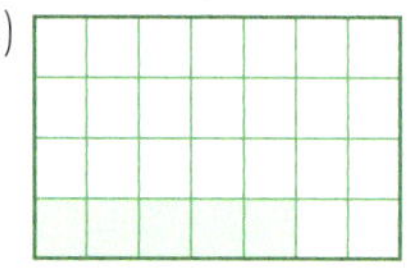 d) 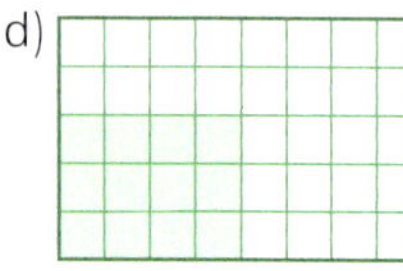

2 I Bruchstücke schneiden

Welcher Anteil wird abgeschnitten?

a) 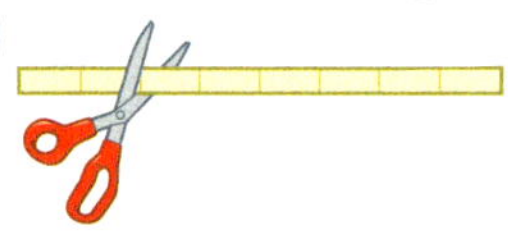 b) 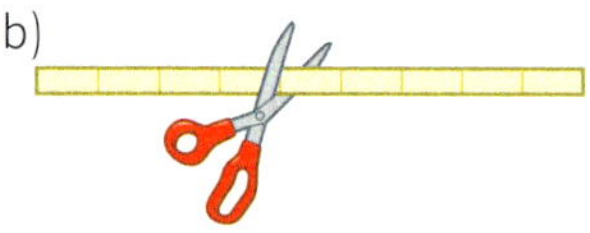 c) 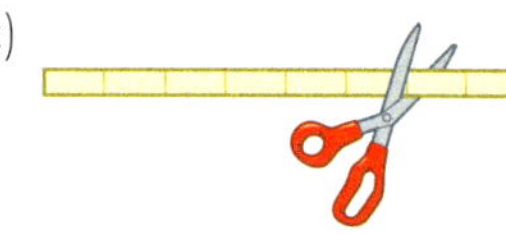

3 I Bruchteile und Prozentangaben

Übertrage die Tabelle in dein Heft und ergänze die Einträge.

Bruchteil	$\frac{1}{4}$	■	■	$\frac{3}{8}$	■	$\frac{13}{20}$	$\frac{4}{5}$	■
Prozentangabe	■	30 %	12,5 %	■	45 %	■	■	5 %

4 II Anteile mit Größen

Berechne die angegebenen Anteile, wähle dabei passende Einheiten.

a) 25 % von zwei Stunden b) 40 % von 200 km c) 5 % von 2 kg

d) 10 % von zwei Tonnen e) 20 % von 3 € f) 75 % von 36 Litern

5 I Passende Brüche

Gib jeweils passende Brüche an.

a) Vier von sieben Kindern besitzen einen Schlitten.

b) Die Farbmischung der Wandfarbe besteht aus 9 Teilen Weiß und 1 Teil Gelb.

c) Sieben Pizzen werden auf neun Personen verteilt.

6 I Kürzungen

Mit welcher Zahl wurde gekürzt?

a) $\frac{6}{18}=\frac{1}{3}$ $\frac{24}{21}=\frac{8}{7}$ $\frac{36}{16}=\frac{9}{4}$ $\frac{9}{81}=\frac{1}{9}$ $\frac{25}{100}=\frac{1}{4}$ $\frac{12}{39}=\frac{4}{13}$ $\frac{34}{51}=\frac{2}{3}$

b) $\frac{18}{72}=\frac{1}{4}$ $\frac{3}{12}=\frac{1}{4}$ $\frac{12}{144}=\frac{1}{12}$ $\frac{19}{38}=\frac{1}{2}$ $\frac{75}{100}=\frac{3}{4}$ $\frac{375}{1000}=\frac{3}{8}$ $\frac{15}{100}=\frac{3}{20}$

7 II Ordnen

Ordne die Zahlen der Größe nach, beginne mit der kleinsten.

$\frac{2}{5}$ $\frac{3}{8}$ 30 % 5 % $\frac{1}{4}$ $\frac{2}{3}$ 60 % $\frac{3}{10}$

8 I Brüche auf dem Zahlenstrahl

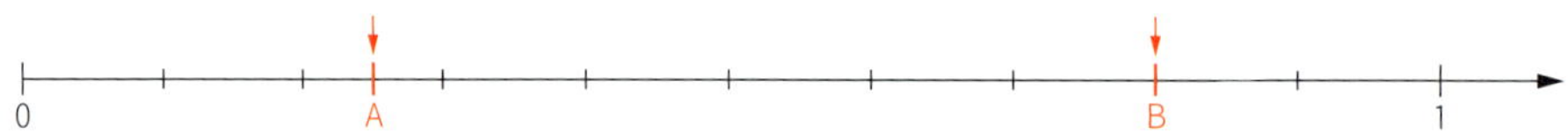

a) Welche Zahlen sind auf dem Zahlenstrahl markiert?

b) Bestimme jeweils die Mitte zwischen

① 0 und A ② 0 und B ③ B und 1 ④ A und 1 ⑤ A und B

Verstehen

9 II **Wahr oder falsch?**

Überprüfe, ob die Aussagen wahr sind, und gib eine Begründung.

a) Wenn zwei Brüche denselben Nenner haben, ist der Bruch größer, der den größeren Zähler hat.

b) Es gibt unendlich viele Namen für denselben Bruch.

c) Prozentzahlen sind gekürzte Brüche.

d) 33 % sind ein Drittel.

10 I **Multiple choice**

Wenn man den Zähler und den Nenner eines Bruchs jeweils verdoppelt, wird der Bruch
① nicht verändert,
② doppelt so groß,
③ verändert.

Wenn ich einen Liter Apfelsaftschorle aus Apfelsaft und Wasser im Verhältnis 1 : 3 herstelle, enthält die Mischung
① $\frac{1}{4}$ l Apfelsaft,
② $\frac{1}{3}$ l Apfelsaft,
③ $\frac{2}{3}$ l Apfelsaft.

Wenn man einen Bruch zunächst mit 6 erweitert und dann mit 3 kürzt, ist der Bruch
① halb so groß,
② doppelt so groß,
③ gleich groß.

11 II **Eine Schokolade**

Lisa, Ilona und Niklas wollen eine Tafel „Quadrato“ mit vier Stücken gerecht aufteilen und gehen dabei vor wie in der Abbildung gezeigt.

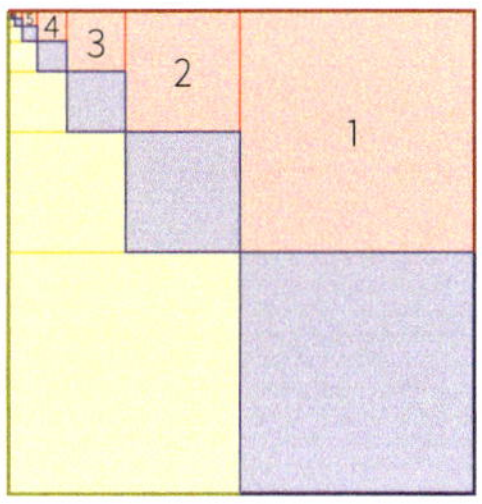

a) Beschreibe das Vorgehen. Welcher Anteil der Schokolade bleibt nach jedem Teilen noch übrig? Was passiert mit diesen Werten, wenn immer wieder geteilt wird? Welches Problem werden die drei haben?

b) Wie würdet ihr das Problem in der Praxis lösen?

Anwenden

Tipp
Probiere doch einfach aus. Oder schaue dir dieses Bild an.

12 II **Haustiere, Internetanschlüsse und Fahrradfahrer**

a) Zwei Drittel aller Schülerinnen und Schüler der Klasse 5 a haben ein Haustier, nämlich 22. Wie viele Schülerinnen und Schüler sind in der Klasse 5 a?

b) 14 Schülerinnen und Schüler der Klasse 5 b haben einen Internetanschluss. Das sind $\frac{7}{12}$ der Klasse. Wie groß ist die 5 b?

c) 32 Lehrerinnen und Lehrer kommen mit dem Fahrrad zur Schule. Das sind 40 % der Lehrkräfte. Wie viele Lehrerinnen und Lehrer unterrichten an der Schule?

13 II **Tage mit Sonnenschein**

Michael, Ole und Jorin waren unterschiedlich lange im Urlaub. Michael hatte an 7 von 10 Tagen Sonnenschein, Ole an 3 von 5 Tagen und Jorin konnte an 8 von 14 Tagen in der Sonne spielen. Wer hatte das beste Wetter?

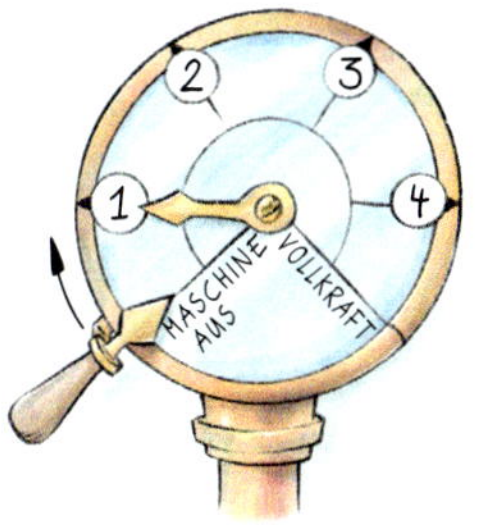

14 II **Eine Schiffsschraube**

Eine Schiffsschraube dreht sich bei voller Motorleistung (Zeigerstellung auf „Vollkraft“) 900-mal in 1 Minute.

a) Wie viele Umdrehungen macht die Schiffsschraube, wenn der Hebel auf ①, ②, ③ oder ④ steht?

b) Wie viele Umdrehungen macht die Schiffsschraube dann jeweils in 1 Sekunde?

PERU
BOLIVIEN
La Paz
Santa Cruz
Sucre
Iquique
Potosí
Antofagasta
CHILE
Salta
San Félix-I.
San Ambrosio-I.
Copiapo
La Serena
Juan Fernández-In.

2 Kreise und Winkel

Die Erde ist eine Kugel. Sie dreht sich um sich selbst und wandert im Laufe eines Jahres einmal um die Sonne. Dabei ist die Drehachse der Erde um 23,4° zur Drehebene um die Sonne geneigt. Jeder Globus steht deshalb etwas schief.
Für unser tägliches Leben spielt dieser Winkel eine besonders wichtige Rolle: Ohne ihn gäbe es die Jahreszeiten, Frühling, Sommer, Herbst und Winter, nicht.

2.1 Kreise und Kugeln

1 Kreise und Kugeln

Wo findest du in den Bildern Kreise und Kugeln? Kannst du erklären, weshalb die gefundenen Gegenstände eine Kreis- oder Kugelform haben? Gibt es Dinge, die leicht von der idealen Kreis- oder Kugelform abweichen?

Finde in deiner Umgebung weitere Dinge, die eine Kreis- oder Kugelform haben. Zeichne sie.

2 Zeichnen von Kreisen

Das Zeichnen von Kreisen mit der freien Hand ist eine wahre Kunst. Versuche es selbst! Warum ist es so schwierig?

a) Versuche mit den Hilfsmitteln möglichst genaue Kreise zu zeichnen.

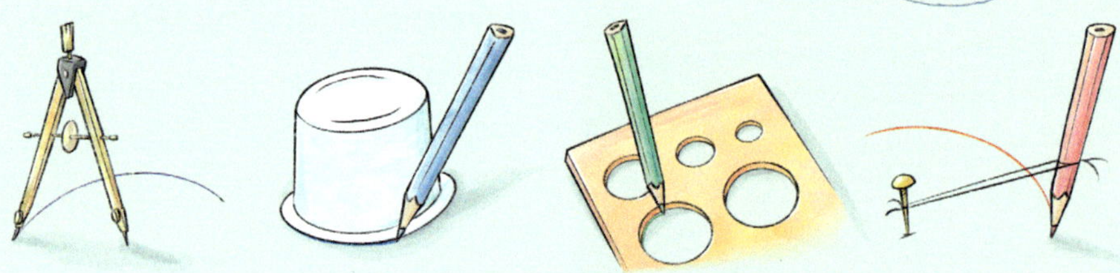

b) Haltet euch zu zweit am ausgestreckten Arm. Eine Person bleibt stehen und dreht sich nur, die andere geht um diese Person herum, die Arme bleiben gestreckt.
- Welche Eigenschaft des Kreises in Bezug auf den Abstand von Mittelpunkt und allen Punkten auf dem Kreis entdeckt ihr?
- Welche der abgebildeten Hilfsmittel nutzen diese Eigenschaft?

3 Kugeln herstellen

Sehr schöne Kugeln kannst du mithilfe von Seifenblasen herstellen. Leider haben diese nur eine sehr kurze Lebensdauer.

a) Forme eine Kugel aus Knete. Geschicktes Formen mit der Hand und Rollen auf flacher Unterlage führt zu recht guten Ergebnissen.

b) Wenn du die Kugel glatt (eben) durchschneidest, so entstehen kreisförmige Schnittflächen. Wie musst du schneiden, damit der Schnittkreis am größten ist?

c) Würfel, Quader und Pyramiden kannst du mithilfe passender Netze einfach herstellen. Ist das für eine Kugel auch möglich? Schäle eine Orange und breite die Schale aus. Was stellst du fest?

Basiswissen

WES-125661-010

Kreis und Kugel

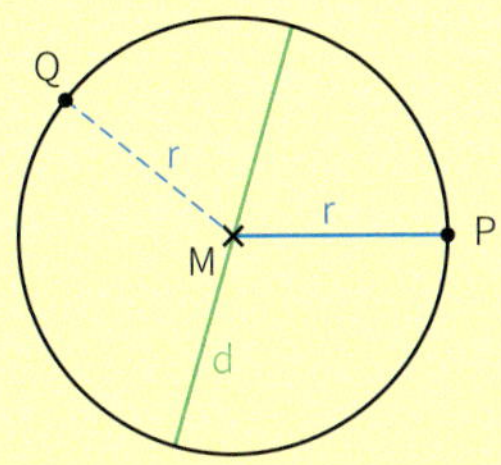

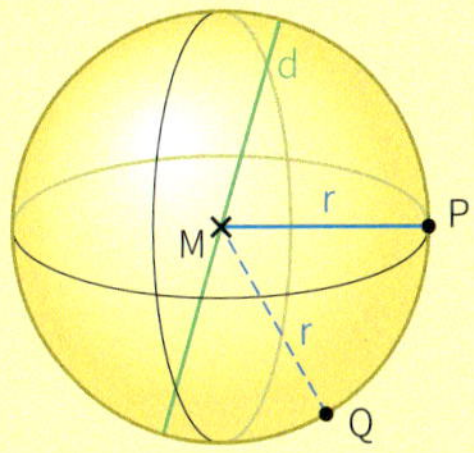

Alle Punkte des Kreises haben vom **Mittelpunkt M** den gleichen Abstand.

Alle Punkte der Kugeloberfläche haben vom **Mittelpunkt M** den gleichen Abstand.

Die Strecke r heißt **Radius**, die Strecke d heißt **Durchmesser**. Es gilt: $d = 2 \cdot r$

Beispiel

A Schnittflächen

Wenn man eine Kugel durchschneidet, entstehen kreisförmige Schnittflächen.
Wie muss man die Kugel schneiden, damit die Schnittflächen möglichst groß sind? Schneide z. B. Tomaten in Scheiben und notiere deine Beobachtungen.

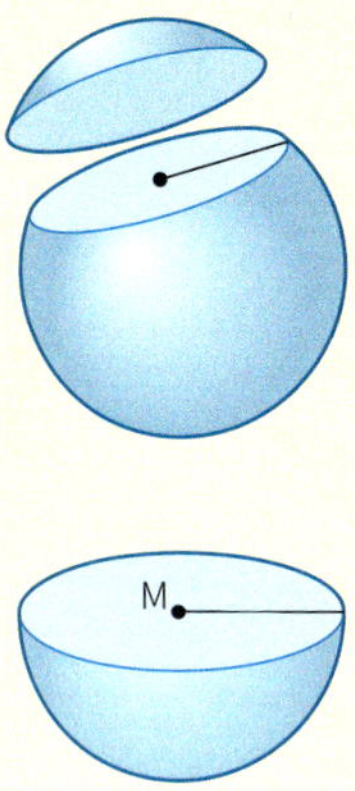

Lösung:
Der Radius des Schnittkreises ist am größten, wenn der Schnitt durch den Mittelpunkt der Kugel geht.
Der Durchmesser des Schnittkreises ist in diesem Fall so groß wie der Durchmesser der Kugel.

Werkzeuge

Arbeiten mit dem Zirkel

Einen Kreis mit dem Radius r = 2 cm zeichnen.

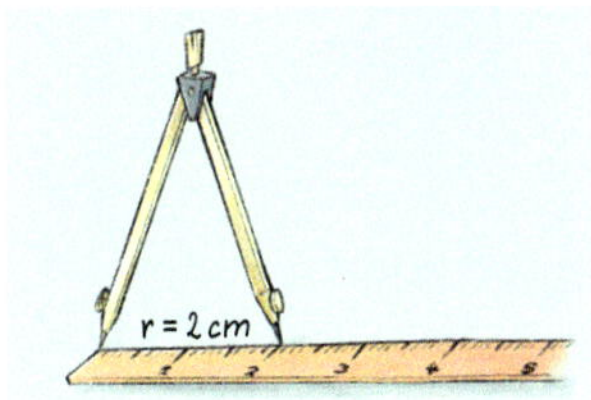

Den Radius r = 2 cm am Zirkel mithilfe eines Lineals einstellen.

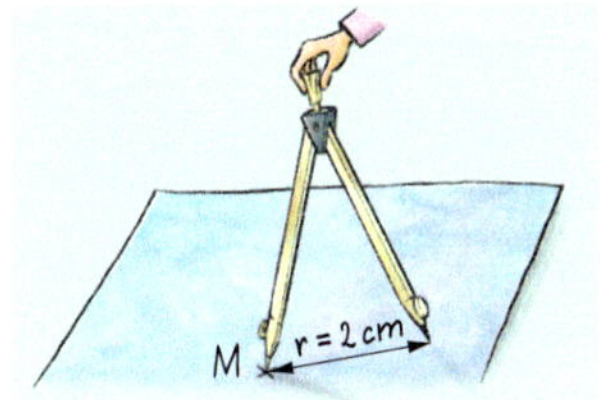

Mittelpunkt M markieren. Den Zirkel mit der Spitze in M des Kreises einstechen.

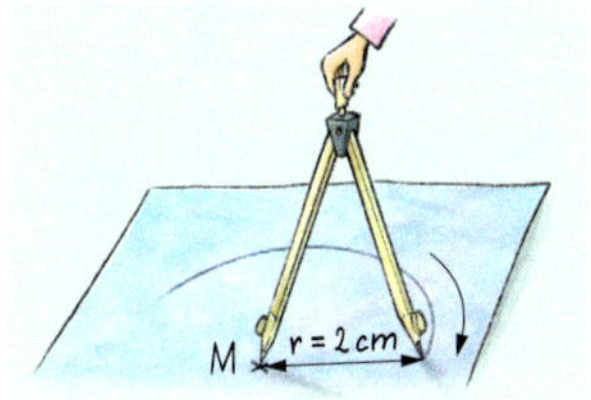

Bleistiftspitze vorsichtig aufsetzen, den Zirkel zwischen den Fingern abrollen und mit leichtem Druck den Kreis zeichnen.

Übungen

4 I **Kreise zeichnen**

a) Zeichne einen Kreis mit dem Radius 2 cm (3 cm, 3,5 cm, 4,2 cm).

b) Zeichne einen Kreis durch zwei Punkte, die 3 cm (3,5 cm) voneinander entfernt sind.

c) Zeichne zwei Kreise mit einem Radius von 3 cm, die sich
- nicht schneiden,
- sich in zwei Punkten schneiden,
- sich in einem Punkt berühren.

5 I|| **Quadrat und Kreis**

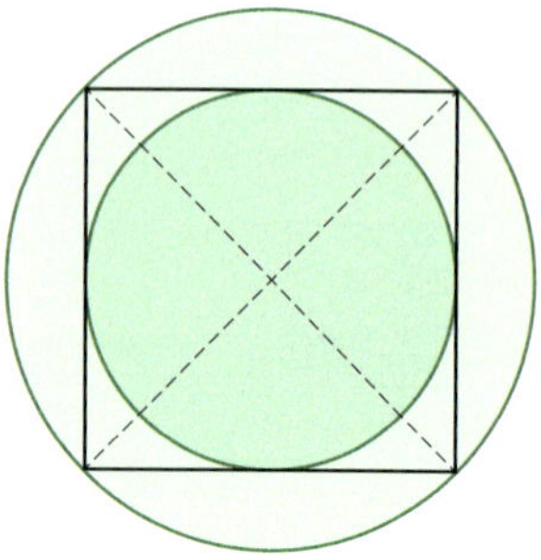

Zeichne ein Quadrat mit der Seitenlänge 4 cm.

a) Zeichne einen Kreis, der genau in das Quadrat passt. Wo liegt der Mittelpunkt, wie groß ist der Radius des Kreises?

b) Zeichne einen Kreis, in den das Quadrat genau hineinpasst. Miss den Durchmesser des Kreises.

6 I|| **Kreise im Koordinatensystem zeichnen**

Zeichne die Punkte in ein Koordinatensystem in dein Heft:
A (2 | 1), B (5 | 2), C (8 | 2), D (8 | 5), E (8 | 9), F (6 | 7), G (1 | 8), H (3 | 4).

a) Zeichne durch jeden Punkt einen Kreis mit dem Mittelpunkt M (5 | 5). Miss die Radien der verschiedenen Kreise.

b) Gibt es verschiedene Punkte mit gleicher Entfernung zu M? Ordne die Punkte nach ihrer Entfernung zum Punkt M.

7 I|| **Durchmesserbestimmung**

Bestimme den Durchmesser einer 1-Euro-Münze und eines Tischtennisballs. In den Abbildungen sind zwei mögliche Messmethoden skizziert. Findest du noch andere Möglichkeiten?

Das abgebildete Werkzeug heißt Schieblehre.

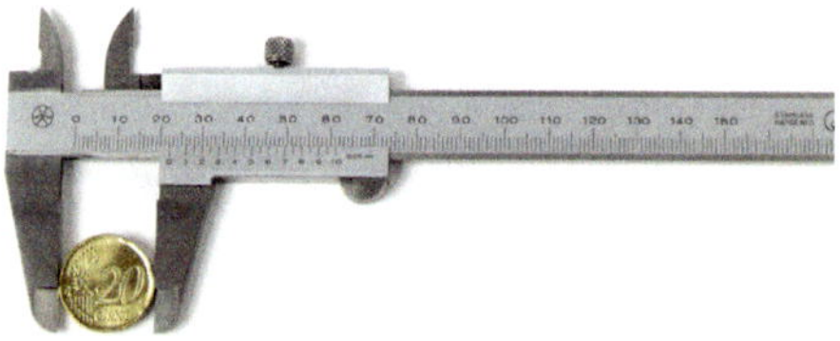

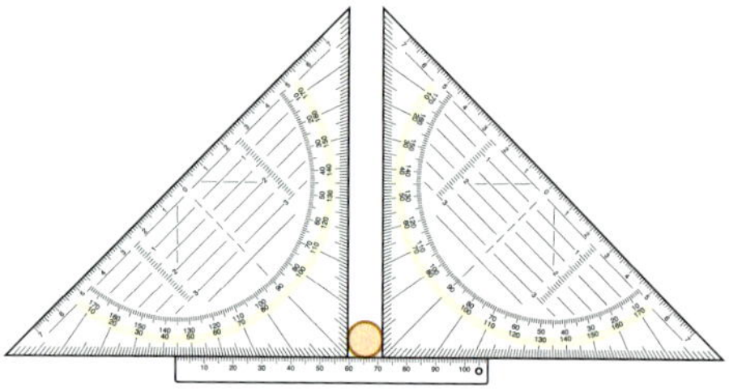

8 I|| **Ballgrößen überprüfen**

Im Wettkampfsport gibt es neben den Spielregeln auch Vorgaben für die Größe der Spielbälle. Prüfe nach, ob die Bälle in eurem Schulsport den Vorgaben entsprechen.

Durchmesser	Basketball	Fußball	Handball	Volleyball	Tennis	Tischtennis
d_{min} (in cm)	23,9	21,6	17,2	20,7	6,4	3,7
d_{max} (in cm)	24,8	22,6	17,8	21,3	6,7	3,8

9 I|| **Tennisbälle**

Tennisbälle haben einen Radius von etwa 33 mm.

a) Welche Maße hat eine Dose für vier Tennisbälle mindestens, welche eine Pappschachtel für sechs Tennisbälle?

b) Wie viele Tennisbälle passen höchstens in einen Würfel mit der Kantenlänge 10 cm?

10 I|| **Wassertropfen**

Schau dir einmal genau an, welche Wellen ein Wassertropfen verursacht, wenn er auf eine glatte Wasseroberfläche trifft. Die Wellen breiten sich in Kreisen nach außen aus. Solche Kreise mit gleichem Mittelpunkt nennt man „konzentrische“ Kreise.
Zeichne mit dem Zirkel konzentrische Kreise mit r = 1 cm, 2 cm, 3 cm, … in dein Heft. Welchen Durchmesser hat ein Kreis, der gerade noch auf ein DIN-A4-Blatt passt? Wo musst du den Mittelpunkt wählen, damit der Durchmesser möglichst groß wird?

11 I‖ **Mandalas zeichnen**

Das Wort „Mandala" bedeutet ursprünglich Kreis. Beim Konstruieren und Ausmalen von Mandalas trainieren wir unsere Konzentrationsfähigkeit und vieles mehr. Zeichne die Mandalas nach und denke dir auch eigene aus.

a) 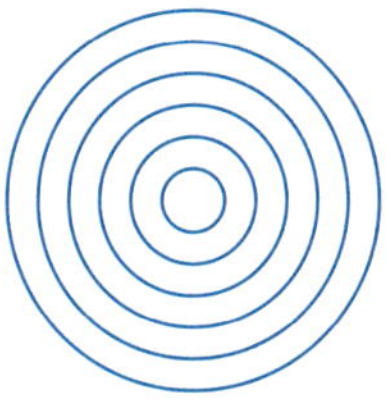

b) 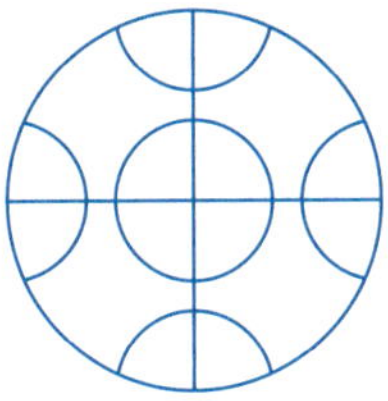

c) 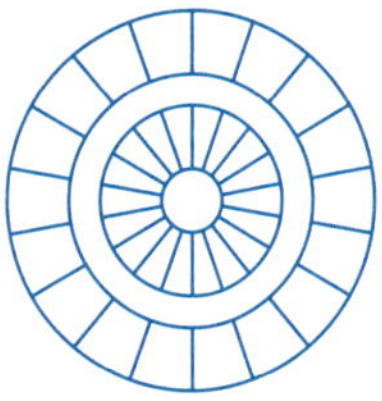

12 I‖ **Runde Früchte erkennen**

Viele „runde" Früchte wie Äpfel, Tomaten, Apfelsinen, Zitronen, Kürbisse u. a. weichen ein wenig von der idealen Kugelform ab. Beschreibe diese Abweichungen. Welche Frucht kommt der Kugelform am nächsten?

Erkunden

13 I‖ **Rund – aber weder Kreis noch Kugel**

In deiner Umgebung findest du zahlreiche Formen, die rund sind, aber nicht die ideale Form eines Kreises oder einer Kugel aufweisen.
Was unterscheidet den Kreis von anderen Formen?
Gibt es kugelförmige Vogeleier? Warum ist ein Regentropfen keine Kugel?
Finde weitere Formen, die rund sind, aber keine Kreise oder Kugeln sind.

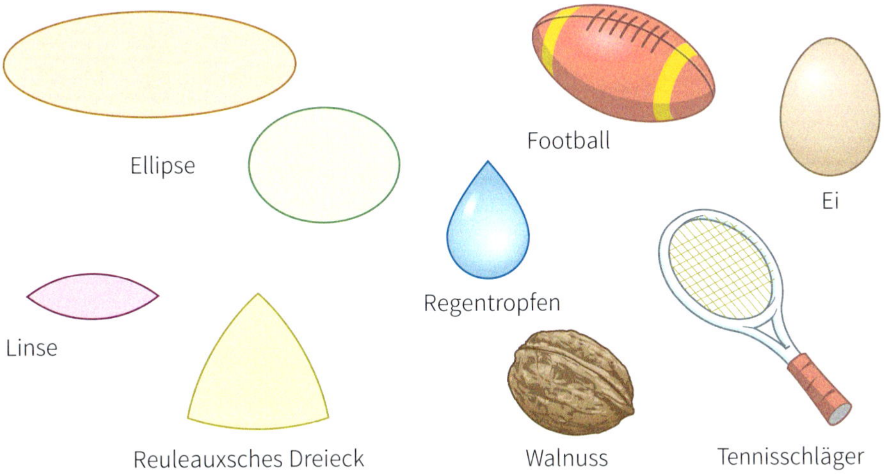

Grundwissen
zum Wiederholen

1 Berechne das Doppelte von 5050.

2 Welche Aussage stimmt? Es gibt Dreiecke, in denen Seiten zueinander
Ⓐ parallel Ⓑ senkrecht sind.

3 Der afrikanische Goliathfrosch ist ein Weithüpfer: Bei einer Körperlänge von 30 cm legt er fast 17-mal so lange Sprünge hin. Wie weit springt ein Goliathfrosch?

4 Berechne geschickt: a) 138 + 97 + 103 b) 8 + 5400 + 8 + 8 + 8 + 8

14 III Mittelpunkt finden

Zeichne einen Kreis auf Pappe, indem du eine Dose oder einen Teller mit dem Bleistift umfährst. Schneide diesen Kreis dann möglichst exakt aus. Wo liegt nun genau der Mittelpunkt? Versuche es mit den folgenden Methoden.

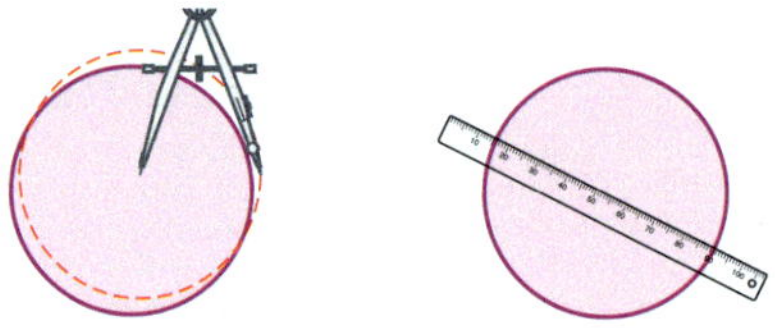

Mess- und Probiermethode:
Zirkel ansetzen und probieren oder mit dem Lineal versuchen, eine längste Sehne (Durchmesser) zu zeichnen und dann halbieren.

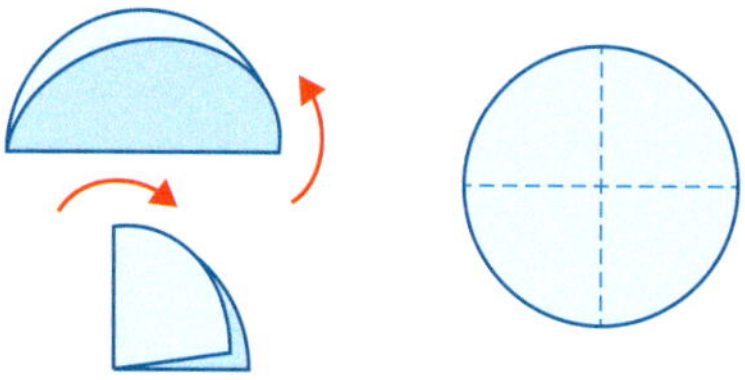

Faltmethode:
Kreis zweimal falten und wieder auffalten. Die Faltlinien verraten den Mittelpunkt.

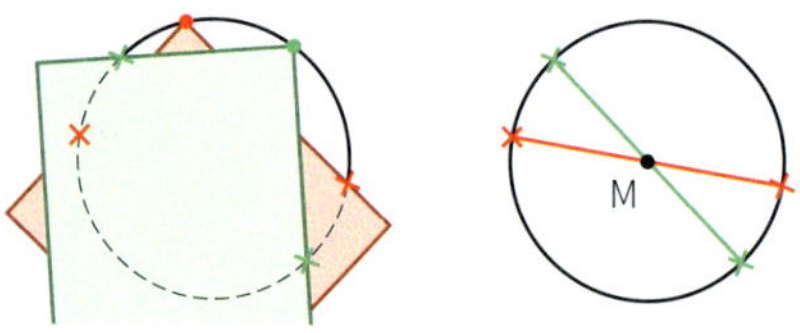

Rechteckmethode:
Eine Ecke des Rechtecks genau auf einen Punkt des Kreises legen. Schnittpunkte der beiden Rechteckseiten mit dem Kreis markieren und dann durch eine Strecke verbinden. Das Verfahren an einem anderen Kreispunkt wiederholen.

15 III Gullydeckel – Schachtabdeckung

Auf den Straßen sieht man vielfältige Schachtabdeckungen. Diese sind zumeist kreisförmig oder rechteckig. Sie sind sehr schwer, damit sie zum Beispiel nicht leicht entfernt und weggetragen werden können. Warum ist die Deckfläche der Abdeckung von Schächten sehr häufig kreisförmig? Egal, welche Form eine Abdeckung hat, es gibt an der Öffnung des Schachtes immer einen Rand, auf dem die Abdeckung abgelegt wird.

Zeichne für einen Kreis und ein Rechteck den Schacht und die Abdeckung und schneide die Abdeckung aus. Kann die Abdeckung hineinfallen?

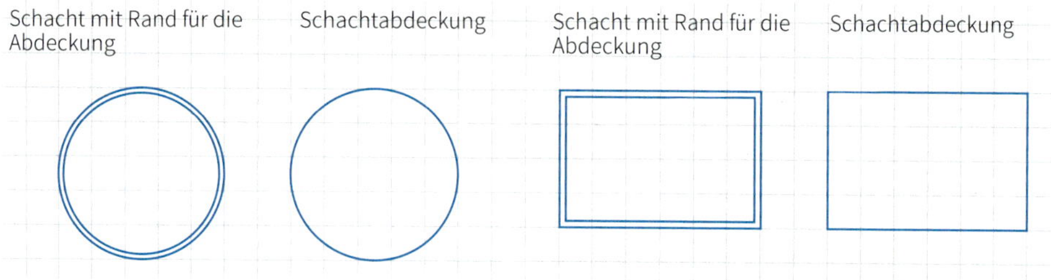

Zeichne für andere geometrische Formen (z. B. Dreieck, Trapez) ebenfalls einen Schacht und eine Abdeckung. Welche Formen findest du gut geeignet? Notiere deine Beobachtungen. Welche anderen Gründe könnte es geben, dass die schweren Schachtabdeckungen eine runde Form haben?

2.2 Kreismuster – Konstruieren mit Kreisen

1 Fahrradbrücke „Cirkelbroen“ (Kopenhagen 2015, Künstler: Olafur Eliasson)

Wie könnte die Brücke von oben aus der Vogelperspektive aussehen?
Zeichne mit Zirkel und Lineal.
Zwei der Kreise können weggedreht werden, sodass auch größere Schiffe durchfahren können. Welche Kreise könnten das sein? Wie kann das funktionieren?

Informiere dich im Internet über die Brücke.

2 Faszinierende Kreismuster

Konstruiere das Kreismuster für den Radius r = 3 cm in deinem Heft.
Beginne mit dem inneren Kreis.
Wenn du den Radius nicht veränderst, passt er genau sechsmal auf die Kreislinie.
Erfinde eigene Muster.

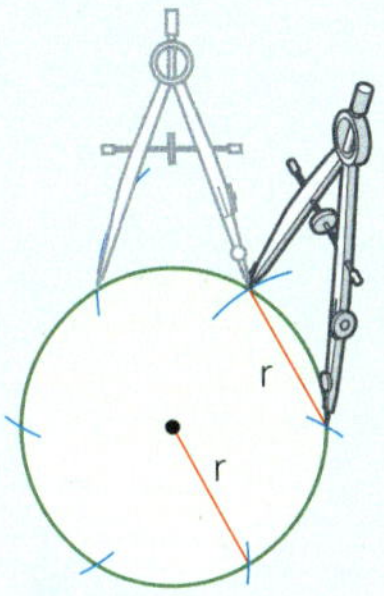

3 Gleichseitige Dreiecke konstruieren

Im gleichseitigen Dreieck sind alle drei Seiten gleich lang. Ein gleichseitiges Dreieck zu zeichnen, ist gar nicht so einfach. Probiere es aus.

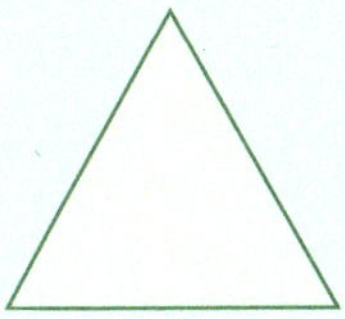

Schon vor zweitausend Jahren war das Zeichnen eines gleichseitigen Dreiecks nicht einfach. EUKLID, ein griechischer Mathematiker, der damals lebte, hat sich solche Aufgaben selbst gestellt.

In seinem Buch „Die Elemente“ heißt die Aufgabe:
„Über einer gegebenen Strecke ein gleichseitiges Dreieck errichten.“

Hast du schon eine Idee? Hilft die Abbildung weiter?

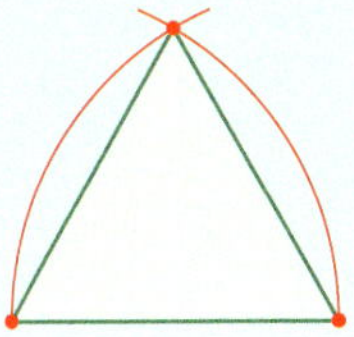

Zeichne mit Zirkel, Bleistift und Lineal. Beschreibe die Konstruktion.

Basiswissen

WES-125661-011

Kreismuster

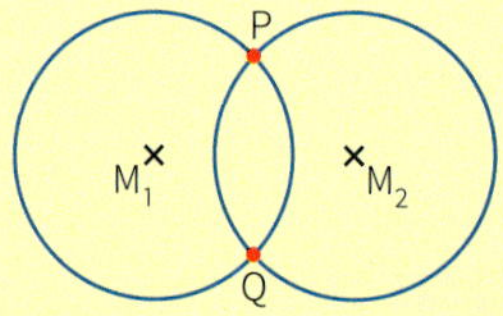

Die Kreise schneiden sich in den Punkten P und Q.

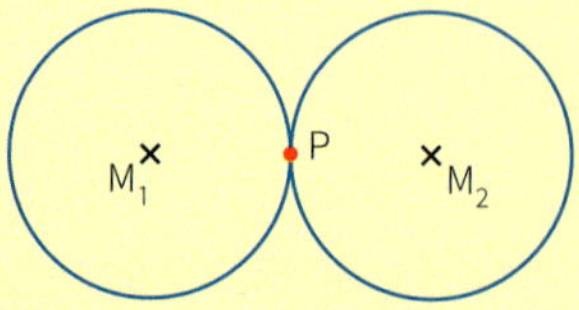

Die Kreise berühren sich in einem Punkt P. P ist der Mittelpunkt der Strecke M_1M_2.

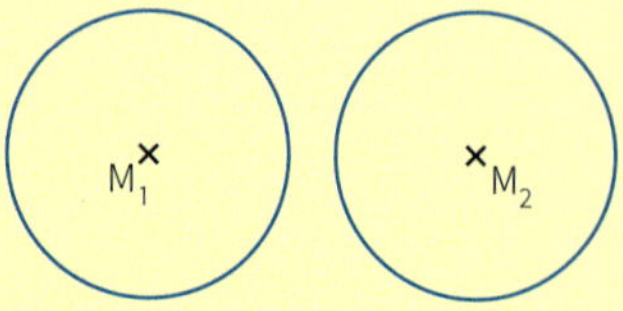

Die Kreise haben keinen Schnittpunkt.

Beispiele

A Welche Figur steckt hinter der Konstruktion?

Führe die Konstruktion nach der folgenden Konstruktionsbeschreibung durch: Zeichne zwei Punkte und je einen Kreis mit dem gleichen Radius um die beiden Punkte. Verbinde die Schnittpunkte der Kreise mit den Mittelpunkten der Kreise. Es entsteht ein Viereck. Beschreibe das Viereck.

Lösung:

Das Viereck hat vier gleichlange Seiten. Die gegenüberliegenden Winkel sind gleich groß.

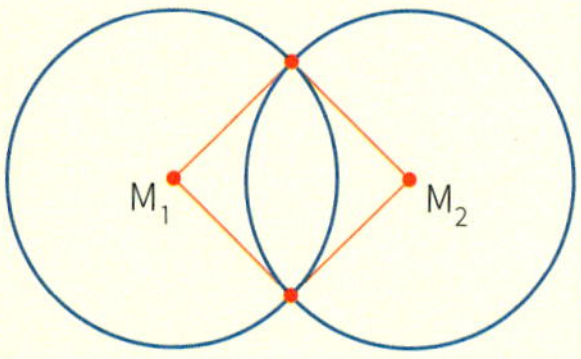

B Regelmäßiges Sechseck

In der Abbildung siehst du, wie du ein regelmäßiges Sechseck konstruieren kannst. Beschreibe die Konstruktion.

Lösung:

Konstruktionsbeschreibung: Zeichne einen Kreis und trage den gleichen Radius sechsmal auf der Kreislinie ab. Verbinde die benachbarten Schnittpunkte.

Es entsteht ein regelmäßiges Sechseck.

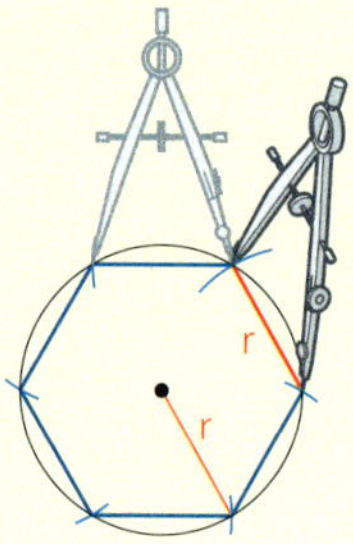

Übungen

4 Quadrat und Kreise

a) Zeichne die Kreismuster im Quadrat mit der Seitenlänge 4 cm in dein Heft.

b) Erfinde selbst solche Kreismuster und male sie nach deinem Geschmack aus.

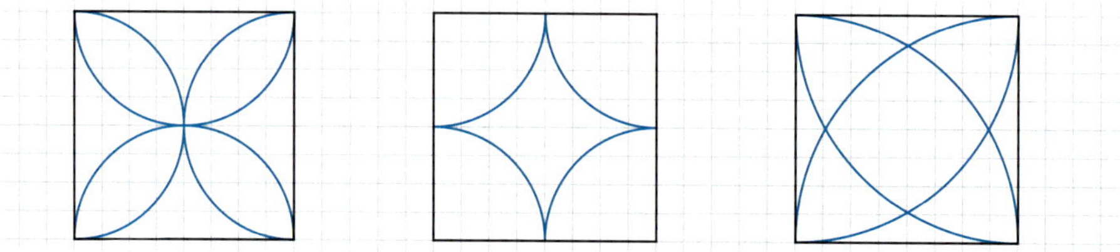

5 Figuren konstruieren

a) Konstruiere die regelmäßigen Figuren ohne zu messen.

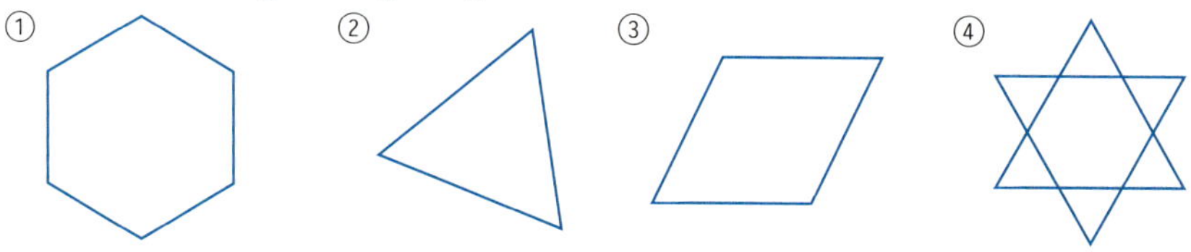

b) Begründe bei ①, ② und ③, dass die Seitenlängen jeweils gleich groß sind.
Zum Weiterdenken: Bei ① bleibt eine Frage offen, welche?

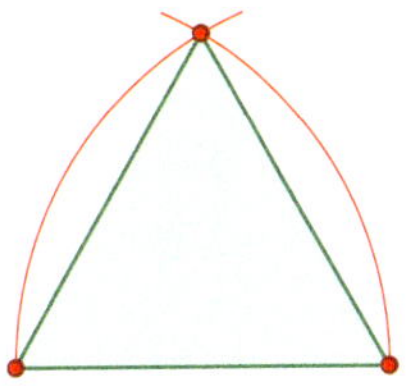

6 I Gleichseitiges Dreieck

Konstruiere ein gleichseitiges Dreieck mit der Seitenlänge $a = 4\,cm$.

a) Zeichne dann jeweils drei gleich große Kreise mit dem Radius $r = 3\,cm$ um die Eckpunkte des Dreiecks .
b) Bestimme jeweils die Anzahl der Schnittpunkte der Kreise miteinander.
c) Zeichne farbig die Bereiche ein, die jeweils von zwei (drei) Kreisen überdeckt werden.
d) Bearbeite die Teilaufgaben a), b) und c) auch für Kreise mit dem Radius
① $r = 2\,cm$ ② $r = 1\,cm$ ③ $r = 4\,cm$

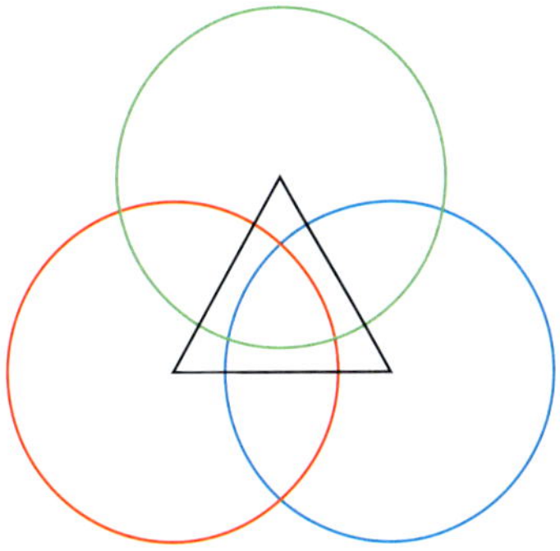

7 II Muster mit gleichseitigen Dreiecken

Aus den Konstruktionen in Aufgabe 6 kannst du die folgenden Muster gewinnen. Zeichne sie auf unliniertes Papier und male sie nach deinem Geschmack farbig aus.

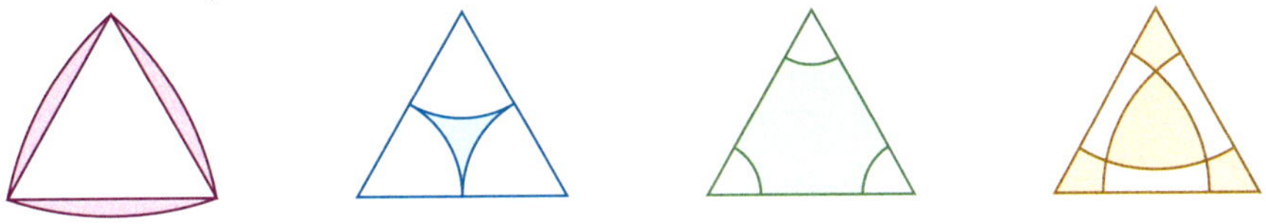

8 II Möndchen

Der Grieche HIPPOKRATES war einer der bedeutendsten Mathematiker der Antike (um 400 v. Chr.).

Zeichne einen Halbkreis über einer 4 cm langen Strecke $\overline{AB}$. Kennzeichne einen beliebigen Punkt C auf dem Halbkreis und zeichne das Dreieck ABC. Zeichne einen Halbkreis über der Strecke $\overline{AC}$ und einen Halbkreis über der Strecke $\overline{BC}$. Färbe die Flächen wie im Bild gelb. Du erhältst so die sogenannten „Möndchen des HIPPOKRATES“.
Wie ändern sich diese Möndchen, wenn der Punkt C auf dem Halbkreis von A nach B wandert? Beschreibe.

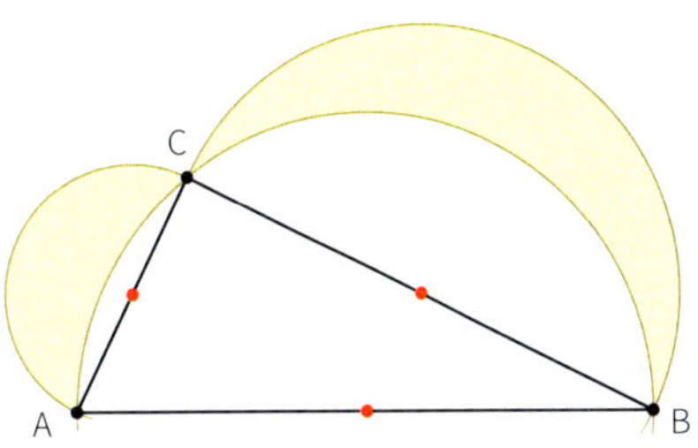

Nutze Begriffe wie Halbkreis, Kreislinie, Strecke, Punkt, Mittelpunkt, Radius, Zirkel, Lineal, verbinden, abmessen, ansetzen, einstellen, zeichnen, halbieren.

Grundwissen zum Wiederholen

1 Gib den Vorgänger der dargestellten Zahl mit Ziffern an.

T	H	Z	E
●●	●●		

2 Wie viele kleine Quadrate (2 cm Seitenlänge) braucht man zum Auslegen eines großen Rechtecks (4 cm × 10 cm)?

3 Berechne geschickt: $27 + 29 + 25 + 13 + 15 + 11$

4 Drei Studenten wohnen in einer Wohngemeinschaft und zahlen zusammen 654 € Miete monatlich. Wie viel Geld zahlt jeder Student?

5 Für das gemeinsame Frühstück möchten 32 Schülerinnen und Schüler und zwei Klassenlehrer der Klasse 6 c belegte Brötchen zubereiten. Pro Person ist mit 2 oder 3 belegten Brötchen zu rechnen.
Schätze, wie viele belegte Brötchen mindestens bzw. höchstens bestellt werden müssen.

9 II Muster aus Kreisen

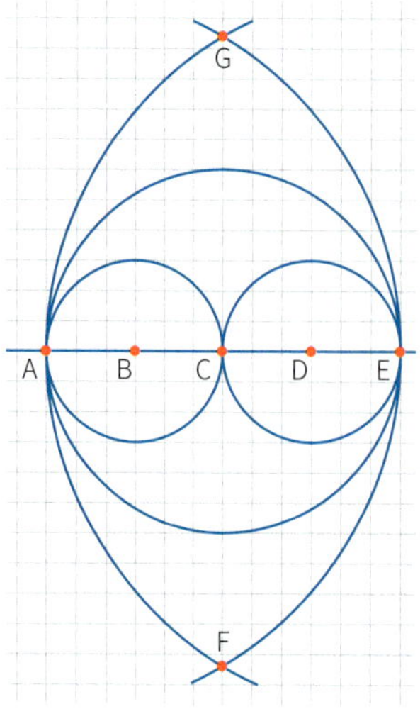

a) Zeichne die Grundfigur ins Heft. Achte genau auf die Lage der Punkte A, B, C, D, E.

b) Mithilfe der Grundfigur kannst du die Muster zeichnen. Welche Linien musste man wegradieren oder ergänzen? Zeichne die Muster ab und male sie aus.

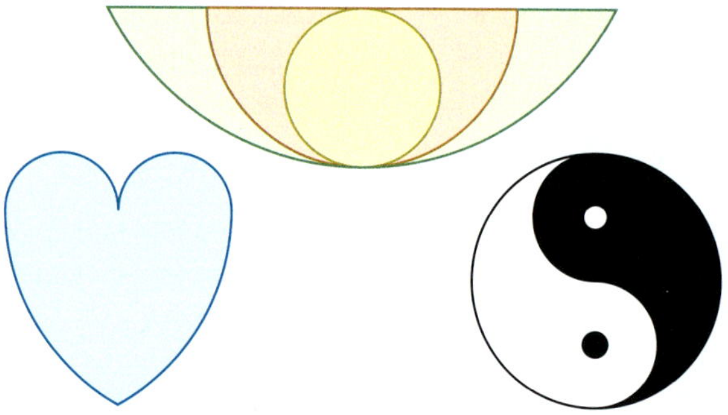

c) Auf unliniertem Papier wirken die Muster besonders schön. Wenn du mit der Hilfsstrecke $\overline{AE}$ mit der Länge von 6 cm beginnst, gelingt dir bestimmt auch der Rest.

10 III „Fischblasen"

Man kann die Kreise im Kreis auch so verbinden, dass sogenannte „Fischblasen" entstehen. Auf dem Foto siehst du ein Kirchenfenster mit Fischblasen. Für zwei, drei und vier Fischblasen findest du Konstruktionszeichnungen. Zeichne sie nach.

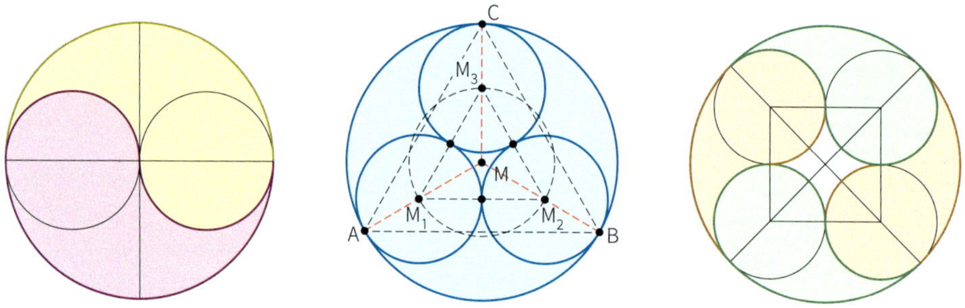

P II Fliesen und Bandornamente mit Kreismustern

Einige Gruppen erstellen große Bandornamente aus Kreismustern, andere Gruppen entwerfen quadratische Fliesen. Die Vorlagen dienen zur Anregung. Abwandlungen, Kombinationen oder ganz eigene Entwürfe sind erwünscht.

Bandornamente

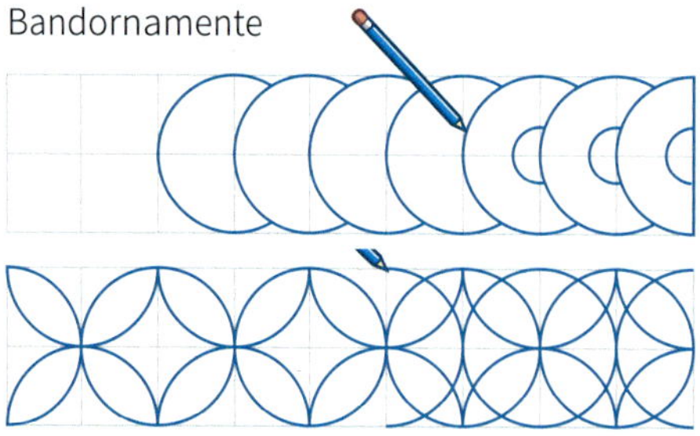

Fliesen

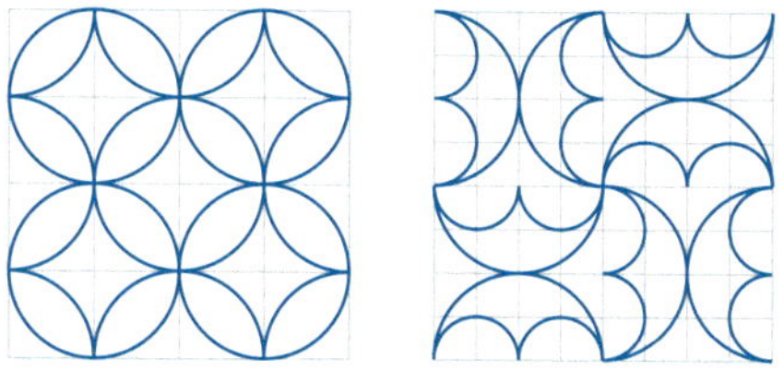

Zeichne die Vorlagen vergrößert auf Papier (Vorlage auf kariertem Papier), gestalte sie bunt aus. Arbeitsteilung lohnt sich. Die einzelnen Elemente können nachher zusammengeklebt werden. Vielleicht beteiligt sich die Kunstlehrerin oder der Kunstlehrer an dem Projekt, dann steht mehr Zeit und zusätzliches „Know-how" zur Verfügung.

Die Ergebnisse können in einer Ausstellung präsentiert werden.

2.3 Winkel

1 Winkelsituationen

a)

Flugzeuge starten und landen unter einem bestimmten Steigungswinkel. Was passiert, wenn der Steigungswinkel zu flach oder zu steil ist?

b)

Ein Leichtathlet stößt eine Kugel in einem Abstoßwinkel. Was passiert, wenn er die Kugel steiler oder flacher abstößt?

c)

Dächer haben verschiedene Neigungswinkel. Welche Bedeutung hat der Neigungswinkel für die Bewohner?

d)

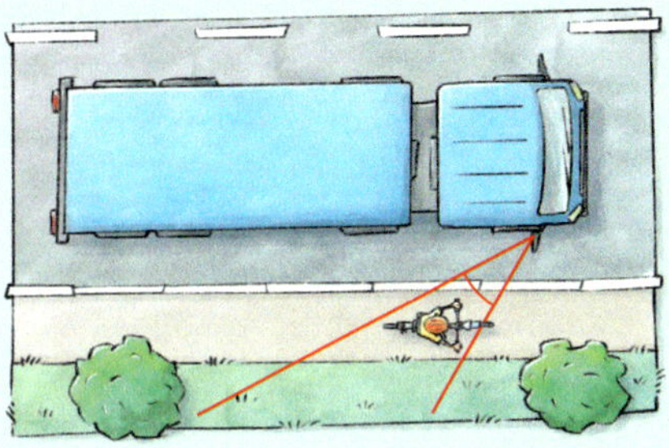

Im Straßenverkehr spricht man vom „toten Winkel". Warum ist der „tote Winkel" so gefährlich? Wie sollte sich der Fahrradfahrer verhalten?

2 Sehwinkel

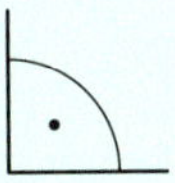

Rechter Winkel von „rectus" (lat.): aufrecht

a) Wenn du gerade („aufrecht") stehst, bildet dein Körper mit dem Boden des Klassenraumes einen rechten Winkel. Rechte Winkel kommen in deiner Umgebung viele vor. Welche findest du im Klassenraum?

b) Arbeitet zu dritt. Zwei von euch stellen sich im Flur gegenüber auf (A und B). Die dritte Person (S) bewegt sich in der Mitte des Flures auf die anderen beiden zu. Mit den ausgestreckten Armen peilt sie die beiden anderen dabei an.

- Was passiert mit dem Sehwinkel, wenn sich S nach vorne bewegt?
- Sucht den Ort, an dem sich ein rechter Winkel ergibt.
- Wo sind die Winkel kleiner als der rechte Winkel, wo größer?
- Wo sind die Hände am weitesten voneinander entfernt, ist die Person S also am meisten gestreckt?
- Ab wann muss S über die Schulter schauen?

Sehwinkel

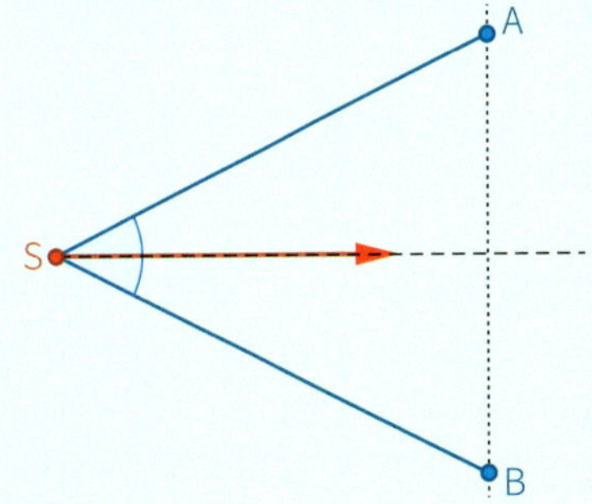

Tauscht eure Rollen so, dass jeder mal den Punkt S spielt.

Basiswissen

WES-125661-012

Winkel

Ein Winkel wird durch zwei sich schneidende Strahlen gebildet. Der Schnittpunkt heißt **Scheitelpunkt S**, die Strahlen heißen **Schenkel**.

Winkel werden mit griechischen Buchstaben bezeichnet.

α	alpha	β	beta
γ	gamma	δ	delta
ε	epsilon	φ	phi

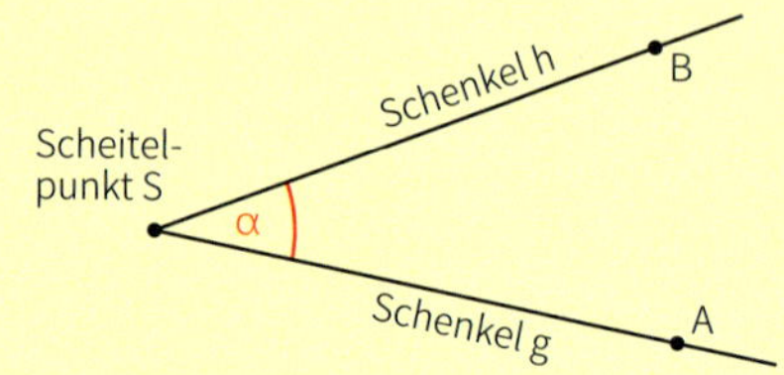

Schreibweise: $\alpha = \sphericalangle ASB$

Zu dem Winkel α gehört die Fläche, die von den Strahlen begrenzt wird. Sie entsteht, wenn der Schenkel g gegen den Uhrzeigersinn um S so weit gedreht wird, bis er auf dem Schenkel h liegt.

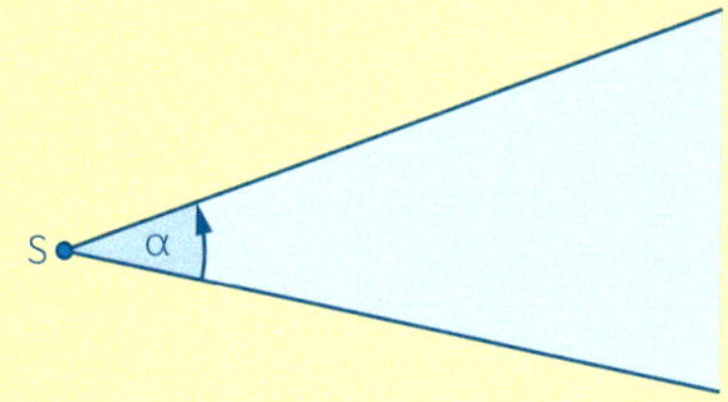

Winkeltypen

Winkel werden in verschiedene Typen eingeteilt:

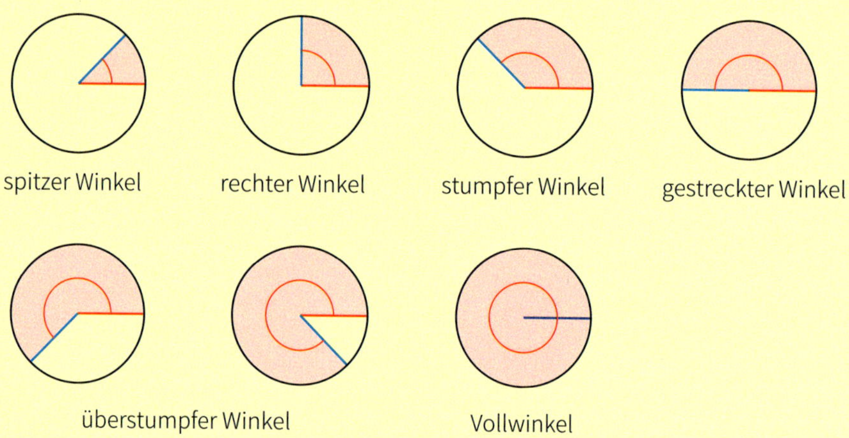

Beispiel

A Schnittwinkel

Wie viele Winkel bilden zwei sich schneidende Geraden?

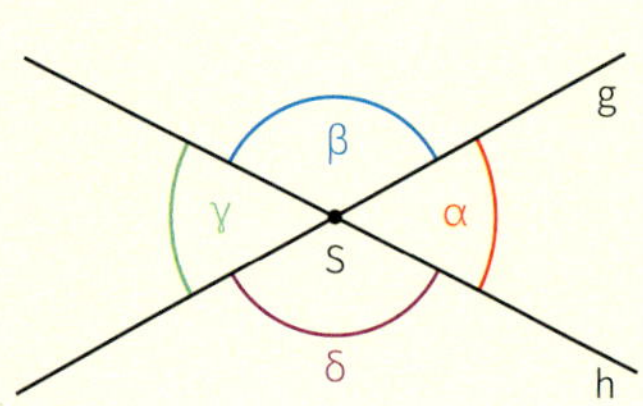

Lösung:

Bei sich schneidenden Geraden entstehen vier Winkel. Die gegenüberliegenden Winkel sind gleich groß: $\alpha = \gamma$; $\beta = \delta$.

Übungen

3 I Bedeutung von Winkeln

Welche Bedeutung haben die Winkel? Finde passende Namen. Welche Winkeltypen können auftreten?

a) 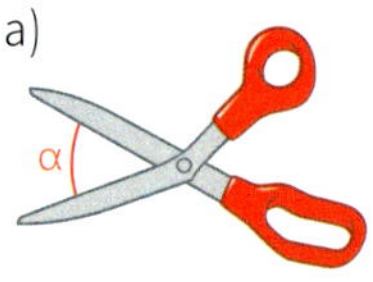

b) 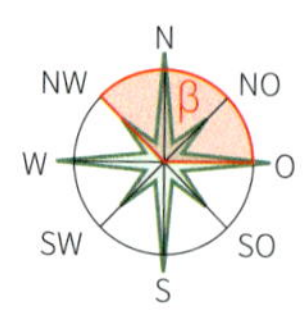

c) 

4 I Winkelsituationen

Beschreibe die Situationen.

a) 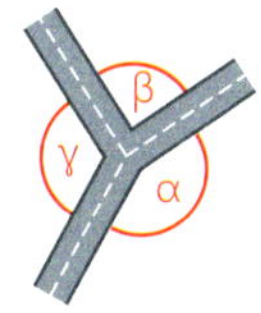

b) 

c) 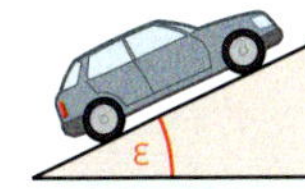

Welche Winkeltypen können auftreten?

5 I Scheitelpunkt beschreiben

a) Beschreibe den Scheitelpunkt und die beiden Schenkel.
① Öffnung einer Bahnschranke ② Lichtkegel einer Taschenlampe
③ Wippe auf einem Spielplatz ④ Öffnen einer Tür

b) Finde weitere Beispiele aus deiner Umwelt.

6 I Sehwinkel

Menschen und Tiere sehen in einem unterschiedlichen Sehwinkel.

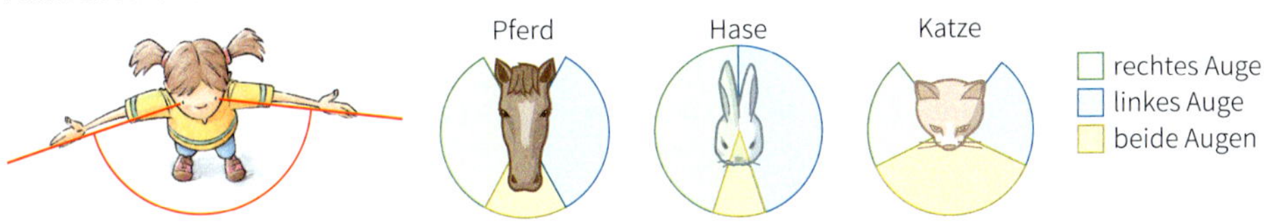

a) Wann kannst du beide Arme sehen? Wie ist es, wenn du ein Auge zuhältst? Welchen Winkeltyp erhältst du jeweils?

b) Die rechte Abbildung zeigt, wie verschiedene Tiere mit dem linken, rechten oder mit beiden Augen sehen können.
- Nenne die unterschiedlichen Winkeltypen bei den Tieren.
- Die abgebildeten Tiere sind entweder Flucht- oder Raubtiere. Ordne zu. Vergleiche die Sehwinkel der Tiere. Welche Vor- und Nachteile ergeben sich daraus für die Tiere?

7 I Turmspringen

In den Bildfolgen sind jeweils einige Momentaufnahmen eines Turmspringers beim Sprung festgehalten.
Schreibe für jede Position den Typ des Winkels auf.

① Klappmessersprung: Zwischen
- Arme und Oberkörper,
- Oberkörper und Beine.

② Kopfsprung rückwärts: Zwischen
- Oberkörper und Arme,
- Beine und Oberkörper.

Schreibe eine kurze Reportage des Sprungablaufs, in dem Begriffe wie rechter Winkel, stumpfer (spitzer) Winkel und gestreckter Winkel benutzt werden.

Grundwissen zum Wiederholen

1 Berechne.
a) $360 : 4$ b) $45 \cdot 3$ c) $90 \cdot 3$ d) $180 : 60$ e) $360 : 6$ f) $45 \cdot 6$

2 Kürze die Brüche soweit wie möglich.
a) $\frac{8}{36}$ b) $\frac{42}{3}$ c) $\frac{45}{100}$ d) $\frac{28}{5}$ e) $\frac{4}{34}$ f) $\frac{24}{60}$

3 Wie viele Ecken, Kanten und Flächen hat ein Würfel?

2.4 Winkelgrößen schätzen und messen

Partnerarbeit

1 Winkelgrößen mit der Winkeldrehscheibe einstellen und schätzen

Mit einer „Winkeldrehscheibe" kannst du eine Vorstellung über Winkelgrößen gewinnen.

Bauanleitung:

1. Zeichne zwei Kreise mit dem Radius 5 cm auf verschiedenfarbigen Tonkarton und schneide sie aus.
2. Schneide beide Kreise längs eines Radius ein und stecke sie ineinander.

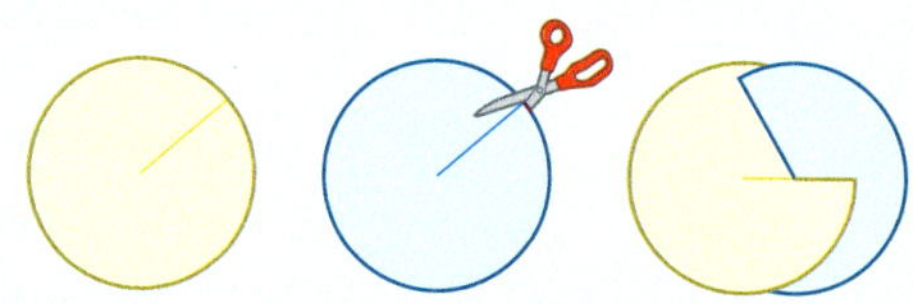

Durch Drehen der gelben Scheibe kannst du nun Winkel verschiedener Größe einstellen.

a) Stelle einen Winkel ein und lasse deinen Partner den Winkeltyp bestimmen.

Winkel werden in Grad gemessen. Ein rechter Winkel hat 90°, ein gestreckter Winkel 180° und der Vollwinkel 360°.

Um Winkel genauer schätzen zu können, wird eine Kreisscheibe in gleich große Teile geteilt. Schneide dazu den Kreis mit der Gradeinteilung aus und klebe ihn auf eine der beiden Winkelscheiben.

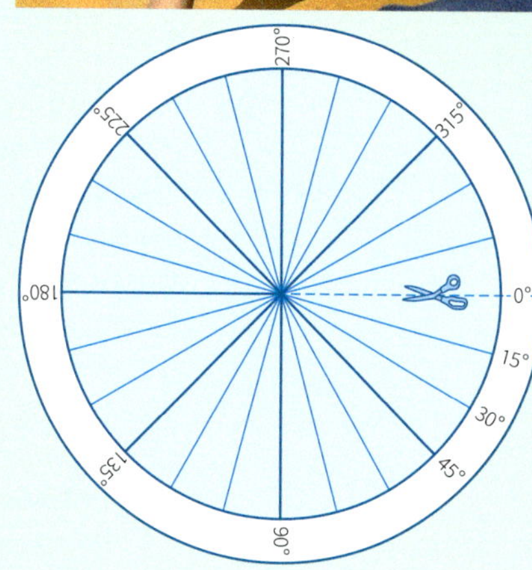

b) Stelle die Winkel der Größen 30°, 45°, 60°, 120°, 195°, 270° und 330° ein.

c) Wenn du auf deiner Winkeldrehscheibe einen Winkel bestimmter Größe einstellst, so erscheint der gleiche Winkel ohne Skala auf der anderen Seite. Spiele mit einem Partner: Immer abwechselnd stellt ein Spieler eine Winkelgröße ein, die der Mitspieler schätzt. Du bekommst einen Punkt, wenn du die Winkelgröße bis auf 10° richtig schätzt

2 Winkel messen und zeichnen mit dem Geodreieck

Lies im Basiswissen auf der nächsten Seite, wie Winkel gemessen werden und wie man mit einem Geodreieck Winkel misst und zeichnet.

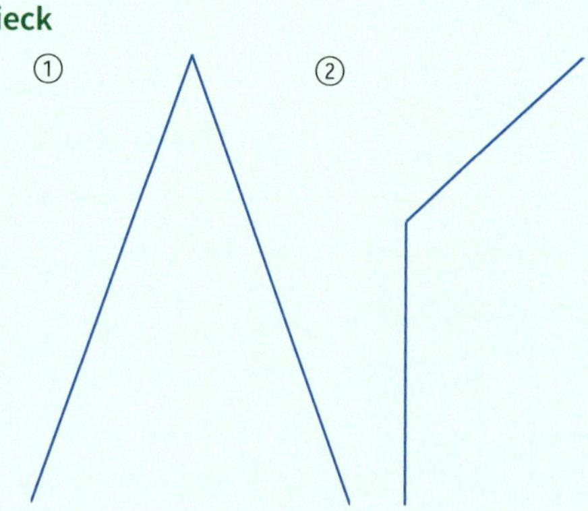

a) Schätze zunächst die Größe der Winkel. Miss dann mit dem Geodreieck. Hinweis: Man kann in jedem Bild zwei Winkel sehen.

b) Zeichne die Winkel: ① $\alpha = 78°$ ② $\beta = 160°$

Basiswissen

WES-125661-013

Die Einheit „Grad" wurde bereits vor 2500 Jahren von den Babyloniern festgelegt.

Winkel messen und zeichnen

Winkel kann man mit Hilfe der Kreisskala auf dem Geodreieck messen und zeichnen.
Die Winkeleinheit ist der Grad (1°).

- Skala auf dem Halbkreis: Teilstriche von 0°→180°
- Skala auf den Seiten: Teilstriche von 180° → 0°

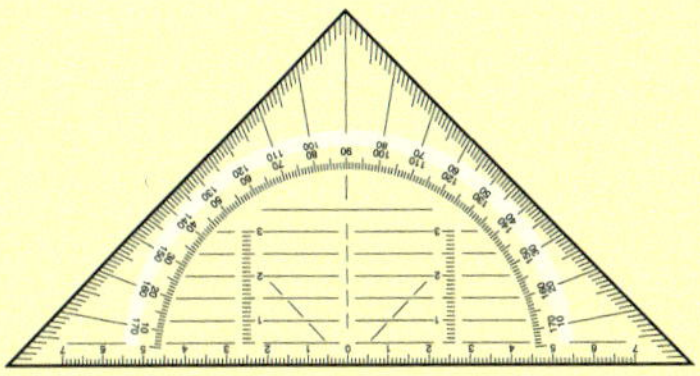

Winkel messen und zeichnen mit dem Geodreieck

Winkel messen

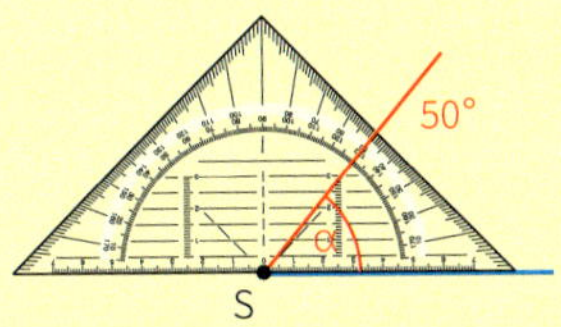

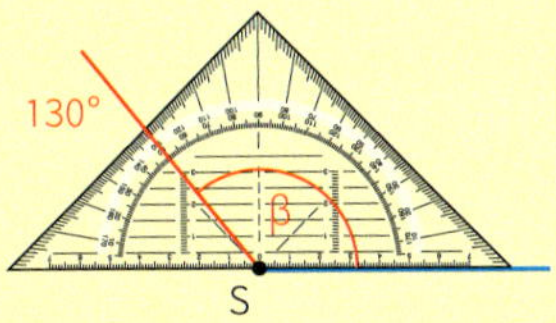

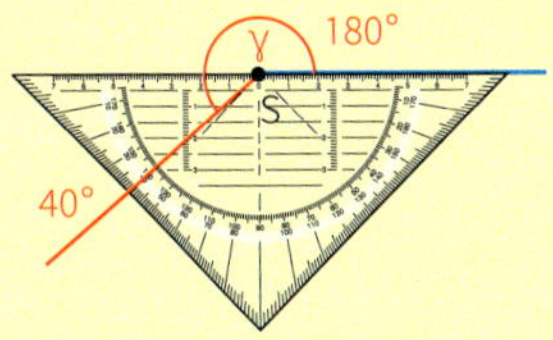

$\alpha = 50°$ $\beta = 130°$ $\gamma = 180° + 40° = 220°$

Geodreieck an einen Schenkel mit Null am Scheitelpunkt anlegen.
Grad mithilfe des zweiten Schenkels ablesen.

Winkel mit 40° zeichnen

1. Möglichkeit

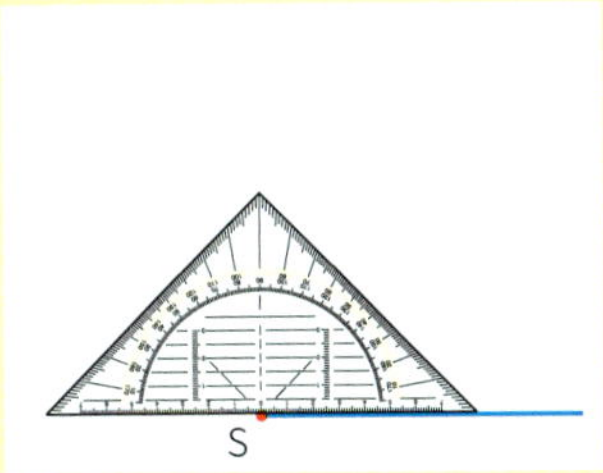

① Scheitelpunkt S und einen Schenkel zeichnen

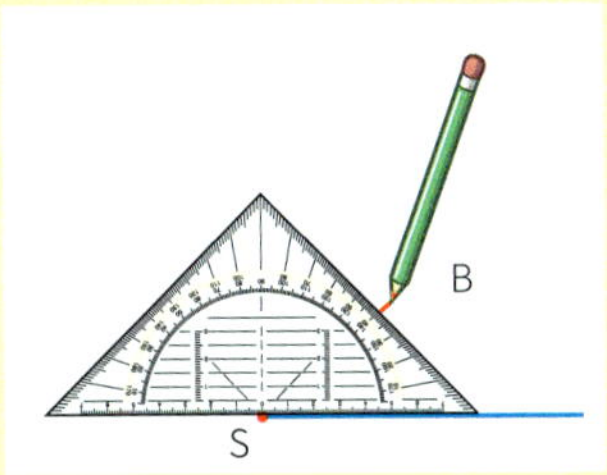

② Geodreieck mit 0 am Scheitelpunkt anlegen, Punkt B bei 40° markieren

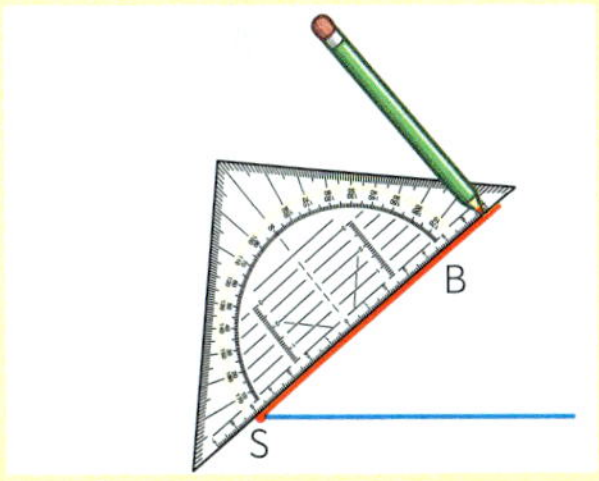

③ Schenkel durch die Punkte S und B zeichnen, Winkel kennzeichnen

2. Möglichkeit

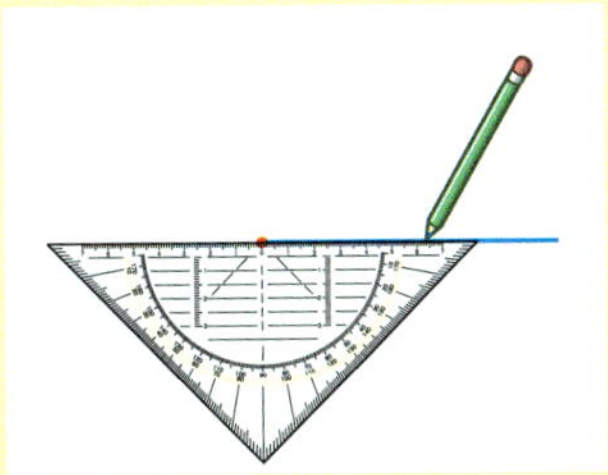

① Scheitelpunkt S und einen Schenkel zeichnen

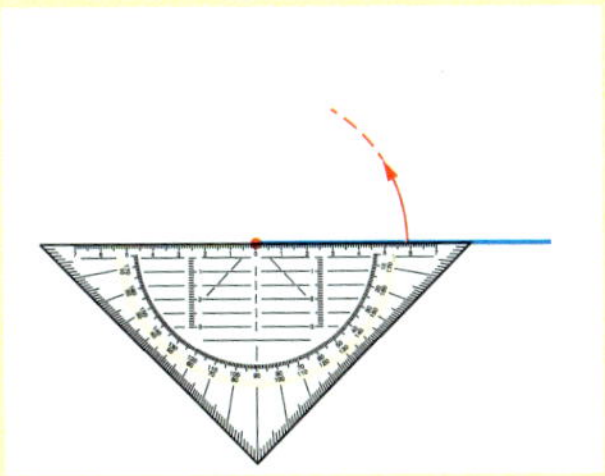

② Geodreieck mit 0 am Scheitelpunkt anlegen, Geodreieck bis 40° drehen

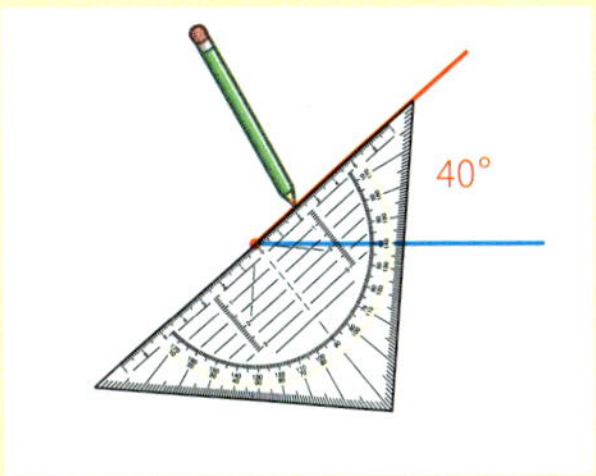

③ Schenkel zeichnen

Winkeltypen und besondere Winkel in Grad

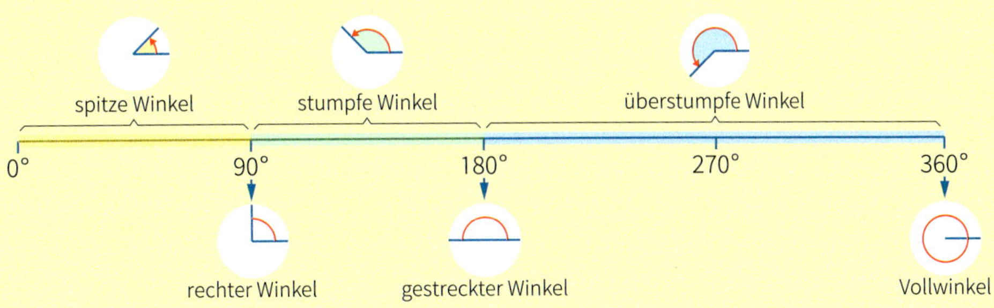

Beispiele

A Steigungswinkel messen
Miss mit dem Geodreieck in der Abbildung den Steigungswinkel der Zahnradbahn.

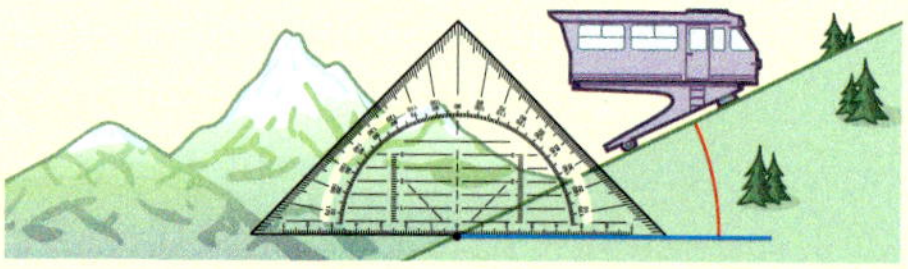

Lösung:
Der Steigungswinkel beträgt 25°.

B Winkel zeichnen
Zeichne einen stumpfen Winkel von 110°.

Lösung:

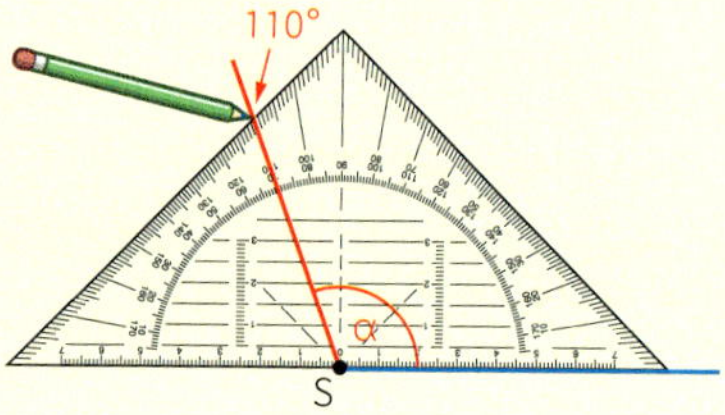

Übungen

3 Winkel schätzen und messen
Schätze zuerst die Größe der Winkel. Miss dann mit dem Geodreieck.

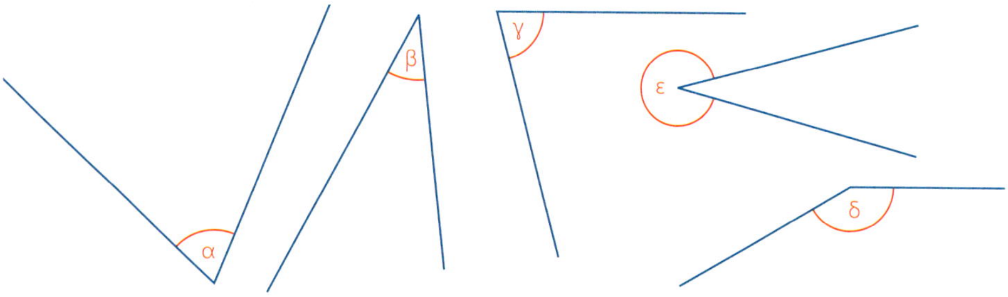

4 Winkel zeichnen
Zeichne die folgenden Winkel in dein Heft. Bestimme auch immer den Winkeltyp.
a) $\alpha = 66°$, $\beta = 125°$, $\gamma = 32°$, $\delta = 110°$ b) $\alpha = 6°$, $\beta = 245°$, $\gamma = 200°$, $\delta = 325°$

WES-125661-014

Überstumpfe Winkel zeichnen

Zeichne einen überstumpfen Winkel von 310°. Zwei Lösungsmöglichkeiten:

Ⓐ Zeichne einen gestreckten Winkel von 180° und ergänze ihn um einen Winkel von 130°. $\alpha = 180° + 130° = 310°$

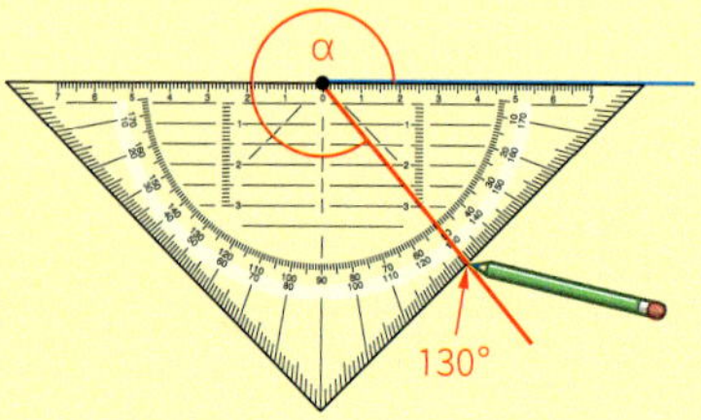

Ⓑ Zeichne einen Winkel von 360° (Vollkreis) und verkleinere ihn um 50°. $\beta = 360° - 50° = 310°$

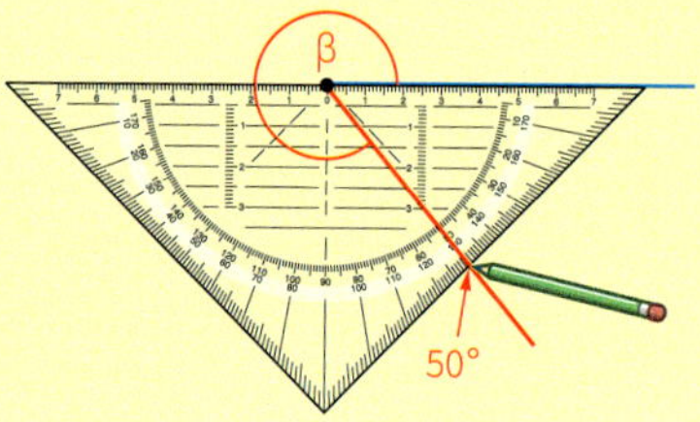

5 Winkel im Koordinatensystem
Zeichne die Winkel im Koordinatensystem und miss die Größe des Winkels.

$\alpha = \sphericalangle ASB$
Der Scheitelpunkt liegt im Punkt S (4 | 6), die Schenkel verlaufen durch die Punkte A (0 | 3) und B (3 | 0).

$\beta = \sphericalangle ABC$
Der Scheitelpunkt liegt im Punkt B (3 | 3), die Schenkel verlaufen durch die Punkte A (2 | 6) und C (2 | 0).

6 Winkel in Vierecken

a) Miss die Winkel in den verschiedenen Vierecken. Fällt dir etwas auf?

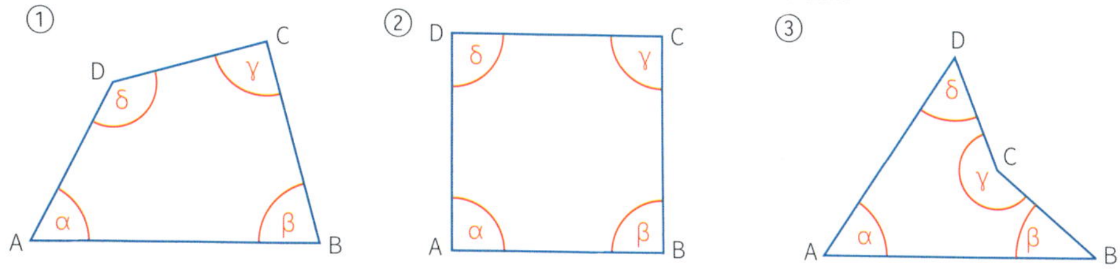

b) Finde ohne Zeichnung und Messung heraus, wie groß die Summe der Winkel in einem Rechteck ist. Passt das zu deiner Vermutung aus a)?

c) Zeichne zwei weitere Vierecke und miss die Winkel. Bestätigt sich deine Vermutung?

d) Konstruiere die Vierecke aus a) in deinem Heft. Miss dazu auch die Seitenlängen und beginne mit der Seite AB und dem Winkel α.

7 Regelmäßige Figuren

a) Konstruiere das regelmäßige Sechseck im Kreis. Miss den Mittelpunktswinkel α und den Innenwinkel β. Kannst du die Winkelgrößen auch ohne Messen herausfinden?

b) Wie groß sind Mittelpunktswinkel und Innenwinkel beim regelmäßigen Fünfeck? Kannst du mithilfe des Mittelpunktswinkels ein regelmäßiges Fünfeck konstruieren? Beschreibe deine Methode.

Regelmäßiges Sechseck

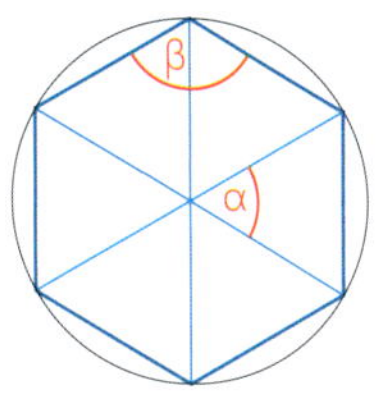

Regelmäßiges Fünfeck

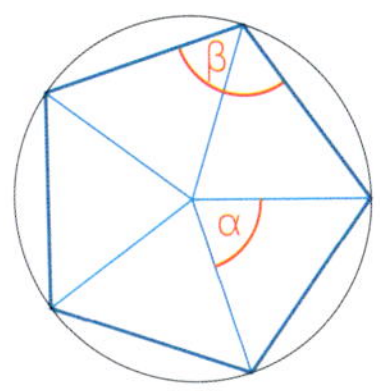

8 Uhrzeiten

a) Bestimme die Größe des Winkels, den die beiden Zeiger bilden.

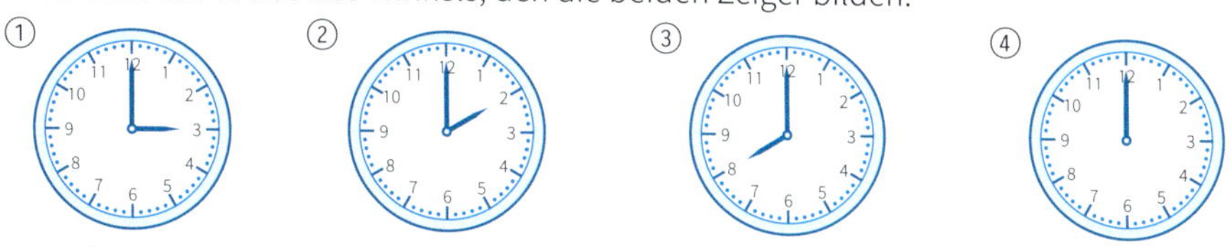

b) Peter behauptet: „Wenn du mir sagst, in welchem Winkel die Zeiger der Uhr zueinander stehen, dann kann ich dir sagen, wie spät es ist!“
Was sagst du zu Peters Aussage? Kann er die Uhrzeit so feststellen?

9 Giraffenhaut

In der Natur sind Winkelschenkel natürlich nicht immer exakt geradlinig.

Im Muster der Haut einer Giraffe findest du verschiedene Winkel.

- Miss weitere Winkel. Wie viele verschiedene Winkel findest du?
- Versuche, Winkelpaare zu finden, bei denen ein Winkel ungefähr das Doppelte (das Dreifache) des anderen Winkels ist.
- Das Muster der weißen Linien kann natürlich mit einer Folie einfach übertragen werden. Gelingt dir auch eine Zeichnung des Musters durch Messen von Strecken und Winkeln?

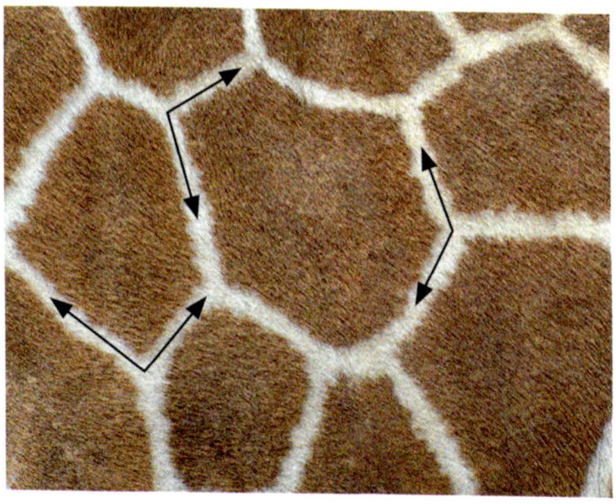

10 **II** **Wie groß ist der Steigungswinkel?**

Verkehrsschilder zeigen die Steigung oder das Gefälle von Straßen an. 15 % Steigung bedeutet:
Auf 100 m steigt die Straße um 15 m an.

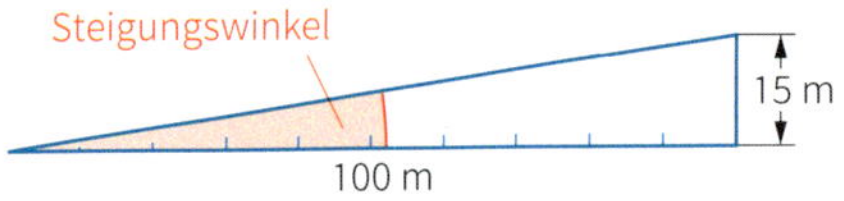

a) Wie groß ist der Steigungswinkel bei 15 % Steigung? Fertige eine maßstäbliche Skizze in deinem Heft an und miss den Steigungswinkel.
b) Welchem Steigungswinkel entspricht 48 % (Zahnradbahn „Pilatus“, Schweiz).
c) Das größte Gefälle beim Abfahrtsrennen in den Alpen beträgt 92 % (Kandahar in Garmisch). Wie groß ist der entsprechende Winkel?

11 **III** **Rampe**

Eine Rampe für Rollstuhlfahrer soll eine Steigung von 6 % nicht überschreiten.
a) Wie lang muss eine Rampe mindestens sein, damit sie eine Stufe von 36 cm überwinden kann?
b) Wie groß ist der Steigungswinkel bei einer Steigung von 6 %?
c) Wie groß ist der Steigungswinkel bei einer Steigung von 3 %?

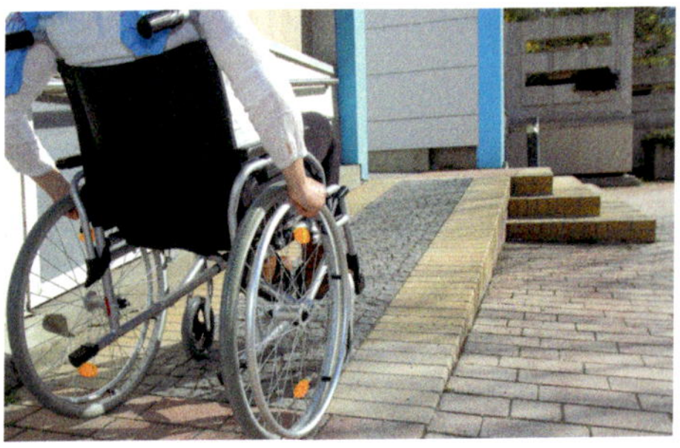

Exkurs

Woher kommt das Winkelmaß?

Insgesamt hat ein Kreis 360 Grad. Warum der Kreis ausgerechnet in so viele Teile zerlegt wird, soll aus der Zeit der Babylonier kommen.
Vor 4000 Jahren entwickelte das Volk der Babylonier ein Zahlensystem, das von 60 ausgeht. Das 60er-System finden wir heute noch in der Zeitmessung: Eine Stunde hat 60 Minuten und eine Minute 60 Sekunden. In der Zahl 360 steckt auch die 60, denn $6 \cdot 60 = 360$.
Ein Jahr wird heute in 365 Tage eingeteilt. Eventuell ist man zur damaligen Zeit von einer Jahresdauer von ca. 360 Tagen ausgegangen, die einen Jahreszyklus ausmachen. Zudem ist 360 auch ein Vielfaches von 12 und von 24. Dies könnte der Grund sein, weshalb auch Tage in Stunden in dieser Form aufgeteilt wurden.

Grundwissen
zum Wiederholen

1 Zeichne ein Quadrat mit seinen Diagonalen. Bestimme alle senkrechten und parallelen Strecken.

2 Nico hat einen Termin in der Fahrradwerkstatt um 16.15 Uhr.
Er braucht etwa 20 Minuten für die Fahrt. Wann sollte er spätestens losfahren?

3 Erkennst du das Ergebnis auf einen Blick? Berechne.
a) 937 + 20 + 20 + 20 + 20 + 20 b) 444 – 111 – 111

4 Wandle in die entsprechende Größe um.
a) 300 cm in m b) 120 mm in cm c) 380 m in km d) 10 mm in m

5 Die auf Hunderter gerundete Zahl lautet 43 600. Welche Zahl wurde korrekt gerundet? a) 43 547 b) 43 560 c) 43 649 d) 43 650

+ Exkurs

Koordinaten auf der Erdoberfläche

Zur Positionsbeschreibung auf der Erde werden Koordinaten angegeben.
Beispiel: Kiew 50° nördliche Breite, 30° östliche Länge
Ähnlich wie im Koordinatensystem in der Ebene genügt die Angabe von zwei Zahlen, diese sind offensichtlich Maßzahlen von Winkeln.
Welche Winkel sind damit gemeint?
Die Winkel kennzeichnen jeweils einen Breitenkreis und einen Längen(halb)kreis. Die angegebene Position ist der Schnittpunkt des Breitenkreises mit dem Längenhalbkreis.
In der aufgeschnittenen Erdkugel kannst du die Winkel erkennen.
Sie haben ihren Scheitelpunkt im Erdmittelpunkt. Bei den Koordinaten wird immer zuerst der Winkel für den Breitenkreis und dann der Winkel für den Längenhalbkreis angegeben.

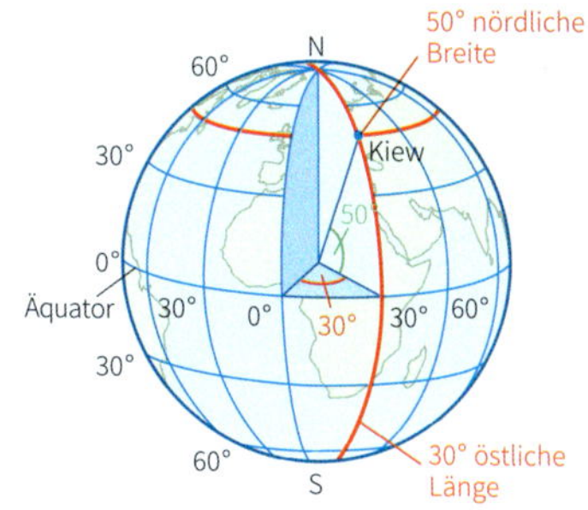

Breitenkreise

Der 0. Breitenkreis hat einen Winkel von 0°, es ist der Äquator. Für alle Breitenkreise werden die Winkelgrößen von 0° bis 90° auf der Nordhalbkugel und ebenso von 0° bis 90° auf der Südhalbkugel gemessen. Man sagt dann entsprechend nördliche Breite oder südliche Breite.

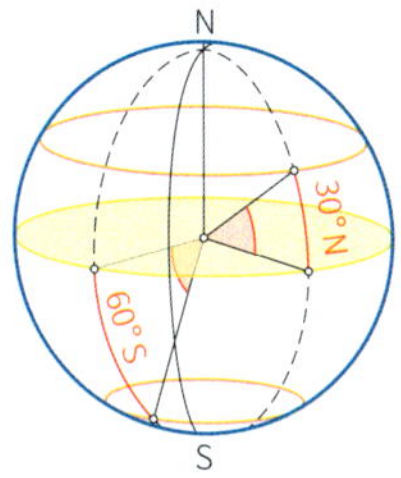

Längenhalbkreise

Der 0. Längenhalbkreis hat einen Winkel von 0°. Er verläuft durch Greenwich, einen Vorort von London. Sein Name ist Nullmeridian. Vom Nullmeridian aus werden die Längenhalbkreise von 0° bis 180° nach Osten und ebenso von 0° bis 180° nach Westen gemessen.
Man sagt dann entsprechend östliche Länge oder westliche Länge.

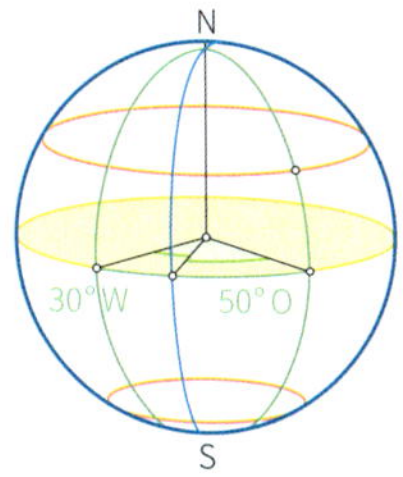

12 I Seenot – SOS

Die Segelyacht „Elsa" gerät beim Sturm in Seenot. Über Funk fordert der Skipper Hilfe an. Suche in deinem Atlas oder auf dem Globus die ungefähre Position der Segelyacht.

SOS – Dringend Hilfe – Position 60° Nord 27° Ost

13 II Standorte

Knut Hansen funkt seinen Standort: 90° nördliche Breite/ 120° östliche Länge.
Renato Delgado befindet sich zur selben Zeit 90° nördliche Breite/ 30° östliche Länge.
Können sich die beiden sehen?

14 III Längenhalbkreise

Warum gibt man bei den Koordinaten die Winkel der Längenhalbkreise und nicht die der Längenkreise an? Lege mit einer Schnur auf einem Globus einen Längenkreis, der durch Deutschland geht. Welche Winkel sind möglich? Welcher Winkel gehört zu dem jeweiligen Längenhalbkreis auf der anderen Seite der Erdkugel?

2.5 Besondere Dreiecke

1 Zugeschnittene Dreiecke

a) Zeichne ein Dreieck auf ein Blatt Papier und schneide es aus. Kannst du es so falten, dass die beiden entstehenden Teildreiecke genau aufeinander passen? Wenn nicht, hilf mit der Schere nach. Aufgepasst: Beim Auseinanderfalten muss wieder ein Dreieck entstehen. Beschreibe, wie du falten musst.

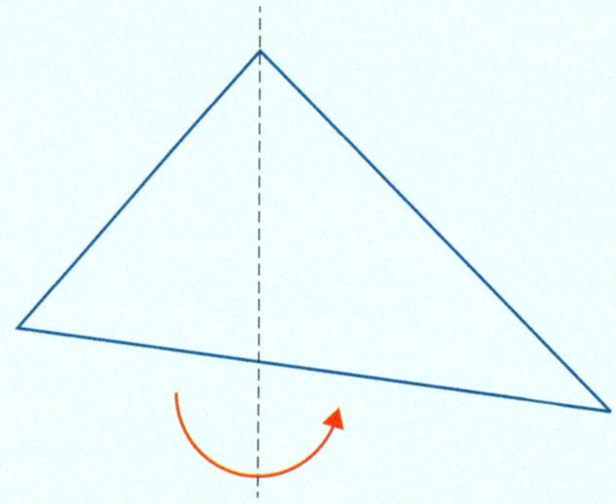

b) Kannst du ein Dreieck zeichnen, bei dem du nichts abschneiden musst? Kannst du sogar ein Dreieck zeichnen, bei dem es mehrere Faltmöglichkeiten gibt? Beschreibe jeweils die Lösung.

2 Konstruktion besonderer Dreiecke

Um die Punkte A und B einer Strecke $\overline{AB}$ wird jeweils ein Kreis mit dem gleichen Radius r gezeichnet. Einer der Schnittpunkte der beiden Kreise wird mit C bezeichnet.

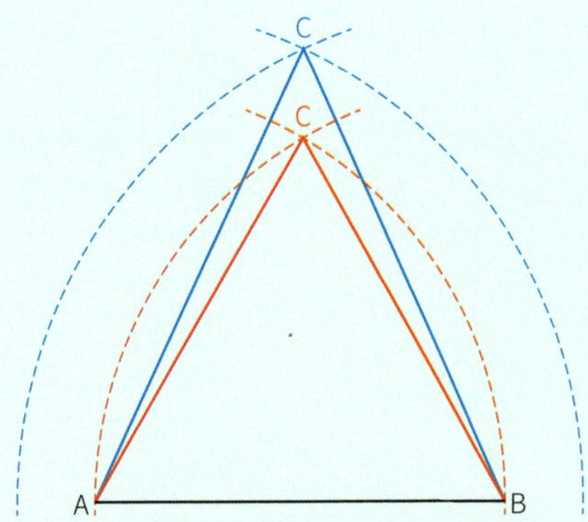

a) Welche besondere Form hat das Dreieck ABC? Das Dreieck ist auf jeden Fall gleichschenklig (blau). Wenn $r = \overline{AB}$ gilt, so ist das Dreieck sogar gleichseitig (rot).

b) Was lässt sich über die Winkel am gleichschenkligen Dreieck und am gleichseitigen Dreieck aussagen?

3 Winkel aneinandersetzen

a) Reiße die drei Winkel eines gleichseitigen Dreiecks ab und setze sie aneinander. Welchen Winkel erhältst du?

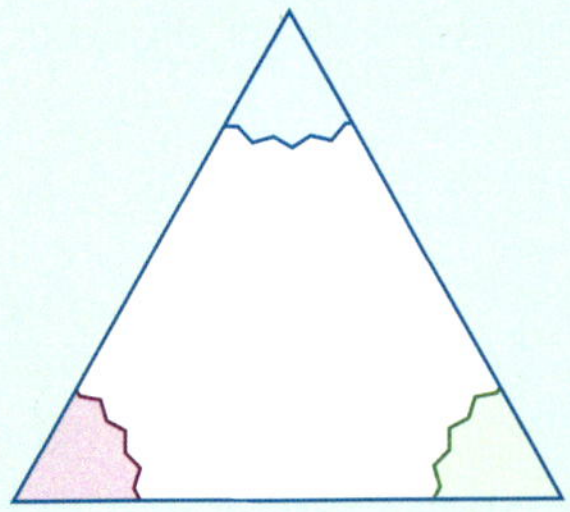

b) Zerschneide ein Quadrat entlang der Diagonalen in zwei Dreiecke. Vergleiche die Winkel α und β.

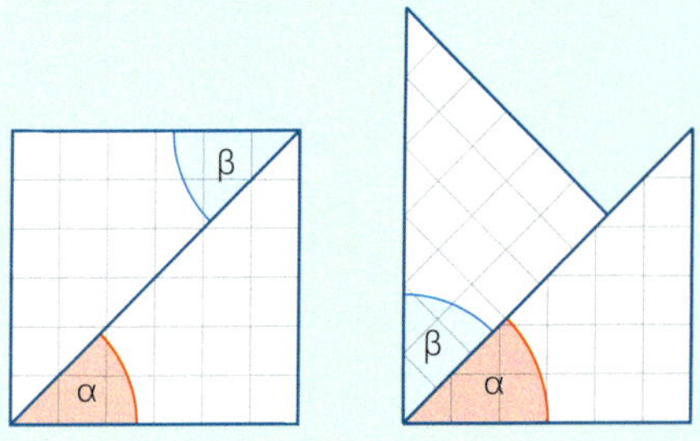

Basiswissen

WES-125661-015

Kennzeichnung von Dreiecken nach Winkeln

spitzwinkliges Dreieck

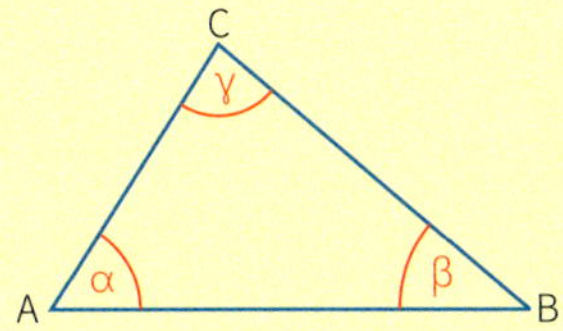

Alle Winkel sind spitze Winkel.

rechtwinkliges Dreieck

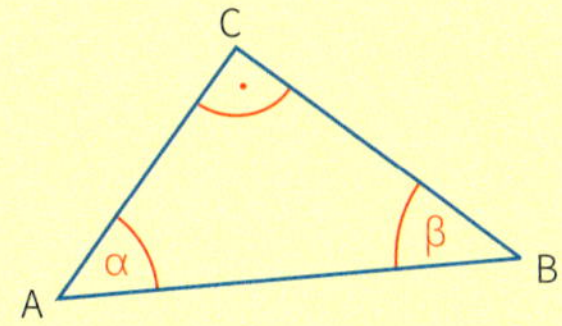

Ein Winkel ist 90° groß.

stumpfwinkliges Dreieck

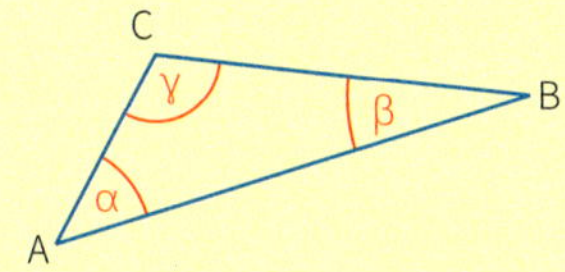

Ein Winkel ist ein stumpfer Winkel.

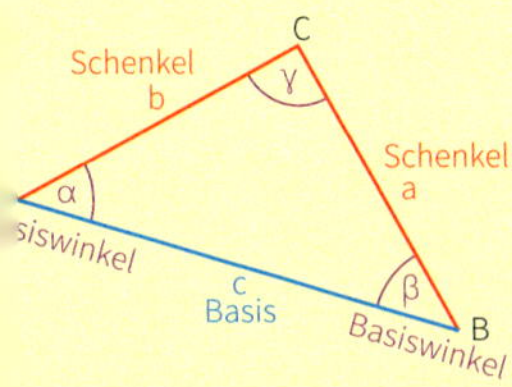

Kennzeichnung von Dreiecken nach Seitenlängen

gleichschenkliges Dreieck

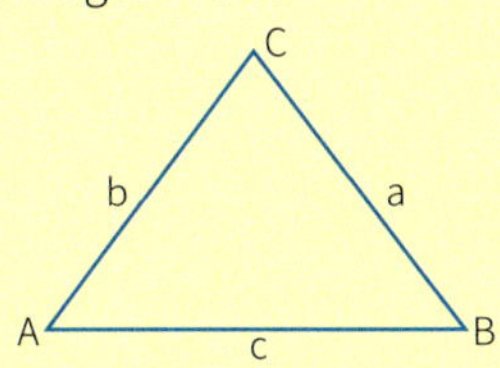

Mindestens zwei Seiten sind gleich lang.
Mindestens zwei Winkel sind gleich groß.

gleichseitiges Dreieck

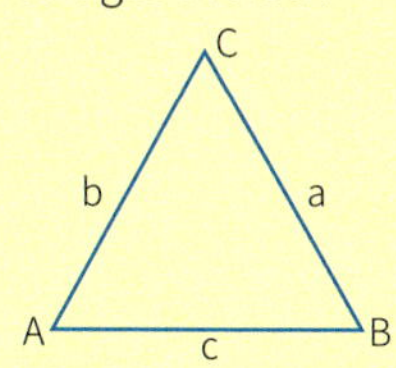

Alle drei Seiten sind gleich lang.
Alle Winkel sind 60° groß.

Beispiel

A Winkel im Dreieck

Um welche Art Dreieck handelt es sich?

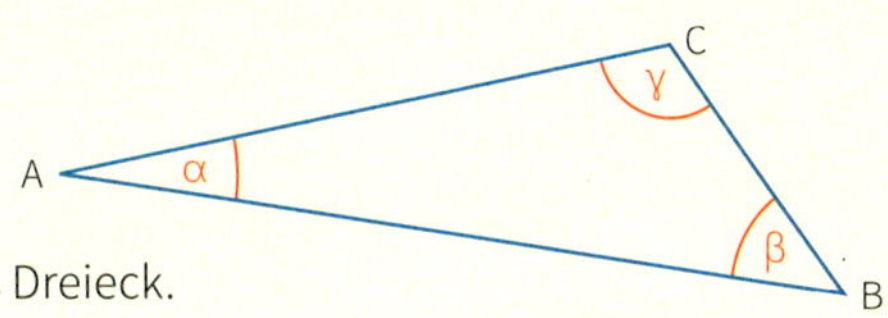

Lösung:
$\gamma > 90°$. Es handelt sich um ein stumpfwinkliges Dreieck.
Da alle Seiten unterschiedlich lang sind, ist das Dreieck nicht gleichschenklig.

Übungen

4 II Eigenschaften von Dreiecken

Gib an, welche Dreiecke vorliegen. Übertrage die Tabelle in dein Heft und fülle sie aus.

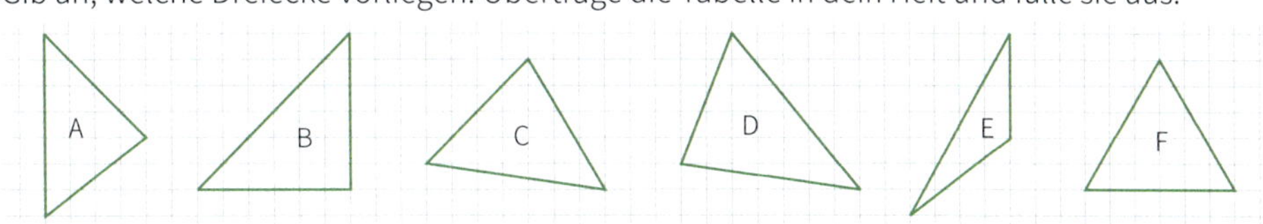

Dreieck	Bezeichnung	Winkeleigenschaft	besondere Eigenschaften
Ⓐ	(allgemeines) Dreieck	spitzwinklig	keine

5 I Dreieck zeichnen

Zeichne ein Dreieck mit den Winkeln α und β und der Seitenlänge $c = 10\,cm$.

a) $\alpha = 30°$, $\beta = 60°$ b) $\alpha = 40°$, $\beta = 70°$ c) $\alpha = 20°$, $\beta = 100°$

Miss die Größe des Winkels γ. Welche Dreiecke sind entstanden?

6 II Besondere Dreiecke

Konstruiere ein gleichschenkliges Dreieck mit $\alpha = \beta = 75°$. Vergleiche mit deinen Mitschülerinnen und Mitschülern. Begründe, dass es unendlich viele solcher Dreiecke gibt.

Grundwissen zum Wiederholen

1 Es ist 9.33 Uhr. Der Zug fährt um 10.05 Uhr ab. Wie lange muss man noch warten?

2 Berechne. a) $5 + 6 \cdot 2 + 1$ b) $(5 + 6) \cdot 2 + 1$ c) $(5 + 6) \cdot (2 + 1)$

Kreise

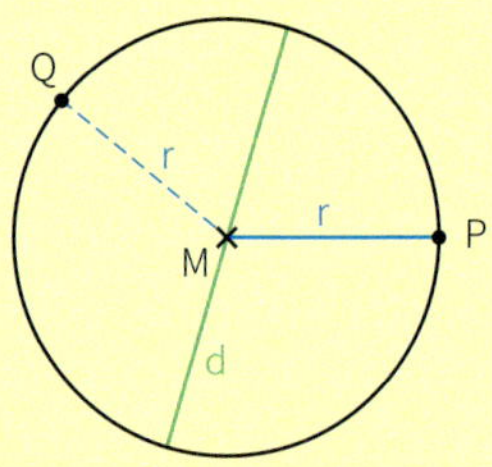

r: Radius   d: Durchmesser $d = 2 \cdot r$

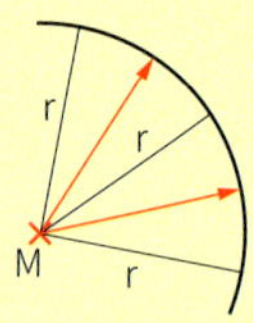

Alle Punkte des Kreises haben vom **Mittelpunkt M** den gleichen Abstand.

Kugel

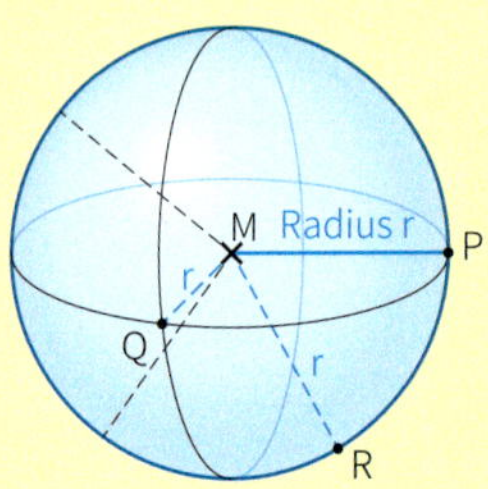

Alle Punkte der Kugeloberfläche haben vom Mittelpunkt die gleiche Entfernung.

Konstruieren mit Kreisen

Konstruktion eines regelmäßigen Sechsecks

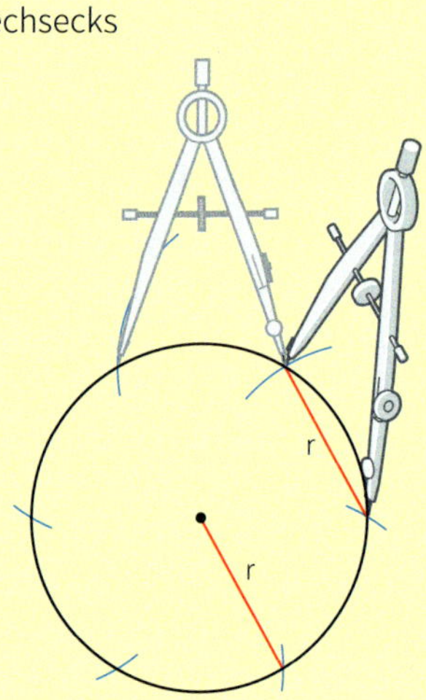

Check-up

1 Kreise zeichnen

a) Zeichne einen Kreis mit dem Radius 3 cm.

b) Zeichne zwei Punkte A und B, die 4 cm voneinander entfernt sind. Zeichne um A einen Kreis mit dem Radius 2 cm und um B einen Kreis mit dem Radius 3 cm. Wie viele Schnittpunkte der Kreise entstehen? Kannst du dies auch ohne Zeichnung vorhersagen?

2 Kreis und Rechteck

Zeichne einen Kreis mit dem Radius 5 cm. Zeichne ein Rechteck mit der Länge 4 cm, bei dem die vier Eckpunkte auf dem Kreis liegen. Wie breit ist das Rechteck?

3 Kreis im Koordinatensystem

Zeichne in ein Koordinatensystem die Punkte A (0 | 5), B (8 | 1), C (10 | 5) und D (9 | 8) ein.

a) Zeichne einen Kreis, der durch diese vier Punkte geht. Gib die Koordinaten des Mittelpunktes und den Radius des Kreises an.

b) Zeichne nun E (5 | 10) und F (1 | 2) ein. Miss die Länge der Strecke $\overline{EF}$ und vergleiche mit dem Durchmesser des Kreises.

4 Schnittkreis

Eine Styroporkugel von 10 cm Durchmesser wird durch einen ebenen Schnitt in zwei Teile geteilt. Wie musst du schneiden, damit der Schnittkreis möglichst groß wird? Wie groß ist dann der Radius dieses Kreises?

5 Rettungshubschrauber

In Essen ist der Rettungshubschrauber „Christoph 9“ stationiert, der alle Orte bis zu einer Entfernung von 50 km anfliegen kann. Bestimme auf der Karte alle Orte, die im Einsatzbereich des Hubschraubers liegen.

6 Tischtennisbälle

Ein Tischtennisball hat einen Radius von 19 mm. Drei davon passen genau in eine quaderförmige Schachtel.

a) Welche Maße hat die Schachtel, damit die drei Tischtennisbälle genau hineinpassen?

b) Welches Volumen hat die Schachtel?

7 Kreismuster

Zeichne die Bilder mit Zirkel und Lineal in dein Heft.

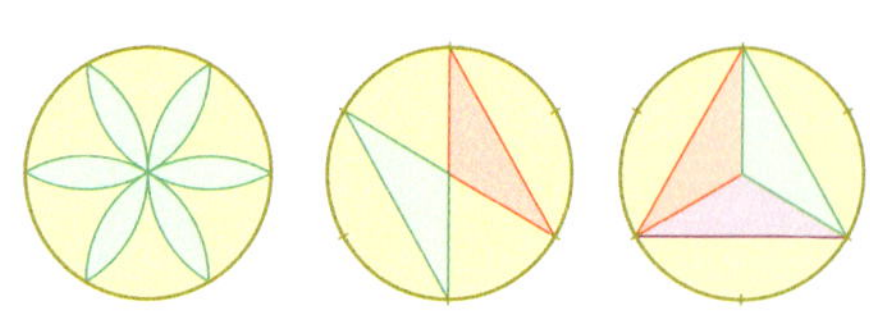

Winkel

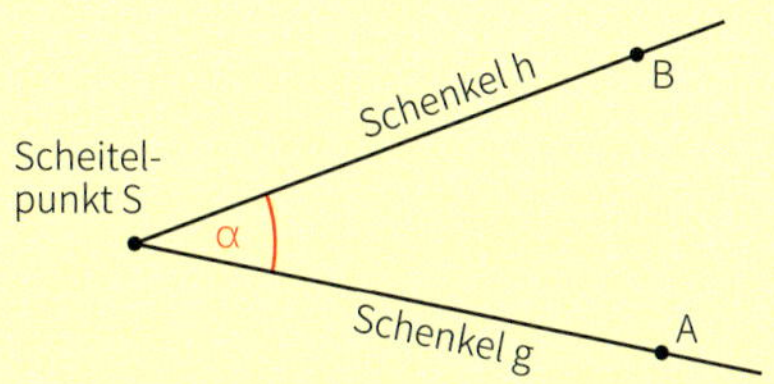

Ein Winkel wird durch den Scheitelpunkt S und die beiden Schenkel festgelegt. Winkel werden mit griechischen Buchstaben bezeichnet.

α	alpha	β	beta	γ	gamma
δ	delta	ε	epsilon	φ	phi

Winkeltypen

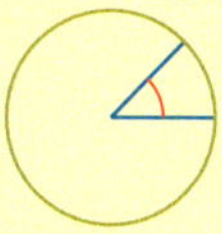

spitzer Winkel
$0° < \alpha < 90°$

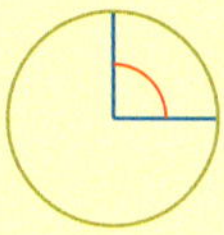

rechter Winkel
$\alpha = 90°$

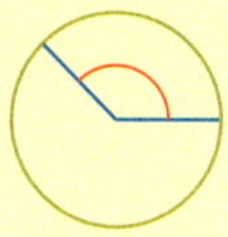

stumpfer Winkel
$90° < \alpha < 180°$

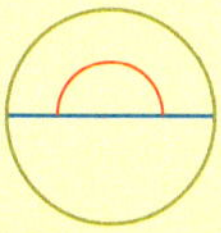

gestreckter Winkel
$\alpha = 180°$

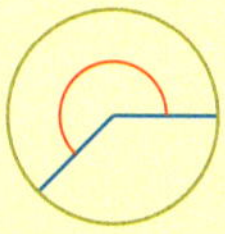

überstumpfer Winkel
$180° < \alpha < 360°$

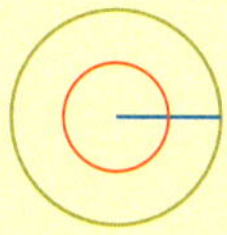

Vollwinkel
$\alpha = 360°$

Winkel messen

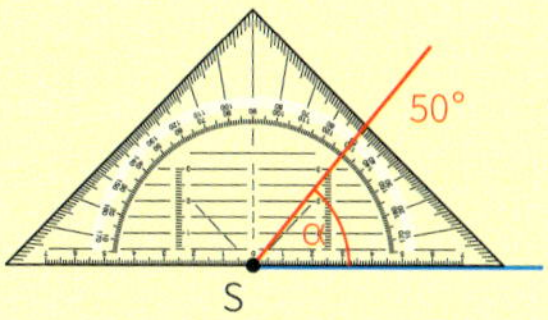

Winkel zeichnen

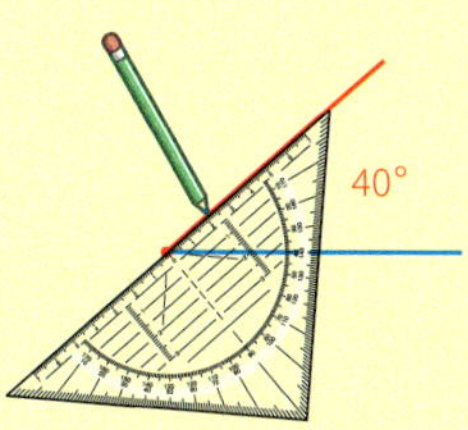

Das Geodreieck an der Geraden mit 0 an S anlegen. Den Winkel markieren. Nun den zweiten Schenkel zeichnen.

8 Winkelsituationen

Zeichne Skizzen zu den folgenden Situationen:

a) Der Wurfsektor beim Kugelstoßen hat einen Winkel von 40°.
b) Der Schwenkbereich eines Ladekranes beträgt 190°.
c) Der Neigungswinkel eines Satteldaches beträgt 38°.
d) Der Außenstürmer erzielte ein Tor aus ganz spitzem Winkel.

9 Sehwinkel

Vergleiche die Sehwinkel der Tiere mit dem des Menschen.

Fertige jeweils eine Zeichnung des Winkels an.

10 Winkel zeichnen

Zeichne jeweils einen Winkel der vorgegebenen Größe:

$\alpha = 45°$ $\beta = 60°$ $\gamma = 100°$ $\delta = 145°$ $\varepsilon = 320°$

Gib für jeden Winkel den Typ an.

11 Raute

Zeichne eine Raute mit zwei 55° großen Winkeln.
Miss die Größen der beiden anderen Winkel.

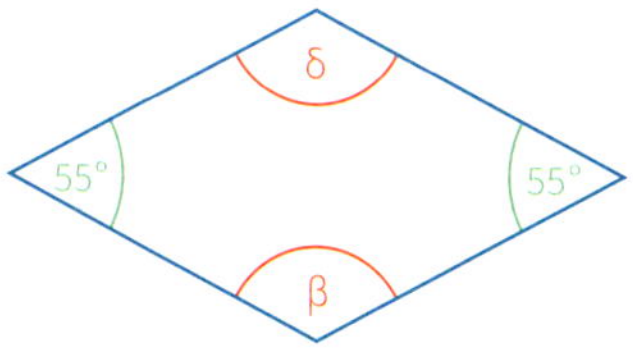

12 Überstumpfer Winkel

Beschreibe an einem Beispiel, wie man mit dem Geodreieck einen überstumpfen Winkel zeichnet.

13 Winkel schätzen

Was vermutest du: Welcher der beiden rot gezeichneten Winkel ist größer? Schätze die Größen der beiden Winkel und miss dann nach.

14 Winkelkreuzung

Zeichne zwei Geraden a und b, die sich in einem Winkel von $\alpha = 35°$ schneiden. Gib an, wie groß dann die Winkel β, γ und δ sind.

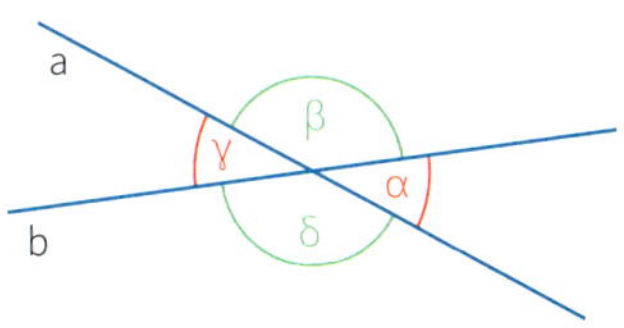

Sichern und Vernetzen

Vermischte Aufgaben zu Kapitel 2

Trainieren

WES-125661-060

Lösungen

1 I **Konzentrische Kreise**

Zeichne konzentrische Kreise mit den Radien 2 cm, 3 cm, 4 cm und 5 cm um einen Punkt M.

2 I **Vier Kreise im Quadrat**

Zeichne die Muster in dein Heft und male sie farbig aus.

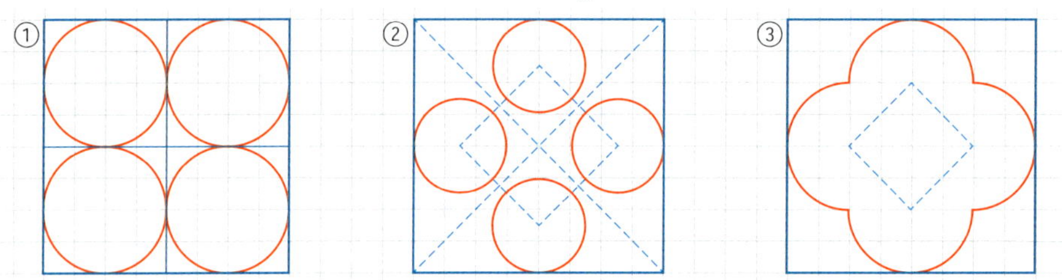

In den Bildern ② und ③ kannst du das innere kleine Quadrat vergrößern oder verkleinern. Dann verändern sich auch die Radien der Kreise. Welche Bilder entstehen?

3 I **Schnittpunkte von Kreisen**

a) Zeichne zwei Kreise mit den Radien 3 cm und 4 cm, die sich in zwei Punkten schneiden.
b) Zeichne zwei Kreise mit den Radien 3 cm und 4 cm, die keinen Punkt gemeinsam haben.
c) Zeichne zwei Kreise mit den Radien 3 cm und 4 cm, die sich in genau einem Punkt berühren.

Was lässt sich jeweils über die Entfernung der beiden Mittelpunkte sagen?

4 I **Winkel zeichnen**

Zeichne Winkel mit den Größen $30°$, $45°$, $50°$, $80°$, $100°$, $175°$ und $235°$.

5 I **Winkel schätzen**

Schätze die Größe der folgenden Winkel und ordne sie der Größe nach. Miss anschließend.

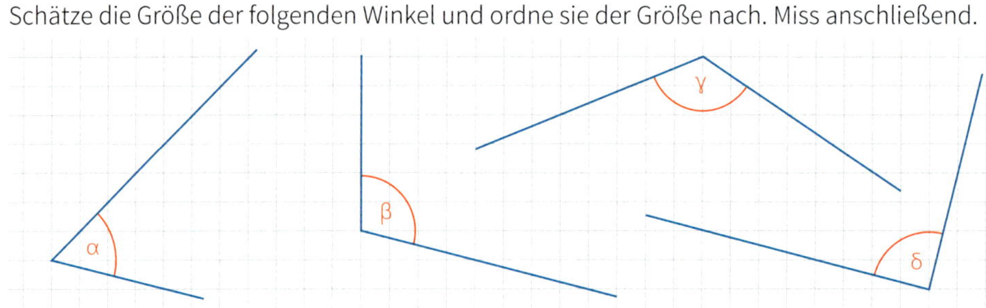

Verstehen

6 I **Sparschwein**

Ein Sparschwein hat einen 2 cm langen und 3 mm breiten Schlitz zum Einwerfen der Münzen.

a) Welche Münzen passen in das Sparschwein?
b) Welche Maße muss der Schlitz haben, damit alle Münzen hineinpassen?

7 I **Berührende Kreise**

Zeichne drei gleich große Kreise, die sich berühren. Wie viele Möglichkeiten findest du?

8 I Mittelkreis

Beim Fußball darf die Mannschaft, die den Anstoß nicht ausführt, den Mittelkreis nicht betreten. Warum ist der Anstoßbereich kein Quadrat?

9 I Rechte Winkel

a) Gibt es ein Dreieck mit einem rechten Winkel?
b) Kann es ein Dreieck mit zwei rechten Winkeln geben? Begründe.
c) Wie viele rechte Winkel kann es in einem Viereck geben?

10 II Uhrzeiger

a) Um 10.30 Uhr bilden der große und der kleine Zeiger einer Uhr einen Winkel von 135°. Warum ist das so?
b) Welche Winkel werden um 9.00 Uhr, um 16.30 Uhr und um 8.24 Uhr gebildet?

11 I Tortenteilung

Eine Torte wird in gleich große Teile zerschnitten. Welche Winkelgröße hat ein Tortenstück, wenn du die Torte in drei, vier, sechs oder acht gleich große Teile teilst?

12 II Handball

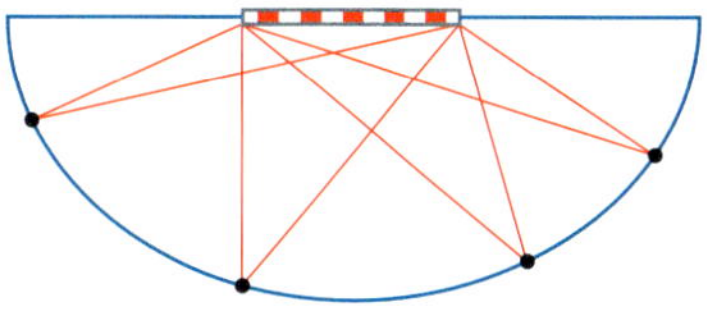

Beim Handball dürfen die Spielerinnen und Spieler den Wurfkreis nicht betreten. Welche Wurfposition ist am günstigsten? Begründe anhand einer Skizze.

Anwenden

13 II Radarsystem

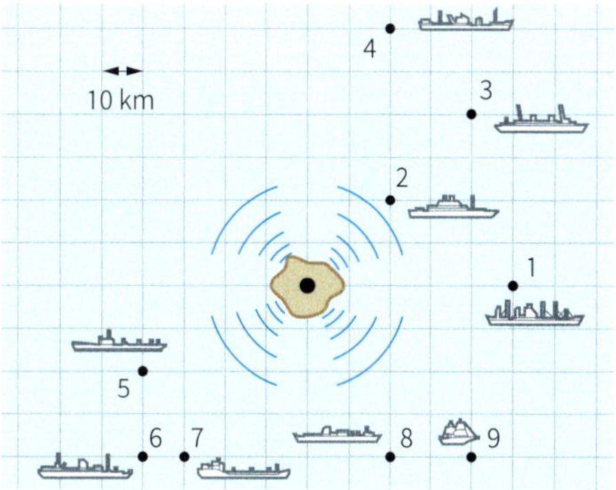

Mit dem Radarsystem auf der Insel können alle Schiffe geortet werden, die nicht mehr als 50 km vom Sender entfernt sind. Welche der eingezeichneten Schiffe befinden sich im Sendebereich?
Gibt es Schiffe, die sich gerade an der Grenze befinden? Zeichne die Karte mit den Positionen der Schiffe in dein Heft und beantworte die Fragen mithilfe eines passenden Kreises.

14 II Schiffspositionen

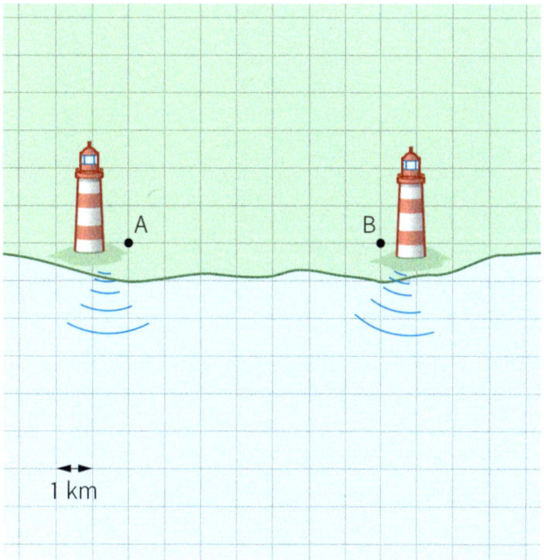

Die Positionen der Schiffe werden mithilfe ihrer augenblicklichen Entfernungen zu den beiden Leuchttürmen an Land angegeben.

a) Zeichne die Skizze in dein Heft und kennzeichne die Positionen der Schiffe.
Dampfer Berta: 4 km zu A und 6 km zu B
Kreuzer Ariane: 5 km zu A und 5 km zu B
Segler Möwe: 5 km zu A und 3 km zu B
b) Der Fischkutter arbeitet in einem Gebiet, das zwischen 2 km und 3 km von A oder zwischen 3 km und 4 km von B entfernt ist. Zeichne dieses Gebiet in deinen Plan im Heft ein.

3 Bruchrechnen

Abhängig von unterschiedlichen Faktoren trinkt eine Kuh bis zu 200 Liter Wasser am Tag.
Ein erwachsener Mensch sollte täglich ungefähr $\frac{1}{100}$ davon zu sich nehmen.

Um diese Menge zu erreichen, braucht ein Erwachsener vier $\frac{1}{2}$-Liter-Flaschen.

Wenn der Mensch drei Flaschen mit je $\frac{3}{4}$ Liter Inhalt trinkt, hat er sogar mehr als die empfohlene Tagesmenge getrunken.

3.1 Gleichnamige Brüche addieren und subtrahieren

Partnerarbeit

Zum Beispiel ein Rechteck der Größe 18 cm × 12 cm

1 Tangram mit Brüchen

Vorbereitung:

(1) Zeichne die Figur auf Pappe ab.

(2) Beschrifte jeden Teil mit seinem Anteil an der ganzen Figur.

(3) Schneide die Tangram-Teile aus.

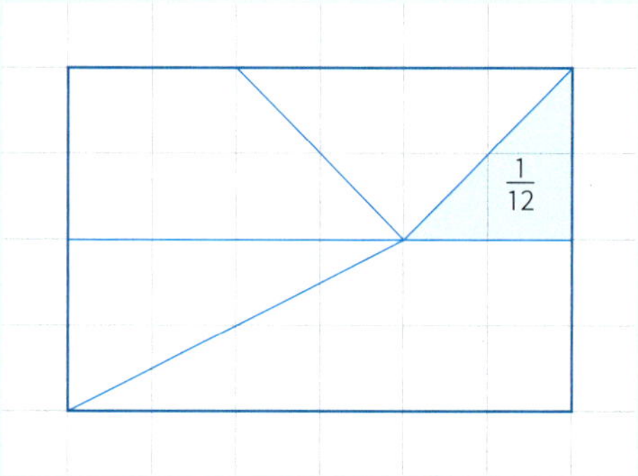

a) Lege eine neue Figur aus zwei Tangram-Teilen. Wie groß ist der Anteil dieser Figur an der ganzen Figur?
Probiere mit verschiedenen Figuren, die aus zwei Tangram-Teilen bestehen.

b) Lege neue Figuren aus drei oder vier Tangram-Teilen. Bestimme den Anteil dieser Figuren an der ganzen Figur.

c) Gelingt es dir, mit den Tangram-Teilen eine Figur mit dem Anteil ① $\frac{3}{4}$ ② $\frac{2}{3}$ zu legen?

2 Schokolade

Max, Lea und Ute essen von einer Tafel Schokolade.

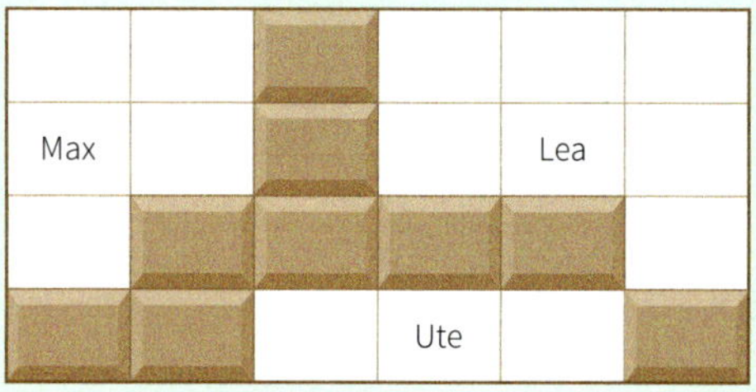

a) Welchen Anteil isst jeder?

b) Welchen Anteil essen Max und Lea zusammen, welchen Lea und Ute, welchen Ute und Max? Welcher Anteil bleibt übrig?

c) Jan möchte 3 Stück weniger als Max essen, Ulf ein Stück weniger als Lea. Welche Anteile wollen Jan und Ulf essen?

d) Schreibe die Antworten zu b) und c) als Rechenaufgaben auf.

3 Veranschaulichen mit dem Rechteckmodell

a) Welche Rechnung ist hier dargestellt?

b) Welche Rechnung ist hier dargestellt? Was ist das Ergebnis?

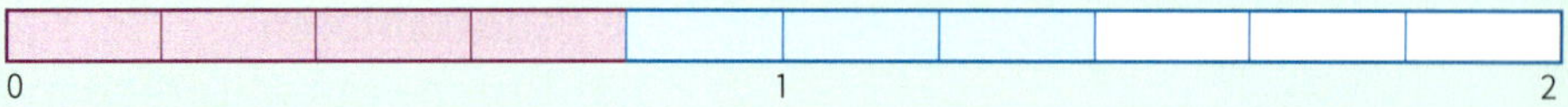

c) Zeichne zu den Rechnungen ein Rechteckmodell und ermittle das Ergebnis

① $\frac{2}{6}+\frac{3}{6}$ ② $\frac{7}{8}-\frac{3}{8}$ ③ $\frac{7}{10}+\frac{12}{10}$ ④ $\frac{9}{4}-\frac{3}{4}$

Basiswissen

WES-125661-016

Gleichnamige Brüche addieren

Bei gleichnamigen Brüchen sind die Teile gleich groß. Will man gleichnamige Brüche addieren oder subtrahieren, so addiert man die Teile oder subtrahiert sie.

- Zähler addieren
- Nenner beibehalten

$$\frac{3}{5} + \frac{1}{5} = \frac{3+1}{5} = \frac{4}{5}$$

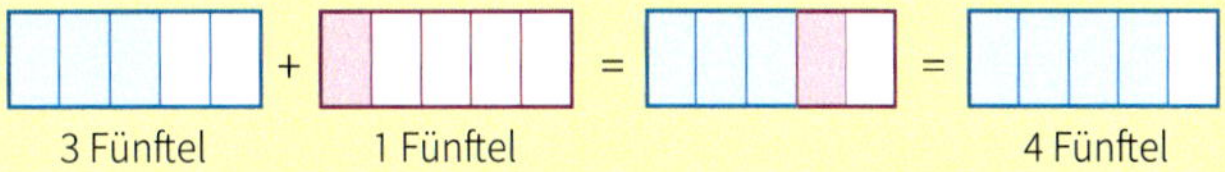

Gleichnamige Brüche subtrahieren

- Zähler subtrahieren
- Nenner beibehalten

$$\frac{4}{5} - \frac{3}{5} = \frac{4-3}{5} = \frac{1}{5}$$

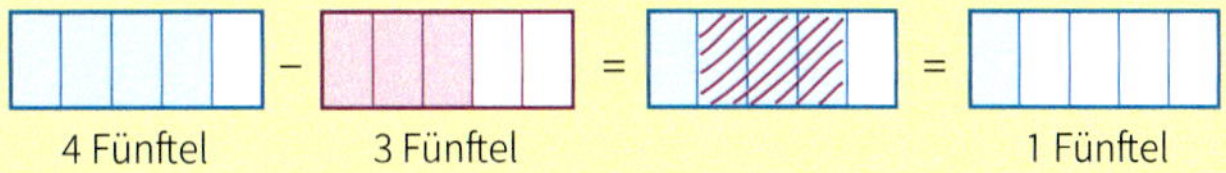

Beispiele

A Gleichnamige Brüche addieren und subtrahieren

Berechne. Kürze das Ergebnis, wenn möglich.

a) $\frac{3}{10} + \frac{3}{10}$ b) $\frac{4}{7} + \frac{3}{7}$ c) $\frac{13}{8} - \frac{3}{8}$

Lösung:

a) $\frac{3}{10} + \frac{3}{10} = \frac{3+3}{10} = \frac{6}{10} = \frac{3}{5}$

b) $\frac{4}{7} + \frac{3}{7} = \frac{3+4}{7} = \frac{7}{7} = 1$

c) $\frac{13}{8} - \frac{3}{8} = \frac{13-3}{8} = \frac{10}{8} = \frac{5}{4} = 1\frac{1}{4}$

B Kreismodell

Berechne und veranschauliche die Rechnung durch ein Kreismodell.

a) $\frac{3}{8} + \frac{1}{8}$ b) $\frac{5}{6} - \frac{3}{6}$

Lösung:

a) $\frac{3}{8} + \frac{1}{8} = \frac{3+1}{8} = \frac{4}{8} = \frac{1}{2}$

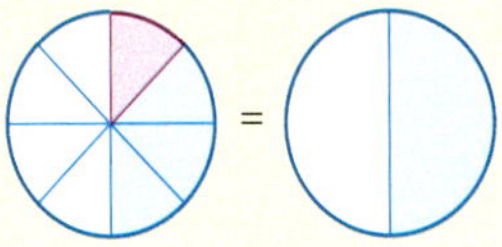

b) $\frac{5}{6} - \frac{3}{6} = \frac{5-3}{6} = \frac{2}{6} = \frac{1}{3}$

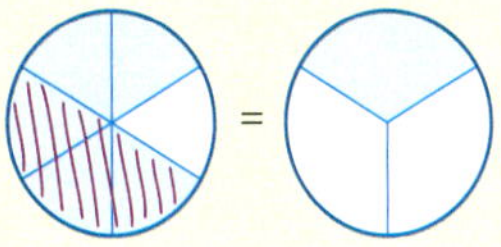

C Auf dem Zahlenstrahl

Berechne und veranschauliche die Rechnung auf dem Zahlenstrahl.

a) $\frac{3}{10} + \frac{6}{10}$ b) $\frac{3}{4} - \frac{2}{4}$ c) $\frac{3}{5} + \frac{4}{5}$ d) $\frac{8}{5} - \frac{3}{5}$

Lösung:

a) $\frac{3}{10} + \frac{6}{10} = \frac{9}{10}$

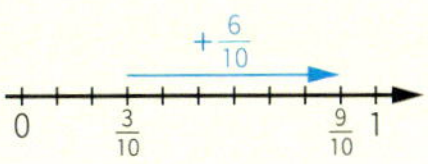

b) $\frac{3}{4} - \frac{2}{4} = \frac{1}{4}$

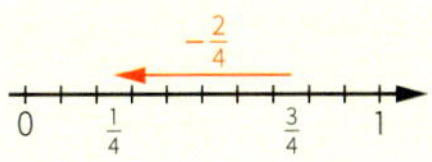

c) $\frac{3}{5} + \frac{4}{5} = \frac{7}{5} = 1\frac{2}{5}$

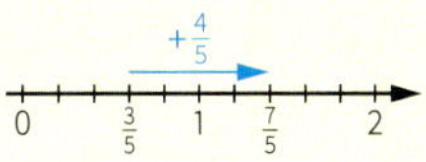

d) $\frac{8}{5} - \frac{3}{5} = \frac{5}{5} = 1$

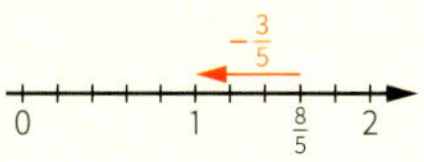

Übungen

4 I **Summen**

Welche Additionen sind in den Modellen dargestellt? Schreibe die Rechnung in dein Heft.

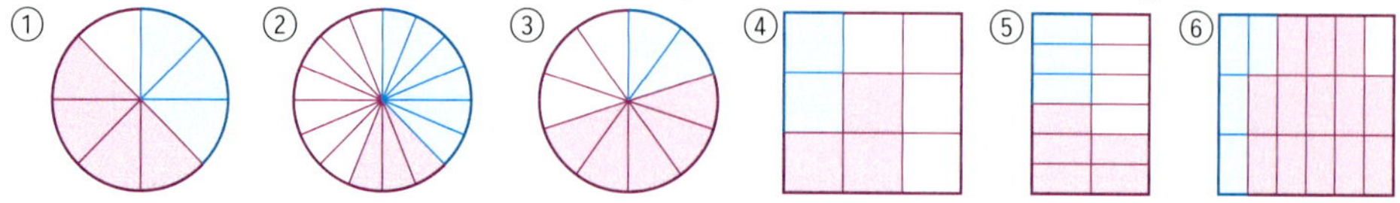

Ⓐ $\frac{4}{8}+\frac{3}{8}=\frac{\square}{\square}$ Ⓑ $\frac{3}{\square}+\frac{\square}{16}=\frac{\square}{\square}$ Ⓒ $\frac{\square}{\square}+\frac{5}{\square}=\frac{\square}{\square}$ Ⓓ $\frac{2}{9}+\frac{\square}{\square}=\frac{\square}{9}$ Ⓔ $\frac{\square}{\square}+\frac{5}{\square}=\frac{\square}{\square}$ Ⓕ $\frac{\square}{\square}+\frac{\square}{\square}=\frac{17}{\square}$

5 I **Rechnen mit Bildern**

Berechne. Veranschauliche die Rechnung durch ein Rechteckmodell, ein Kreismodell oder am Zahlenstrahl. Jedes Modell soll mindestens einmal vorkommen.

a) $\frac{2}{5}+\frac{3}{5}$ b) $\frac{8}{12}-\frac{5}{12}$

c) $\frac{5}{8}-\frac{4}{8}$ d) $\frac{3}{4}-\frac{1}{4}$

e) $\frac{13}{16}-\frac{9}{16}$ f) $\frac{2}{9}+\frac{5}{9}$

g) $\frac{5}{7}-\frac{3}{7}$ h) $\frac{1}{6}+\frac{5}{6}$

Beispiele:

$\frac{2}{10}+\frac{7}{10}=\frac{9}{10}$

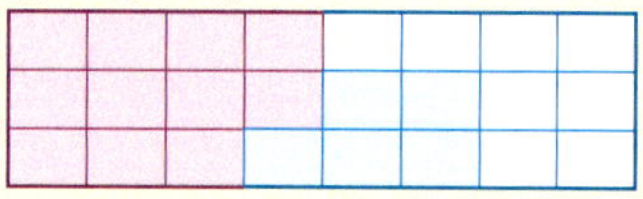

$\frac{11}{24}+\frac{5}{24}=\frac{16}{24}$

6 I **Mehr als Eins**

Berechne und gib das Ergebnis als gemischte Zahl an. Kürze, wenn möglich.

a) $\frac{3}{4}+\frac{3}{4}$ b) $\frac{8}{12}+\frac{7}{12}$ c) $\frac{3}{5}+\frac{4}{5}+\frac{2}{5}$ d) $\frac{5}{8}+\frac{7}{8}$ e) $\frac{17}{20}+\frac{13}{20}$

7 I **Training**

a) $\frac{5}{6}-\frac{1}{6}$ b) $\frac{8}{14}+\frac{2}{14}$ c) $\frac{3}{4}+\frac{3}{4}$ d) $\frac{5}{12}+\frac{4}{12}+\frac{7}{12}$ e) $\frac{17}{20}-\frac{13}{20}$

f) $\frac{5}{60}-\frac{4}{60}$ g) $\frac{17}{20}+\frac{13}{20}$ h) $\frac{11}{15}-\frac{2}{15}-\frac{6}{15}$ i) $\frac{7}{12}+\frac{2}{12}-\frac{9}{12}$ j) $\frac{35}{17}-\frac{20}{17}+\frac{2}{17}$

8 I **Herkunftsorte**

Die Kinder der Klasse 6 c kommen aus vier verschiedenen Orten.
Aus Maxdorf kommt $\frac{1}{6}$ der Kinder der Klasse, aus Rheindorf $\frac{2}{6}$ und aus Dornheim ebenfalls $\frac{2}{6}$.

a) Welcher Anteil der Kinder kommt aus Oberaubach?

b) Wie viele Kinder kommen aus den verschiedenen Dörfern, wenn in der Klasse 24 Schülerinnen und Schüler sind?

9 II **Gemischte Zahlen**

Schreibe die Ergebnisse, wenn möglich, mit gemischten Zahlen.

a) $\frac{6}{10}\,\text{cm}+\frac{9}{10}\,\text{cm}$ b) $\frac{5}{6}\,\text{h}+\frac{3}{6}\,\text{h}$ c) $\frac{18}{24}\,\text{d}+\frac{15}{24}\,\text{d}$

d) $\frac{5}{8}\,\text{kg}+\frac{7}{8}\,\text{kg}+\frac{6}{8}\,\text{kg}$ e) $\frac{19}{25}\,\text{l}+\frac{15}{25}\,\text{l}+\frac{23}{25}\,\text{l}+\frac{3}{25}\,\text{l}$ f) $\frac{290}{100}\,\text{m}-\frac{50}{100}\,\text{m}-\frac{70}{100}\,\text{m}$

g) $\frac{3}{4}\,\text{a}+\frac{3}{4}\,\text{a}+\frac{1}{4}\,\text{a}+\frac{2}{4}\,\text{a}$ h) $\frac{950}{1000}\,\text{t}+\frac{750}{1000}\,\text{t}+\frac{450}{1000}\,\text{t}$ i) $\frac{330}{100}\,\text{m}-\frac{140}{100}\,\text{m}-\frac{80}{100}\,\text{m}$

Du kannst ganz einfach testen, ob du richtig gerechnet hast. Löse dazu die Aufgaben ohne Brüche, indem du in die nächstkleinere Einheit verwandelst und dann addierst. Vergleiche die Ergebnisse.

Grundwissen
zum Wiederholen

1 Die Weltbevölkerungsuhr zeigte einmal: „In dieser Minute leben 7 083 000 685 Menschen auf unserem Planeten." Notiere die sinnvoll gerundete Angabe als Zahl und in Worten.

2 Der Punkt P (15 | 3) wird um zwei Kästchen (Skaleneinheiten) nach oben verschoben. Gib seine neuen Koordinaten an.

3.2 Ungleichnamige Brüche addieren und subtrahieren

1 Schokokuchen

Jan hat für das Klassenfest drei gleich große Bleche mit Schokokuchen mitgebracht. Leider wurde nicht alles aufgegessen.

①
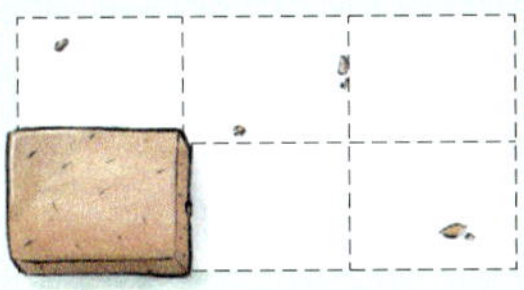

②
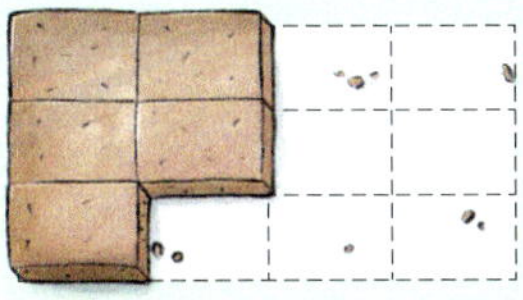

③
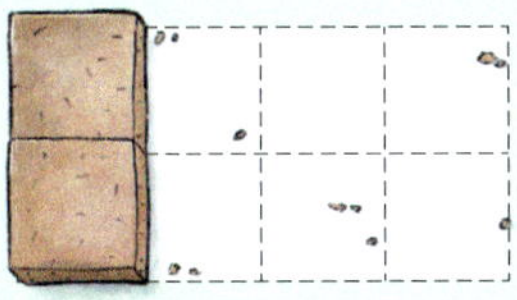

a) Gib für jedes Blech den Anteil des Schokokuchens an, der übrig geblieben ist.

b) „Da hättest du auch ein Blech weniger mitbringen können“, meint Uta. Stimmt das?
Tipp: Zeichne ein Rechteck mit den Seitenlängen 6 cm und 4 cm in dein Heft. Finde eine Einteilung, mit deren Hilfe du alle Reststücke des Schokokuchens gut einzeichnen kannst und entscheide dann.
Schreibe auch als Rechenaufgabe. Bei der Lösung hilft dir auch die Zeichnung.

c) Als Marten kommt, guckt er kurz und meint: „Lustig! Von Blech ① und ③ ist zusammen genauso viel Kuchen gegessen worden wie von Blech ②.“ Was meinst du dazu?

2 Ein Garten mit Bruchaufgaben

Löse die Aufgaben. Manche Aufgaben kannst du leicht lösen, für andere musst du dir etwas überlegen. Fülle die Tabelle in deinem Heft aus.

① $\frac{1}{2}-\frac{1}{4}$ ② $\frac{5}{8}-\frac{1}{4}$ ③ $1\frac{1}{3}+4\frac{2}{3}$ ④ $5+\frac{2}{3}$ ⑤ $\frac{1}{12}+\frac{1}{3}$ ⑥ $8-2\frac{1}{3}$

⑦ $\frac{1}{6}+\frac{1}{7}$ ⑧ $9-\frac{2}{9}$ ⑨ $1\frac{1}{2}+2\frac{1}{4}$ ⑩ $\frac{1}{8}+\frac{1}{12}$ ⑪ $\frac{5}{8}+\frac{8}{13}$ ⑫ $\frac{3}{4}+7$

	①	②	③	④	⑤	⑥	⑦	⑧	⑨	⑩	⑪	⑫
Ich sehe das Ergebnis sofort.												
Ich löse die Aufgabe im Kopf.												
Ich habe mit Probieren und Überlegungen die Aufgabe gelöst.												
Ich konnte die Aufgabe nicht lösen.												

3 Urlaubsfahrt

Lisa und Lukas haben mit ihren Eltern eine weite Reise geplant. Die Eltern haben beschlossen, während der Autofahrt gelegentliche Pausen einzulegen. Für die Kinder haben sie einen Plan aufgeschrieben.

a) Wie lange wird die gesamte Fahrt mit Pausen bis zum Urlaubsort dauern?

b) Wie lange will die Familie insgesamt rasten?

Fahrt	*Rast*
$3\frac{1}{2}$ Stunden	
	$\frac{1}{2}$ Stunde
2 Stunden	
	$\frac{3}{4}$ Stunde
$2\frac{1}{2}$ Stunden	
	$\frac{1}{2}$ Stunde
$1\frac{1}{2}$ Stunden	

Basiswissen

WES-125661-017

Ungleichnamige Brüche addieren und subtrahieren

Bei ungleichnamigen Brüchen sind die Teile unterschiedlich groß. Deshalb können die Teile nicht einfach addiert oder subtrahiert werden. Die Brüche müssen vorher gleichnamig gemacht werden. Danach können die gleichnamigen Brüche auf die bekannte Weise addiert oder subtrahiert werden.

- Brüche gleichnamig machen
- Zähler addieren oder subtrahieren
- Nenner beibehalten

$$\frac{1}{3} + \frac{1}{4}$$

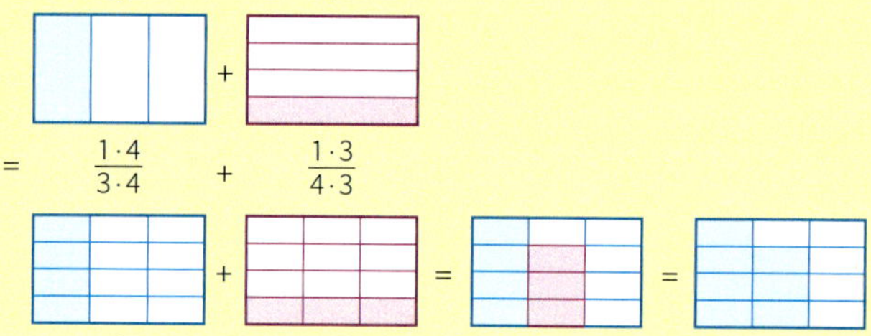

$$= \frac{1 \cdot 4}{3 \cdot 4} + \frac{1 \cdot 3}{4 \cdot 3} = \frac{4}{12} + \frac{3}{12} = \frac{4+3}{12} = \frac{7}{12}$$

Beispiele

A Brüche subtrahieren

Berechne $\frac{2}{5} - \frac{1}{3}$.
Verdeutliche die Subtraktion am Rechteckmodell.

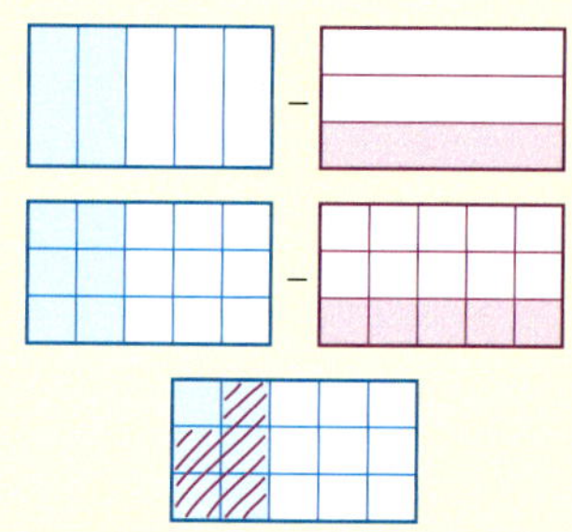

Lösung:
Brüche gleichnamig machen
- Gemeinsamer Nenner: $5 \cdot 3 = 15$
- Brüche erweitern: $\frac{2}{5} - \frac{1}{3} = \frac{2 \cdot 3}{5 \cdot 3} - \frac{1 \cdot 5}{3 \cdot 5} = \frac{6}{15} - \frac{5}{15}$

  Zähler subtrahieren und Nenner beibehalten: $= \frac{6-5}{15} = \frac{1}{15}$

B Summen und Differenzen berechnen

a) $\frac{4}{9} + \frac{3}{5}$ b) $\frac{6}{7} - \frac{2}{3}$

Lösung:

a) Gemeinsamer Nenner $9 \cdot 5 = 45$

$\frac{4}{9} + \frac{3}{5} = \frac{4 \cdot 5}{9 \cdot 5} + \frac{3 \cdot 9}{5 \cdot 9} = \frac{20}{45} + \frac{27}{45} = \frac{20+27}{45} = \frac{47}{45} = 1\frac{2}{45}$

b) Gemeinsamer Nenner $7 \cdot 3 = 21$

$\frac{6}{7} - \frac{2}{3} = \frac{6 \cdot 3}{7 \cdot 3} - \frac{2 \cdot 7}{3 \cdot 7} = \frac{18}{21} - \frac{14}{21} = \frac{18-14}{21} = \frac{4}{21}$

4 Training

Berechne, kürze das Ergebnis, falls möglich:

a) $\frac{2}{3} + \frac{1}{4}$ b) $\frac{7}{8} - \frac{1}{3}$ c) $\frac{1}{2} + \frac{3}{7}$ d) $\frac{5}{6} - \frac{2}{5}$ e) $\frac{1}{4} + \frac{2}{9}$ f) $\frac{1}{2} + \frac{1}{4}$
g) $\frac{7}{8} - \frac{4}{5}$ h) $\frac{1}{3} + \frac{1}{6}$ i) $\frac{5}{7} - \frac{2}{9}$ j) $\frac{1}{6} + \frac{3}{5}$ k) $\frac{4}{5} - \frac{1}{8}$ l) $\frac{2}{7} + \frac{1}{4}$
m) $\frac{6}{11} + \frac{3}{4}$ n) $\frac{8}{5} - \frac{1}{3}$ o) $\frac{7}{3} - \frac{7}{4}$ p) $\frac{2}{15} + \frac{15}{2}$ q) $\frac{4}{34} - \frac{2}{17}$ r) $\frac{13}{5} + \frac{5}{8}$

einige Lösungen:
$\frac{1}{2}$; $\frac{3}{4}$; $\frac{11}{12}$; $\frac{13}{14}$; $\frac{13}{24}$; $\frac{23}{30}$; $\frac{15}{28}$; $\frac{27}{40}$; $\frac{13}{30}$; $\frac{17}{36}$; $\frac{3}{40}$; $\frac{31}{63}$

5 Kopfrechnen

Löse die Aufgaben durch geschicktes Finden eines gemeinsamen Nenners im Kopf.

a) $\frac{3}{8} + \frac{1}{4}$ b) $\frac{9}{10} - \frac{2}{5}$ c) $\frac{3}{2} + \frac{1}{8}$ d) $\frac{5}{6} - \frac{7}{12}$ e) $\frac{1}{3} + \frac{1}{9}$ f) $\frac{7}{10} + \frac{23}{100}$

6 Addieren und Subtrahieren veranschaulichen

Veranschauliche die Rechnungen.

a) $\frac{1}{4} + \frac{2}{5}$ b) $\frac{5}{3} - \frac{3}{4}$ c) $\frac{5}{7} - \frac{1}{2}$ d) $\frac{5}{6} + \frac{3}{4}$

7 I Lücken füllen

Finde die fehlende Zahl.

a) $\frac{3}{8}+\frac{\square}{\square}=\frac{7}{8}$ b) $\frac{1}{3}+\frac{\square}{\square}=\frac{1}{2}$ c) $\frac{9}{10}-\frac{\square}{\square}=\frac{2}{5}$ d) $\frac{\square}{\square}-\frac{1}{4}=\frac{1}{5}$

e) $\frac{\square}{\square}+\frac{1}{7}=\frac{1}{2}$ f) $\frac{5}{9}+\frac{\square}{\square}=\frac{15}{27}$ g) $\frac{7}{8}-\frac{\square}{\square}=\frac{1}{4}$ h) $\frac{\square}{\square}-\frac{2}{3}=\frac{1}{2}$

8 I Lösungen finden

Wer hat richtig gerechnet? Begründe.

Ina $\frac{7}{8}-\frac{7}{12}=\frac{84}{96}-\frac{56}{96}=\frac{28}{96}$

Oliver $\frac{7}{8}-\frac{7}{12}=\frac{21}{24}-\frac{14}{24}=\frac{7}{24}$

9 I Rechnen mit Größen

Überprüfe deine Ergebnisse, indem du die Angaben in die nächst kleinere Einheit umrechnest und dann die Summe bzw. die Differenz bestimmst.

a) $\frac{3}{4}\,\text{kg}-\frac{1}{8}\,\text{kg}$ b) $\frac{2}{5}\,\text{m}+\frac{1}{4}\,\text{m}$ c) $\frac{1}{6}\,\text{h}+\frac{1}{4}\,\text{h}$ d) $\frac{1}{2}\,\text{ha}-\frac{1}{4}\,\text{ha}$

10 II Achtung, Fehler

Dreimal wurden die Brüche $\frac{3}{8}$ und $\frac{2}{5}$ falsch addiert. Finde die Fehler und rechne richtig.

a) $\frac{2}{5}+\frac{3}{8}=\frac{5}{13}$ b) $\frac{2}{5}+\frac{3}{8}=\frac{5}{8}$ c) $\frac{2}{5}+\frac{3}{8}=\frac{5}{40}$

11 II Lücken verschieden füllen

Suche zu jeder Gleichung mindestens drei verschiedene Lösungen.

a) $\frac{\square}{2}-\frac{\square}{4}=1$ b) $\frac{\square}{2}-\frac{\square}{3}=2$ c) $\frac{1}{4}+\frac{\square}{3}=\frac{\square}{12}$

Für Forscher: Erkennst du einen Zusammenhang zwischen den beiden Lösungszahlen?

12 II Gemischte Zahlen addieren

Peter:

$$2\tfrac{3}{4}+4\tfrac{7}{10}=\frac{11}{4}+\frac{47}{10}=\frac{55}{20}+\frac{94}{20}=\frac{55+94}{20}=\frac{149}{20}=7\tfrac{9}{20}$$

Carolin:

$$2\tfrac{3}{4}+4\tfrac{7}{10}=2\tfrac{15}{20}+4\tfrac{14}{20}=2+4+\frac{15+14}{20}=6\tfrac{29}{20}=7\tfrac{9}{20}$$

a) Erkläre, wie Peter und Carolin gerechnet haben.

b) Berechne wie Peter und Carolin die Summen. ① $7\frac{1}{6}+4\frac{3}{4}$ ② $3\frac{4}{5}+1\frac{2}{3}$

13 II Gemischte Zahlen subtrahieren

Berechne die Differenz $3\frac{1}{10}-1\frac{2}{3}$ mit den Verfahren von Peter und Carolin aus Aufgabe 12. Welches Verfahren ist günstiger?

14 II Training mit gemischten Zahlen

Berechne. Verwende ein Verfahren, das dir am günstigsten erscheint.

a) $2\frac{1}{4}+5\frac{1}{4}$ b) $5\frac{5}{8}-2\frac{1}{2}$ c) $4\frac{2}{3}+2\frac{3}{5}$ d) $5\frac{7}{10}-2\frac{1}{4}$ e) $3\frac{1}{6}+2\frac{3}{4}$

f) $12\frac{3}{5}+8\frac{7}{8}$ g) $7\frac{7}{10}-6\frac{3}{5}$ h) $9\frac{7}{9}+6\frac{1}{2}$ i) $3\frac{3}{4}+7\frac{3}{4}$ j) $5\frac{1}{8}-2\frac{1}{3}$

15 II Zahlenraten

Wie lautet jeweils die „gedachte Zahl“?

a) Ich denke mir eine Zahl, addiere $\frac{3}{10}$ und erhalte $\frac{3}{4}$.

b) Ich denke mir eine Zahl, subtrahiere $\frac{2}{3}$ und erhalte $\frac{3}{2}$.

c) Ich denke mir eine Zahl, addiere $\frac{2}{5}$ und subtrahiere dann $\frac{3}{10}$. Als Ergebnis erhalte ich 1.

16 II **Training im geschickten Addieren und Subtrahieren**

Löse die Aufgaben. Wie viel Zeit benötigst du für alle Aufgaben?

a) $\frac{1}{3}-\frac{1}{6}$ b) $\frac{5}{8}+\frac{3}{4}$ c) $2\frac{1}{5}+4\frac{3}{5}$ d) $7+\frac{2}{7}$ e) $\frac{1}{16}+\frac{3}{4}$ f) $3-1\frac{3}{5}$

g) $\frac{1}{6}+\frac{1}{12}+\frac{5}{6}$ h) $10\frac{2}{9}-3\frac{2}{9}$ i) $\frac{1}{2}+1\frac{3}{4}$ j) $\frac{12}{3}+\frac{3}{12}$ k) $\frac{4}{8}+\frac{8}{16}$ l) $\frac{4}{5}+6$

WES-125661-018

Der Hauptnenner

Zwei Brüche haben viele gemeinsame Nenner. Darunter gibt es immer einen kleinsten gemeinsamen Nenner. Dieser Nenner heißt **Hauptnenner**.
Der Hauptnenner ist das kleinste gemeinsame Vielfache (kgV) der Nenner.

Wie kann man den Hauptnenner finden?
Man bildet die Vielfachen der beiden Nenner und wählt das erste gemeinsam auftretende Vielfache der Nenner aus.

Beispiel: $\frac{11}{18}+\frac{7}{30}$

18, 36, 54, 72, 90, 108, …
30, 60, 90, 120, …
Der Hauptnenner ist 90.

$\frac{11}{18}+\frac{7}{30}=\frac{11\cdot 5}{18\cdot 5}+\frac{7\cdot 3}{30\cdot 3}$
$=\frac{55+21}{90}=\frac{76}{90}=\frac{38}{45}$

17 II **Training Hauptnenner**

Berechne die Summe/Differenz. Bringe dazu die Brüche auf den Hauptnenner.

a) $\frac{3}{4}-\frac{1}{6}$ b) $\frac{1}{6}+\frac{3}{8}$ c) $\frac{2}{5}+\frac{3}{10}$ d) $\frac{3}{5}-\frac{1}{8}$ e) $\frac{7}{20}+\frac{3}{25}$ f) $\frac{13}{18}-\frac{5}{12}$

g) $\frac{2}{3}-\frac{2}{9}$ h) $\frac{1}{7}+\frac{1}{5}$ i) $\frac{3}{10}+\frac{1}{4}$ j) $\frac{5}{18}-\frac{1}{42}$ k) $\frac{5}{18}-\frac{1}{12}$ l) $\frac{11}{40}+\frac{7}{32}$

18 III **Drei Brüche – viele Ergebnisse**

In allen Rechenausdrücken kommen die gleichen drei Brüche vor. Wie viele verschiedene Ergebnisse erhältst du? Berechne und vergleiche.

① $\frac{5}{4}+\frac{2}{3}+\frac{1}{2}$ ② $\frac{5}{4}+\frac{2}{3}-\frac{1}{2}$ ③ $\frac{5}{4}-\frac{2}{3}+\frac{1}{2}$

④ $\frac{5}{4}-\frac{2}{3}-\frac{1}{2}$ ⑤ $\frac{5}{4}+\left(\frac{2}{3}-\frac{1}{2}\right)$ ⑥ $\left(\frac{5}{4}-\frac{2}{3}\right)+\frac{1}{2}$

Bilde selbst solche Rechenausdrücke mit drei anderen Brüchen $\left(\text{z. B. } \frac{5}{4}; \frac{2}{3} \text{ und } \frac{1}{5}\right)$ und stelle sie deinem Nachbarn als Aufgabe.

19 I **„Bruchprobleme"**

Zu seinem Geburtstag will Peter seine Gäste mit einem „Mixgetränk" überraschen. Peters Rezept: „Man nehme $\frac{1}{8}$ l Orangensaft, dazu gebe man $\frac{1}{4}$ l Ananassaft und fülle mit $\frac{7}{10}$ l Mineralwasser auf. Peter will das Getränk in einer 1-l-Flasche mischen.

Zahnbehandlungen kosten viel Geld. Mit einer Zusatzversicherung können die Kosten für den Patienten verringert werden. Die Zusatzversicherung bezahlt 20 % und die normale Krankenversicherung $\frac{3}{4}$ der Kosten. Welcher Anteil ist noch offen und muss vom Patienten selbst bezahlt werden?

Der uralte König Karl hat Kinder, Enkel und Urenkel. In seinem Testament sieht er vor, dass die Hälfte seines Vermögens unter seinen Kindern aufgeteilt wird, ein Viertel unter seinen Enkeln und ein Achtel unter seinen Urenkeln. Bleibt da noch etwas für seine treuen Diener übrig?

Grundwissen zum Wiederholen

1 Was bedeutet der Vorsatz „Zenti" bei Einheiten wie Zentimeter?

2 Bestimme das ungefähre Ergebnis: a) 2016 : 18 b) 365 · 5

+

Forschungsaufgaben

20 **III Eine andere Erweiterung**

Beim Erweitern werden Zähler und Nenner mit der gleichen Zahl multipliziert.
Josef meint: „Wenn man zum Zähler und zum Nenner eines Bruchs die gleiche Zahl addiert, erhält man einen größeren Bruch."

a) Überprüfe die Behauptung von Josef an den Brüchen $\frac{3}{8}$; $\frac{5}{6}$; $\frac{6}{5}$; $\frac{8}{3}$ und beschreibe, wie du vorgegangen bist.

b) Was meinst du zu Josefs Behauptung? Formuliere deine Vermutung und überprüfe sie an weiteren Brüchen. Kannst du sicher sein, dass deine Vermutung immer zutrifft? Wenn du meinst, dass sie nicht zutrifft, versuche ein Gegenbeispiel zu finden.

21 **III Differenzen unter „Nachbarn"**

① a) $\frac{1}{2}-\frac{1}{3}$ b) $\frac{1}{3}-\frac{1}{4}$ c) $\frac{1}{4}-\frac{1}{5}$ d) $\frac{1}{5}-\frac{1}{6}$ e) $\frac{1}{6}-\frac{1}{7}$

② a) $1-\frac{1}{2}$ b) $\frac{2}{3}-\frac{1}{2}$ c) $\frac{3}{4}-\frac{2}{3}$ d) $\frac{4}{5}-\frac{3}{4}$ e) $\frac{5}{6}-\frac{4}{5}$

Schaue dir die Ergebnisse bei den einzelnen Teilaufgaben an. Was werden vermutlich die folgenden Differenzen sein:

f) $\frac{1}{7}-\frac{1}{8}$ g) $\frac{1}{9}-\frac{1}{10}$ h) $\frac{1}{99}-\frac{1}{100}$

f) $\frac{6}{7}-\frac{5}{6}$ g) $\frac{10}{11}-\frac{9}{10}$

Überprüfe deine Vermutungen durch eine Rechnung.

22 **III Faszinierende Summen**

Berechne die Summen.

a) $\frac{1}{2}+\frac{1}{4}$ b) $\frac{1}{2}+\frac{1}{4}+\frac{1}{8}$ c) $\frac{1}{2}+\frac{1}{4}+\frac{1}{8}+\frac{1}{16}$

d) Was wird vermutlich die Summe $\frac{1}{2}+\frac{1}{4}+\frac{1}{8}+\frac{1}{16}+\frac{1}{32}$ sein?
Überprüfe deine Vermutung durch eine Rechnung.

e) Schreibe weitere Summen und Ergebnisse auf.

Tipp:
Bei b) kannst du das Ergebnis von a) verwenden, bei c) das Ergebnis von b) usw.

23 **III Stammbrüche**

Stammbrüche sind Brüche mit dem Zähler 1.

Lassen sich Stammbrüche als Summe von zwei Stammbrüchen darstellen?

a) Es gilt: $\frac{1}{2}=\frac{1}{4}+\frac{1}{4}$. Finde weitere Stammbrüche, die sich als Summe von zwei gleichen Stammbrüchen darstellen lassen. Beschreibe, wie man jeden Stammbruch als Summe von zwei gleichen Stammbrüchen darstellen kann.

b) Es wird schwieriger:
Es gilt: $\frac{1}{2}=\frac{1}{3}+\frac{1}{6}$. Finde weitere Stammbrüche, die sich als Summe von zwei nicht gleichen Stammbrüchen darstellen lassen. Was meinst du: Funktioniert das bei jedem Stammbruch? Wie findet man die beiden Summanden?

24 **III Bruchrechnung und Musik**

a) Erkläre die Abbildung.

b) • Gib zuerst die Notenwerte eines Takts als Bruchaddition an und stelle fest, ob es sich um einen $\frac{3}{4}$- oder $\frac{4}{4}$-Takt handelt.
• Versuche, den Rhythmus zu klatschen.

3.3 Brüche und natürliche Zahlen multiplizieren

1 Ein Klassenfest

Karoline bereitet mit ihrer Freundin ein Klassenfest vor. Sie müssen auch die Getränke einkaufen. Karoline überlegt: „Wir sind 26 Kinder in der Klasse. Es ist Sommer. Jedes Kind wird ungefähr einen halben Liter Mineralwasser trinken. In jeder Kiste Mineralwasser sind 12 Flaschen mit einem Inhalt von $\frac{3}{4}$ l.

a) Schätze, wie viele Kisten für das Fest gekauft werden müssen.
b) Berechne die Anzahl der benötigten Mineralwasserflaschen.

„von“ bedeutet hier „mal“.

Nur Punktrechnung: Rechne von links nach rechts.

2 Bruch mal natürlicher Zahl

Ⓐ Hannes soll $\frac{2}{5}$ von 20 berechnen.
Er überlegt sich:
1 Fünftel von 20 entspricht $\frac{20}{5}$, also 4;
2 Fünftel von 20 entsprechen dann 8.

Ⓑ Petra soll $20 \cdot \frac{2}{5}$ berechnen.
Sie überlegt sich:
$\frac{2}{5}$ bedeutet auch $2:5$. Also rechne ich
$20 \cdot 2 : 5 = 40 : 5 = 8$

a) Erkläre, wie Hannes und Petra jeweils vorgegangen sind.
Berechne auf gleiche Weise:
① $\frac{3}{4} \cdot 32$ und $32 \cdot \frac{3}{4}$ ② $\frac{2}{5} \cdot 18$ und $18 \cdot \frac{2}{5}$
b) Janne vergleicht die Rechnungen von Hannes und Petra:
„Ihr habt beide im Prinzip gleich gerechnet: Natürliche Zahl mal Zähler, durch Nenner.“
Erkläre, was Janne meint.

3 Vervielfachen von Brüchen und Berechnen von Anteilen

a) Berechne das Vierfache von $\frac{1}{6}$.
Schreibe als Multiplikationsaufgabe. Übertrage die Abbildung in dein Heft. Markiere geeignete Anteile und erläutere damit die Rechnung.

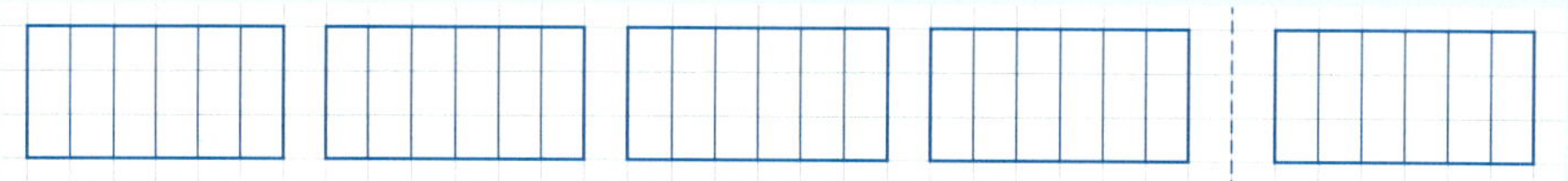

b) Berechne $\frac{1}{6}$ von 4.
Schreibe als Multiplikationsaufgabe. Übertrage die Abbildung in dein Heft. Markiere geeignete Anteile und erläutere damit die Rechnung.

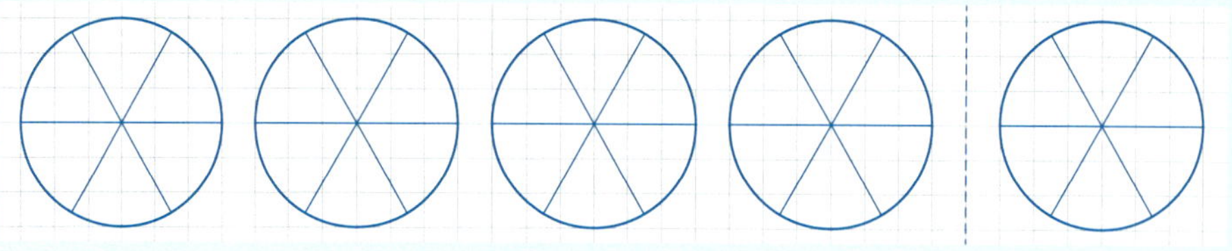

c) Berechne. ① das Dreifache von $\frac{2}{5}$ ② $\frac{2}{5}$ von 3
Schreibe eine Regel zur Multiplikation eines Bruchs mit einer natürlichen Zahl auf.

Basiswissen

WES-125661-019

Einen Bruch mit einer natürlichen Zahl multiplizieren

Vervielfachen eines Bruchs

Das Dreifache von $\frac{2}{7}$ berechnen.

- Zähler mit natürlicher Zahl multiplizieren
- Nenner beibehalten

$3 \cdot \frac{2}{7} = \frac{2}{7} + \frac{2}{7} + \frac{2}{7} = \frac{6}{7}$

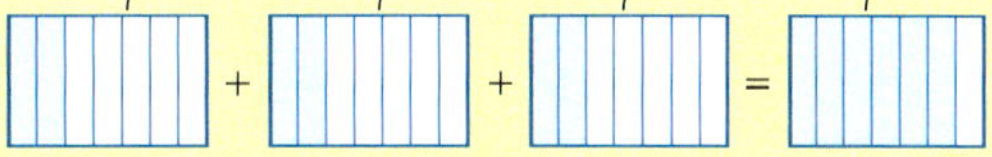

2 Siebtel + 2 Siebtel + 2 Siebtel = 6 Siebtel

Berechnen von Anteilen

$\frac{2}{7}$ von 3 berechnen. „Von“ bedeutet hier „mal“.

- Zähler mit natürlicher Zahl multiplizieren
- Nenner beibehalten

$\frac{2}{7} \cdot 3 = \frac{6}{7}$

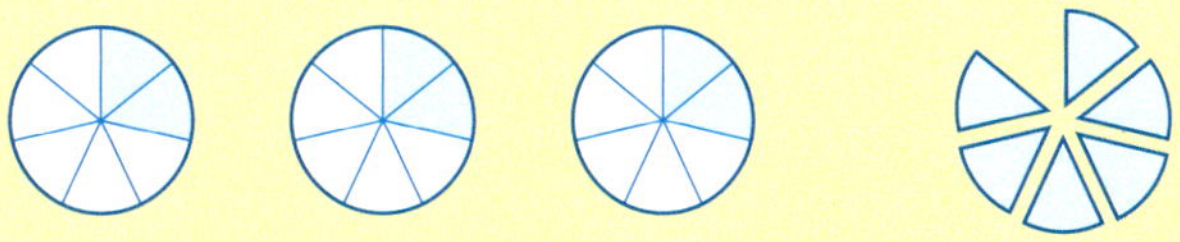

In beiden Fällen rechnet man gleich: $3 \cdot \frac{2}{7} = \frac{3 \cdot 2}{7} = \frac{6}{7}$ und $\frac{2}{7} \cdot 3 = \frac{2 \cdot 3}{7} = \frac{6}{7}$

Beispiel

A Produkte berechnen

a) $5 \cdot \frac{3}{20}$ b) $\frac{7}{30} \cdot 4$

Lösung:

a) $5 \cdot \frac{3}{20} = \frac{5 \cdot 3}{20} = \frac{15}{20} = \frac{3}{4}$ b) $\frac{7}{30} \cdot 4 = \frac{7 \cdot 4}{30} = \frac{28}{30} = \frac{14}{15}$

Übungen

4 I Zum Aufwärmen

a) $3 \cdot \frac{2}{5}$ b) $4 \cdot \frac{8}{9}$ c) $12 \cdot \frac{2}{3}$ d) $17 \cdot \frac{2}{17}$ e) $\frac{6}{7} \cdot 4$ f) $\frac{2}{3} \cdot 12$

5 I Training

Berechne die Produkte. Kürze, wenn möglich.

a) $4 \cdot \frac{2}{9}$ b) $3 \cdot \frac{2}{11}$ c) $15 \cdot \frac{38}{100}$ d) $3 \cdot \frac{1}{8}$ e) $\frac{2}{25} \cdot 5$ f) $\frac{3}{10} \cdot 80$
g) $14 \cdot \frac{7}{10}$ h) $\frac{2}{15} \cdot 45$ i) $40 \cdot \frac{2}{30}$ j) $\frac{3}{25} \cdot 75$ k) $8 \cdot \frac{10}{96}$ l) $\frac{3}{45} \cdot 120$

6 I Lücken füllen

a) $4 \cdot \frac{3}{15} = \square$ b) $3 \cdot \square = \frac{9}{10}$ c) $\square \cdot \frac{2}{11} = \frac{10}{11}$ d) $\frac{4}{5} \cdot \square = \frac{24}{5}$
e) $\frac{2}{9} \cdot \square = 2$ f) $\square \cdot 5 = 6$ g) $\square \cdot \frac{1}{20} = 3$ h) $\square \cdot 100 = 1$

7 I Anteile berechnen

Gib die Ergebnisse mit Brüchen an.

a) $\frac{3}{4}$ von 5 kg b) $\frac{2}{7}$ von 28 Kindern c) $\frac{3}{8}$ von 10 l d) $\frac{3}{5}$ von 4 Tonnen
e) $\frac{7}{10}$ von 2 km f) $\frac{1}{5}$ von 12 kg g) $\frac{3}{20}$ von 50 h) $\frac{24}{100}$ von 200 l

8 I Was ist mehr?

Entscheide durch Rechnung, welcher Anteil größer ist.

a) $\frac{2}{3}$ von 5 kg oder $\frac{3}{4}$ von 4 kg b) $\frac{5}{9}$ von 10 kg oder $\frac{4}{5}$ von 6 kg
c) $\frac{6}{7}$ von 8 m oder $\frac{5}{6}$ von 9 m d) $\frac{1}{3}$ von 5 m oder $\frac{1}{4}$ von 6 m

9 I Multiplikationsaufgaben würfeln

Würfle dreimal. Die erste gewürfelte Zahl ist der Zähler, die zweite der Nenner und die dritte Zahl die zu multiplizierende natürliche Zahl. Erstelle eine Multiplikationsaufgabe. Deine Partnerin oder dein Partner löst diese Aufgabe und du kontrollierst, ob richtig gerechnet wurde. Danach wechselt ihr.

Beispiel:

$\frac{2}{3} \cdot 5$

10 I Zeitstunden

Die Klasse 6 a hat 28 Unterrichtsstunden in der Woche, die jeweils eine Dreiviertelstunde lang sind. Wie viele Zeitstunden sind dies in der Woche?

11 II Reihenfolge vertauschen?!

Begründe mithilfe des Beispiels und der Abbildung, dass bei der Multiplikation einer natürlichen Zahl mit einer Bruchzahl die Reihenfolge vertauscht werden darf.

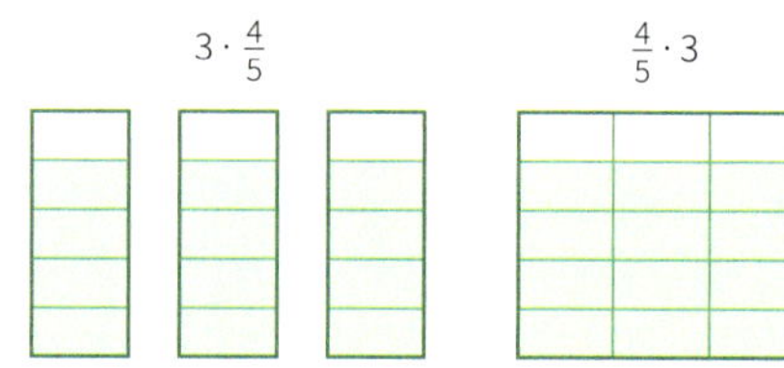

12 II Multiplizieren ohne Brüche

Das Multiplizieren einer natürlichen Zahl mit einem Bruch bedeutet auch:
„mal Zähler geteilt durch Nenner".
Rechne wie im Beispiel.

Beispiele:
$3 \cdot \frac{2}{7} = 3 \cdot 2 : 7 = 6 : 7 = \frac{6}{7}$
$12 \cdot \frac{2}{3} = 12 \cdot 2 : 3 = 24 : 3 = 8$

a) $4 \cdot \frac{3}{5}$ b) $6 \cdot \frac{2}{7}$ c) $2 \cdot \frac{4}{3}$ d) $4 \cdot \frac{3}{8}$ e) $3 \cdot \frac{1}{4}$ f) $5 \cdot \frac{5}{15}$

13 II Gemischte Zahlen

Carina:
$7 \cdot 1\frac{2}{3} = 7 \cdot \frac{5}{3} = \frac{7 \cdot 5}{3} = \frac{35}{3} = 11\frac{2}{3}$

Edmund:
$7 \cdot 1\frac{2}{3} = 7 \cdot \left(1 + \frac{2}{3}\right) = 7 \cdot 1 + 7 \cdot \frac{2}{3}$
$= 7 + \frac{7 \cdot 2}{3} = 7 + \frac{14}{3} = 7 + 4\frac{2}{3} = 11\frac{2}{3}$

Vergleiche die beiden Rechnungen. Welches Rechengesetz benutzt Edmund? Wie ist Carina vorgegangen? Welche Vorgehensweise erscheint dir einfacher?

14 II Training mit gemischten Zahlen

a) $4 \cdot 4\frac{2}{5}$ b) $3\frac{2}{5} \cdot 7$ c) $8\frac{3}{4} \cdot 5$ d) $12\frac{2}{3} \cdot 3$
e) $17\frac{1}{2} \cdot 3$ f) $8 \cdot 3\frac{1}{4}$ g) $2 \cdot 3\frac{4}{5}$ h) $7 \cdot 3\frac{2}{5}$

15 II Natürliche Zahlen erzeugen

Kann das Ergebnis der Multiplikation eines Bruchs mit einer natürlichen Zahl wieder eine natürliche Zahl sein?
a) Multipliziere dazu $\frac{3}{4}$ mit verschiedenen natürlichen Zahlen und formuliere eine Regel.
b) Prüfe die Regel für die Multiplikation von $\frac{2}{5}$ mit natürlichen Zahlen.

Grundwissen
zum Wiederholen

1 Gib die Koordinaten des Kreismittelpunktes an:

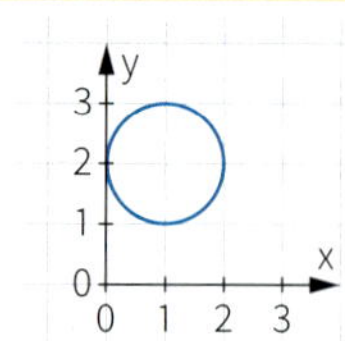

2 Was bedeutet der Vorsatz „Milli" bei den Einheiten wie Milliliter, Millimeter, Milligramm?

3 Nico bastelt aus kleinen Würfeln einen großen Würfel. Er benötigt noch mindestens ▒ kleine Würfel.

3.4 Brüche mit Brüchen multiplizieren

1 Schokolade

Michel und Lina haben eine Tafel Schokolade erhalten. Von dieser Tafel Schokolade hat Michel bereits einen Teil genascht.
Lina möchte nun Dreiviertel des Restes essen.

a) Skizziere die Tafel Schokolade und markiere Linas Anteil. Wie viele Stücke erhält Lina?
b) Wie groß ist Linas Anteil von der ganzen Tafel Schokolade?
c) Erkläre, wie du Linas Anteil von der ganzen Tafel Schokolade bestimmen kannst.
d) Wie viele Stücke bleiben noch für Michel übrig?

2 Eine neue Rechnung

Petra soll $\frac{7}{8} \cdot \frac{2}{3}$ berechnen. Sie überlegt sich:
$\frac{7}{8}$ bedeutet $7:8$ und $\frac{2}{3}$ bedeutet $2:3$. Also rechne ich:
$7:8 \cdot 2:3 = 7 \cdot 2 : 8 : 3 = (7 \cdot 2) : (8 \cdot 3) = 14 : 24 = \frac{14}{24}$

Hinweis:
Teilen durch 8 und danach teilen durch 3 bedeutet teilen durch 24.

a) Erkläre, wie Petra vorgegangen ist.
Berechne auf gleiche Weise: ① $\frac{3}{4} \cdot \frac{7}{11}$ und ② $\frac{8}{9} \cdot \frac{3}{4}$

b) Hannes schaut sich die Rechnung von Petra an:
Du hast so gerechnet: Zähler mal Zähler, Nenner mal Nenner.

Erkläre, was Hannes meint.

3 Getreideanbau

Bauer Simon baut auf $\frac{3}{4}$ seines Ackerlandes Getreide an.
Auf $\frac{2}{5}$ der Anbaufläche für Getreide hat er Gerste eingesät.

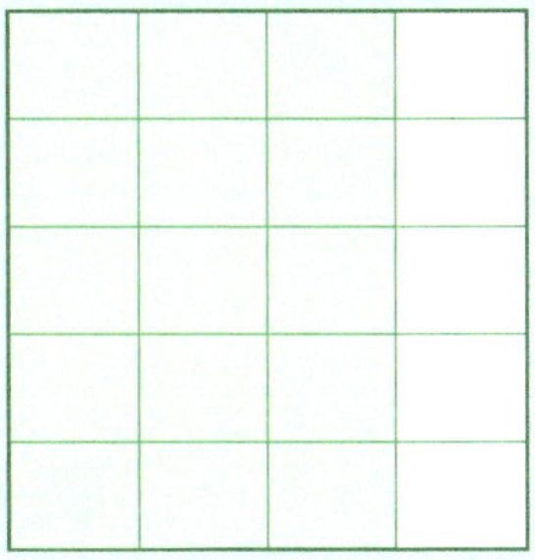

a) Auf der Abbildung seht ihr das Ackerland des Bauern. Was könnte die eingefärbte Fläche darstellen?
b) Übertrage die Zeichnung in dein Heft. Achte dabei auf die Karos. Schraffiere den Anteil, den die Gerste an der „gefärbten“ Fläche ausmacht.
c) Gib den Anteil an, welchen die Gerste an der gesamten Ackerfläche ausmacht.

4 Aquarium

Wie viel Wasser ist im Aquarium?

Berechne das Volumen des Aquariums, indem du in eine kleinere Einheit umrechnest.

Du kannst das Volumen des Aquariums auch direkt mithilfe von Brüchen ausrechnen.
„Zähler mal Zähler, Nenner mal Nenner“

Vergleiche die Ergebnisse.

Basiswissen

WES-125661-020

Brüche multiplizieren

Brüche kann man multiplizieren. Benötigt wird die Multiplikation von Brüchen beim Berechnen von Anteilen. Zum Beispiel $\frac{2}{3}$ von $\frac{4}{5}$. Das „von“ bedeutet hier „mal“, also $\frac{2}{3} \cdot \frac{4}{5}$.

- Zähler mal Zähler
- Nenner mal Nenner

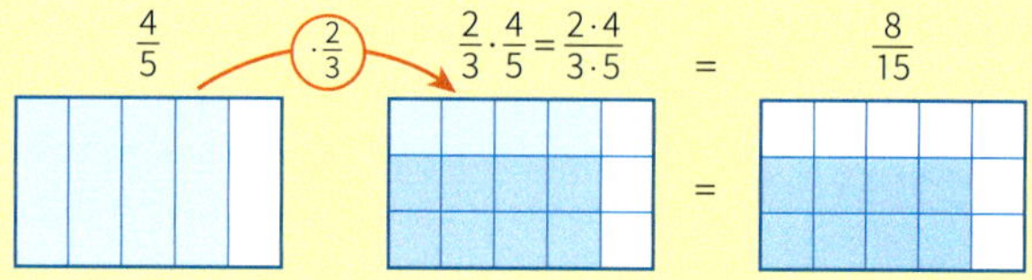

Beispiel

A Multiplizieren

a) $\frac{2}{5} \cdot \frac{3}{7}$ b) $\frac{12}{30} \cdot \frac{1}{4}$ c) $1\frac{1}{3} \cdot 2\frac{1}{2}$

Lösung:

a) $\frac{2}{5} \cdot \frac{3}{7} = \frac{2 \cdot 3}{5 \cdot 7} = \frac{6}{35}$

b) Kürze das Ergebnis.
$\frac{12}{30} \cdot \frac{1}{4} = \frac{12 \cdot 1}{30 \cdot 4} = \frac{12}{120} = \frac{1}{10}$

c) Wandle die gemischten Zahlen um.
$1\frac{1}{3} \cdot 2\frac{1}{2} = \frac{4}{3} \cdot \frac{5}{2} = \frac{4 \cdot 5}{3 \cdot 2} = \frac{20}{6} = 3\frac{1}{3}$

Übungen

Einige Lösungen:

$\frac{7}{32}$ $\frac{4}{45}$ $\frac{2}{3}$
$\frac{21}{80}$ $\frac{7}{180}$ $\frac{5}{9}$

5 Training

a) $\frac{1}{3} \cdot \frac{2}{5}$ b) $\frac{1}{2} \cdot \frac{3}{7}$ c) $\frac{3}{10} \cdot \frac{7}{8}$ d) $\frac{2}{9} \cdot \frac{2}{5}$ e) $\frac{2}{3} \cdot \frac{5}{6}$ f) $\frac{6}{7} \cdot \frac{6}{7}$
g) $\frac{8}{9} \cdot \frac{3}{4}$ h) $\frac{3}{5} \cdot \frac{7}{10}$ i) $\frac{7}{8} \cdot \frac{1}{4}$ j) $\frac{13}{4} \cdot \frac{2}{52}$ k) $\frac{7}{35} \cdot \frac{7}{36}$ l) $\frac{6}{7} \cdot \frac{7}{6}$

6 Im Kürzen liegt das Würzen

Holger rechnet:
a) $\frac{3}{6} \cdot \frac{15}{10} = \frac{3 \cdot 15}{6 \cdot 10} = \frac{45}{60} = \frac{3}{4}$
b) $\frac{4}{7} \cdot \frac{35}{12} = \frac{4 \cdot 35}{7 \cdot 12} = \frac{140}{84} = \frac{5}{3}$

Karin rechnet:
a) $\frac{3}{6} \cdot \frac{15}{10} = \frac{3 \cdot 15}{6 \cdot 10} = \frac{1 \cdot 3}{2 \cdot 2} = \frac{3}{4}$
b) $\frac{4}{7} \cdot \frac{35}{12} = \frac{4 \cdot 35}{7 \cdot 12} = \frac{1 \cdot 5}{1 \cdot 3} = \frac{5}{3}$

Wie hat Holger gerechnet, wie Karin? Welcher Rechenweg ist einfacher?

Kürzen beim Multiplizieren

Um sich Rechenarbeit zu ersparen, kann man vor dem Multiplizieren kürzen. Das geht auch „über Kreuz“.

$\frac{14}{9} \cdot \frac{18}{21} = \frac{\overset{2}{\cancel{14}} \cdot \overset{2}{\cancel{18}}}{\underset{1}{\cancel{9}} \cdot \underset{3}{\cancel{21}}} = \frac{2 \cdot 2}{1 \cdot 3} = \frac{4}{3}$

7 Kürzen erwünscht

Kürze so früh wie möglich. Zum Weiterdenken: Warum geht das auch „über Kreuz“?

a) $\frac{6}{15} \cdot \frac{5}{18}$ b) $\frac{12}{25} \cdot \frac{20}{8}$ c) $\frac{17}{16} \cdot \frac{16}{17}$ d) $\frac{8}{35} \cdot \frac{70}{16}$ e) $\frac{44}{42} \cdot \frac{35}{33}$ f) $\frac{120}{36} \cdot \frac{72}{360}$
g) $\frac{12}{16} \cdot \frac{8}{24}$ h) $\frac{6}{7} \cdot \frac{14}{20}$ i) $\frac{10}{18} \cdot \frac{16}{25}$ j) $\frac{250}{75} \cdot \frac{45}{30}$ k) $\frac{222}{66} \cdot \frac{121}{11}$ l) $\frac{210}{260} \cdot \frac{130}{70}$

Tipp:
Kürzen vor dem Multiplizieren kann auch beim Kopfrechnen helfen.

8 Kannst du das im Kopf rechnen?

Versuche, zunächst im Kopf zu rechnen. Überprüfe durch eine schriftliche Rechnung.

a) $\frac{2}{5} \cdot \frac{13}{15}$ b) $\frac{11}{20} \cdot \frac{7}{10}$ c) $\frac{6}{7} \cdot \frac{13}{16}$ d) $\frac{8}{5} \cdot \frac{18}{25}$ e) $\frac{2}{3} \cdot \frac{19}{50}$ f) $\frac{13}{16} \cdot \frac{5}{8}$
g) $\frac{13}{19} \cdot \frac{19}{13}$ h) $\frac{3}{12} \cdot \frac{18}{9}$ i) $\frac{7}{32} \cdot \frac{16}{9}$ j) $\frac{25}{6} \cdot \frac{3}{125}$ k) $\frac{2}{3} \cdot \frac{1}{2}$ l) $\frac{21}{26} \cdot \frac{13}{7}$

9 I Rechnung in Bildern

Schreibe zu jedem Bild eine Rechnung auf und gib das Ergebnis an.

a) $\square$ von $\square$

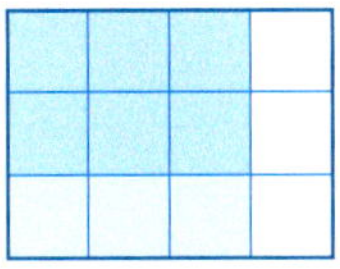

b) $\square$ von $\square$

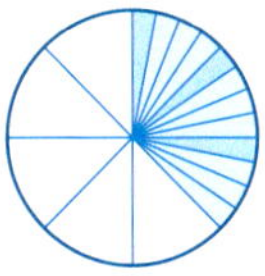

c) $\square$ von $\square$

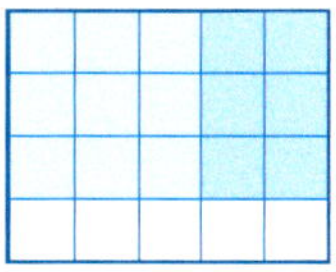

10 I Sonderfälle

Tipp: $5 = \frac{5}{1}$

Zeige, dass auch diese Sonderfälle mit der Rechenregel für das Multiplizieren von Brüchen berechnet werden können.

a) $\frac{3}{4} \cdot 5$ b) $\frac{2}{7} \cdot 2$ c) $3 \cdot \frac{1}{4}$ d) $9 \cdot \frac{3}{5}$ e) $\frac{3}{7} \cdot 28$ f) $\frac{2}{5} \cdot 1$

11 II Produkt zweier Brüche

Schreibe als Produkt mit zwei Brüchen.

a) $\frac{4}{15}$ b) $\frac{12}{25}$ c) 1 d) $\frac{4}{3}$ e) 2 f) $1\frac{1}{2}$

12 II Zahl gesucht

a) $\frac{2}{3} \cdot \square = \frac{8}{27}$ b) $\square \cdot 3 = \frac{6}{7}$ c) $\frac{3}{8} \cdot \square = \frac{15}{24}$ d) $\frac{1}{9} \cdot \square = \frac{9}{9}$ e) $\frac{4}{9} \cdot \square = 1$ f) $\square \cdot \frac{7}{4} = 7$

13 II Gemischte Zahlen

a) Max rechnet: $3\frac{1}{2} \cdot 2\frac{1}{2} = 6\frac{1}{4}$. Beschreibe, wie Max gerechnet hat. Überprüfe seine Rechnung, indem du die gemischten Zahlen zunächst in Brüche umwandelst. Formuliere eine Strategie zur Multiplikation gemischter Zahlen.

b) Berechne die Produkte:

① $2\frac{1}{4} \cdot \frac{2}{9} \cdot 5 \cdot 1\frac{3}{5}$ ② $4\frac{3}{8} \cdot \frac{2}{15} \cdot \frac{4}{7} \cdot 5\frac{2}{3}$ ③ $5\frac{3}{20} \cdot 2\frac{5}{7} \cdot \frac{7}{3} \cdot 4$ ④ $3 \cdot 5 \cdot \frac{7}{15} \cdot 2\frac{4}{7} \cdot \frac{5}{6}$

14 I Besondere Ergebnisse

a) $\frac{2}{3} \cdot \frac{3}{2}$ b) $\frac{12}{9} \cdot \frac{9}{12}$ c) $\frac{1}{9} \cdot 9$ d) $\frac{11}{39} \cdot \frac{39}{11}$ e) $\frac{3}{2} \cdot \frac{5}{7} \cdot \frac{2}{3} \cdot \frac{7}{5}$

Ist dir etwas beim Rechnen aufgefallen? Schreibe selbst weitere Beispiele auf.

15 I Anteile berechnen

a) $\frac{3}{10}$ von 30 m b) $\frac{17}{20}$ von $\frac{40}{51}$ dm c) $\frac{3}{5}$ von $\frac{7}{2}$ km d) $\frac{3}{4}$ von $\frac{3}{4}$ h e) $\frac{1}{10}$ von $\frac{9}{10}$ l

16 II Natürliche Zahlen und Brüche im Vergleich

Beim Multiplizieren von zwei natürlichen Zahlen ist das Produkt stets größer als jeder der Faktoren. Ausnahmen machen die 0 und die 1.

Beim Multiplizieren mit Brüchen kann das Produkt kleiner als einer der Faktoren sein.

a) Veranschauliche die Aussagen der beiden Sätze mit je einem Beispiel.

b) Eigentlich ist es nicht verwunderlich, dass das Produkt mit einem Bruch kleiner als einer der Faktoren sein kann. Erfinde zu dem Produkt $\frac{2}{5} \cdot 15$ eine Textaufgabe. Erkläre mit der Textaufgabe, wieso das Produkt kleiner als 15 sein muss.

c) Finde zwei Brüche, sodass deren Produkt kleiner als jeder der Faktoren ist.

17 I Fahrschülerinnen

In der Klasse 6 e sind 30 Kinder, $\frac{2}{3}$ davon sind Mädchen. Von den Mädchen benutzen $\frac{3}{5}$ den Bus, um zur Schule zu kommen.

a) Wie viele Mädchen kommen mit dem Bus zur Schule?

b) Welchen Anteil an allen 30 Kindern der 6 e machen die Mädchen aus, die mit dem Bus zur Schule kommen?

18 II Verschiedene Situationen

① Die Klasse 6 c hat an ihrem Wandertag bis zur ersten Rast $\frac{2}{5}$ des gesamten Weges von 12 km zurückgelegt. Welche Strecke ist sie bereits gegangen?

② $\frac{2}{3}$ einer Schulklasse kommen von auswärts zur Schule, davon $\frac{1}{4}$ mit dem Bus. Wie hoch ist der Anteil der mit dem Bus kommenden in der Klasse?

③ Gestern waren $\frac{1}{5}$ der Klasse im Kino, von denen $\frac{2}{3}$ danach noch ein Eis essen gingen. Welcher Anteil der Klasse war im Kino und Eis essen?

19 II Flächenanteile

Die schraffierte Fläche macht $\frac{3}{4}$ der gefärbten Fläche aus.
Die gefärbte Fläche ist $\frac{2}{3}$ der gesamten Fläche von 300 m².

a) Wie groß ist die schraffierte Fläche?

b) Welchen Anteil macht die schraffierte Fläche an der gesamten Fläche aus?

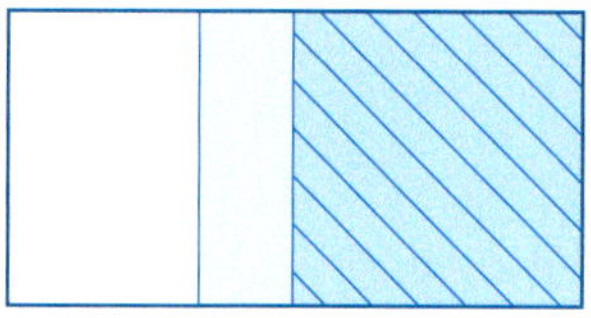

20 II Eine Schülerzeitung

Aus der Schülerzeitung: „In der Klasse 6 b haben ein Drittel an dem diesjährigen Mathewettbewerb teilgenommen. Drei Fünftel der Schüler der 6 b gewannen einen 1. Preis.“
Da stimmt etwas nicht. Der Text passt doch nicht zu der Abbildung.

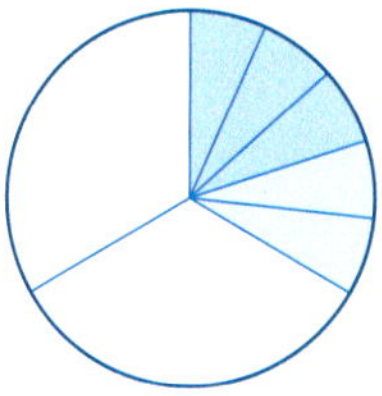

a) Schreibe einen korrekten Text.

b) Wie groß ist der Anteil der Schülerinnen und Schüler an der gesamten Klasse, die einen 1. Preis gewonnen haben?

21 II Laubbäume

Von allen Laubbäumen in einem Gebiet sind $\frac{4}{10}$ völlig gesund.
Von den anderen zeigen $\frac{1}{3}$ deutliche Schäden.

a) Stelle die Daten in einem Kreisdiagramm dar. Benutze Farben.

b) Berechne den Anteil der stark geschädigten Bäume an allen Bäumen.

22 II Flächeninhalt

Berechne den Flächeninhalt eines Rechtecks.

a) Länge $\frac{1}{3}$ dm; Breite $\frac{2}{5}$ dm

b) Länge $\frac{7}{5}$ dm; Breite $\frac{5}{4}$ dm

23 II Volumen und Oberflächeninhalt

Berechne das Volumen und den Oberflächeninhalt der Quader. Für das Volumen eines Quaders gilt: Volumen = Länge · Breite · Höhe

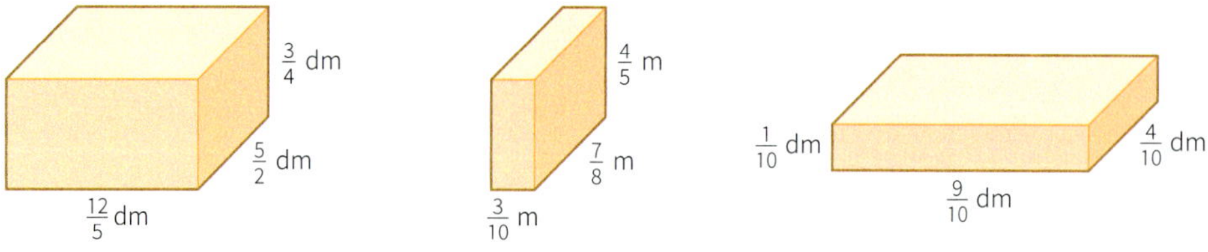

Grundwissen
zum Wiederholen

1 Notiere die größte vierstellige Zahl, die aus lauter verschiedenen Ziffern besteht.

2 Gib die Koordinaten von zwei Punkten an, die den Abstand 1 zum Punkt A(1 | 1) haben.

3 Entscheide, welche Einheit dazu passt: „Gewicht eines Taschenrechners in der Produktbeschreibung“.

24 **III Goldbarren**

In einem Märchen muss die Prinzessin drei Stadttore passieren. Jedem Torwächter muss sie $\frac{1}{3}$ des Goldes, das sie mit sich trägt, geben, damit er das Tor öffnet. Claudias kleine Schwester meint traurig: „Nun hat die Prinzessin kein Gold mehr.“ Stimmt das?
Die Frage kann man auch zeichnerisch beantworten. Zeichne den Goldbarren in dein Heft. Was bleibt der Prinzessin nach jedem Tor von dem Barren übrig?

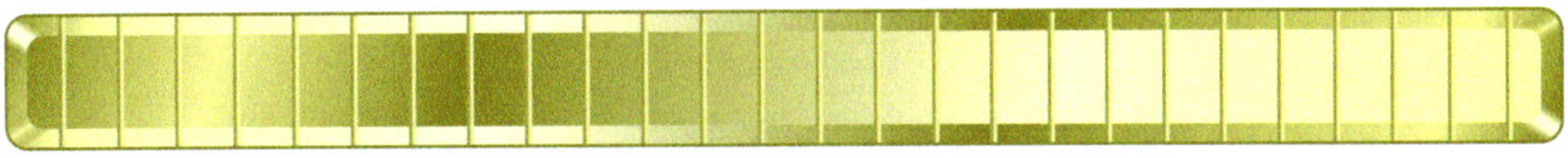

25 **III Wer bekommt wie viel?**

In früheren Zeiten hatten die Menschen viele Kinder. Den reichen Leuten war es wichtig, dass der Besitz möglichst zusammenbleibt. Deshalb bekam der Erstgeborene von seinen Eltern häufig deutlich mehr vererbt als die übrigen Kinder. Andererseits sollten alle Kinder möglichst gut versorgt werden und auch einen Teil des Vermögens erhalten.

Ritter Adalbert und Ritter Kunibert sind gute Freunde und haben schon so manches Abenteuer miteinander erlebt. Dabei haben sie große Schätze erbeutet und sind sehr reich geworden. Beide haben vier Kinder. Beide interessieren sich für Mathematik und unterhalten sich, wie sie später einmal ihren Besitz vererben wollen:

Adalbert: *„Mein Erstgeborener bekommt die Hälfte meines Besitzes. Das zweite Kind bekommt die Hälfte vom Rest, das dritte Kind bekommt davon die Hälfte und so weiter. Was dann noch übrig bleibt, spende ich an die Armen."*

Kunibert: *„Ich möchte, dass mein Erstgeborener mehr erhält. Deshalb bekommt er von mir zwei Drittel, jedes weitere Kind zwei Drittel vom jeweiligen Rest. Auch ich werde spenden, was noch übrig bleibt."*

Berechne, welchen Anteil am Gesamtvermögen jedes der Kinder von Adalbert und Kunibert jeweils erhält. Welcher Anteil wird gespendet?

26 **III Gerecht verteilen**

Die Kinder Anton, Britta und Carina wollen Bonbons gerecht verteilen.
Anton nimmt sich als Erster ein Drittel der Bonbons. Da Britta nicht weiß, dass sich Anton bereits seinen Anteil genommen hat, nimmt sie sich von den verbliebenen Bonbons auch ein Drittel. Carina, die auch nicht weiß, dass Anton und Britta sich bereits ihre Bonbons genommen haben, nimmt sich auch ein Drittel von den verbliebenen Bonbons. Nun sind noch 8 Bonbons vorhanden. Wie viele Bonbons hat sich jeder genommen?

27 **III Größe der Produkte**

Berechne die Produkte und beobachte die Größe der Ergebnisse.

a)	b)	c)
$\frac{2}{3} \cdot \frac{2}{3}$	$\frac{9}{10} \cdot \frac{9}{10}$	$\frac{5}{4} \cdot \frac{5}{4}$
$\frac{2}{3} \cdot \frac{2}{3} \cdot \frac{2}{3}$	$\frac{9}{10} \cdot \frac{9}{10} \cdot \frac{9}{10}$	$\frac{5}{4} \cdot \frac{5}{4} \cdot \frac{5}{4}$
$\frac{2}{3} \cdot \frac{2}{3} \cdot \frac{2}{3} \cdot \frac{2}{3}$	$\frac{9}{10} \cdot \frac{9}{10} \cdot \frac{9}{10} \cdot \frac{9}{10}$	$\frac{5}{4} \cdot \frac{5}{4} \cdot \frac{5}{4} \cdot \frac{5}{4}$

Stelle Regeln für Produkte von Brüchen auf. Überprüfe an weiteren Beispielen.

28 **III Erweitern und Multiplizieren**

Erläutere, was Julian meint.

Jonas: *„Beim Erweitern haben wir Zähler und Nenner mit der gleichen Zahl multipliziert. Hat das etwas mit der Multiplikation von Brüchen zu tun?"*

Julian: *„Beim Erweitern hast du den Bruch einfach mit der Zahl 1 multipliziert."*

3.5 Brüche durch natürliche Zahlen dividieren

1 Nach einer Geburtstagsfeier

Nach einer Geburtstagsfeier sind noch Reste übrig geblieben. Die Kinder teilen diese auf.

① Anna, Ben und Hannes teilen sich die sechs Stücke Marmorkuchen.

② Ole und Mona teilen sich eine halbe Tafel Schokolade.

③ Helena und Nora teilen sich einen Viertel Blechkuchen.

④ Ameli, Lilly und Louis teilen sich einen halben Liter Apfelsaft.

⑤ Phillip, Malte, Leonie und Lea teilen sich zwei Drittel Liter Brause.

⑥ Frederike, Leonard und Mira teilen sich einen Viertel Erdbeerkuchen.

a) Welchen Anteil bekommt jedes Kind?

b) Formuliere jedes Verteilungsproblem als Rechenaufgabe mit Brüchen. Erkennst du eine Regel für die Division eines Bruchs durch eine natürliche Zahl?

2 Zersägen eines Holzstocks

Ein Holzstock der Länge $\frac{3}{4}$ m soll in fünf gleich lange Stücke zersägt werden. Wie lang wird jedes Stück?

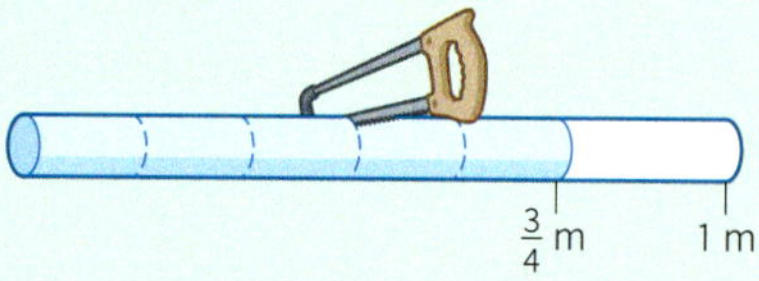

a) Rechne die Aufgabe zunächst, indem du die Länge in eine kleinere Einheit umrechnest.

b) Schreibe die Aufgabe als Rechenaufgabe mit Brüchen und die Lösung als Bruch.

c) Jetzt soll ein Holzstock der Länge $\frac{3}{5}$ m in zwei gleich lange Stücke zersägt werden. Wie lang wird jedes Stück? Rechne auch mit Brüchen.

d) Erkennst du eine Regel für die Division eines Bruchs durch eine natürliche Zahl?

3 Dividieren ohne Worte

Mit dem Rechteckmodell kann man Divisionsaufgaben darstellen.

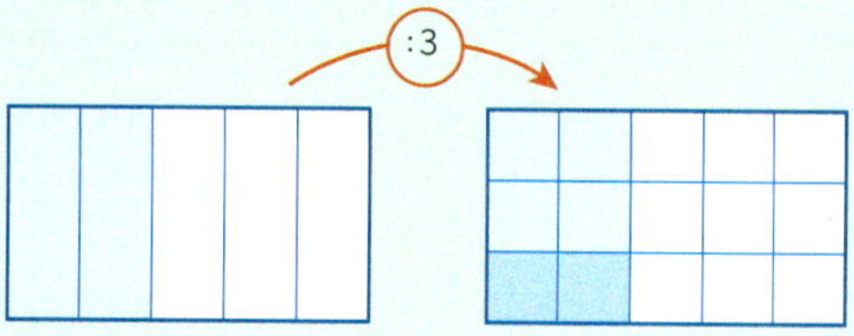

a) Welche Rechnung ist hier dargestellt? Welches Ergebnis erhält man?

b) Fertige zu den Aufgaben ein Rechteckmodell an und löse.

① $\frac{3}{5}:2$ ② $\frac{2}{3}:4$ ③ $\frac{1}{4}:5$

c) Erkennst du eine Regel für die Division eines Bruchs durch eine natürliche Zahl?

4 Entdeckung beim Dividieren mit Brüchen

Clara hat zwei Listen von Rechnungen notiert.

a) Berechne die Ergebnisse. Erkennst du eine Regel?

b) Notiere für beide Listen die nächsten beiden Rechnungen. Was stellst du fest?

c) Findest du eine Situation, in der Rechnungen wie $\frac{1}{4}:2$ oder $\frac{1}{2}:8$ auftauchen könnten? Erkläre.

①
$8 : 2 = ?$
$4 : 2 = ?$
$2 : 2 = ?$
$1 : 2 = ?$
$\frac{1}{2} : 2 = ?$
$\frac{1}{4} : 2 = ?$
$\frac{1}{8} : 2 = ?$

②
$\frac{1}{2} : 1 =$
$\frac{1}{2} : 2 =$
$\frac{1}{2} : 4 =$
$\frac{1}{2} : 8 =$

Basiswissen

WES-125661-021

Einen Bruch durch eine natürliche Zahl dividieren

- Zähler beibehalten
- Nenner mit natürlicher Zahl multiplizieren

$\frac{4}{5}$ (:3) $\frac{4}{5}:3=\frac{4}{5\cdot 3}$ $=$ $\frac{4}{15}$

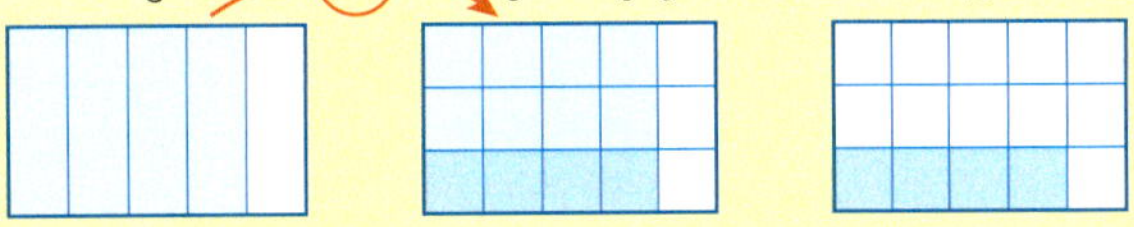

Beispiel

A Dividieren durch eine natürliche Zahl

a) $\frac{2}{5}:7$ b) $\frac{12}{30}:4$ c) $1\frac{1}{3}:6$

Lösung:

a) $\frac{2}{5}:7=\frac{2}{5\cdot 7}=\frac{2}{35}$

b) Kürze beim Rechnen.
$\frac{12}{30}:4=\frac{12}{30\cdot 4}=\frac{\overset{1}{\cancel{12}}}{\underset{10}{\cancel{30}}\cdot\underset{1}{\cancel{4}}}=\frac{1}{10}$

c) Wandle in einen Bruch um.
$1\frac{1}{3}:6=\frac{4}{3}:6=\frac{4}{3\cdot 6}=\frac{\overset{2}{\cancel{4}}}{3\cdot\underset{3}{\cancel{6}}}=\frac{2}{9}$

Übungen

5 I Rechnen mit Modellen
Was wurde hier gerechnet? Schreibe die Rechnung in dein Heft.

a)
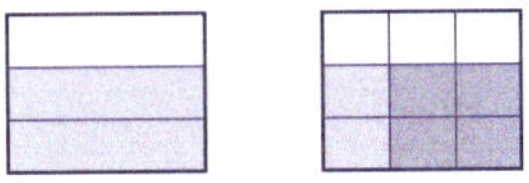
b)
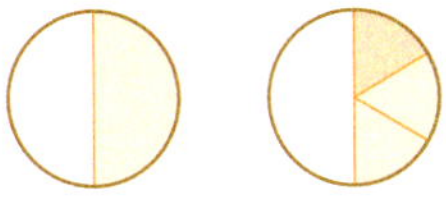
c)
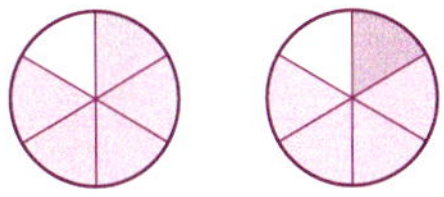

6 I Rechteckmodell
Berechne und veranschauliche mithilfe eines Rechteckmodells.

a) $\frac{4}{5}:2$ b) $\frac{1}{2}:3$ c) $\frac{2}{3}:5$ d) $\frac{5}{6}:3$

7 I Training
Berechne die Quotienten und mache die Probe.

a) $\frac{6}{11}:3$ b) $\frac{5}{9}:9$ c) $\frac{18}{5}:10$ d) $\frac{14}{15}:21$ e) $\frac{21}{8}:12$ f) $\frac{13}{100}:39$
g) $\frac{2}{3}:5$ h) $\frac{16}{25}:4$ i) $\frac{4}{9}:10$ j) $\frac{8}{11}:8$ k) $\frac{7}{8}:3$ l) $\frac{5}{9}:25$

8 I Lückenhaft
Finde die fehlende Zahl.

a) $\frac{3}{4}:\square=\frac{3}{16}$ b) $\frac{6}{11}:\square=\frac{2}{11}$ c) $\square:2=\frac{3}{20}$ d) $\square:5=\frac{3}{4}$
e) $\frac{7}{12}:\square=\frac{7}{120}$ f) $\frac{5}{8}:\square=\frac{1}{8}$ g) $\frac{7}{13}:\square=\frac{14}{39}$ h) $\square:\frac{16}{25}=0$

9 II Rechentrick

a) $\frac{12}{5}:4$ b) $\frac{36}{7}:6$ c) $\frac{99}{10}:11$
d) $\frac{56}{15}:8$ e) $\frac{108}{25}:12$ f) $\frac{165}{9}:15$

Trick: $\frac{8}{7}:4=\frac{8:4}{7}=\frac{2}{7}$
8 Siebtel geteilt durch 4 sind 2 Siebtel.

10 I Geburtstagsfeier
Bei einem Geburtstag teilen sich 6 Kinder $1\frac{1}{2}$ l Cola.

Grundwissen zum Wiederholen

1 Was fehlt in der Rechnung?
a) $59-\square=33$ b) $2\cdot\square=74$

2 An welchen geometrischen Körper erinnert dich das dargestellte Zelt?

3.6 Durch Brüche dividieren

1 Rechtecke
Berechne die fehlende Seitenlänge. Gib das Ergebnis mit einem Bruch in cm an.

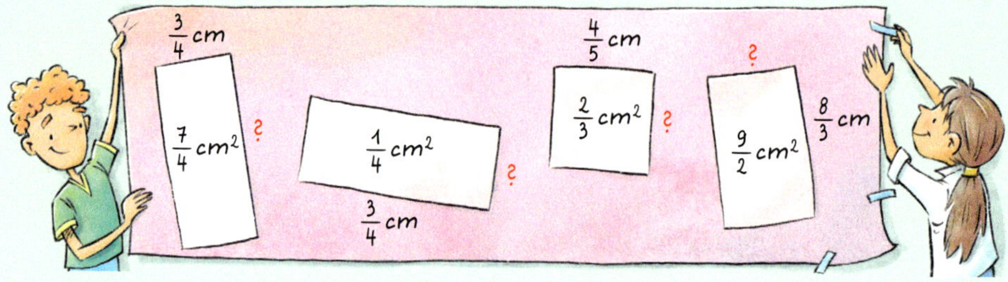

2 Zahlenraten

a) *Tim: Ich habe mir eine Zahl ausgedacht. Ich multipliziere sie mit 2 und erhalte 8. Welche Zahl habe ich mir gedacht?*

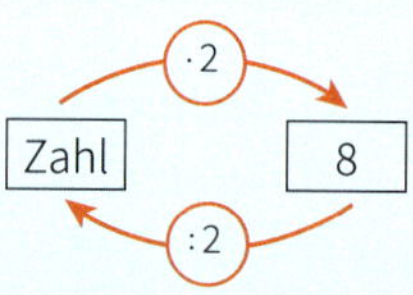

Bestimme Tims gedachte Zahl. Wie hast du gerechnet?

b) *Ben: Ich habe mir eine Zahl ausgedacht. Ich multipliziere sie mit $\frac{4}{5}$ und erhalte $\frac{2}{3}$. Welche Zahl habe ich mir gedacht?*

Ⓐ

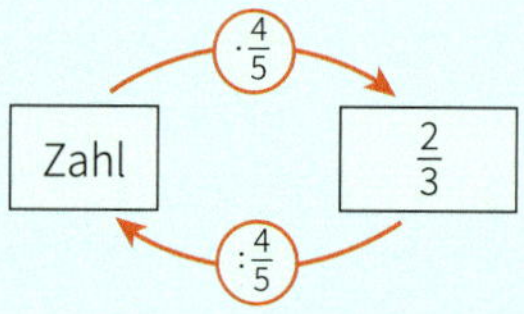

Ⓑ

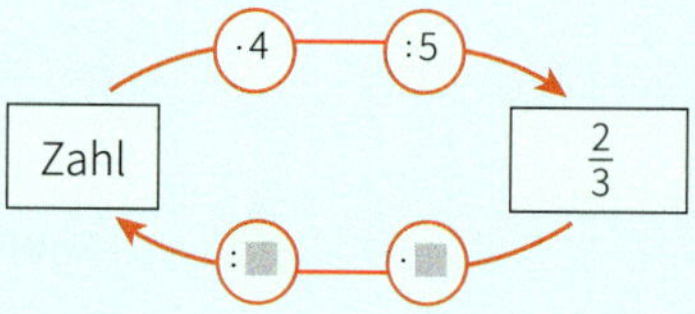

Fülle die Lücken aus. Welche Zahl hat sich Ben ausgedacht?

Erläutere: $\left(:\frac{4}{5}\right)$ ist dasselbe wie $\left(\cdot\frac{5}{4}\right)$.

Probe beim Dividieren: „Umkehrrechnung" Quotient mal Dividend muss Divisor ergeben.

c) Formuliere eine Regel zur Division durch Brüche und wende sie an.
① $\frac{3}{4}:\frac{1}{2}$ ② $\frac{5}{4}:\frac{2}{7}$ ③ $\frac{2}{3}:\frac{8}{5}$ Überprüfe durch eine Probe.

3 Schnellrechner

Edmund dividiert zwei Brüche so: $\frac{2}{3}:\frac{4}{5} = \frac{2}{3}:4\cdot 5 = \frac{2}{3}\cdot 5:4 = \frac{2}{3}\cdot\frac{5}{4} = \frac{10}{12} = \frac{5}{6}$

Stimmt das Ergebnis? Überprüfe durch eine Probe mit der „Umkehrrechnung".
Formuliere eine Regel zur Division von Brüchen durch Brüche und wende sie an.
① $\frac{3}{4}:\frac{1}{2}$ ② $\frac{5}{4}:\frac{2}{7}$ ③ $\frac{2}{3}:\frac{8}{5}$. Überprüfe durch eine Probe.

4 Entdeckung beim Dividieren mit Brüchen
Clara hat zwei Listen von Rechnungen notiert.

a) Berechne die Ergebnisse. Erkennst du eine Regel?
b) Formuliere eine Regel für die Division von Brüchen.

①	②
$\frac{4}{3}:4=?$	$\frac{3}{5}:25=?$
$\frac{4}{3}:2=?$	$\frac{3}{5}:5=?$
$\frac{4}{3}:1=?$	$\frac{3}{5}:1=?$
$\frac{4}{3}:\frac{1}{2}=?$	$\frac{3}{5}:\frac{1}{5}=?$
$\frac{4}{3}:\frac{1}{4}=?$	$\frac{3}{5}:\frac{1}{25}=?$

Basiswissen

WES-125661-022

Einen Bruch durch einen Bruch dividieren

Division

Dividend : Divisor = $\frac{\text{Dividend}}{\text{Divisor}}$ = Quotient

Umkehrrechnung

Das Dividieren ist die Umkehrrechnung für das Multiplizieren.

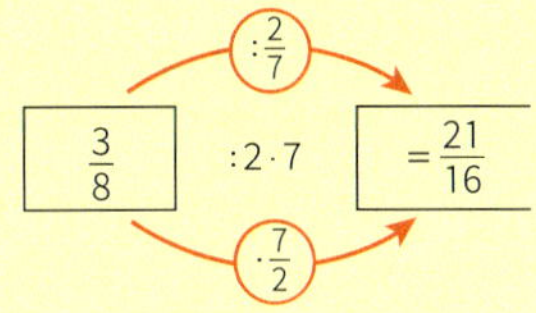

Kehrbruch eines Bruches

Vertauscht man Zähler und Nenner eines Bruchs, erhält man seinen Kehrbruch.

$\frac{7}{2}$ ist der Kehrbruch von $\frac{2}{7}$.
Es gilt $\frac{2}{7} \cdot \frac{7}{2} = 1$

Brüche dividieren

- Mit dem Kehrbruch multiplizieren

$\frac{3}{8} : \frac{2}{7} = \frac{3}{8} \cdot \frac{7}{2} = \frac{3 \cdot 7}{8 \cdot 2} = \frac{21}{16}$

Durch einen Bruch wird dividiert, indem man mit seinem Kehrbruch multipliziert.

Beispiele

A Division

a) $\frac{7}{9} : \frac{3}{5}$

b) $\frac{6}{7} : \frac{3}{14}$

Lösung:

a) $\frac{7}{9} : \frac{3}{5} = \frac{7}{9} \cdot \frac{5}{3} = \frac{35}{27}$

Probe: $\frac{35}{27} \cdot \frac{3}{5} = \frac{\cancel{35}^{7}}{\cancel{27}_{9}} \cdot \frac{\cancel{3}^{1}}{\cancel{5}_{1}} = \frac{7}{9}$

b) Erst den Kehrbruch, dann kürzen.

$\frac{6}{7} : \frac{3}{14} = \frac{6}{7} \cdot \frac{14}{3} = \frac{\cancel{6}^{2}}{\cancel{7}_{1}} \cdot \frac{\cancel{14}^{2}}{\cancel{3}_{1}} = \frac{2 \cdot 2}{1 \cdot 1} = 4$

B Fehlende Rechteckseite

Berechne die fehlende Seite.

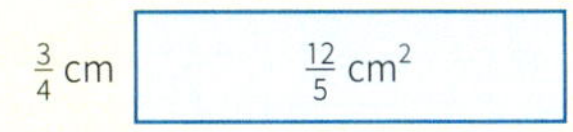

Lösung:

$A = a \cdot b$; $\quad \frac{12}{5}\,cm^2 = \frac{3}{4}\,cm \cdot \frac{\square}{\square}\,cm$

$\frac{12}{5} : \frac{3}{4} = \frac{12}{5} \cdot \frac{4}{3} = \frac{\cancel{12}^{4}}{5} \cdot \frac{4}{\cancel{3}_{1}} = \frac{16}{5}$

Die fehlende Rechteckseite ist $\frac{16}{5}\,cm = 3\frac{1}{5}\,cm$ lang.

Übungen

5 Kehrbrüche

Gib den Kehrbruch zu dem Bruch an. Berechne zur Probe das Produkt aus dem Bruch und seinem Kehrbruch.

a) $\frac{2}{5}$ b) $\frac{3}{4}$ c) $\frac{5}{4}$ d) 2 e) $\frac{1}{4}$ f) 1

6 Kopfrechnen

a) $\frac{2}{3} : \frac{1}{2}$ b) $\frac{4}{5} : \frac{3}{2}$ c) $\frac{7}{10} : \frac{7}{10}$ d) $\frac{3}{7} : \frac{2}{5}$ e) $\frac{1}{2} : \frac{9}{10}$

f) $\frac{7}{3} : \frac{3}{7}$ g) $\frac{5}{9} : \frac{3}{9}$ h) $\frac{8}{11} : \frac{8}{10}$ i) $\frac{8}{5} : \frac{4}{5}$ j) $\frac{5}{3} : \frac{3}{5}$

7 Rechnen mit Probe

Berechne. Kürze, wenn möglich, und mache die Probe.

a) $\frac{3}{8} : \frac{2}{5}$ b) $\frac{7}{4} : \frac{3}{10}$ c) $\frac{11}{7} : \frac{22}{35}$ d) $\frac{12}{11} : \frac{5}{8}$ e) $\frac{16}{4} : \frac{48}{125}$

f) $\frac{14}{9} : \frac{18}{9}$ g) $\frac{7}{4} : \frac{7}{12}$ h) $\frac{1}{5} : \frac{2}{10}$ i) $\frac{7}{3} : \frac{3}{7}$ j) $\frac{5}{9} : \frac{15}{3}$

8 **Fehlerteufel**

Wo steckt der Fehler? Erkläre den Fehler und rechne richtig.

a) $\frac{6}{5}:\frac{3}{5}=\frac{6:3}{5}=\frac{2}{5}$ b) $\frac{8}{5}:\frac{4}{7}=\frac{8\cdot 4}{5\cdot 7}=\frac{32}{35}$ c) $\frac{3}{4}:\frac{2}{5}=\frac{4}{3}\cdot\frac{2}{5}=\frac{8}{15}$

d) $\frac{5}{6}:3=\frac{5\cdot 3}{6\cdot 3}=\frac{15}{18}$ e) $8:\frac{2}{3}=\frac{8:2}{3}=\frac{4}{3}$ f) $\frac{5}{6}:\frac{6}{7}=\frac{5}{7}$

9 **Gemischte Zahlen**

Wie rechnest du mit gemischten Zahlen?

a) $2\frac{1}{2}:1\frac{1}{2}$ b) $5\frac{3}{7}:2\frac{5}{7}$ c) $2\frac{3}{4}:2\frac{1}{8}$

d) $7\frac{4}{5}:10$ e) $3:2\frac{3}{4}$ f) $8\frac{7}{10}:8\frac{7}{10}$

Gemischte Zahlen zuerst in einen Bruch umwandeln.

$3\frac{1}{4}:1\frac{2}{3}=\frac{13}{4}:\frac{5}{3}$

$=\frac{13}{4}\cdot\frac{3}{5}=\frac{39}{20}=1\frac{19}{20}$

10 **Eine Merkregel für alle Divisionsaufgaben**

Funktioniert die Regel „mit dem Kehrbruch multiplizieren" für folgende Aufgaben? Prüfe.

a) $\frac{3}{5}:4$ b) $\frac{1}{6}:3$ c) $\frac{3}{4}:6$ d) $5:\frac{4}{3}$ e) $12:\frac{3}{4}$ f) $8:\frac{1}{8}$

Tipp:
$3=\frac{3}{1}$

11 **Training**

Berechne. Skizziere bei a) bis c) ein Rechteckdiagramm.

a) $5:\frac{1}{7}$ b) $3:\frac{1}{10}$ c) $6:\frac{3}{4}$ d) $100:\frac{2}{5}$ e) $18:\frac{2}{3}$ f) $24:\frac{8}{3}$

12 **Holzstab**

Ein 6 Meter langer Holzstab soll in Stücke mit der Länge geschnitten werden. Wie viele Stücke erhält man jeweils?

a) $\frac{1}{4}$ m b) $\frac{1}{8}$ m c) $\frac{3}{8}$ m

13 **Holzplatten**

Berechne die fehlende Seitenlänge. Achtung: Die Abbildungen sind nicht maßstäblich.

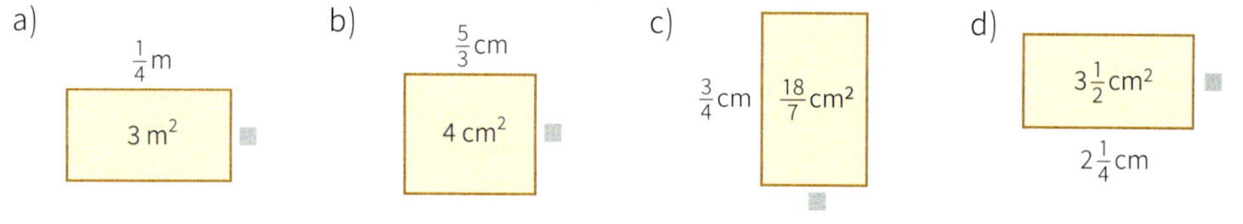

14 **Quader**

Berechne die fehlende Seitenlänge.

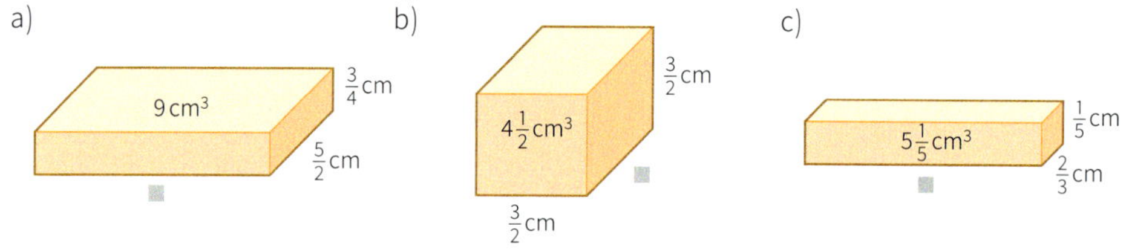

15 **Dividieren und multiplizieren**

Berechne und vergleiche.

① $\left(\frac{1}{2}:\frac{2}{3}\right):\frac{3}{4}$ ② $\frac{1}{2}:\left(\frac{2}{3}:\frac{3}{4}\right)$ ③ $\left(\frac{1}{2}:\frac{2}{3}\right)\cdot\frac{3}{4}$ ④ $\frac{1}{2}:\left(\frac{2}{3}\cdot\frac{3}{4}\right)$ ⑤ $\left(\frac{1}{2}\cdot\frac{2}{3}\right):\frac{3}{4}$ ⑥ $\frac{1}{2}\cdot\left(\frac{2}{3}:\frac{3}{4}\right)$

16 **Lückenfüllen**

Fülle die Lücken. Mache die Probe.

a) $\frac{1}{4}:\square=\frac{1}{12}$ b) $\frac{6}{7}:\square=\frac{6}{35}$ c) $\frac{2}{\square}:4=\frac{1}{6}$ d) $\frac{\square}{5}:2=\frac{7}{10}$ e) $\square:\frac{3}{2}=\frac{8}{5}$

f) $4\cdot\square=\frac{2}{3}$ g) $\square:\frac{3}{4}=6$ h) $\frac{12}{5}:\square=1$ i) $\square:\frac{2}{5}=\frac{15}{8}$ j) $\frac{8}{7}:\square=\frac{3}{4}$

17 I Rechnen mit der Null

a) Du kennst das Rechnen mit der 0 schon von den natürlichen Zahlen. Berechne. Beschreibe, was die Multiplikation mit 0 bewirkt.

① $\frac{2}{3} \cdot 0$ ② $\frac{3}{4} \cdot \frac{0}{4}$ ③ $0 \cdot 0$ ④ $6 \cdot \frac{0}{3}$

b) Felix hat gerechnet. Überprüfe durch eine Probe, ob Felix richtig gerechnet hat. Korrigiere die Rechnung. Findest du immer ein richtiges Ergebnis?

① $0 : 5 = 5$ ② $0 : \frac{2}{3} = 0$ ③ $5 : 0 = \frac{5}{0} = 5$ ④ $5 : 0 = \frac{5}{0} = 0$

18 I Verbotene Ausdrücke

Welche Ausdrücke sind verboten? Begründe deine Antworten.

WES-125661-023

a) $\frac{0}{8}$ b) $\frac{8}{0}$
c) $\frac{1}{2} : 0$ d) $5 \cdot \frac{1}{0}$
e) $0 : \frac{6}{1}$ f) $\frac{6}{1} : 0$

Rechnen mit der 0

- Ein Produkt ist 0, wenn ein Faktor 0 ist. $0 \cdot \frac{2}{3} = 0$
- Wenn man 0 durch eine Zahl dividiert, erhält man immer 0. $0 : 3 = 0$; $\frac{0}{4} = 0$
- Die Division durch 0 ist verboten. ~~$\frac{7}{8} : 0$~~ ~~$\frac{7}{0}$~~

19 II Veränderungen

Was passiert mit dem Ergebnis der Divisionsaufgabe $\frac{a}{b} : \frac{c}{d}$, wenn

① a verdoppelt wird? ② b verdoppelt wird?
③ c verdoppelt wird? ④ d verdoppelt wird?
⑤ a und b verdoppelt werden? ⑥ c und d verdoppelt werden?

Probiere zunächst mit $\frac{2}{3} : \frac{4}{5}$ aus. Setze dann für a, b, c und d selbst gewählte Zahlen ein. Formuliere zu jeder Teilaufgabe einen Ergebnissatz.

Beispiel: *Wenn a verdoppelt wird, dann … sich das Ergebnis.*

20 II Vergleich mit den natürlichen Zahlen

Zur Erinnerung: „Dividend : Divisor = Quotient"

Bei der Division mit natürlichen Zahlen ist der Quotient immer kleiner als der Dividend (24 : 3 = 8, „Dividieren macht kleiner"), wenn der Divisor nicht 1 ist. Bei der Division von Brüchen kann dagegen Unterschiedliches geschehen.

a) Finde Divisionsaufgaben, bei denen
① das Ergebnis (Quotient) größer als der Dividend ist,
② der Quotient größer als der Dividend und der Divisor ist,
③ der Quotient größer als der Dividend und kleiner als der Divisor ist.
Wann ist der Quotient größer als der Dividend? Formuliere einen Merksatz.

Beispiele:
$\frac{2}{3} : 4$ $5 : \frac{2}{3}$ $8 : \frac{3}{5}$ $7 : 28$
$7 : \frac{1}{4}$ $\frac{3}{4} : \frac{4}{3}$ $\frac{1}{2} : \frac{1}{3}$ $\frac{2}{5} : \frac{2}{5}$

b) Führe eine entsprechende Untersuchung für die Multiplikation von Brüchen durch.

WES-125661-024

Dividieren kann verkleinern oder vergrößern

- Der Quotient wird kleiner, wenn man durch eine Zahl größer als 1 teilt.
$\frac{7}{4} : \frac{3}{2} = \frac{7}{4} \cdot \frac{2}{3} = \frac{7}{6}$; $\frac{7}{6} < \frac{7}{4}$
- Der Quotient wird größer, wenn man durch eine Zahl kleiner als 1 teilt.
$\frac{7}{4} : \frac{1}{3} = \frac{7}{4} \cdot \frac{3}{1} = \frac{21}{4}$; $\frac{21}{4} > \frac{7}{4}$
- Der Quotient bleibt gleich, wenn man durch 1 teilt.

21 II **Größenvergleiche**

Ist das Ergebnis größer oder kleiner als die Zahl, die dividiert wird (Dividend)? Entscheide, ohne zu rechnen. Rechne dann.

a) $5:\frac{7}{8}$ b) $\frac{2}{3}:\frac{3}{2}$ c) $2\frac{3}{4}:\frac{3}{4}$ d) $\frac{1}{100}:\frac{1}{10}$ e) $\frac{17}{2}:3\frac{1}{2}$ f) $\frac{2}{3}:\frac{2}{5}$

Tipp: $\frac{\frac{4}{5}}{\frac{2}{3}}=\frac{4}{5}:\frac{2}{3}$

22 II **Vom Doppelbruch zur Divisionsaufgabe**

Berechne: a) $\frac{\frac{3}{2}}{\frac{1}{4}}$ b) $\frac{\frac{5}{3}}{\frac{2}{4}}$ c) $\frac{\frac{3}{2}}{\frac{9}{2}}$ d) $\frac{5}{\frac{2}{3}}$ e) $\frac{\frac{5}{2}}{3}$

Alle Rechenarten

23 I II **Abschlusstraining durch alle Rechenarten**

a) $\frac{3}{4}+\frac{2}{5}$ $\frac{3}{4}-\frac{2}{5}$ $\frac{3}{4}\cdot\frac{2}{5}$ $\frac{3}{4}:\frac{2}{5}$

b) $\frac{5}{6}+4$ $4-\frac{5}{6}$ $4\cdot\frac{5}{6}$ $4:\frac{5}{6}$

c) $4\frac{1}{3}+\frac{7}{5}$ $4\frac{1}{3}-\frac{7}{5}$ $4\frac{1}{3}\cdot\frac{7}{5}$ $4\frac{1}{3}:\frac{7}{5}$

d) Baue mit den Zahlen 3, 6, 8, 12 Rechenaufgaben mit Brüchen $\frac{\square}{\square}:\frac{\square}{\square}$
Löse sie. Wie viele unterschiedliche Aufgaben findest du?

Anwendungen

24 II **Situationen**

a) In der Klasse 6 d des Geschwister-Scholl-Gymnasiums kommen $\frac{2}{3}$ der Schülerinnen und Schüler aus Pulheim, das sind 18 Kinder.

b) Die Klasse 6 a macht auf ihrer Wanderung nach $5\frac{1}{2}$ km zum ersten Mal Rast. Die Lehrerin Frau Schmitz sagt: „Jetzt haben wir $\frac{5}{12}$ der gesamten Wanderstrecke zurückgelegt."

25 II **Eine Ackerfläche**

Bauer Harms erzählt: „Auf $\frac{3}{8}$ meiner Ackerfläche baue ich Zuckerrüben an. Das macht eine Fläche von $15\frac{3}{4}$ ha aus." Mit diesen Angaben kann man auf die Gesamtfläche „hochrechnen". Dabei kann die Abbildung helfen.

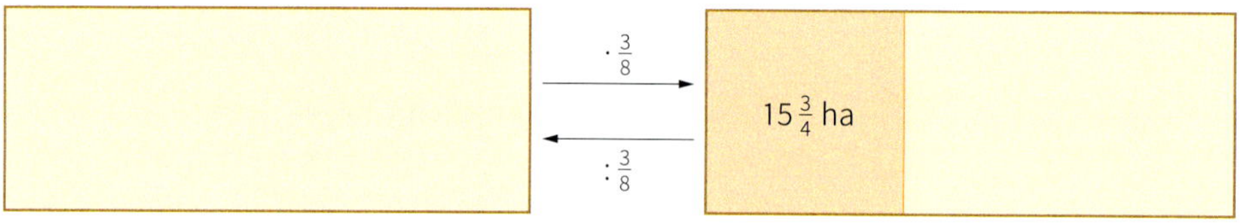

Wie muss man rechnen? Berechne die gesamte Ackerfläche, die Bauer Harms bewirtschaftet.

26 II **Ein Heizöltank**

An einem Heizöltank kann man ablesen, dass er noch zu $\frac{2}{9}$ gefüllt ist.
Der Tank wird mit 4235 l Heizöl aufgefüllt, bis er wieder voll ist. Wie viel Liter fasst der Tank? Auch bei dieser Aufgabe kann eine Zeichnung helfen.

27 II **Konzert**

Zum Schulkonzert kommen 36 Lehrerinnen und Lehrer. Das sind $\frac{3}{8}$ aller Besucherinnen und Besucher. Wie viele Besucherinnen und Besucher sind beim Konzert?

Grundwissen
zum Wiederholen

1 So viel Schokolade wird jährlich durchschnittlich pro Kopf verzehrt:
Schweiz 12,4 kg; USA 5,2 kg; Frankreich 6,9 kg; Deutschland 11,4 kg; Niederlande 3 kg; Japan 2,2 kg.
Ordne nach dem Schokoladenkonsum, beginne mit dem Land mit dem größten Wert.

2 Robert isst montags bis donnerstags immer in der Mensa für 3,20 € pro Tag.
Wie viel Geld gibt er in einer Woche für das Mensaessen aus?

+

Vermischtes zu allen Rechenarten

28 II **Ein Bruchbild**

Die Abbildung zeigt ein Bruchbild.

a) Ist das Bild ein Quadrat?

b) Welchen Anteil am Bild hat die gelbe Fläche?

c) Welchen Anteil am Bild hat die grüne Fläche?

d) Welche Fläche wird durch den Rechenausdruck $\left(\frac{1}{4}+\frac{1}{6}\right)\cdot\frac{1}{8}$ dargestellt? Wie groß ist diese Fläche?

e) Wie viel mal größer als die kleine blaue Fläche ist die gelbe Fläche?

f) Findest du Flächen, die zusammen die Hälfte des Bildes darstellen? Gibt es mehrere Möglichkeiten?

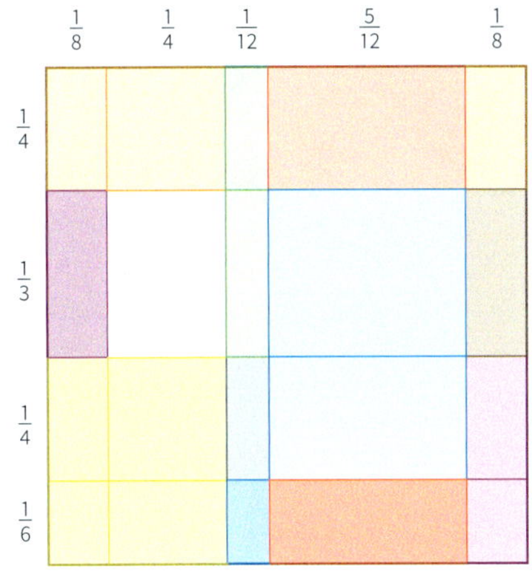

29 III **Die Bruchmütze**

Forschungsaufgabe

Das erste rote Quadrat hat den Flächeninhalt „1“.

a) Bestimme die Flächeninhalte der Dreiecke und folgenden Quadrate.

b) Wie groß ist die Gesamtfläche der Mütze?

c) Erkennst du eine Gesetzmäßigkeit bei der Entwicklung der Dreiecks- und Quadratflächen, wenn die Mütze weiter „gestrickt“ wird?

d) Wird die Mütze „$2\frac{1}{2}$“ groß?

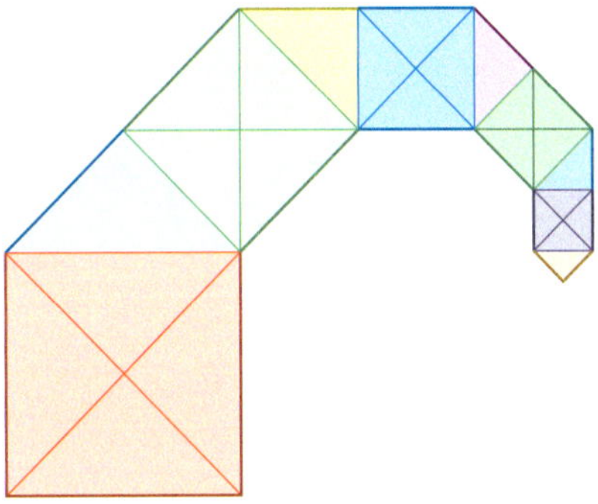

30 II **Erdoberfläche, Meere, Kontinente und Landschaften**

a) Die Erdoberfläche ist zu etwa $\frac{7}{10}$ von Meeren bedeckt. Auf den Pazifischen Ozean entfallen davon $\frac{3}{5}$, auf den Atlantischen Ozean die Hälfte davon und auf den Indischen Ozean der Rest.
Welchen Anteil der Erdoberfläche haben die drei Meere jeweils?

b) Das Festland verteilt sich auf die Kontinente.

Asien	$\frac{3}{10}$	Amerika	$\frac{4}{15}$	Afrika	$\frac{1}{5}$	Europa	$\frac{1}{15}$	Australien	$\frac{3}{50}$

Der Rest entfällt auf die Antarktis.
Welchen Anteil des Festlandes haben die Kontinente jeweils an der gesamten Erdoberfläche?

3.7 Rechenausdrücke mit Brüchen

1 Ein Wettbewerb: Wer erhält das kleinste Ergebnis?

Ziel: Finde eine Rechnung, bei der das Ergebnis möglichst klein ist.

Regeln:

- Du musst jeden der drei Brüche $\frac{1}{3}$, $\frac{1}{4}$ und $\frac{1}{5}$ genau einmal verwenden.
- Du darfst Klammern verwenden.
- Du darfst addieren, subtrahieren, multiplizieren und dividieren.

Beispiel:

$\left(\frac{1}{3}+\frac{1}{4}\right)\cdot\frac{1}{5}$

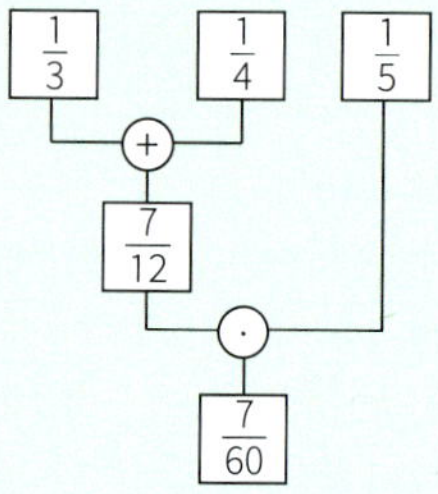

Schreibe die Rechnungen, die für dich „ins Rennen gehen“ sollen, als Rechenbaum und als Rechenausdruck auf.

2 Sonderangebote

Das Geschäft „Immer Schick“ feiert das 10-jährige Bestehen mit einem Jubiläumsangebot.

a) Anja hat besonderes Glück. Sie hat in dem Geschäft für sich eine schöne Jacke gefunden. Diese kostet „normal“ 80 €. Was muss Anja, die zufällig auch noch an diesem Tag Geburtstag hat, tatsächlich bezahlen?

b) Laura, das Matheass, stellt fest: „Eigentlich ganz einfach: Rechne $80\cdot\frac{9}{10}-5$ und beachte dabei, dass Punkt- vor Strichrechnung ausgeführt wird.“ Hast du genauso gerechnet? Wenn nicht, dann überprüfe, ob Laura Recht hat.

c) Miriam, die auch ein Geburtstagskind ist, hat für eine Hose 40 € bezahlt. Was hat die Hose ursprünglich gekostet? Versuche deine ganze Rechnung in einem Rechenausdruck aufzuschreiben.

3 Rechenvorteile

Auf der Tafel stehen drei Rechnungen, in denen geschickt gerechnet wurde.

Rechengesetze
Kommutativgesetz
Distributivgesetz
Vertauschungsgesetz
Assoziativgesetz
Verbindungsgesetz
Verteilungsgesetz

Achtung: Je zwei Begriffe haben dieselbe Bedeutung.

a) Erkennst du die Rechengesetze, die in den Rechnungen an der Tafel angewendet wurden? Weißt du noch, wie sie heißen und was sie bedeuten? Du findest die passenden Begriffe neben der Abbildung.

b) Berechne die folgenden Rechenausdrücke in ähnlicher Weise. Gib jeweils an, welches Gesetz du verwendet hast.

① $\frac{2}{7}+\frac{2}{3}+\frac{5}{7}$ ② $\frac{2}{3}+\frac{5}{11}+\frac{6}{11}$ ③ $\frac{7}{10}+\frac{1}{4}-\frac{2}{10}$ ④ $\frac{12}{5}\cdot\left(\frac{5}{4}+\frac{5}{3}\right)$ ⑤ $\frac{3}{4}\cdot\frac{5}{7}\cdot\frac{8}{3}$

Basiswissen

WES-125661-025

Für das Rechnen mit Brüchen gelten die gleichen Gesetze und Regeln wie für das Rechnen mit natürlichen Zahlen. Diese Gesetze legen fest, in welcher Reihenfolge man rechnen darf. Du kannst die Rechengesetze manchmal ausnutzen, um die Rechnung zu vereinfachen.

Vorfahrtsregeln

Nur Strichrechnungen oder nur Punktrechnungen

Von links nach rechts rechnen.

$\frac{1}{2} + \frac{2}{3} + \frac{1}{5} = \frac{3+4}{6} + \frac{1}{5} = \frac{35+6}{30} = \frac{41}{30}$

Punkt- vor Strichrechnung

Punktrechnungen werden vor Strichrechnungen ausgeführt.

$\frac{1}{2} + \frac{2}{3} \cdot \frac{1}{5} = \frac{1}{2} + \frac{2}{15} = \frac{15}{30} + \frac{4}{30} = \frac{19}{30}$

Klammern zuerst

Was in der Klammer steht, wird zuerst ausgerechnet.

$\left(\frac{2}{5} + \frac{3}{10}\right) \cdot \frac{1}{2} = \left(\frac{4}{10} + \frac{3}{10}\right) \cdot \frac{1}{2} = \frac{7}{10} \cdot \frac{1}{2} = \frac{7}{20}$

Rechengesetze für die Addition und die Multiplikation

§

Kommutativgesetz

$a + b = b + a$

$a \cdot b = b \cdot a$

$\frac{4}{7} + \frac{2}{3} + \frac{3}{7} = \frac{4}{7} + \frac{3}{7} + \frac{2}{3} = 1 + \frac{2}{3} = 1\frac{2}{3}$

Assoziativgesetz

$a + b + c = a + (b + c)$

$a \cdot b \cdot c = a \cdot (b \cdot c)$

$\frac{2}{3} + \frac{4}{7} + \frac{3}{7} = \frac{2}{3} + \left(\frac{4}{7} + \frac{3}{7}\right) = \frac{2}{3} + 1 = 1\frac{2}{3}$

Beim Subtrahieren und Dividieren gelten das Kommutativ- und Assoziativgesetz nicht.

Distributivgesetz

$(a + b) \cdot c = a \cdot c + b \cdot c$

$\left(\frac{7}{8} + \frac{5}{3}\right) \cdot \frac{3}{5} = \frac{7}{8} \cdot \frac{3}{5} + \frac{5}{3} \cdot \frac{3}{5} = \frac{21}{40} + 1 = 1\frac{21}{40}$

Beispiel

A Mit Text und Rechenbaum

Schreibe den Rechenausdruck $\frac{1}{2} \cdot \left(\frac{4}{3} - \frac{2}{3}\right) + \frac{5}{6}$ als Text. Benutze einen Rechenbaum, um ihn auszurechnen.

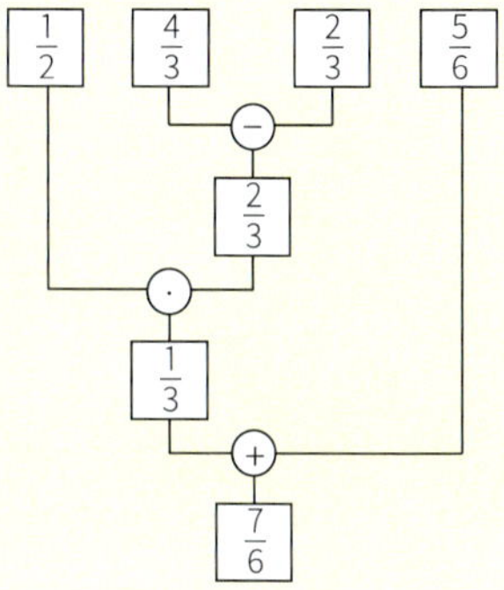

Lösung:

Text: Multipliziere $\frac{1}{2}$ mit der Differenz aus $\frac{4}{3}$ und $\frac{2}{3}$. Addiere zu dem Produkt $\frac{5}{6}$.

$\frac{1}{2} \cdot \left(\frac{4}{3} - \frac{2}{3}\right) + \frac{5}{6} = \frac{1}{2} \cdot \frac{2}{3} + \frac{5}{6} = \frac{1}{3} + \frac{5}{6} = \frac{2}{6} + \frac{5}{6} = \frac{7}{6} = 1\frac{1}{6}$

Übungen

4 I Terme berechnen

Berechne. Führe die Rechnung in der richtigen Reihenfolge aus. Rechenbäume können dir dabei helfen.

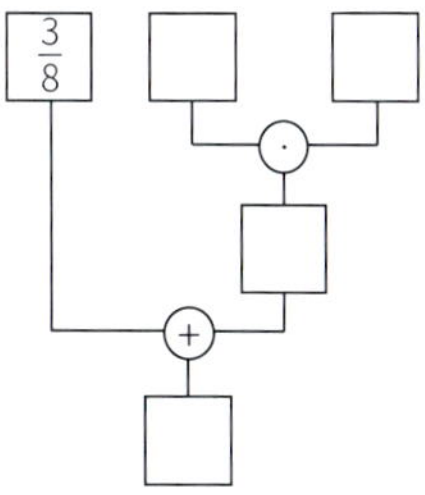

a) $\frac{3}{8} + \frac{5}{8} \cdot \frac{1}{2}$

b) $\frac{3}{4} + 3 \cdot \left(\frac{1}{4} + \frac{1}{2}\right)$

c) $\left(\frac{1}{3} + \frac{1}{6}\right) \cdot \frac{1}{2} + \frac{1}{4}$

d) $\left(\frac{3}{5} + \frac{3}{10}\right) \cdot \left(\frac{2}{3} + \frac{4}{9}\right)$

5 I Geschickt rechnen

Berechne geschickt. Was bedeutet „geschickt“ bei den einzelnen Aufgaben?

a) $\frac{4}{5}+\frac{1}{2}+\frac{2}{5}$ b) $\frac{3}{8}+\frac{3}{4}-\frac{2}{8}+1$ c) $1\frac{3}{4}+\frac{3}{5}-\frac{3}{4}-\frac{1}{5}$

d) $2+\frac{1}{3}+1\frac{1}{2}+\frac{5}{3}$ e) $\frac{3}{4}\cdot\frac{5}{8}\cdot\frac{2}{3}$ f) $\frac{2}{5}\cdot\frac{1}{3}\cdot\frac{3}{8}\cdot\frac{5}{4}$

6 I Rechenbäume

a) Übersetze die Rechenbäume in einen Rechenausdruck und in einen Text. Berechne.

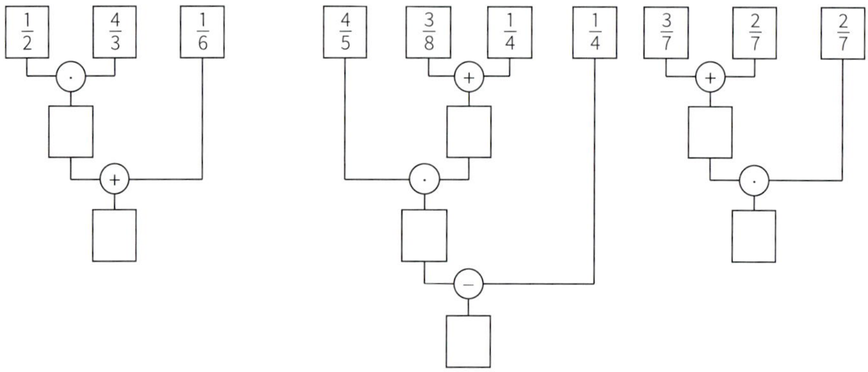

b) Übersetze den Text in einen Rechenausdruck und berechne.

① Multipliziere die Summen aus $\frac{3}{5}$ und $\frac{7}{10}$ mit $\frac{5}{8}$.

② Dividiere die Differenz aus $\frac{1}{2}$ und $\frac{1}{3}$ durch $\frac{1}{4}$.

③ Addiere das Fünffache von $3\frac{1}{2}$ zum Achtfachen von $4\frac{5}{6}$.

7 II Klammern richtig setzen

Setze, falls erforderlich, Klammern, sodass die Rechnung richtig wird. Schreibe jede richtige Rechnung als Rechenbaum und als Text.

a) $7-6\cdot\frac{2}{3}+\frac{1}{2}=0$ b) $1+\frac{2}{3}\cdot\frac{9}{2}-2=2$ c) $\frac{1}{2}+\frac{1}{3}\cdot\frac{1}{2}=\frac{5}{12}$

d) $\frac{1}{8}+\frac{2}{5}\cdot\frac{3}{4}+\frac{1}{2}=\frac{5}{8}$ e) $\frac{1}{4}+\frac{2}{5}\cdot\frac{3}{8}-\frac{1}{8}=\frac{7}{20}$ f) $\frac{3}{5}-\frac{1}{5}\cdot\frac{2}{3}=\frac{4}{15}$

8 II „Fehlerteufel“

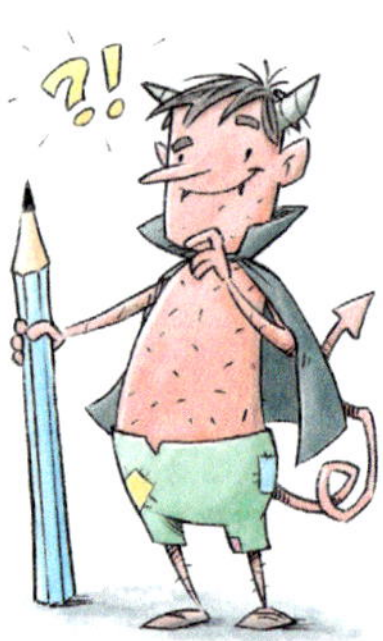

Hier sind einige Fehler unterlaufen. Findest du sie? Rechne korrekt im Heft.

① $\left(\frac{3}{5}-\frac{2}{5}\cdot\frac{1}{6}\right)+\frac{2}{3}:2$
$=\left(\frac{1}{5}\cdot\frac{1}{6}\right)+\frac{2}{3}\cdot\frac{2}{1}$
$=\frac{1}{30}+\frac{4}{3}$
$=1+\frac{40}{30}$
$=\frac{1}{30}+\frac{40}{30}$
$=\frac{41}{30}$

② $2-\frac{2}{3}:\frac{1}{3}+\frac{5}{4}-\frac{1}{4}\cdot 3$
$=2-\frac{2}{3}\cdot\frac{3}{1}+\frac{4}{4}\cdot 3$
$=(2-2)+\frac{12}{4}$
$=0+\frac{3}{1}$
$=3$

③ $\frac{5}{2}-\frac{1}{4}:\left(1+\frac{3}{4}\right)$
$=\frac{5}{2}-\frac{1}{4}:\left(\frac{4}{4}+\frac{3}{4}\right)$
$=\frac{5}{2}-\frac{1}{4}:\frac{7}{8}$
$=\frac{5}{2}-\frac{1}{4}\cdot\frac{8}{7}=\frac{5}{2}-\frac{2}{7}$
$=\frac{35}{14}-\frac{4}{14}$
$=\frac{31}{28}$

9 I Einfacher mit dem Distributivgesetz

a) $4\cdot\left(\frac{3}{2}+\frac{1}{4}\right)$ b) $\frac{3}{2}\cdot\left(\frac{5}{6}-\frac{1}{3}\right)$ c) $\frac{2}{3}\cdot\left(\frac{9}{4}-\frac{3}{8}\right)$ d) $\frac{4}{5}\cdot\left(\frac{10}{4}+\frac{15}{4}\right)$

10 II Distributivgesetz anwenden?

Entscheide bei den Aufgaben, ob es vorteilhaft ist, das Distributivgesetz anzuwenden oder ob man zuerst die Klammer ausrechnen soll.

a) $\frac{2}{9}\cdot\left(\frac{4}{5}-\frac{4}{10}\right)$ b) $\frac{3}{7}\cdot\left(\frac{7}{3}+4\right)$ c) $\frac{3}{2}\cdot\left(\frac{7}{4}-\frac{5}{4}\right)$ d) $\frac{5}{8}\cdot\left(\frac{7}{3}-\frac{2}{5}\right)$

Nicht immer ist die Entscheidung eindeutig.

11 II **Maler am Werk**

Die Lise-Meitner-Schule wird renoviert.
Ein Maler kann pro Tag $\frac{3}{4}$ eines Klassenzimmers streichen. Am Montag kommen 5 Maler, ab Donnerstag ist einer von ihnen krank.

a) Was wird durch den Ausdruck $3 \cdot 5 \cdot \frac{3}{4} + 2 \cdot 4 \cdot \frac{3}{4}$ ausgerechnet?

b) Verändere den Text so, dass er zu den folgenden Rechenausdrücken passt. Du kannst dir auch eine ganz andere Geschichte ausdenken.

① $3 \cdot 6 \cdot \frac{2}{3} + 8 \cdot \frac{2}{3}$ ② $3 \cdot 5 \cdot \frac{3}{4} + 4 \cdot 5 \cdot \frac{2}{3}$ ③ $4 \cdot \left(\frac{2}{3} + \frac{4}{5}\right) + 4 \cdot \frac{3}{4}$

12 II **Goldsucher**

Jim und John sind Goldsucher. Alle zwei Tage teilen sie das gefundene Gold.
Gestern waren es 30 g, heute nur 10 g.

a) Der Rechenausdruck $\frac{1}{2} \cdot (30 + 10)$ passt zu der Geschichte. Was berechnet man damit?

b) Der Rechenausdruck $\frac{1}{2} \cdot 30 + \frac{1}{2} \cdot 10$ ergibt das gleiche Ergebnis. Schreibe die Geschichte so um, dass der Rechenausdruck passt.

c) Erfinde eine Geschichte zu dem Rechenausdruck $\frac{1}{4} \cdot (36 + 44) + \frac{1}{4} \cdot (28 + 52)$.

d) Wie könnte die Geschichte zu dem Ausdruck $\frac{1}{4} \cdot (16 + 24) + \frac{1}{3} \cdot (12 + 18)$ lauten?

13 II **Orangenlimonade**

Ein Kasten Orangenlimonade enthält acht Flaschen mit je $1\frac{1}{2}$ l Limonade.
$1\frac{1}{2}$ l Liter Limonade wiegen $1\frac{1}{2}$ kg. Eine leere Flasche wiegt 100 g.
Der leere Kasten wiegt $1\frac{1}{4}$ kg.
Wie schwer ist der Kasten mit vollen Flaschen? Schaffst du es, für die ganze Rechnung einen einzigen Rechenausdruck aufzuschreiben?

14 II **Termdomino**

Bringe die Dominosteine in die richtige Reihenfolge.
Ergänze den fehlenden Term und berechne alle vorkommenden Terme.
Erstelle ein eigenes Domino.

Start	$5 \cdot \frac{6}{15} + \frac{3}{4}$
Subtrahiere das Produkt aus 6 und $\frac{5}{12}$ von $5\frac{1}{2}$.	?
Dividiere die Summe aus $\frac{1}{2}$ und $\frac{1}{3}$ durch 6.	Ziel
Multipliziere die Summe aus $\frac{3}{4}$ und $\frac{4}{5}$ mit 3.	$5\frac{1}{2} - 6 \cdot \frac{5}{12}$
Addiere $\frac{3}{4}$ zum Produkt aus 5 und $\frac{6}{15}$.	$3 \cdot \left(\frac{3}{4} + \frac{4}{5}\right)$

Grundwissen
zum Wiederholen

1 Eine Strecke ist 12 km lang. Wie lang sind $\frac{3}{4}$ dieser Strecke?

2 Welcher geometrische Körper kann aus folgenden Flächen gebastelt werden?

3 Eine Gerade g durch den Punkt P (3 | 0) ist parallel zur y-Achse. Gib die Koordinaten von zwei weiteren Punkten an, die auf der Geraden g liegen.

Brüche sind Zahlen. Du hast mit Brüchen bereits gerechnet – wie mit Zahlen; du hast Brüche der Größe nach miteinander verglichen – wie du es auch mit Zahlen machen kannst. Aber Brüche besitzen auch Eigenschaften, die natürliche Zahlen nicht besitzen. Bei den natürlichen Zahlen findet man zu allen Zahlen einen Nachfolger. So ist z. B. der Nachfolger von 3 die Zahl 4.

① Was aber ist der Nachfolger von $\frac{1}{3}$?

② Bei den natürlichen Zahlen liegen auf dem Zahlenstrahl zwischen 3 und 4 keine weiteren Zahlen. Liegen Zahlen zwischen $\frac{1}{3}$ und $\frac{1}{2}$?

15 I Im Land der Brüche

Weit entfernt, direkt neben dem Land der Phantasie, liegt das Land der Brüche. Wie bei uns auch, müssen dort die kleinen Brüche in die Schule gehen. Alle Brüche zwischen 0 und 1 besuchen die 1. Klasse. Heute steht in der 2. Stunde Sport auf dem Stundenplan. Einige Brüche sind schon in der Turnhalle und laufen wild durcheinander. Der Sportlehrer mit Namen $35\frac{3}{4}$ ruft: „Aufstellen! Alle der Größe nach zwischen die Fahnen mit der 0 und 1! Und lasst Platz für die, die noch kommen!“ Schnell laufen die Brüche an ihre Plätze, aber so ganz ohne Probleme geht das heute nicht.

a) Zeichne die Aufstellung der Brüche in dein Heft, finde den richtigen Platz für $\frac{1}{4}$.

b) Jetzt kommen weitere Brüche in die Turnhalle. $\frac{3}{10}$, $\frac{2}{5}$, $\frac{3}{8}$, $\frac{3}{5}$. Stelle auch sie an den richtigen Platz.

c) Werden $\frac{4}{5}$ und $\frac{81}{100}$ es wohl schaffen, nebeneinander zu stehen?

d) Beantworte die Fragen ① und ② aus dem Kasten.

16 II Rechnen mit Brüchen – Bruch als Rechnung

Ist $\frac{3}{4}$ eine Zahl und ist $3:4$ eine Rechenvorschrift? Die einfache Antwort lautet: Beides ist beides. Du hast schon viele Bedeutungen von $\frac{3}{4}$ kennengelernt, z. B. bezeichnet der Bruch einen Anteil. Du hast auch schon kennengelernt, dass $\frac{3}{4}$ auch einfach „drei geteilt durch vier“ bedeutet. Wenn man eine Zahl mit einem Bruch multipliziert, multipliziert man immer mit dem Zähler und dividiert durch den Nenner.
Genauso ist $3:4$ nicht nur eine Rechenvorschrift, sondern auch die Zahl $\frac{3}{4}$.

a) Schreibe von der Bruchschreibweise in die Schreibweise mit „·“ und „:“ um.

(1) $\frac{3\cdot 5}{2\cdot 4}$ (2) $\frac{\frac{2}{5}}{6}$ (3) $\frac{2}{\frac{2}{3}}$ (4) $\frac{\frac{2}{3}}{\frac{4}{5}}$

b) Schreibe in die Schreibweise mit Bruchstrichen um und kürze, wenn möglich.

(1) $4:5\cdot 3:4$ (2) $(3\cdot 5):(4\cdot 7)$ (3) $3\cdot 5:4\cdot 7$ (4) $(3:8)\cdot(4:7)$

Gleichnamige Brüche addieren und subtrahieren

- Zähler addieren oder subtrahieren
- Nenner beibehalten

$\frac{3}{7}+\frac{2}{7}=\frac{3+2}{7}=\frac{5}{7}$ $\frac{8}{9}-\frac{2}{9}=\frac{8-2}{9}=\frac{6}{9}=\frac{2}{3}$

Brüche gleichnamig machen

$\frac{3}{5}$ und $\frac{2}{3}$ gleichnamig machen.

- Einen gemeinsamen Nenner bestimmen, Produkt der beiden Nenner $3 \cdot 5 = 15$
- Brüche auf den gemeinsamen Nenner erweitern

  $\frac{3}{5}=\frac{3 \cdot 3}{5 \cdot 3}=\frac{9}{15}$ (erweitern mit 3)

  $\frac{2}{3}=\frac{2 \cdot 5}{3 \cdot 5}=\frac{10}{15}$ (erweitern mit 5)

Ungleichnamige Brüche addieren und subtrahieren

- Brüche gleichnamig machen
- Zähler addieren oder subtrahieren
- Nenner beibehalten

$\frac{5}{7}-\frac{1}{3}=\frac{15}{21}-\frac{7}{21}=\frac{15-7}{21}=\frac{8}{21}$

Mit gemischten Zahlen rechnen

So klappt es immer: Vor dem Addieren, Subtrahieren usw. die gemischten Zahlen in einen Bruch umwandeln.

$4\frac{1}{3}-1\frac{5}{6}=\frac{13}{3}-\frac{11}{6}$

$=\frac{26}{6}-\frac{11}{6}=\frac{15}{6}=\frac{5}{2}=2\frac{1}{2}$

Brüche multiplizieren

- Zähler mal Zähler
- Nenner mal Nenner

$\frac{2}{3}\cdot\frac{4}{5}=\frac{2 \cdot 4}{3 \cdot 5}=\frac{8}{15}$

Kürzen beim Multiplizieren

$\frac{14}{9}\cdot\frac{18}{21}=\frac{\overset{2}{\cancel{14}}\cdot\overset{2}{\cancel{18}}}{\underset{1}{\cancel{9}}\cdot\underset{3}{\cancel{21}}}=\frac{2 \cdot 2}{1 \cdot 3}=\frac{4}{3}$

Check-up

1 Kopfrechnen

a) $\frac{3}{4}-\frac{1}{4}$ b) $\frac{2}{5}+\frac{3}{5}-\frac{1}{5}$ c) $\frac{3}{8}-\frac{1}{8}+\frac{7}{8}$ d) $\frac{5}{3}+\frac{2}{3}-\frac{4}{3}$

e) $\frac{5}{6}+\frac{2}{3}-\frac{1}{6}$ f) $\frac{1}{2}-\frac{1}{3}+\frac{1}{6}$ g) $\frac{1}{2}+\frac{1}{4}+\frac{1}{8}$ h) $\frac{3}{10}+\frac{4}{5}-\frac{1}{5}+\frac{1}{2}$

2 Training

a) $\frac{2}{3}+\frac{5}{18}$ b) $\frac{3}{4}-\frac{3}{7}$ c) $\frac{5}{12}+\frac{1}{5}$ d) $\frac{7}{15}+\frac{7}{15}$

e) $\frac{7}{8}-\frac{7}{16}$ f) $\frac{3}{8}+\frac{1}{6}$ g) $\frac{2}{3}+\frac{3}{4}$ h) $\frac{9}{10}-\frac{3}{5}+\frac{1}{2}$

i) $\frac{2}{3}+\frac{3}{8}-\frac{5}{6}$ j) $\frac{1}{2}+\frac{3}{8}-\frac{1}{6}$ k) $\frac{3}{4}+\frac{7}{10}-\frac{1}{2}$ l) $\frac{5}{6}-\frac{4}{9}+\frac{2}{3}$

3 Zahl gesucht

Finde die fehlende Zahl.

a) $\frac{7}{10}-\blacksquare=\frac{2}{5}$ b) $\frac{3}{8}+\blacksquare=\frac{3}{4}$ c) $\blacksquare-\frac{1}{6}=\frac{2}{3}$ d) $\blacksquare+\frac{3}{10}=\frac{4}{5}$

4 Auf der Reise

Annika fliegt mit ihren Eltern in den Urlaub. Einige Zeit nach dem Abflug sagt ihr Vater: „Wir haben schon $\frac{2}{3}$ des Fluges zurückgelegt.“ Einige Zeit später bemerkt die Mutter: „Jetzt haben wir weitere $\frac{2}{7}$ unseres Fluges hinter uns gebracht.“ Annika denkt: „Jetzt sind wir bald da.“ Hat sie Recht?

5 Kauf eines Fahrrads

Leon erzählt seinen Freunden: „Meine Großeltern haben zu meinem Geburtstag $\frac{2}{5}$ meines Fahrrads bezahlt und meine Eltern $\frac{2}{3}$.“ Sein Freund David denkt kurz nach und sagt dann: „Da kann etwas nicht stimmen.“ Was meinst Du?

6 Gemischte Zahlen

a) $4\frac{3}{4}+3\frac{1}{6}$ b) $4\frac{5}{9}-2\frac{1}{2}$ c) $8-6\frac{3}{8}$ d) $6\frac{5}{9}-2$ e) $2\frac{1}{3}+3\frac{8}{9}$

7 Brüche und natürliche Zahlen multiplizieren

Berechne. Kürze, wenn möglich.

a) $\frac{5}{7}\cdot 28$ b) $\frac{3}{14}\cdot 42$ c) $\frac{7}{18}\cdot 45$ d) $\frac{11}{17}\cdot 5$ e) $8\cdot\frac{5}{16}$

8 Multiplikationstraining

Berechne. Kürze frühzeitig.

a) $\frac{2}{3}\cdot\frac{1}{8}$ b) $\frac{4}{7}\cdot\frac{7}{4}$ c) $\frac{7}{10}\cdot\frac{3}{7}$ d) $\frac{15}{4}\cdot\frac{4}{20}$ e) $\frac{2}{3}\cdot 0$

f) $\frac{3}{5}\cdot\frac{1}{3}$ g) $\frac{27}{32}\cdot\frac{2}{9}$ h) $\frac{11}{15}\cdot\frac{15}{22}$ i) $\frac{5}{12}\cdot\frac{16}{32}$ j) $\frac{18}{55}\cdot\frac{11}{36}$

9 Musiker in einem Orchester

Die Streicher machen $\frac{2}{3}$ eines Symphonieorchesters aus. Von den Streichern spielt $\frac{1}{5}$ Cello. Welchen Anteil an dem gesamten Orchester machen die Cellisten aus?

10 Flächeninhalte

Berechne den Flächeninhalt des Rechtecks.

a) Länge $\frac{3}{2}$ m Breite $\frac{4}{5}$ m b) Länge $\frac{2}{5}$ m Breite $\frac{15}{8}$ m

Natürliche Zahl als Bruch

$5 = \frac{5}{1}$

Kehrbruch

$\frac{2}{5}$ ist der Kehrbruch zu $\frac{5}{2}$, denn $\frac{2}{5} \cdot \frac{5}{2} = 1$.

Brüche dividieren

- Mit dem Kehrbruch multiplizieren

$\frac{3}{7} : \frac{2}{5} = \frac{3}{7} \cdot \frac{5}{2} = \frac{3 \cdot 5}{7 \cdot 2} = \frac{15}{14}$

Rechnen mit der 0

- Ein Produkt ist 0, wenn ein Faktor 0 ist.
  $0 \cdot \frac{2}{3} = 0 \qquad \frac{1}{4} \cdot 0 = 0$
- Die Division durch 0 ist verboten.
  $\cancel{\frac{7}{8} : 0} \qquad \cancel{\frac{7}{0}}$

Vorfahrtsregeln

- Nur Strich- oder nur Punktrechnungen
  Von links nach rechts rechnen
  $\frac{1}{2} + \frac{2}{3} + \frac{1}{5} = \frac{3+4}{6} + \frac{1}{5} = \frac{35+6}{30} = \frac{41}{30}$
- Punkt- vor Strichrechnung
  $\frac{1}{2} + \frac{2}{3} \cdot \frac{1}{5} = \frac{1}{2} + \frac{2}{15} = \frac{15}{30} + \frac{4}{30} = \frac{19}{30}$
- Klammern zuerst berechnen
  $\left(\frac{2}{5} + \frac{3}{10}\right) \cdot \frac{1}{2} = \left(\frac{4}{10} + \frac{3}{10}\right) \cdot \frac{1}{2} = \frac{7}{10} \cdot \frac{1}{2} = \frac{7}{20}$

Rechengesetze für die Addition und die Multiplikation

Kommutativgesetz

- $a + b = b + a$
- $a \cdot b = b \cdot a$

$\frac{4}{7} + \frac{2}{3} + \frac{3}{7} = \frac{4}{7} + \frac{3}{7} + \frac{2}{3} = 1 + \frac{2}{3} = 1\frac{2}{3}$

Assoziativgesetz

- $a + b + c = a + (b + c)$
- $a \cdot b \cdot c = a \cdot (b \cdot c)$

$\frac{2}{3} + \frac{4}{7} + \frac{3}{7} = \frac{2}{3} + \left(\frac{4}{7} + \frac{3}{7}\right) = \frac{2}{3} + 1 = 1\frac{2}{3}$

Distributivgesetz

- $(a + b) \cdot c = a \cdot c + b \cdot c$

$\left(\frac{7}{8} + \frac{5}{3}\right) \cdot \frac{3}{5} = \frac{7}{8} \cdot \frac{3}{5} + \frac{5}{3} \cdot \frac{3}{5} = \frac{21}{40} + 1 = 1\frac{21}{40}$

Mit etwas Erfahrung erkennt man, ob man sich einen Rechenvorteil verschaffen kann.

11 Kehrbruch angeben

a) $\frac{3}{7}$ b) $\frac{7}{3}$ c) $\frac{1}{5}$ d) 6 e) $\frac{9}{4}$

12 Zahl gesucht

Finde die fehlende Zahl.

a) $\square \cdot 8 = 1$ b) $\square \cdot 12 = 4$ c) $25 \cdot \square = 5$ d) $15 \cdot \square = 3$
e) $\square \cdot 6 = 3$ f) $\square \cdot 16 = 4$ g) $39 \cdot \square = 13$ h) $36 \cdot \square = 4$

13 Dividieren

a) $\frac{2}{7}:2$ b) $\frac{5}{8}:10$ c) $1\frac{3}{4}:7$ d) $3\frac{3}{8}:3$ e) $\frac{11}{9}:10$
f) $1:\frac{1}{8}$ g) $6:\frac{2}{3}$ h) $4:\frac{5}{3}$ i) $\frac{9}{16}:\frac{3}{8}$ j) $2\frac{1}{8}:1\frac{2}{5}$

14 Multiplizieren und dividieren

Rechne im Kopf oder mit Papier und Stift.

a) $3 \cdot \frac{5}{6}$ b) $\frac{3}{4} \cdot 12$ c) $\frac{6}{7}:2$ d) $\frac{2}{3} \cdot \frac{4}{5}$ e) $\frac{3}{8} \cdot \frac{5}{6}$
f) $\frac{7}{8}:\frac{1}{2}$ g) $\frac{1}{3}:\frac{2}{3}$ h) $\frac{7}{8} \cdot \frac{2}{3}$ i) $5:\frac{3}{5}$ j) $\frac{2}{3}:\frac{3}{2}$

15 Vermischtes

Multipliziere und dividiere; kürze rechtzeitig.

a) $\frac{2}{3} \cdot \frac{4}{5} \cdot \frac{3}{4}$ b) $\frac{5}{6} \cdot \frac{3}{10} \cdot \frac{2}{3}$ c) $\frac{7}{10} \cdot \frac{5}{8} : \frac{7}{2}$ d) $\frac{2}{3} : \frac{5}{6} \cdot \frac{5}{8}$

16 Verkleinern am Kopierer

Bernd möchte eine Zeichnung verkleinern. Er stellt den Kopierer auf den Verkleinerungsfaktor $\frac{7}{10}$ ein. Die verkleinerte Kopie verkleinert er nochmals mit dem Faktor $\frac{1}{3}$. Mit welchem Verkleinerungsfaktor hätte er die letzte Kopie mit einmaligem Kopieren aus dem Original erhalten?

17 Rechenausdrücke

Berechne die Rechenausdrücke. Ein Rechenbaum kann helfen.

a) $\frac{1}{3} \cdot \left(\frac{3}{8} + \frac{1}{4}\right)$ b) $\frac{1}{4} \cdot \frac{1}{2} + \frac{1}{2}$ c) $\left(\frac{1}{3} + \frac{1}{6}\right) \cdot \left(\frac{2}{5} + \frac{1}{2}\right)$
d) $4 \cdot \left(\frac{5}{8} - \frac{3}{8}\right)$ e) $\frac{1}{3} + \frac{8}{9} : 4$ f) $\frac{3}{5} - \frac{1}{4} : \frac{1}{2} + \frac{1}{3}$

18 Rechenausdrücke aus Texten

Übersetze den Text in einen Rechenausdruck und berechne.

a) Subtrahiere das Produkt aus $\frac{1}{3}$ und $\frac{5}{6}$ von $\frac{4}{9}$.
b) Dividiere die Differenz aus $\frac{9}{10}$ und $\frac{3}{5}$ durch die Summe dieser Zahlen.

19 Ratenkauf

Frau Neubauer kauft einen Wohnzimmerschrank für 450 €. Sie muss $\frac{1}{5}$ davon anzahlen, der Rest wird in neun Monatsraten bezahlt. Wie groß ist eine Monatsrate?
Du kannst in mehreren Schritten rechnen oder einen einzigen Rechenausdruck aufschreiben.

20 Vorteilhaftes Rechnen

Verteilen oder Zusammenfassen, was ist vorteilhafter?

a) $\frac{3}{7} \cdot \left(\frac{4}{5} + \frac{3}{5}\right)$ b) $\frac{6}{7} \cdot \left(\frac{21}{12} - \frac{7}{18}\right)$ c) $\frac{3}{4} : \frac{1}{6} + \frac{1}{4} : \frac{1}{6}$

Sichern und Vernetzen

Vermischte Aufgaben zu Kapitel 3

Trainieren

WES-125661-060
Lösungen

1 **Summe und Differenz**

Berechne und kürze, wenn möglich.

a) $\frac{8}{11} + \frac{1}{3}$ b) $\frac{5}{8} + \frac{7}{8}$ c) $\frac{5}{12} + \frac{1}{5}$ d) $\frac{7}{10} + \frac{2}{3}$ e) $\frac{5}{8} + \frac{7}{8}$ f) $\frac{3}{4} + \frac{18}{8}$

g) $\frac{5}{8} - \frac{1}{4}$ h) $\frac{12}{13} - \frac{3}{13}$ i) $\frac{3}{4} - \frac{3}{7}$ j) $\frac{12}{15} - \frac{3}{10}$ k) $\frac{5}{6} - \frac{4}{5}$ l) $\frac{7}{8} - \frac{11}{20}$

2 **Rechnen mit gemischten Zahlen**

Gib das Ergebnis als gemischte Zahl an.

a) $3\frac{3}{10} + \frac{8}{10}$ b) $4 - 2\frac{5}{7}$ c) $4\frac{5}{6} + 1\frac{1}{6}$ d) $5\frac{1}{10} - 3\frac{3}{10}$ e) $8\frac{3}{4} - 6\frac{2}{3}$

Du kannst die Aufgaben auf verschiedene Arten lösen.

3 **Kopfrechnen**

a) $2\frac{1}{2} + 1\frac{1}{2} + 4\frac{1}{2}$ b) $9 - 2\frac{3}{5}$ c) $\frac{1}{8} + \frac{1}{2} + \frac{3}{8} + \frac{1}{4}$ d) $10\frac{3}{5} - 2\frac{4}{5}$

4 **Rechnen mit mehr als zwei Brüchen**

Gib das gekürzte Ergebnis an.

a) $\frac{7}{10} - \frac{3}{20} + \frac{4}{5}$ b) $\frac{3}{4} - \frac{2}{3} + \frac{1}{12}$ c) $\frac{5}{7} - \frac{1}{28} + \frac{3}{4}$ d) $\frac{1}{2} - \frac{1}{4} + \frac{1}{8} - \frac{1}{16}$

5 **Zauberquadrate**

In einem Zauberquadrat ist die Summe der Zahlen in den Spalten, in den Zeilen und in den Diagonalen gleich. Ist das Quadrat ① ein Zauberquadrat? Ergänze das Quadrat ② zu einem Zauberquadrat.

①

$\frac{7}{15}$	$\frac{7}{30}$	$\frac{2}{5}$
$\frac{3}{10}$	$\frac{11}{30}$	$\frac{13}{30}$
$\frac{1}{3}$	$\frac{1}{2}$	$\frac{4}{15}$

②

$\frac{3}{2}$	■	■
$\frac{7}{3}$	$\frac{5}{3}$	■
$\frac{7}{6}$	■	■

6 **Multiplizieren**

Berechne die Produkte.

a) $5 \cdot \frac{1}{8}$ b) $2 \cdot \frac{2}{5}$ c) $\frac{3}{4} \cdot 10$ d) $6 \cdot \frac{1}{6}$ e) $\frac{5}{9} \cdot 3$ f) $7 \cdot \frac{20}{100}$

g) $\frac{2}{3} \cdot \frac{4}{5}$ h) $\frac{2}{3} \cdot \frac{3}{4}$ i) $\frac{6}{7} \cdot \frac{7}{6}$ j) $\frac{1}{2} \cdot \frac{2}{3} \cdot \frac{3}{4} \cdot \frac{4}{5}$ k) $\frac{3}{4} \cdot \frac{3}{4} \cdot \frac{3}{4}$ l) $0 \cdot \frac{7}{11}$

7 **Multiplizieren mit gemischten Zahlen**

Gib das gekürzte Ergebnis an.

a) $4 \cdot 1\frac{3}{4}$ b) $2\frac{5}{6} \cdot 12$ c) $3\frac{1}{3} \cdot 2\frac{1}{2}$ d) $1\frac{5}{8} \cdot \frac{1}{3}$ e) $2\frac{3}{5} \cdot 10$

8 **Rechnen mit Größen**

a) $\frac{1}{3}$ von $\frac{1}{4}$ h b) $\frac{2}{3}$ von $\frac{3}{5}$ l c) $\frac{9}{10}$ von $2\frac{1}{9}$ m d) $\frac{3}{4}$ von $4\frac{1}{3}$ kg

9 **Multiplikationsmauern**

Übertrage die Zahlenpyramide in dein Heft. Trage in das Feld über zwei Zahlen deren Produkt ein. Erreichst du die Spitze? Vergiss nicht, zu kürzen.

a)

1
■ ■
■ ■ ■
$\frac{8}{9}$ $\frac{3}{8}$ 4 $\frac{1}{3}$

b)

$\frac{49}{1600}$
■ ■
■ ■ ■
$\frac{7}{4}$ $\frac{5}{28}$ $\frac{49}{25}$ $\frac{20}{49}$

10 I **Kehrbruch**

Gib jeweils den Kehrbruch an.

a) $\frac{3}{5}$ b) $\frac{9}{4}$ c) 10 d) $3\frac{1}{2}$ e) 1 f) $\frac{1}{3}$

11 I **Quotienten berechnen**

a) $\frac{2}{5} : 4$ b) $\frac{5}{7} : 5$ c) $3\frac{1}{2} : 7$ d) $\frac{1}{6} : 6$ e) $\frac{3}{8} : 3$ f) $\frac{7}{3} : 2$

12 I **Dividieren durch einen Bruch – Multiplizieren mit dem Kehrbruch**

a) $\frac{3}{8} : \frac{3}{10}$ b) $\frac{4}{9} : \frac{2}{3}$ c) $\frac{2}{3} : \frac{4}{9}$ d) $1 : \frac{7}{12}$

e) $2\frac{1}{2} : 1\frac{3}{4}$ f) $3 : 5\frac{3}{4}$ g) $3\frac{3}{8} : 2\frac{1}{4}$ h) $1\frac{3}{18} : \frac{7}{9}$

13 I **Terme**

a) $\left(\frac{8}{9} - \frac{2}{3}\right) \cdot 12$ b) $\left(\frac{2}{7} + \frac{12}{21}\right) : \frac{21}{5}$ c) $\left(3\frac{8}{9} - 2\frac{2}{3}\right) \cdot 18$ d) $8 : \frac{3}{4} : \frac{1}{4}$

e) $\left(\frac{1}{3} - \frac{1}{6}\right) - \frac{1}{9}$ f) $\frac{1}{3} - \left(\frac{1}{6} - \frac{1}{9}\right)$ g) $\left(3 - 2\frac{2}{5}\right) \cdot 10$ h) $\left(\frac{1}{2} - \frac{1}{3}\right) \cdot \left(\frac{1}{2} + \frac{1}{3}\right)$

14 II **Oberflächeninhalt und Volumen**

Berechne den Oberflächeninhalt und das Volumen der Schachtel.

a)

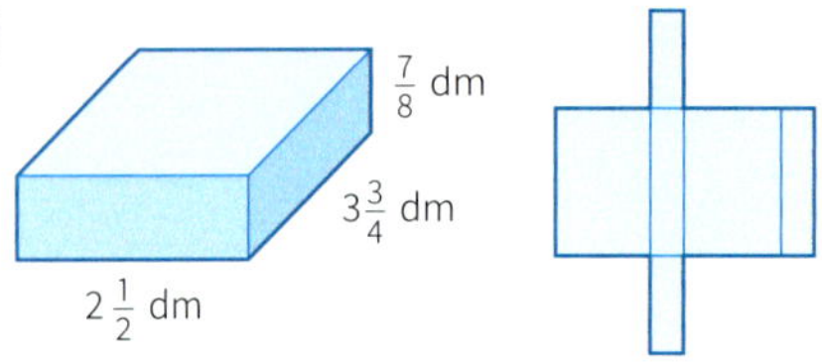

b)

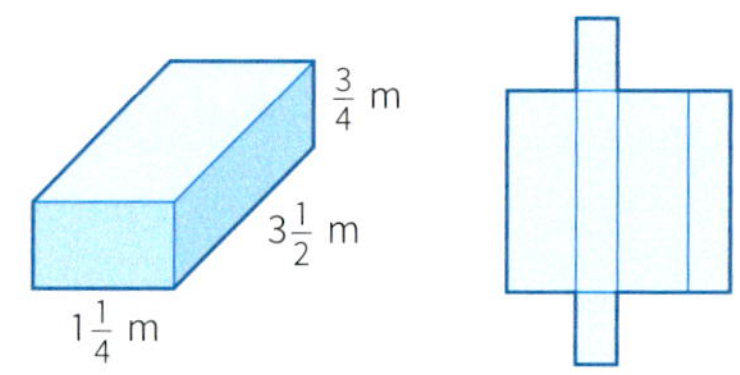

Verstehen

15 II **Kehrbrüche**

Sind $2\frac{3}{4}$ und $2\frac{4}{3}$ Kehrbrüche zueinander? Begründe.

16 II **Etwas zum genau Hinschauen**

Beantworte die folgenden Fragen zunächst, ohne zu rechnen. Überprüfe deine Antwort mit einer Rechnung.

a) Was ist größer, die Summe oder das Produkt von $\frac{4}{5}$ und $\frac{5}{7}$?

b) Was ist größer, die Summe oder das Produkt von 3 und $\frac{1}{3}$?

17 II **Aus einem Intelligenztest**

„Wie viel ist 30 durch ein Halb plus 10?"

18 II **Seitenlängen und Flächeninhalte**

Kevin meint:

„Ein Quadrat mit der Seitenlänge 1 m hat den Flächeninhalt 1 m^2. Dann hat ein Quadrat mit der Seitenlänge $\frac{1}{2}$ m den Flächeninhalt $\frac{1}{2}$ m^2."

Was meinst du dazu? Benutze zur Erklärung eine Zeichnung.

19 II **Rechtecke mit dem Flächeninhalt 1 m^2**

Finde verschiedene Rechtecke mit dem Flächeninhalt 1 m^2. Wie viele gibt es? Findest du eine Regel, wie man solche Rechtecke findet?

20 II **Etwas zum Nachdenken**

Wenn man einen Bruch durch einen kleineren Bruch dividiert, dann ist der Quotient

① kleiner als 1 ② gleich 1 ③ größer als 1 ④ kann man nicht sagen.

21 **II Text und Term**

Stelle zunächst den Term auf. Berechne ihn dann.

a) Multipliziere die Summe der Zahlen 5 und $\frac{3}{4}$ mit $\frac{1}{8}$ und subtrahiere dann $\frac{1}{2}$.

b) Subtrahiere von dem Quotient der Zahlen $\frac{1}{2}$ und $\frac{2}{5}$ das Produkt dieser beiden Zahlen.

c) Dividiere die Summe von $2\frac{1}{8}$ und $3\frac{1}{3}$ durch $\frac{1}{8}$.

Anwenden

22 **I Eine Zugfahrt**

Eine Zugfahrt dauert von Hamburg nach Frankfurt $3\frac{2}{3}$ Stunden und von Frankfurt nach Stuttgart $1\frac{1}{4}$ Stunden. Wie lange dauert die gesamte Zugfahrt von Hamburg nach Stuttgart, wenn der Zug in Frankfurt $\frac{1}{4}$ Stunde Aufenthalt hat? Rechne einmal mit Brüchen und einmal, indem du in Minuten umrechnest. Vergleiche deine Ergebnisse.

23 **II Bitte nicht wecken**

Löwen verschlafen $\frac{3}{4}$ des Tages. $\frac{2}{3}$ der Zeit, in der sie wach sind, sind sie auf der Jagd oder beim Fressen. Welchen Anteil des Tages sind sie mit Beutemachen und Verzehren beschäftigt?

24 **II Fahrradkauf**

Die Großeltern von Valentin sagen: „Deine Eltern bezahlen $\frac{3}{4}$ deines Fahrrads. Wir zahlen $\frac{1}{4}$ von dem, was deine Eltern zahlen. Dann ist dein Fahrrad finanziert."
Was meinst du, haben die Großeltern Recht?

25 **II Ein Kiste mit Spielwürfeln**

Wie viele Spielwürfel mit der Kantenlänge $1\frac{1}{2}$ cm passen in einen Karton mit den Maßen 30 cm × 20 cm × 10 cm?
Schätze zunächst.

26 **I Apfelsaft**

Rainer trinkt gerne Apfelsaft. Seine Eltern kaufen den Apfelsaft in $\frac{3}{4}$ l-Flaschen.
In sein Glas passt $\frac{1}{5}$ l Flüssigkeit. Wie viele Gläser kann er aus einer vollen Flasche füllen?

27 **III Piraten**

Drei Piraten haben einen Goldschatz gefunden. Da es schon spät am Abend ist, beschließen sie, sich in ihrem Lager schlafen zu legen und den Schatz am nächsten Morgen zu gleichen Teilen aufzuteilen.
Einer der Piraten wird in der Nacht wach. Da er den anderen nicht traut, nimmt er $\frac{1}{3}$ des Schatzes an sich und verschwindet. Später in der Nacht wird der zweite Pirat wach und sieht, dass ein Pirat mit einem Teil des Schatzes verschwunden ist. „Ich will fair bleiben", denkt er sich und nimmt von dem verbliebenen Schatz $\frac{1}{3}$ und verschwindet ebenfalls. Als der letzte der Piraten am Morgen aufwacht, sieht er, dass die beiden anderen verschwunden sind. Er glaubt, dass diese fair gehandelt haben, nimmt den Rest des Goldschatzes an sich und zieht zufrieden von dannen.
Was meint ihr, haben alle drei denselben Anteil an dem Schatz erhalten?

4 Dezimalzahlen

In vielen Sportarten geht es darum, schneller zu sein als die Konkurrenz. Während bei einem über 42 Kilometer langen Marathon die Zeitmessung in Stunden, Minuten und Sekunden genügt, benötigt man bei kürzeren Laufdistanzen eine feinere Unterteilung, um den Sieger zu ermitteln.
Häufig entscheiden dann Bruchteile von Sekunden darüber, wer eine Medaille mit nach Hause nimmt und wer das Nachsehen hat.
Diese Sekundenbruchteile werden je nach Sportart in Zehntel-, Hundertstel oder sogar Tausendstelsekunden angegeben. Auf einer Stoppuhr wird dies als Dezimalzahl angezeigt.

4.1

Dezimalzahlen

1 „Kommazahlen“ – Dezimalzahlen

Im Alltag begegnen dir Längenangaben häufig als Kommazahlen: Ein Haus ist 15,6 m breit, die Länge eines Autos ist mit 4,391 m angegeben, ein Nichtschwimmerbecken ist 0,95 m tief.

Hinweis:
8,52 m
= 8 m + 5 dm + 2 cm

a) Gib die Längen in Meter, Dezimeter, Zentimeter und Millimeter an.

b) Die Vorsilbe „Dezi“ bedeutet $\frac{1}{10}$.
Was bedeuten die Vorsilben „Zenti“ und „Milli“?

c) Übertrage die Tabelle in dein Heft und fülle sie vollständig aus.

		m	**dm**	**cm**	**mm**
	Zehner	**Einer**	**Zehntel**	**Hundertstel**	**Tausendstel**
15,6 m	1	5	6		
4,391 m					
0,95 m					

2 Stellenwerttabelle und Kommazahlen

Die Ziffern in einer Zahl haben einen verschiedenen Wert, je nachdem, an welcher Stelle sie stehen.

a) Welchen „Wert“ hat die Ziffer 3 in den folgenden Zahlen 3405; 834; 93?

b) Was könnte die Zahl 482,75 bedeuten?

· 10   · 10   : 10   : 10

■		Zehner		Einer	,	Zehntel		Hundertstel
4		8		2	,	7		5
400	+	80	+	2	+	$\frac{7}{10}$	+	$\frac{5}{100}$

Welcher gemischten Zahl entspricht die Zahl 482,75?

c) Übertrage die Stellenwerttabelle in dein Heft und ergänze sie so, dass du auch die Zahl 5,384 als gemischte Zahl darstellen kannst.

3 Zeitmessung beim Rodeln

Die Zieleinläufe beim Rodeln sind häufig so knapp, dass die Zeiten in Tausendstel Sekunden gemessen werden.
Die Medaillen bei Olympischen Spielen werden nach vier Läufen vergeben. In der Tabelle sind die Zeiten der ersten 5 Rodler bei den Olympischen Spielen in Pyeong Chang in Korea 2018 in Sekunden notiert.

			1. Lauf	2. Lauf	nach 4 Läufen
1	David Gleirscher	Österreich	47,652	47,835	3:10,702
2	Christopher Mazdzer	Vereinigte Staaten	47,800	47,717	3:10,728
3	Johannes Ludwig	Deutschland	47,764	47,940	3:10,932
4	Dominik Fischnaller	Italien	47,930	47,967	3:10,934
5	Felix Loch	Deutschland	47,674	47,625	3:10,968

a) Wer lag auf den Plätzen 1 bis 4 nach dem ersten Lauf? Wer war der Zeitschnellste im 2. Lauf?

b) Wie groß waren die Zeitabstände zwischen den Platzierten nach vier Läufen?

Basiswissen

WES-125661-026

Eine Dezimalzahl ist eine Zahl mit Komma. Man spricht von Stellen vor dem Komma (**Vorkommastellen**) und nach dem Komma (**Nachkommastellen**).

Dezimalzahlen und Stellenwerttabelle

Welchen Wert haben die Ziffern in der Zahl 8,251? Mit einer **Stellenwerttabelle** lässt sich dies beantworten.

· 10 ← · 10 ← | : 10 → : 10 → : 10 →

100 Hunderter	10 Zehner	1 Einer,	$0{,}1 = \frac{1}{10}$ Zehntel	$0{,}01 = \frac{1}{100}$ Hundertstel	$0{,}001 = \frac{1}{1000}$ Tausendstel
		8,	2	5	1

$8{,}251 = 8 + \frac{2}{10} + \frac{5}{100} + \frac{1}{1000} = 8\frac{251}{1000}$

Dezimalzahlen auf dem Zahlenstrahl

Wo liegen 0,3 und 1,8 auf dem Zahlenstrahl? Der Zahlenstrahl zwischen 0 und 1 sowie 1 und 2 wird in 10 gleich große Teile eingeteilt. Jeder Teil stellt 0,1 bzw. $\frac{1}{10}$ dar.

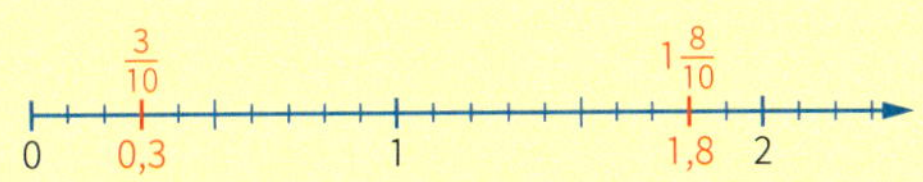

Wo liegen 0,07 und 0,17 auf dem Zahlenstrahl? Der Zahlenstrahl zwischen 0 und 0,1 sowie 0,1 und 0,2 wird in 10 gleich große Teile eingeteilt. Jeder Teil stellt 0,01 bzw. $\frac{1}{100}$ dar.

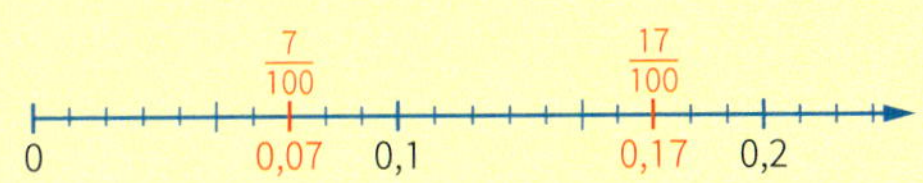

Beispiele

A Dezimalzahlen auf dem Zahlenstrahl

Welche Dezimalzahlen sind auf dem Zahlenstrahl markiert?

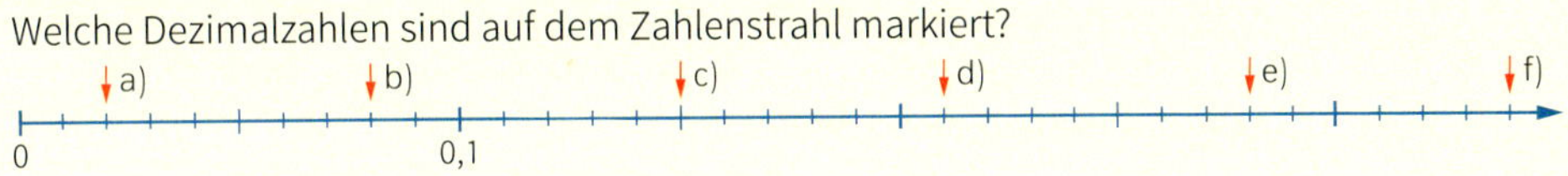

Lösung:

a) 0,02 b) 0,08 c) 0,15 d) 0,21 e) 0,28 f) 0,34

B Dezimalzahlen als gemischte Zahl

Stelle die Dezimalzahlen als gemischte Zahl dar. Verwende eine Stellenwerttabelle.

a) 12,70 b) 8,003

Lösung:

a)

Z	E,	z	h
1	2,	7	0

$12{,}70 = 10 + 2 + \frac{7}{10} + \frac{0}{100} = 12\frac{7}{10}$

b)

E,	z	h	t
8,	0	0	3

$8{,}003 = 8 + \frac{0}{10} + \frac{0}{100} + \frac{3}{1000} = 8\frac{3}{1000}$

Übungen

4 Orientierung auf dem Zahlenstrahl

Orientiere dich auf dem Zahlenstrahl. Beachte die Bedeutung der Teilstriche. Welche Dezimalzahlen sind markiert?

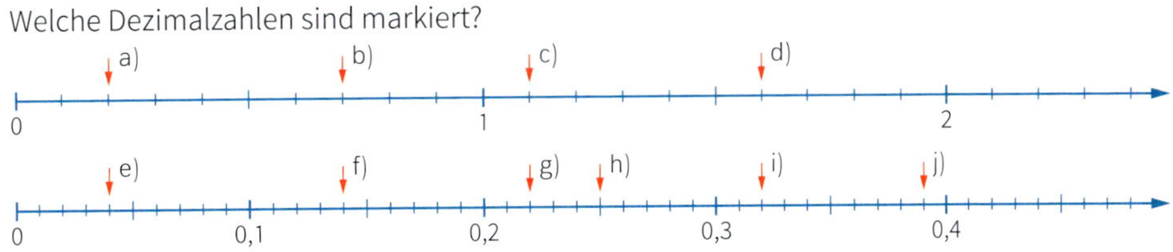

5 **Dezimalzahlen auf dem Zahlenstrahl**

Zeichne einen Zahlenstrahl in dein Heft (10 Kästchen entsprechen 1). Trage die Dezimalzahlen auf dem Zahlenstrahl ein.

a) 0,5 b) 0,2 c) 0,7 d) 1,75 e) 1,05 f) 1,4

6 **Körpergrößen ablesen**

Familie Sperlich misst regelmäßig ihre Körpergröße. Der kleine Lennhart ist 0,98 m groß. Wie groß sind Herr und Frau Sperlich sowie die Kinder Julian und Benedikt?

7 **Stellenwerte in Dezimalzahlen**

Welchen Stellenwert hat die Ziffer 3 in den Dezimalzahlen?

a) 5,31 b) 0,23 c) 30,5
d) 6,153 e) 0,03 f) 351,8

8 **Wo muss das Komma hin?**

Setze das Komma so, dass die gekennzeichnete Ziffer den angegebenen Stellenwert hat.

a) 41**2**6 ↑ Zehntel
b) 102**5** ↑ Hundertstel
c) 48**9**65 ↑ Zehner
d) 305**0**6 ↑ Tausendstel

9 **Von der Dezimalzahl zum Bruch**

Wandle die Dezimalzahlen in einen Bruch um. Die Stellenwerttabelle ist dabei eine gute Hilfe.

…	Z	E ,	z	h	t	…	
		0 ,	8	5			$\rightarrow \frac{85}{100} = \frac{17}{20}$
		2 ,	6	2	5		$\rightarrow \frac{2625}{1000} = \frac{21}{8}$

0,7; 0,72; 0,725; 1,53; 1,03; 2,035; 0,05; 2,001; 1,125

Kürze soweit wie möglich.

10 **Mit Dezimalzahlen schreiben**

a) $2\frac{4}{10}$ b) $3\frac{4}{100}$ c) $3\frac{502}{1000}$ d) $1\frac{11}{1000}$ e) $\frac{25}{100}$

11 **Die Hundertstel angeben**

Gib die Ziffer an der Hundertstelstelle an.

a) 1,234567 b) 123,4567 c) 12 345,67 d) 12,34567 e) 123 456,7

12 **Anteile**

a) Wie viel Zehntel sind ein Einer?
b) Wie viel Hundertstel sind ein Zehner?
c) Wie viel Tausendstel sind ein Zehntel?
d) Wie viel Zehntel sind ein Zehner?

13 **Dezimalzahlen bei Größen**

Schreibe in der nächstgrößeren Einheit. Benutze Dezimalzahlen.

a) 530 g b) 4 mm c) 50 cm³ d) 5 ct e) 705 dm²

14 **Größen mit und ohne Komma**

a) Schreibe die Größen ohne Komma.

a) 4,3 m b) 4,35 m c) 4,005 m d) 8,250 kg e) 4,50 a

b) Schreibe in der nächstgrößeren Einheit.

a) 2 cm b) 35 g c) 3,1 mm² d) 732 dm² e) 270 ml

WES-125661-027

15 I Dezimalzahlen ordnen

a) Ordne der Größe nach.
Beginne mit der größten Zahl:
8,235; 8,352; 8,350; 8,5; 8,325

b) Ordne der Größe nach.
Beginne mit der kleinsten Zahl:
1,2; 0,9; 2; 1,8; 1,5; 1,1

16 II Weitere Dezimalzahlen ordnen

0,9	0,06	0,6	0,35	0,475
0,85	0,45	0,3	1	0,99

Dezimalzahlen vergleichen

- Vorkommastellen vergleichen
- Nachkommastellen vergleichen, indem man solange von links nach rechts wandert, bis sich ein Stellenwert unterscheidet. Diese Stelle entscheidet, welche Zahl größer ist.

Beispiel: 24,36578
24,36497

Weil $5 > 4$, ist $24{,}36578 > 24{,}36497$.

17 II Dezimalzahlen finden

Finde fünf Dezimalzahlen, die größer als 4,3 und kleiner als 4,4 sind. Wie viele dieser Zahlen gibt es deiner Meinung nach?

18 II Wechselgeld

Du musst bezahlen und zahlst mit einem Geldschein. Wie viel Geld erhältst du zurück?

a) 8,73 €

b) 37,42 €

c) 86,77 €

19 II Uhrzeit und Zeitspannen

a) Die Uhr zeigt 11.59 Uhr, also eine Minute vor 12 Uhr. Handelt es sich bei der Uhrzeit 11.59 Uhr um eine Dezimalzahl? Begründe deine Entscheidung.

b) Wie viel Minuten sind:
$2\frac{1}{2}$ h; $1\frac{1}{4}$ h; $3\frac{3}{4}$ h; 0:58 h; 1:32 h; 1,5 h; 2,25 h; 0,75 h; 2 h 17 min
Kannst du begründen, warum man 0,75 h im Alltag nicht als Zeitspanne verwendet?

WES-125661-028

20 I Runden

Runde die Zahlen auf Zehntel.

a) 4,45 b) 8,09 c) 32,16
d) 0,99 e) 0,06 f) 0,95

21 II Dezimalzahlen runden

a) Runde auf Zehntel: 2,84; 7,15; 3,249; 18,317; 7,191; 2,96

b) Runde auf Hundertstel: 18,207; 13,142; 15,296; 1,402; 2,375; 7,816

c) Runde auf Einer: 18,37; 26,91; 2,88; 17,19; 22,03; 2,50

Dezimalzahlen runden

Die Zahl 4,148 soll auf Zehntel gerundet werden.

Einer,	Zehntel	Hundertstel	Tausendstel
4,	1	4	8

Rundungsstelle

Ist die Ziffer nach der Rundungsstelle kleiner als 5, so wird abgerundet, sonst aufgerundet.

$4{,}148 \approx 4{,}1$

22 II In der Arztpraxis

Auf einem modernen Fieberthermometer wird die Temperatur mit zwei Stellen nach dem Komma angegeben. Der Arzt notiert die Werte aber immer gerundet auf die Zehntelstelle, weil die Hundertstel für ihn uninteressant sind.
Wie notiert der Arzt die Messwerte?

a) 37,38 °C b) 39,14 °C c) 36,97 °C d) 39,38 °C e) 40,09 °C

Was hilft?
Trage die Dezimalzahl 0,65 in eine Stellenwerttabelle ein.

23 II Viele Antworten auf eine Frage

Jasmin fragt die Kinder ihrer Klasse, was die Dezimalzahl 0,65 bedeutet.
Sie erhält verschiedene Antworten. Welche sind richtig?

Ole:
„Das sind 6 Zehntel plus 5 Hundertstel."

Mareike:
„0,65 sind 65 Hundertstel."

Julia:
„Es sind 6 Einer und 5 Zehntel."

Marcel:
„Es sind 6 Zehntel plus 50 Tausendstel."

24 II Wir bauen Nullen an und ein

Max:
*„4,19 ist größer als 4,2.
19 ist doch größer als 2."*

Neele:
„Wenn man an eine Zahl Nullen anhängt, wird die Zahl immer größer."

Jan:
„Man kann Nullen anhängen und die Zahl bleibt genauso groß."

Nina:
„Kann man Nullen so in eine Zahl einbauen, dass sie kleiner wird?"

Was meinst du zu den Aussagen von Max, Neele und Jan? Was antwortest du Nina?

Exkurs

Kleine Zahlen und Dezimalzahlen

Schnelle Computer können eine Million Zahlen in 0,000 001 Sekunden addieren. Um so kleine Maßzahlen besser lesen zu können, verwenden Wissenschaftler kleine Maßeinheiten. Kleine Maßeinheiten werden durch Vorsilben gekennzeichnet, z. B. „Milli", „Mikro", „Nano".

1 Mikrosekunde ist eine millionstel Sekunde. $0{,}000\,001\text{ s} = \frac{1}{1\,000\,000}\text{ s} = 1\text{ µs}$

Du kennst bereits einige kleine Maßeinheiten:

1 Milligramm	= 1 mg	= 0,001 g	$= \frac{1}{1000}$ g	1 Mikrogramm	= 1 µg	= 0,000 001 g	$= \frac{1}{1\,000\,000}$ g
1 Millimeter	= 1 mm	= 0,001 m	$= \frac{1}{1000}$ m	1 Mikrometer	= 1 µm	= 0,000 001 m	$= \frac{1}{1\,000\,000}$ m
1 Milliliter	= 1 ml	= 0,001 l	$= \frac{1}{1000}$ l	1 Mikroliter	= 1 µl	= 0,000 001 l	$= \frac{1}{1\,000\,000}$ l
1 Millisekunde	= 1 ms	= 0,001 s	$= \frac{1}{1000}$ s	1 Mikrosekunde	= 1 µs	= 0,000 001 s	$= \frac{1}{1\,000\,000}$ s

25 II Kleine Einheiten

Schreibe als Dezimalzahl in der angegebenen Einheit.

a) 17 mm in m b) 4530 mg in g c) 750 ml in l d) 5 ms in s e) 25 µs in s

26 III Nanoteilchen

Vielleicht hast du schon einmal von Nanoteilchen gehört. Ein Nanoteilchen hat die Größe von 1 bis 100 Nanometer (nm). Ein Nanometer ist ein Milliardstel von einem Meter.

1 Nanometer = 1 nm = $0{,}000\,000\,001\text{ m} = \frac{1}{1\,000\,000\,000}\text{ m}$

a) Schreibe die Größe des größten Nanoteilchens als Dezimalzahl in der Einheit Meter.
b) Gib 100 nm in Millimeter an.

Grundwissen
zum Wiederholen

1 Wie viele Seitenflächen und wie viele Kanten hat ein Quader?

2 Passt ein Liter Wasser in einen quaderförmigen Container mit einer Länge von 4 cm, einer Breite von 5 cm und einer Höhe von 6 cm?

3 Schreibe die ersten fünf Quadratzahlen auf.

4.2 Addieren und Subtrahieren

1 Am Flughafen

Lea und Tim packen ihren Urlaubskoffer. Ihr Koffer darf am Flughafen maximal 23 kg schwer sein, da sie sonst für Übergewicht zuzahlen müssen. Ihren gepackten Koffer stellen sie auf eine Personenwaage: „So ist der Koffer zu schwer".
Nun wiegen die beiden alle Sachen aus und müssen einige Dinge zurücklassen. Welche Gegenstände sollten zu Hause bleiben? Wie schwer ist ihr Koffer dann?

Packliste für den Urlaub

Koffer	*2,3 kg*	*Waschzeug*	*1,9 kg*	*Sportschuhe (3 Paar)*	*3,6 kg*
Leas Jeans (2)	*1,4 kg*	*Tims Jeans (2)*	*1,4 kg*	*Sportbekleidung*	*3,2 kg*
Leas Bekleidung	*4,8 kg*	*Tims Bekleidung*	*3,9 kg*		
Bücher	*2,4 kg*				

2 Im Supermarkt

Bevor du den Supermarkt verlässt, musst du an der Kasse deine Einkäufe bezahlen. Um sicherzustellen, ob dein Geld reicht, kannst du zuvor einen Überschlag machen.

Damit kannst du auch eventuelle Fehler „entlarven".

a) Überschlage schnell die Summe der Preise der eingekauften Artikel.

b) Nach dem Einkauf willst du den Kassenbon genauer überprüfen. Der Kassenbon ist an einer wichtigen Stelle leider unlesbar geworden. Zum Glück stehen die Zahlen aber untereinander.
Mit welchem Geldschein wurde bezahlt? Rechne zur Sicherheit noch einmal genau nach. Wie gut war deine Überschlagsrechnung?

SUPER MARKT

Kasse 3	
Artikel 1	0,98
Artikel 2	1,38
Artikel 3	3,45
Artikel 4	0,99
Artikel 5	7,49
Artikel 6	2,95
Summe	
Bar	
Rückgeld	2,76

3 Eine Klassenkasse

Anja führt in ihrer Klasse die Klassenkasse. Sie notiert in einem Heft alle Einnahmen und Ausgaben. Anfang März zählt sie das Geld in der Klassenkasse. Es sind 21,55 €. Stimmt die Klassenkasse? Überschlage zunächst das Ergebnis mit gerundeten Zahlen.

Klassenkasse 5a	Anf. Febr. 42,20 € Ausgaben	Einnahmen
03.02. Geld einsammeln		25 €
12.02. Getränke für das Klassenfest	23,70 €	
Rückgabe der Kästen		6,50 €
18.02. Buch für Jutta	16,25 €	
24.02. Blumenstrauß	12,20 €	

Basiswissen

WES-125661-029

Das schriftliches Addieren und Subtrahieren von Dezimalzahlen wird in der gleichen Weise wie bei natürlichen Zahlen durchgeführt, man muss nur auf das Komma achten.

Addieren von Dezimalzahlen

Die Summanden so untereinander schreiben, dass Komma unter Komma steht. Dann wie bei natürlichen Zahlen stellenweise addieren.

27,46 + 16,71 + 9,04

	2	7,	4	6	Summand
+	1	6,	7	1	Summand
+		9,	0	4	Summand
	2	1	1		
	5	3,	2	1	Summe

Subtrahieren von Dezimalzahlen

Den Minuenden und den Subtrahenden so untereinander schreiben, dass Komma unter Komma steht. Dann wie bei natürlichen Zahlen stellenweise subtrahieren.

73,29 – 27,95

	7	3,	2	9	Minuend
–	2	7,	9	5	Subtrahend
	1	1			
	4	5,	3	4	Differenz

Mit einer **Überschlagsrechnung** kann man überprüfen, ob das Ergebnis der Rechnung stimmen kann.

Überschlag: 27,46 + 16,71 + 9,04
27 + 17 + 9 = 53

Überschlag: 73,29 – 27,95
73 – 28 = 45

Beim **Addieren** ermöglichen Rechengesetze geschicktes Rechnen.

Kommutativgesetz

Beim Addieren darf man die Reihenfolge der Summanden vertauschen.

a + b = b + a

Assoziativgesetz

Beim Addieren darf man die Reihenfolge, in der man rechnet, frei festlegen.

a + b + c = a + (b + c)

Beim Subtrahieren gelten die Gesetze nicht.

Beispiele

A Zahlen addieren

Berechne die Summe 1,57 + 1,318 + 0,4 + 0,9167.
Ergänze, wenn nötig, Nullen.

Lösung:
Bei unterschiedlichen Anzahlen von Nachkommastellen ist das richtige Untereinanderschreiben besonders wichtig.

	1,	5	7	0	0
+	1,	3	1	8	0
+	0,	4	0	0	0
+	0,	9	1	6	7
	2	1	1		
	4,	2	0	4	7

B Reicht das Geld?

Moira hat 7,30 € mit in die Schule gebracht. In der Pause will sie im Schulkiosk ein belegtes Brötchen für 1,25 €, ein Getränk für 1,10 € und einen Müsliriegel für 75 ct kaufen. Plötzlich fällt ihr ein, dass sie in der nächsten Stunde noch 4 € für den Ausflug bezahlen muss.

Lösung:
Moira überschlägt 7 – 1 – 1 – 1 = 4. Das könnte knapp werden. Sie macht eine genaue Rechnung. Das Geld reicht gerade aus.

	7,	3	0
–	1,	2	5
–	1,	1	0
–	0,	7	5
	1	1	
	4,	2	0

Subtrahenden addieren, dann vom Minuend subtrahieren

Strategie beim Überschlagen: „Mal etwas mehr, mal etwas weniger"

Übungen

4 I Addieren im Kopf

a) 0,4 + 0,3 b) 0,5 + 0,7 c) 0,33 + 0,22 d) 1,2 + 0,5
e) 2,5 + 0,8 f) 9,2 + 0,8 g) 3,25 + 0,75 h) 19,8 + 0,05

5 I Schriftlich addieren

Schreibe die Ziffern richtig untereinander, ergänze wenn nötig Nullen und addiere.

a) 21,8 + 5,29 + 3,07 b) 8,454 + 80,4 + 2,05 c) 77,4 + 13,53 + 32,75 + 12
d) 65 + 185,5 + 0,28 + 0,92 e) 0,007 + 1,94 + 0,083 + 2,1 f) 22,222 + 2,2222 + 222,22

6 II Trainieren

Mache zuerst einen Überschlag und rechne dann genau.

a) 17,32 + 24,16 + 2,05 + 6,3 b) 5,28 + 6,77 + 4,03 + 13 c) 7,05 + 4,69 + 1,23 + 1,94
d) 21,429 + 3,001 + 421,05 e) 8,33 + 12,91 + 0,25 + 2,035 f) 0,6 + 1,72 + 3,125 + 9,804

7 II Einkauf

Berechne jeweils den Endbetrag. Wie viel Wechselgeld erhält man, wenn man mit einem 50 €-Schein bezahlt?

8 I Subtrahieren im Kopf

a) 0,9 – 0,5 b) 2,4 – 0,7 c) 4,8 – 2,3 d) 0,55 – 0,33
e) 10,5 – 0,9 f) 12,3 – 4,8 g) 0,05 – 0,03 h) 0,5 – 0,05

9 II Schriftlich subtrahieren

Mache zuerst einen Überschlag und rechne dann genau. Ergänze, wenn nötig, Nullen.

a) 19,25 – 2,03 – 12,44 – 1,4 b) 423,6 – 156,8 – 25,9 – 33,1
c) 50 – 21,92 – 12,84 – 1,09 d) 3,275 – 0,089 – 1,22 – 1,033

10 II Kopfrechnen

Rechne im Kopf möglichst schnell und geschickt. Wenn du es in drei Minuten schaffst, liegst du ganz gut in der Zeit.

a) 1,4 + 1,6 b) 25,3 + 4,7 c) 16,34 – 2,14 d) 2,6 + 1,0 e) 7,2 – 1,4
f) 1,30 – 0,01 g) 5,6 – 1,3 h) 5,5 + 4,5 i) 1000 – 1,1 j) 2,9 + 1,9

11 II Rechnen mit Klammern

Berechne die Klammern zuerst.

a) 41,305 – (10,43 + 18,055) b) 3,64 – 1,28 – 0,45 c) 3,64 – (1,28 – 0,45)
d) 72 – (72,05 – 36,99) e) 330,04 – (60 + 43,85) f) 34,06 + 45,34 – 34,06

12 II Rechenvorteile nutzen

Verwende Kommutativ- und Assoziativgesetz zum geschickten Rechnen.

a) 32,05 + 50,5 + 7,95 b) 40,038 + 36,49 + 73,51 c) 38,5 + 49,8 + 61,5 + 10,2

13 II **Lücken füllen**

Berechne die fehlenden Zahlen und Größen.

a) 6,4 + ▢ = 9,6 b) 23,45 − ▢ = 9,9 c) 2,7 kg + ▢ = 6,1 kg
d) 2,65 € − ▢ = 0,93 € e) ▢ + 5,7 = 10,1 f) ▢ − 1,2 = 18,9
g) ▢ − 3,7 l = 15,8 l h) ▢ − 1,2 s = 10,2 s i) 14,2 − ▢ = 7,7

14 II **Zahlenkartenpaare**

Suche Zahlenkartenpaare, deren Summe eine natürliche Zahl ergibt.
Welche Karte kann nicht benutzt werden?
Beispiel: 1,65 + 0,35 = 2

4,9501 | 0,098 | 0,35 | 5,875 | 0,125 | 1,65 | 0,0499 | 0,525 | 0,902 | 0,65

15 II **Additionsmauer**

Zeichne das Muster und die Zahlen in dein Heft. Die Summe der Zahlen zweier benachbarter Mauersteine steht auf dem darüber liegenden Stein.

a) II

150
▢ | ▢
▢ | ▢ | ▢
▢ | ▢ | ▢ | ▢
31,40 | 0,94 | 12,04 | 3,25 | 29,6

b) III

121
▢ | ▢
▢ | ▢ | ▢
32,34 | ▢ | ▢ | 35,74
31,28 | ▢ | 0,84 | ▢ | 20,84

16 II **Rechenausdrücke**

Schreibe die zugehörigen Rechenausdrücke auf, bevor du rechnest.

a) Um wie viel ist die Summe der Zahlen 23,86 und 8,045 größer als deren Differenz?
b) Subtrahiere von 304,05 die Summe der Zahlen 195 und 85,34.
c) Addiere zur Differenz von 12,05 und 4,38 die Summe von 0,9 und 8,99.
d) Berechne den Umfang eines Rechtecks mit der Länge 4,3 m und der Breite 10,5 m.

17 III **Umsätze von Verkäufern mit Tabellenkalkulation berechnen**

Mithilfe einer Tabellenkalkulation werden im Kaufhaus *WERTKAUF* die Umsätze von vier Verkäufern alle zwei Stunden notiert.

Umsatz am Donnerstag in der Abteilung Sport

	Jürgen	Heiner	Oskar	Pit
9 – 11	159,78	180,50	110,34	134,78
11 – 13	180,05	149,02	95,65	178,99
13 – 15	174,79	83,70	175,98	156,81
15 – 17	176,84	143,45	220,90	170,34
17 – 19	166,53	148,99	132,48	162,98

a) Stelle die Tabelle mit einer Tabellenkalkulation dar.
b) Was muss man berechnen, wenn man herausfinden will, in welchem Zeitraum (2-Stunden-Takt) der Gesamtumsatz am größten war?
Berechne die notwendigen Werte mit der Tabellenkalkulation.
c) Welcher Verkäufer hat an dem Tag den größten Umsatz erzielt?
Auch hier kann die Tabellenkalkulation helfen.
d) Welcher Gesamtumsatz wurde in der Abteilung erzielt?

Grundwissen
zum Wiederholen

1 Schreibe im Zehnersystem. a) XI b) IX c) VIII d) MMXX

2 Ein Zug fährt in Stuttgart um 15.12 Uhr ab und kommt in Dortmund um 20.07 Uhr an. Wie lange dauert die Zugfahrt?

3 Zeichne eine Gerade g. Markiere auf der Geraden g einen Punkt P. Zeichne die Senkrechte zu der Geraden g durch den Punkt P. Beschreibe, wie du vorgegangen bist.

+

18 II **Radtour**

Der Tacho zeigte zu Beginn einer dreitägigen Radtour 1150,45 km an. Am ersten Tag wurden 75,36 km zurückgelegt. Der Tachostand am Abend des zweiten Tages betrug 1286,80 km. Insgesamt wurden an den drei Tagen 217,31 km gefahren.

a) Wie viele Kilometer wurden am dritten Tag zurückgelegt?

b) Wie hoch war der Tachostand am Ende der Tour?

19 II **Maschendrahtzaun**

Familie Witt will ihr rechteckiges Grundstück (35,50 m lang und 27,75 m breit) mit Draht einzäunen. An einer Seite wird der Zaun durch eine 3,60 m breite Einfahrt unterbrochen. In der Garage steht noch eine 125 m lange Maschendrahtrolle. Reicht diese Rolle für das Vorhaben?

20 III **Zielschießen**

Wer kommt am nächsten an die 5?
Wähle aus der Zahlenkiste drei Zahlen.
Erlaubt sind Addieren und Subtrahieren.

Christin: 1,77 + 2,53 + 0,92 = □

Björn: 5,47 − 3,21 + 2,89 = □

a) Wer hat besser „gezielt“?

b) Suche selbst drei Zahlen aus. Versuche, noch näher als Christin und Björn an die 5 zu kommen.

21 II **Kölnmarathon**

Herr Krause möchte trotz seines Gewichtes von 96,8 kg am Köln-Marathon teilnehmen. Durch intensives Lauftraining nimmt er Woche für Woche ab. Jeden Montag stellt er sich auf seine Waage und trägt seine Gewichtsabnahme im Vergleich zur Vorwoche in ein Diagramm ein.
Bestimme sein Gewicht nach 7 Wochen.
Wie viel hat Herr Krause insgesamt abgenommen?

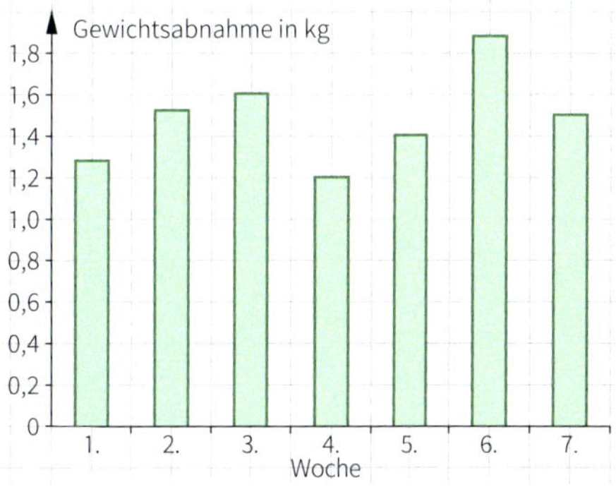

22 III **Berechne die fehlenden Werte**

Übertrage die Tabelle in dein Heft und ergänze die fehlenden Werte. Du hast richtig gerechnet, wenn die Summen waagerecht und senkrecht jeweils 831,267 ergeben.

+	32,64	8,089	□	Summe
45,6	□	□	72,85	□
□	□	93,099	□	□
□	□	□	105,75	□
Summe	□	□	□	831,267

23 II **Kleine Differenzen würfeln**

Spiele mit einem Nachbarn. Notiere die Rechnungen in dein Heft.

Spielregel: Jeder würfelt sechsmal. Nach jedem Wurf schreibt man die gewürfelte Zahl in ein freies Kästchen. Wer die kleinste Differenz hat, gewinnt.
Wer seine Differenz nicht bestimmen kann, hat sofort verloren.

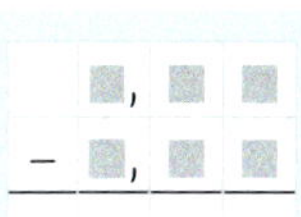

4.3 Dezimalzahlen multiplizieren

1 „Haarklein"

Willst du dir etwas so Feines wie ein Haar genauer ansehen, so benutzt du eine Lupe oder ein Mikroskop. Unter einem Mikroskop mit 100-facher Vergrößerung erscheint dünnes Haar mit einer Dicke von 2–4 mm.

a) Wie dick erscheint es unter einer Lupe mit 1000-facher Vergrößerung?

b) Klara hat dicke Haare (0,085 mm). Wie dick erscheint ein Haar von ihr unter einer Lupe mit 20-facher Vergrößerung?

c) Saschas Haartyp hat normale Dicke. Es erscheint bei 100-facher Vergrößerung mit einer Dicke von 6,4 mm. Wie dick ist sein Haar?

Haartyp	Dicke
dünnes Haar	0,02 – 0,04 mm
normales Haar	0,05 – 0,07 mm
dickes Haar	> 0,07 mm

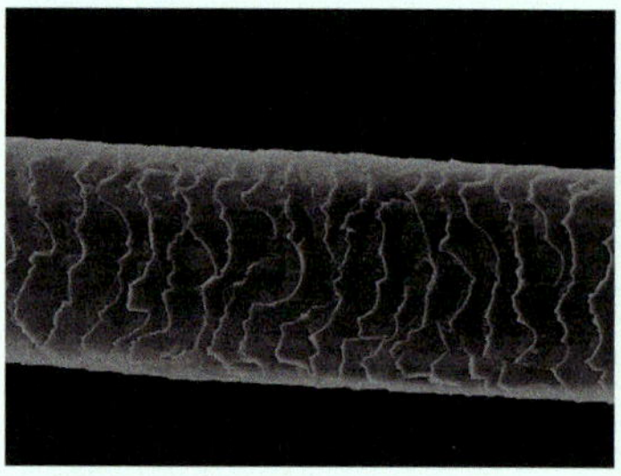

Haar unter einem Mikroskop

2 Auf drei Wegen zum Ziel

Hanna, Petra und Sven wollen für den Aufbau ihrer Modelleisenbahn eine rechteckige Holzplatte kaufen. Damit die Platte genau in die Ecke des Kellerraumes passt, muss sie 1,47 m breit und 1,6 m lang sein. Ein Quadratmeter der Holzplatte kostet 10 €.
Den Flächeninhalt einer rechteckigen Platte berechnet man mit der Formel:
Flächeninhalt A = Länge a · Breite b

Hanna multipliziert die beiden Dezimalzahlen ohne Komma.
147 · 16 = 2352
Aber wo steht das Komma?
Hanna macht einen Überschlag: Da beide Seiten weniger als 2 m lang sind, muss der Flächeninhalt kleiner als 4 m² sein. Also ist die Platte 2,352 m² groß.

Petra und Sven kommen auf andere Weise zu dem gleichen Ergebnis.

a) Wie hat Petra gerechnet, wie Sven? Erkläre die beiden Verfahren.

b) Wie teuer ist die Holzplatte? Mache einen Überschlag und berechne dann genau.

c) Berechne den Preis einer größeren Platte (Breite 2,71 m, Länge 3,2 m).

Petra:
$1{,}47\,m \cdot 1{,}6\,m$
$= 147\,cm \cdot 160\,cm$
$= 23\,520\,cm^2$
$= 235{,}2\,dm^2$
$= 2{,}352\,m^2$

Sven:
$1{,}47\,m \cdot 1{,}6\,m$
$= \frac{147}{100}m \cdot \frac{16}{10}m$
$= \frac{2352}{1000}m^2$
$= 2{,}352\,m^2$

3 Multiplikation – wo steht das Komma?

①	②	③
345 · 12	345 · 12	345 · 12
34,5 · 12	345 · 1,2	34,5 · 1,2
3,45 · 12	345 · 0,12	3,45 · 0,12
0,345 · 12	345 · 0,012	0,345 · 0,012

a) Berechne die Produkte. Ein Überschlag kann beim Kommasetzen helfen.

b) Untersuche, wie die Anzahl der Nachkommastellen der Faktoren mit der Anzahl der Nachkommastellen des Produktes zusammenhängt.

Basiswissen

WES-125661-030

Die Multiplikation von Dezimalzahlen wird in der gleichen Weise wie bei natürlichen Zahlen durchgeführt, man muss nur eine zusätzliche Regel zum Setzen des Kommas beachten.

Multiplizieren von Dezimalzahlen

1. Die Zahlen ohne Berücksichtigung des Kommas multiplizieren.
2. Im Ergebnis das Komma so setzen, dass es so viele Nachkommastellen hat wie die beiden Faktoren zusammen.

$5{,}1 \cdot 4{,}85$

1 Nachkommastelle 2 Nachkommastellen

5,	1	·	4,	8	5
	2	0	4		
		4	0	8	
			2	5	5
			1		
	2	4,	7	3	5

3 Nachkommastellen

Überschlag: $5{,}1 \cdot 4{,}85 \rightarrow 5 \cdot 5 = 25$

Vorfahrtsregeln

- Von links nach rechts rechnen
- Punkt- vor Strichrechnung
- Klammern zuerst

Rechengesetze

- Kommutativgesetz $a \cdot b = b \cdot a$
- Assoziativgesetz $a \cdot b \cdot c = a \cdot (b \cdot c)$
- Distributivgesetz $(a + b) \cdot c = a \cdot c + b \cdot c$

Beispiele

A Vorsicht bei Nullen 1

Berechne. Mach zuerst eine Überschlagsrechnung.

a) $21{,}45 \cdot 100$ b) $21{,}45 \cdot 0{,}01$

Lösung:

a) Überschlag: $20 \cdot 100 = 2000$

2 Nachkommastellen 0 Nachkommastellen

2	1,	4	5	·	1	0	0
		2	1	4	5,	0	0

2 Nachkommastellen

b) $20 \cdot \frac{1}{100} = \frac{20}{100} = \frac{2}{10} = 0{,}2$

2 Nachkommastellen 2 Nachkommastellen

2	1,	4	5	·	0,	0	1
			0,	2	1	4	5

4 Nachkommastellen

B Vorsicht bei Nullen 2

Berechne $4{,}8 \cdot 5{,}05$

Lösung:

Überschlag $5 \cdot 5 = 25$

4,	8	·	5,	0	5
	2	4	0		
			0	0	
			2	4	0
	2	4,	2	4	0

Übungen

4 Dezimalzahlen multiplizieren

Führe zunächst eine Überschlagsrechnung durch. Rechne danach schriftlich.

a) $3{,}8 \cdot 3$ $7{,}2 \cdot 1{,}3$ $5{,}23 \cdot 0{,}5$
b) $4{,}7 \cdot 4$ $4{,}8 \cdot 4{,}2$ $12{,}3 \cdot 0{,}47$
c) $5 \cdot 9{,}1$ $6{,}2 \cdot 2{,}7$ $4{,}17 \cdot 0{,}75$
d) $8 \cdot 8{,}2$ $7{,}2 \cdot 1{,}1$ $3{,}98 \cdot 0{,}25$

5 Multiplikationstabelle

a)

·	1,2	4	0,7
5,4			
0,3			

b)

·	1,02	2,81	0,07
3,2			
0,3			

6 Kopfrechnen

a) $0{,}9 \cdot 60$ b) $400 \cdot 0{,}7$ c) $400 \cdot 0{,}07$ d) $1{,}2 \cdot 1{,}2$
e) $100 \cdot 0{,}02$ f) $20 \cdot 0{,}2$ g) $34 \cdot 0{,}5$ h) $140 \cdot 0{,}5$

7 II **Multiplikationen mit Zehnerpotenzen**

Berechne, fällt dir etwas auf?

a)	b)	c)	d)
$2{,}58 \cdot 10$	$14{,}05 \cdot 10$	$2540 \cdot 0{,}1$	$23{,}755 \cdot 100$
$2{,}58 \cdot 100$	$14{,}05 \cdot 100$	$2540 \cdot 0{,}01$	$23{,}755 \cdot 0{,}01$
$2{,}58 \cdot 0{,}1$	$14{,}05 \cdot 1000$	$2540 \cdot 0{,}001$	$23{,}755 \cdot 10\,000$

Formuliere eine Regel, wie man eine Dezimalzahl mit Zehnerpotenzen sowie mit 0,1; mit 0,01 usw. multipliziert.

WES-125661-031

Zehnerpotenzen
$10^1 = 10$
$10^2 = 100$
$10^3 = 1000$

Dezimalzahlen mit Zehnerpotenzen multiplizieren

Besonders einfach lassen sich Dezimalzahlen mit 10; 100; 1000; … oder mit 0,1; 0,01; 0,001; … multiplizieren. Hier wird nur das Komma nach rechts oder links verschoben.

Multiplikation einer Dezimalzahl mit		Verschiebung des Kommas um
		→
10	$3{,}125 \cdot 10 = 31{,}25$	eine Stelle nach rechts
100	$3{,}125 \cdot 100 = 312{,}5$	zwei Stellen nach rechts
1000	$3{,}125 \cdot 1000 = 3125$	drei Stellen nach rechts
		←
0,1	$648{,}5 \cdot 0{,}1 = 64{,}85$	eine Stelle nach links
0,01	$648{,}5 \cdot 0{,}01 = 6{,}485$	zwei Stellen nach links
0,001	$648{,}5 \cdot 0{,}001 = 0{,}6485$	drei Stellen nach links

8 I **Zwillinge**

Jeweils zwei Produkte sind gleich.

a)	$1{,}2 \cdot 10$	$0{,}12 \cdot 1000$	$1{,}2 \cdot 1000$	$1{,}2 \cdot 100$	$0{,}12 \cdot 100$
b)	$23{,}4 \cdot 10$	$23{,}4 \cdot 100$	$0{,}234 \cdot 100$	$0{,}234 \cdot 1000$	$2{,}34 \cdot 10$
c)	$0{,}75 \cdot 10$	$7{,}5 \cdot 100$	$0{,}075 \cdot 100$	$75{,}0 \cdot 10$	$0{,}075 \cdot 10$

9 I **Lücken füllen**

Berechne die fehlenden Zahlen.

a) $6{,}4 \cdot ■ = 640$	b) $■ \cdot 5{,}7 = 57$	c) $10{,}2 \cdot ■ = 1020$	d) $■ \cdot 0{,}02 = 0{,}2$
e) $2{,}04 \cdot ■ = 204$	f) $■ \cdot 0{,}98 = 9{,}8$	g) $54 \cdot ■ = 5{,}4$	h) $■ \cdot 65{,}2 = 0{,}652$

10 II **Aufgaben finden**

Finde richtige Aufgaben, z. B. $0{,}2 \cdot 2{,}1 = 0{,}42$.
Zu einigen Ergebnissen kannst du verschiedene Produkte finden. Notiere die Aufgaben.

2; 0,2; 0,21; 1,2; 0,12	·	0,6; 2,1; 40; 16; 70	=	**Ergebnisbox**	0,12; 4,8; 0,42; 3,2; 8,4; 4,2

11 II **Kommaverschiebung**

$613{,}6 \cdot 0{,}73 = 447{,}928$ Bestimme die Ergebnisse der Aufgaben, ohne zu rechnen.

a) $61{,}36 \cdot 7{,}3$ b) $6{,}136 \cdot 73$ c) $61{,}36 \cdot 0{,}73$ d) $6136 \cdot 0{,}073$ e) $613{,}6 \cdot 7{,}3$

12 II **Rechenfehler**

In der Klasse 6 b werden für das Produkt $23{,}4 \cdot 315{,}6$ folgende Ergebnisse genannt:

a) 738,24 b) 7385,4 c) 7385,224 d) 7385,22 e) 7385,04

Bei manchen Ergebnissen kann man „sofort" sehen, dass sie falsch sind. Begründe.

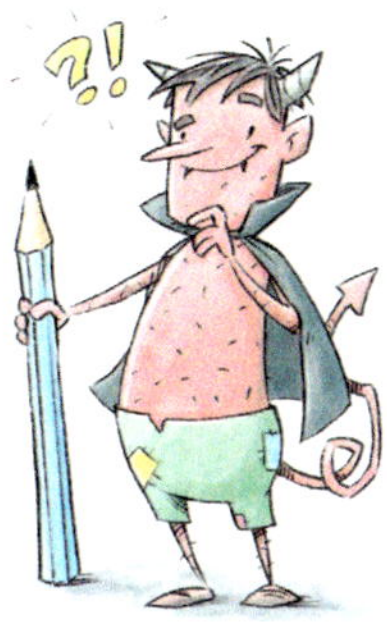

13 I **Fehler erkennen**

Entscheide, ob richtig oder falsch gerechnet wurde und notiere jeweils den Buchstaben. Du erhältst ein Lösungswort.

Aufgabe	richtig	falsch
$0{,}4 \cdot 0{,}3 = 0{,}12$	R	L
$3{,}1 \cdot 10 = 30{,}10$	E	A
$0{,}5 \cdot 0{,}6 = 0{,}3$	S	I
$0{,}2 \cdot 0{,}2 = 0{,}4$	S	E
$0{,}5 \cdot 1{,}2 = 0{,}6$	N	E

14 I **Quadrate von Dezimalzahlen**

a) Wiederholung: Nenne alle Quadratzahlen zwischen 1 und 400: 1, 4, 9, ...

b) Suche im rechten Kasten die Quadratzahlen zu den Dezimalzahlen im linken Kasten.

0,6   0,1   1,2   0,5   1,5

0,1   3,6   14,4   0,01   2,25   0,25   0,225   0,36   1,44   2,5

15 II **Für Schnellrechner**

Rechne möglichst schnell und geschickt.

a) 6,85 m + 6,85 m + 6,85 m + 6,85 m + 6,85 m + 6,85 m + 6,85 m + 6,85 m + 6,85 m + 6,85 m

b) 2,045 kg + 2,045 kg + 2,045 kg + 2,045 kg + 2,045 kg

c) 0,67 € + 0,67 € + 0,67 € + 0,67 € + 0,67 € + 0,67 € + 0,67 € + 0,67 € + 0,67 €

d) 7,034 + 7,034 + 7,034 + 7,034 + 7,034

16 II **Zur Erinnerung an die Rechenregeln**

Berechne die folgenden Terme. Erkläre, warum sich die jeweiligen Ergebnisse unterscheiden bzw. nicht unterscheiden. Verwende zur Begründung die Rechenregeln aus dem Basiswissen.

a) $12{,}5 + 2{,}5 \cdot 8$ und $(12{,}5 + 2{,}5) \cdot 8$

b) $12{,}4 \cdot 0{,}5 + 4{,}2 \cdot 0{,}5$ und $(12{,}4 + 4{,}2) \cdot 0{,}5$

c) $4{,}3 \cdot 0{,}1 \cdot 10$ und $4{,}3 \cdot (0{,}1 \cdot 10)$

d) $(4{,}1 + 0{,}2) \cdot (4{,}1 - 0{,}1)$ und $4{,}1 + 0{,}2 \cdot 4{,}1 - 0{,}1$

17 III **Zum Nachdenken**

Beim Multiplizieren natürlicher Zahlen ist das Produkt immer größer als oder zumindest gleich groß wie jeder der einzelnen Faktoren. Bei Dezimalzahlen kann das Produkt auch kleiner sein als ein Faktor oder sogar kleiner sein als beide Faktoren.

Welche Aufgaben bestätigen die Behauptung?

a) $0{,}5 \cdot 16$ b) $4 \cdot 0{,}125$ c) $0{,}5 \cdot 0{,}25$ d) $0{,}125 \cdot 8$ e) $1{,}7 \cdot 1{,}5$ f) $0{,}1 \cdot 0{,}3$

g) $0{,}2 \cdot 0{,}2$ h) $0{,}25 \cdot 30$ i) $0{,}1 \cdot 3$ j) $1{,}3 \cdot 0{,}1$ k) $1{,}2 \cdot 7{,}5$ l) $0{,}35 \cdot 0{,}2$

Findest du eine Erklärung?

18 II **Was beim Multiplizieren passieren kann**

Die folgenden Fragen kannst du durch Ausprobieren beantworten.

a) Ein Produkt besteht aus zwei Faktoren. Wie groß darf der zweite Faktor sein, damit das Produkt kleiner als der erste Faktor ist?

b) Kann das Produkt einer Zahl mit sich selbst kleiner als die Zahl sein?

c) Mit welcher Zahl muss man 0,4 multiplizieren, damit das Produkt 1 ergibt?

Grundwissen
zum Wiederholen

1 Auf einer Karte im Maßstab 1 : 5000 beträgt die Luftlinie von A nach B 3 cm. Wie lange ist die Luftlinie in der Wirklichkeit?

2 Miss alle auftretenden Winkel. Wie viele unterschiedliche Winkel hast du gemessen?

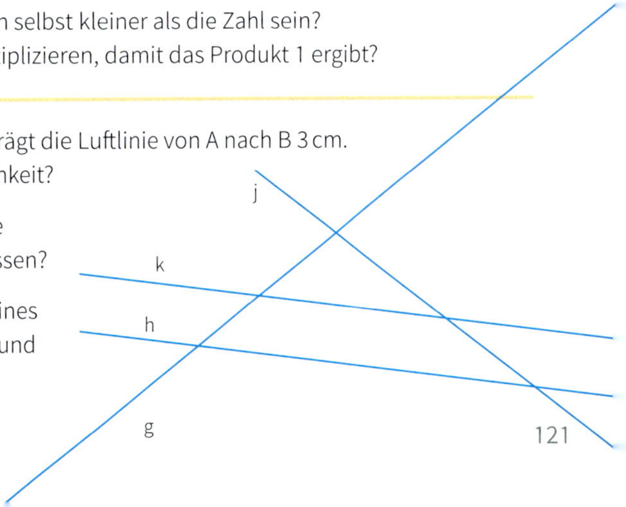

3 Berechne Flächeninhalt und Umfang eines Rechtecks mit den Seitenlängen 0,5 m und 15 cm.

19 II **Grundstückskauf**

Familie Reis sucht ein Baugrundstück. Sie möchte für das Grundstück nicht mehr als 60 000 € ausgeben. Welches der Angebote kommt infrage?

Ruhiges, 675,8 m² großes Grundstück
80,50 € pro m²
gute Verkehrsanbindung zur Stadt

Schnäppchen:
79,99 € pro m²
Ideal für die junge Familie
770,5 m²
Kindergarten und Schule in unmittelbarer Nähe

Hier werden Wünsche wahr. Vollerschlossenes 595 m² Hanggrundstück für 86,75 € pro m², unverbaubarer Blick über Felder und Wiesen

20 II **Ein Wandertag**

Für ihren Wandertag muss die Klasse 6 b an Fahrtkosten insgesamt 70,50 € zahlen. Die Klassenlehrerin sammelt von jedem der 27 Schülerinnen und Schüler 2,45 € ein. Reicht das Geld? Der Differenzbetrag soll in die Klassenkasse gezahlt oder ihr entnommen werden.

21 II **Einfache Anwendungen**

a) Der Seeweg von Hamburg nach New York beträgt 3735 Seemeilen. Eine Seemeile ist 1,857 km lang. Berechne den Seeweg in Kilometer.

b) Ein Rechteck ist 4,3 cm lang und 2,8 cm breit. Berechne seinen Flächeninhalt.

c) Eine Wohnung hat eine Grundfläche von 95,5 m². Der monatliche Mietpreis pro Quadratmeter beträgt 8,25 €. Berechne die monatliche Miete der Wohnung.

22 III **Weitere Anwendungen**

① Michel hat Paprika gekauft. Der aufgedruckte Preis kommt ihm komisch vor.

② An der Käsetheke wurden Käseecken abgepackt. Bestimme den Preis für jedes Stück.

③ Für den Neubau eines Hauses muss eine Grube ausgebaggert werden.

(1) Wie viel Kubikmeter Erde müssen ausgehoben werden?

(2) Nach dem Kellerbau wird nur noch ein Fünftel des Aushubs zur Auffüllung benötigt. Wie viel muss abgefahren werden?

④ Eine Schnecke legt höchstens 0,047 m pro Minute zurück.
Wie weit kommt sie in zehn Minuten, wie weit in einer Stunde?
Wie viel würde sie an einem Tag schaffen? Äußere zunächst eine Vermutung und rechne dann.
Vergleiche mit deiner Vermutung.

4.4 Dezimalzahlen dividieren

1 Ein Klassenfest

Die Klassensprecher der Klasse 6 a, Kai, Ulrike und Petra, organisieren ein Klassenfest. Sie kaufen Getränke und Knabbersachen ein. Insgesamt haben sie 126,72 € ausgelegt. Nun soll jeder der 24 Schülerinnen und Schüler seinen Anteil zahlen. Wie viel muss jeder zahlen? Sie wollen es genau wissen. Also einfach dividieren: 126,72 : 24 = ?

Petra:
Ich rechne zunächst wieder ohne Komma. Mein Ergebnis ist dann 528. Aber wo steht das Komma? Sind es 0,528 € oder 5,28 € oder 52,8 €? Überschlag: 125 : 25 = 5. Jeder muss 5,28 € bezahlen.

Kai:
126,72 € = 12 672 ct

```
  1 2 6 7 2 : 2 4 = 5 2 8
- 1 2 0
      6 7
    - 4 8
      1 9 2
    - 1 9 2
          0
```

528 ct = 5,28 €
Jeder muss 5,28 € bezahlen.

Ulrike:
$$126{,}72 : 24 = \frac{12\,672}{100} : 24 = \frac{12\,672}{100 \cdot 24} = \frac{528 \cdot 24}{100 \cdot 24} = \frac{528}{100} = 5{,}28$$
Jeder muss 5,28 € bezahlen.

a) Wie hat Kai gerechnet, wie Ulrike? Erkläre die beiden Verfahren. Vergleiche mit Petras Lösung.

b) Berechne 74,56 € : 8 1,08 km : 3 27,450 kg : 9

2 Wie dividiert man eine Dezimalzahl durch eine natürliche Zahl?

Die Abbildung stellt dar, wie man 43,74 durch 3 dividiert.

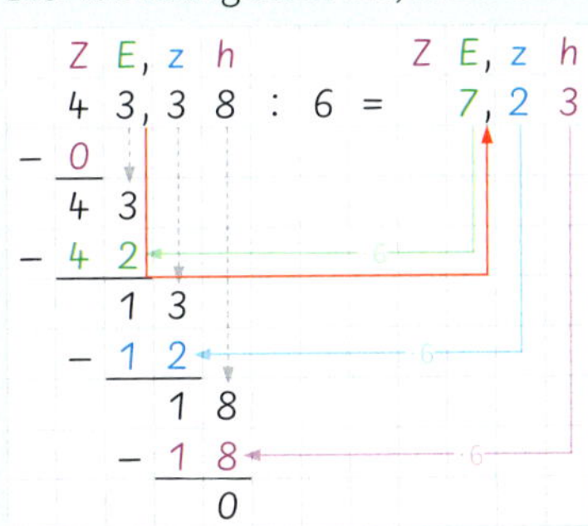

Beim Übergang zu Zehnteln ein Komma setzen.

a) Vergewissere dich durch eine Überschlagsrechnung, ob das Ergebnis stimmen kann.

b) Berechne nach demselben Verfahren.
① 8,22 : 3
② 19,04 : 7

3 Wie dividiert man durch eine Dezimalzahl?

Die Divisionsaufgabe 8,4 : 0,2 wurde auf verschiedene Wege gelöst.

Ⓐ $8{,}4 : 0{,}2 = \frac{84}{10} : \frac{2}{10} = \frac{84}{10} \cdot \frac{10}{2} = \frac{84}{2} = 42$

Lösung: 8,4 : 0,2 = 84 : 2 = 42

Ⓑ $8{,}4 : 0{,}2 = \frac{8{,}4}{0{,}2} =$ „seltsamer Bruch“
$= \frac{8{,}4 \cdot 10}{0{,}2 \cdot 10}$ erweitern mit 10
$= \frac{84}{2} = 42$

Lösung: 8,4 : 0,2 = 84 : 2 = 42

a) Erkläre ausführlich jeden Schritt im Rechenverfahren Ⓐ und im Rechenverfahren Ⓑ.

b) Vergleiche bei den beiden vorgerechneten Lösungen, wie sich die Position des Kommas im Dividenden und im Divisor verändert. Was stellst du fest?

c) Berechne nach beiden Verfahren die Quotienten 2,76 : 0,12 und 27,6 : 0,12.

Basiswissen

WES-125661-032

Eine Dezimalzahl durch eine natürliche Zahl dividieren

- Wie bei natürlichen Zahlen dividieren
- Beim Überschreiten des Kommas im Dividenden das Komma im Quotienten setzen

Überschlag: 7 : 5 größer als 1, kleiner als 2

Probe: Umkehrung der Division

```
1,35 · 5
--------
   6,75
```

6,75 : 5

Dividend Divisor Quotient

```
  6,75 : 5 = 1,35
– 5
  17
– 15
   25
 – 25
    0
```

Komma setzen beim Überschreiten des Kommas im Dividenden.

Dividieren durch eine Dezimalzahl

- Das Komma im Dividenden und im Divisor um gleich viele Stellen nach rechts verschieben, bis der Divisor eine natürliche Zahl ist.
- Nun wie bei der Division durch eine natürliche Zahl rechnen.

Überschlag: $14 : 0{,}5 = 14 : \frac{1}{2} = 14 \cdot 2 = 28$

13,36 : 0,4

```
  13,36 : 0,4 = 33,4
  133,6 :   4 = 33,4
– 12
   13
 – 12
    16
  – 16
     0
```

Probe:

```
33,4 · 0,4
----------
   13,36
```

Beispiele

A Rechnen und Nullen ergänzen

Berechne 81,3 : 6
Mach zuerst einen Überschlag.

Lösung:

Überschlag: $3 : 0{,}06 = 3 : \frac{6}{100} = 3 \cdot \frac{100}{6} = 50$

Im Dividenden am Ende Nullen ergänzen.

Antwort: 81,3 : 6 = 13,55

Rechnung:

```
  81,30 : 6 = 13,55
– 6
  21
– 18
   33
 – 30
    30
  – 30
     0
```

Komma setzen

Probe:

```
13,55 · 6
---------
   81,30
```

B Rechnen

Berechne 3,3 : 0,06

Lösung:

Im Dividenden Nullen ergänzen.
Kommaverschiebung um 2 Stellen nach rechts.

Antwort: 3,3 : 0,06 = 55

Rechnung:

```
  3,30 : 0,06 = 55
  330  :    6 = 55
– 0
  33
– 30
   30
 – 30
    0
```

Probe:

```
55 · 0,06
---------
    3,30
```

Übungen

4 Dividieren durch eine natürliche Zahl

Berechne. Mache zunächst einen Überschlag.

a) 10,08 : 8 b) 303,3 : 9 c) 44,66 : 7 d) 2,25 : 5 e) 49 : 35 f) 1 : 8

5 I **Kopfrechnen mit Kommaverschiebung**

a) 2 : 0,4 b) 2 : 0,2 c) 3 : 0,6 d) 2,4 : 0,3 e) 1 : 0,25 f) 1 : 0,05

6 II **Training**

Berechne. Mache jeweils die Probe.

a) 5,46 : 1,2 b) 1,92 : 2,4 c) 1,55 : 0,25 d) 0,005 : 0,5
e) 348,25 : 0,01 f) 4,08 : 0,24 g) 4,374 : 0,03 h) 5,005 : 0,07

7 II **Finde die gesuchte Zahl x**

a) x : 2,2 = 1,1 b) 2,5 : 0,05 = x c) 12,48 : x = 4 d) x : 1,2 = 1

8 II **Besondere Divisoren – 10, 100, 1000**

Berechne.

a)

:	10	100	1000
3,45	■	■	■
809,4	■	■	■

b)

:	10	100	1000
59,3	■	■	■
15	■	■	■

c) Finde eine „Kommaverschiebungsregel" für die Division durch 10, 100, 1000?

9 II **Textaufgaben**

① Ein Stapel aus acht Streichholzschachteln ist genau 12,48 cm hoch. Wie hoch ist eine Streichholzschachtel?

② Lege mit einem 2,85 m langen Seil ein gleichseitiges Dreieck. Wie lang ist eine Seite?

③ Die Sammelbestellung von 28 Taschenrechnern kostet 2161,60 € plus 8,40 € Versandkosten. Wie viel spart ein Schüler gegenüber dem Einzelkauf im Kaufhaus?

④ Wie viel bezahlt man pro Flasche beim Kauf eines ganzen Kastens?

10 II **Vermischtes**

① Rechne im Kopf. Führe stets eine Probe durch.

a) 2,4 : 6
4,9 : 7
0,1 : 5
0,28 : 4

b) 0,9 : 3
0,75 : 3
0,64 : 8
0,12 : 4

② Führe zunächst eine Überschlagsrechnung durch. Berechne dann genau.

a) 22,75 : 7
102,6 : 10
0,123 : 3

b) 52,96 : 8
270,12 : 6
13,2 : 50

③ 2790 : 6 = 465
Mit diesem Ergebnis kannst du die Quotienten schnell berechnen:

a) 279 : 6
27,9 : 6
2,79 : 6

b) 2790 : 60
279 : 60
27,9 : 60

Erkläre, wie du vorgegangen bist.

④ Auf dem Zettel sind beim Dividenden die Kommas verschwunden. Setze sie.

364 : 7 = 5,2
585 : 13 = 0,45
4732 : 28 = 1,69
104 : 20 = 0,052

11 II **Multiple Choice**

Welches ist die richtige Lösung? Bestimme die Lösung nur mithilfe eines Überschlags. Überprüfe dein Ergebnis durch eine Probe.

a) 15,36 : 5,12
0,03 0,3 3 30 300

b) 21,44 : 1,6
0,134 1,34 13,4 134 1340

c) 17,1 : 0,9
0,019 0,19 1,9 19 190

d) 0,448 : 0,08
0,056 0,56 5,6 56 560

12 III **Divisionsaufgaben erstellen**

Mit diesen Zahlen kannst du neun Divisionsaufgaben bilden. Ein Quotient bleibt übrig.

Dividend	:	Divisor	=	Quotient
0,25; 1,2; 0,9	:	0,5; 4; 2,5	=	0,0625; 1,8; 0,48; 0,5; 0,1; 0,36; 0,3; 0,225; 0,625; 2,4

13 I **Wie genau soll man rechnen**

Der Restbestand von 103 € aus der Klassenkasse soll an die 26 Schüler der 6 b aufgeteilt werden.

a) Rechne auf Cent genau.

b) Genügt bei der Aufgabe auch der Überschlag 100 : 25 = 4?

Faustregeln für die Genauigkeit bei Sachaufgaben:

- Rechne nicht genauer, als es von der Sache her Sinn macht!
- Rechne mit Größen nicht genauer, als du messen kannst!

14 II **Probleme lösen**

Zur Lösung der folgenden Probleme muss jeweils die gleiche Division durchgeführt werden.

a) Drei Spieler teilen sich den Lottogewinn von 110 € untereinander auf. Rechne auf Cent genau. (Warum nicht genauer?)

b) Eine Kette von 110 g besteht zu einem Drittel aus Gold. Wie schwer ist der Goldanteil? Rechne auf mg genau, denn Gold ist sehr teuer.

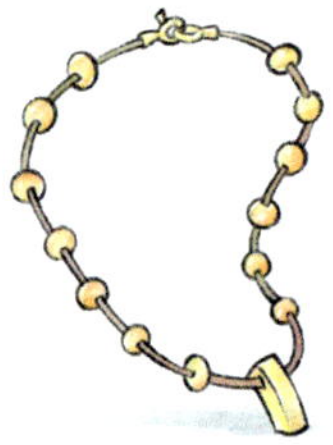

Grundwissen
zum Wiederholen

1 Berechne. a) $17 - 2 \cdot (8 - 4)$ b) $(20 - 5) \cdot (20 + 5)$ c) $9 - (9 - 9)$

2 Berechne den Flächeninhalt des rechtwinkligen Dreiecks in der Abbildung.

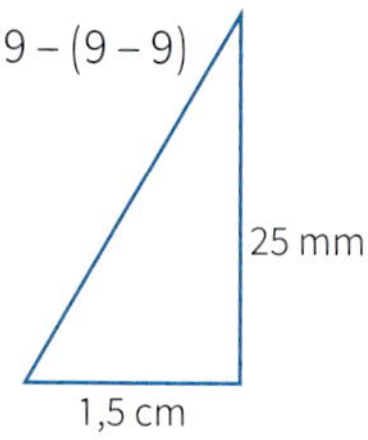

3 a) Schreibe als Potenz $10 \cdot 10 \cdot 10 \cdot 10 \cdot 10 \cdot 10$.
b) Wurde hier richtig gerechnet? $10^3 - 4^3 = 6^3$

15 II **Englische Längenmaße**

Ein großer Vorteil der Längenangaben in Meter liegt darin, dass die Umrechnung in größere oder kleinere Einheiten mit Zehnerpotenzen geschieht: Wie sehen diese Umwandlungen bei den früheren englischen Längenmaßen aus?

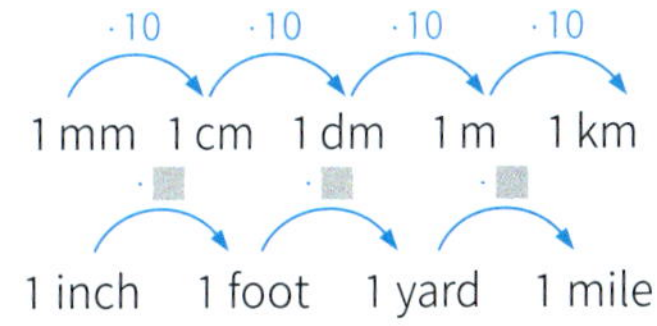

Mit den Angaben im Exkurs kannst du dies herausfinden. Versuche es zunächst mit Überschlagsrechnungen. Für die genaue Überprüfung musst du schon aufwendigere Divisionen durchführen.

30,48 : 2,54
Überschlag: 30 : 2,5 = 12
1 foot ≈ 12 inches

Exkurs

Längenmaße

Längen werden heute in fast allen Ländern der Welt in Meter (oder den daraus abgeleiteten Größen mm, cm, dm, km) gemessen. Das war nicht immer so, in früheren Zeiten gab es eine verwirrende Vielzahl von Längenmaßen, so z. B. Fuß, Elle, Klafter, Meile.
In den englischsprachigen Ländern außer den USA wurde erst 1985 von dem eigenen System mit inch, foot, yard und mile auf das international nun verbindliche metrische System umgestellt. Das war nicht einfach, es bedeutete viele Umstellungen und kostete sehr viel Geld. Kannst du einige Gründe dafür aufzählen? Warum hat man trotzdem diese Mühe auf sich genommen?
Auch findet man heute noch viele Spuren und Auswirkungen dieser anderen Längenmaße in vielen Lebensbereichen.

1 inch	=	2,54 cm
1 foot	=	30,48 cm
1 yard	=	91,44 cm
1 mile	=	1,609 km

16 II **Spielfelder**

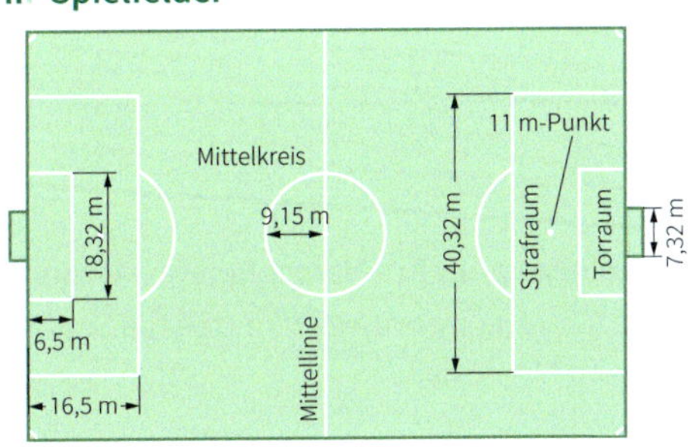

Tennis und Fußball stammen aus England. Viele „seltsame“ Abmessungen auf den Spielfeldern erklären sich daraus. So z. B. der Radius des Mittelkreises beim Fußball: Er ist mit 9,15 m angegeben. Für die Umrechnung in yards dividieren wir 9,15 : 0,9144 = 10,006. Offenbar wurde der Radius ursprünglich auf 10 yards (oder 30 feet) festgelegt.

Bei solchen „Forschungsaufgaben“ ist ein Taschenrechner oder eine Tabellenkalkulation ein nützliches Werkzeug.

Findest du noch bei anderen Sportarten solche Spuren, die auf eine englische Herkunft hinweisen?

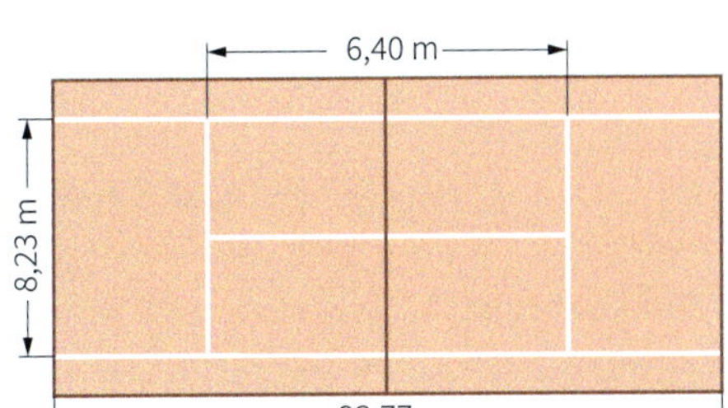

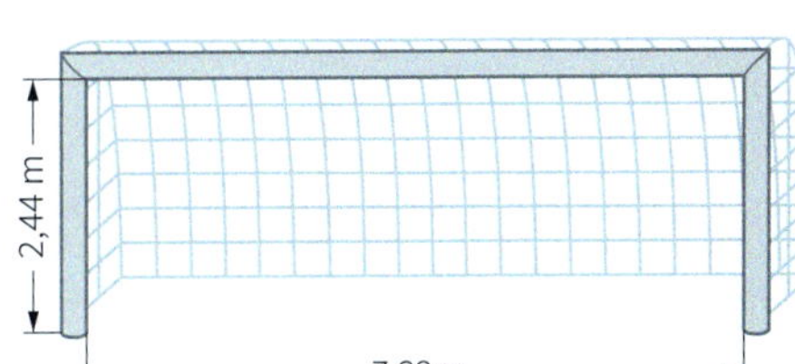

4.5 Dezimalzahlen und Brüche

1 Brüche in Dezimalzahlen umwandeln – nicht immer einfach

Die Strecke von 0 bis 1 auf dem Zahlenstrahl wird jeweils in 2, 3, 4 usw. gleich große Stücke geteilt. Versuche, die angegebenen Brüche exakt durch Dezimalzahlen zu schreiben. Bei manchen Brüchen ist es ganz einfach, bei anderen etwas schwieriger, bei einigen gelingt es gar nicht.

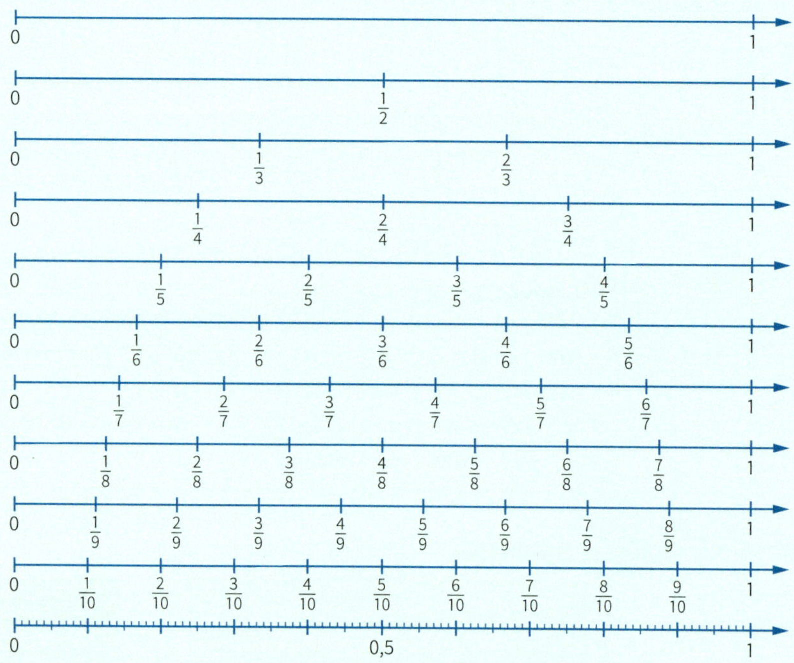

2 Brüche in Dezimalzahlen umwandeln – Verschiedene Methoden

Für die Umwandlung von $\frac{7}{8}$ in eine Dezimalzahl finden die Schülerinnen und Schüler der Klasse 6 b drei verschiedene Methoden:

Franziska

$$\frac{7}{8} \overset{\cdot 125}{=} \frac{875}{1000} = 0,875$$

Paul

```
7 : 8 = 0,875
7 0
6 4
  6 0
  5 6
    4 0
```

Daniela

```
7 · 0,125
        7
      1 4
        3 5
    0,8 7 5
```

a) Beschreibe die drei Methoden. Woran hat sich Daniela erinnert? Welche Methode hältst du für die beste? Warum?

b) Wandle $\frac{9}{20}$ in eine Dezimalzahl um.

c) Versuche nun, $\frac{3}{11}$ in eine Dezimalzahl umzuwandeln. Warum funktionieren hier die Methoden von Daniela und Franziska nicht? Was passiert, wenn du Pauls Methode anwendest?

Basiswissen

WES-125661-033

Dezimalzahlen in Brüche umwandeln

Bei der Umwandlung von Dezimalzahlen in Brüche kann man eine Stellenwerttabelle nutzen. Schreibe 3,375 als Bruch.

H	Z	E,	z	h	t
100	10	1	$\frac{1}{10}$	$\frac{1}{100}$	$\frac{1}{1000}$
		3,	3	7	5

$= 3\frac{375}{1000} = 3\frac{3}{8} = \frac{27}{8}$

Brüche in Dezimalzahlen umwandeln

Will man umgekehrt einen Bruch (**Bruch als Zahl**) als Dezimalzahl angeben, so kann man den Bruch als Quotienten schreiben und die Division durchführen (**Bruch als Rechenausdruck**). Dabei können zwei Fälle auftreten.

abbrechende Dezimalzahl

$\frac{3}{4} = 3:4$

```
  3 : 4 = 0, 7 5
- 0
  3 0
- 2 8
    2 0
    2 0
      0
```

0,75 ist eine abbrechende Dezimalzahl, da die Division „endet“.

nicht abbrechende Dezimalzahl

$\frac{2}{3} = 2:3$

```
  2 : 3 = 0, 6 6 ...
- 0
  2 0
- 1 8
    2 0
    1 8
      2 ...
```

0,666… ist eine nicht abbrechende Dezimalzahl. Sie ist **periodisch**, bei der Division wiederholt sich die Ziffer 6 ständig.
Kurzschreibweise: $0,\overline{6}$
Sprich: „Null-Komma-Periode-sechs“

Mathematiker haben nachgewiesen, dass sich jeder Bruch entweder als abbrechende oder als periodische Dezimalzahl schreiben lässt.

Beispiele

A Umwandeln in einen Bruch

Wandle in einen Bruch um. Kürze soweit wie möglich.

a) 0,75 b) 12,6

Lösung:

a) $0,75 = \frac{75}{100} = \frac{3}{4}$

b) $12,6 = 12\frac{6}{10} = 12\frac{3}{5} = \frac{63}{5}$

B Umwandeln in eine Dezimalzahl

Wandle in eine Dezimalzahl um. a) $\frac{2}{11}$ b) $\frac{1}{12}$

Lösung:

a) $\frac{2}{11} = 2:11$

```
  2 : 1 1 = 0, 1 8 1 8 ... = 0,18 (Periode 18)
- 0
  2 0
- 1 1
    9 0
  - 8 8
      2 0
    - 1 1
        9 0
      - 8 8
          2 ...
```

Null-Komma-Periode-eins-acht

b) $\frac{1}{12} = 1:12$

```
  1 : 1 2 = 0, 0 8 3 3 ... = 0,083 (Periode 3)
- 0
  1 0
-   0
  1 0 0
-   9 6
      4 0
    - 3 6
      4 0
    - 3 6
        4 ...
```

Null-Komma-null-acht-Periode-drei

Übungen

3 I Bruch in Dezimalzahl umwandeln

Wandle den Bruch in eine Dezimalzahl um. Notiere bei periodischen Dezimalzahlen die Sprechweise.

a) $\frac{2}{9}$ b) $\frac{10}{8}$ c) $\frac{12}{9}$ d) $\frac{5}{12}$
e) $\frac{5}{16}$ f) $\frac{2}{15}$ g) $\frac{4}{25}$ h) $\frac{23}{18}$

Beispiel:
$\frac{1}{6} = 0{,}16666\ldots$
$= 0{,}1\overline{6}$
„Null-Komma-eins-Periode-sechs“

4 I Periodische Dezimalzahlen – genau hingeschaut

Welche Ziffer steht an der 10. Stelle hinter dem Komma?

a) $\frac{1}{9} = 0{,}\overline{1}$ b) $\frac{5}{6} = 0{,}8\overline{3}$ c) $\frac{1}{99} = 0{,}\overline{01}$ d) $\frac{45}{990} = 0{,}04\overline{5}$ e) $\frac{1}{7} = 0{,}\overline{142857}$

5 I Runden

Runde die periodische Dezimalzahl auf die angegebene Stelle.

a) $0{,}\overline{4}$ auf Hundertstel b) $0{,}\overline{48}$ auf Zehntel c) $0{,}\overline{07}$ auf Tausendstel

6 I Richtig zuordnen

Welcher Bruch gehört zu welcher Dezimalzahl?

$\frac{6}{5}$ $\frac{1}{2}$ $\frac{4}{9}$ $\frac{1}{9}$ $\frac{1}{10}$ $\frac{5}{8}$ $\frac{2}{5}$ $\frac{1}{3}$

$0{,}1$ $0{,}625$ $0{,}\overline{1}$ $0{,}5$ $0{,}\overline{3}$ $1{,}2$ $0{,}4$ $0{,}\overline{4}$

7 II Dezimalzahl in Bruch umwandeln

Wandle die Dezimalzahl in einen Bruch um. Kürze, wenn möglich.
Bei welchen Aufgaben gelingt es dir nicht so leicht?

a) 3,5 b) 0,48 c) $0{,}\overline{6}$ d) 0,222 e) $0{,}\overline{2}$ f) $3{,}\overline{3}$

8 II Der Größe nach ordnen

Das Ordnen von Dezimalzahlen erfordert besondere Aufmerksamkeit, wenn periodische Dezimalzahlen vorkommen. Ordne die Zahlen der Größe nach.

a) $0{,}\overline{3}$ 0,34 0,33 b) $0{,}1\overline{6}$ $0{,}\overline{16}$ 0,168
c) 0,11 $0{,}\overline{1}$ $0{,}1\overline{0}$ d) 0,143 $0{,}\overline{142857}$ 0,1428
e) $0{,}8\overline{6}$ 0,86 $0{,}\overline{86}$ f) 1,01 $1{,}0\overline{1}$ $1{,}\overline{01}$

Tipp: Schreibe dazu für jede Dezimalzahl die ersten 6 Nachkommastellen auf.

9 III Periodenlängen

$\frac{1}{3} = 0{,}\overline{3}$ hat die Periodenlänge 1, $\frac{1}{7} = 0{,}\overline{142857}$ die Periodenlänge 6.

a) Welche Periodenlängen treten bei den Dezimalzahlen für die Stammbrüche $\frac{1}{6}$, $\frac{1}{9}$, $\frac{1}{11}$, $\frac{1}{12}$, $\frac{1}{13}$, $\frac{1}{14}$ und $\frac{1}{15}$ auf? Ordne die Stammbrüche nach der Periodenlänge.

b) Wie groß kann die Periodenlänge höchstens sein? Bei der Division durch 7 gibt es höchstens 6 verschiedene Reste. Spätestens nach 6 Divisionsschritten erscheint wieder derselbe Rest. Die Periodenlänge kann also höchstens 6 sein. Sie ist sogar genau 6.
Wie groß kann die Periodenlänge bei $\frac{1}{17}$, $\frac{1}{21}$, $\frac{1}{11}$ höchstens sein?

c) Warum kann die Periodenlänge nie größer sein als der Nenner der Bruches?

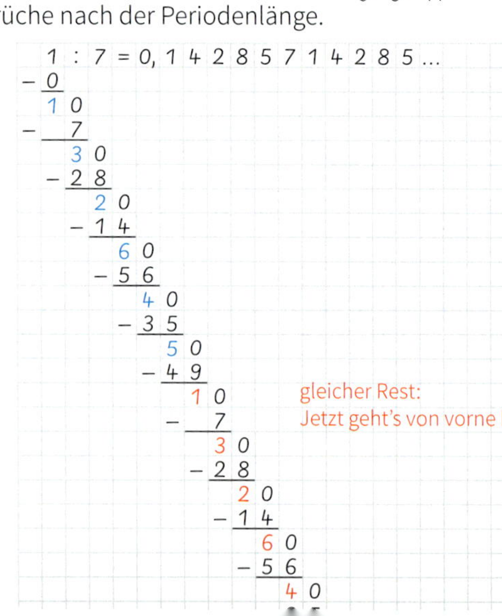

WES-125661-034

10 II **Umwandlung von periodischen Dezimalzahlen in Brüche**

Jede periodische Dezimalzahl kann man in einen Bruch umwandeln. Es gibt für die Umwandlung einer periodischen Dezimalzahl in einen Bruch allerdings kein einfaches Verfahren. Hier sind einige Ideen (Regeln), mit denen manche Umwandlungen dennoch gelingen.

$\frac{1}{9} = 0{,}\overline{1}$; $\frac{2}{9} = 0{,}\overline{2}$; $\frac{3}{9} = 0{,}\overline{3}$ …
$\frac{5}{9} = 0{,}\overline{5}$
Brüche mit dem Nenner 9 führen zu Dezimalzahlen, bei denen die Periode (der Länge 1) aus dem Zähler des Bruches gebildet wird.

$\frac{1}{99} = 0{,}\overline{01}$; $\frac{2}{99} = 0{,}\overline{02}$; $\frac{3}{99} = 0{,}\overline{03}$ …
$\frac{12}{99} = 0{,}\overline{12}$; $\frac{56}{99} = 0{,}\overline{56}$
Brüche mit dem Nenner 99 führen zu Dezimalzahlen, bei denen die Periode (der Länge 2) aus den Ziffern des Zählers gebildet wird.

a) Jetzt kannst du schon viele periodische Dezimalzahlen in Brüche umwandeln.
① $0{,}\overline{4}$; $0{,}\overline{7}$; $0{,}\overline{8}$ ② $0{,}\overline{05}$; $0{,}\overline{17}$; $0{,}\overline{65}$; $0{,}\overline{98}$
b) Welcher Bruch könnte der folgenden periodischen Dezimalzahl entsprechen?
① $0{,}\overline{001}$ ② $0{,}\overline{023}$ ③ $0{,}\overline{356}$
Überprüfe deine Vermutung, indem du den jeweiligen Bruch wieder in eine Dezimalzahl umwandelst.
c) Wandle $0{,}0\overline{4}$ in einen Bruch um. Setze dazu die Rechnung fort: $0{,}0\overline{4} = \frac{1}{10} \cdot 0{,}\overline{4} = \ldots$
Wandle $0{,}0\overline{47}$ und $0{,}00\overline{7}$ nach demselben Verfahren in einen Bruch um.
d) Mit den Regeln kannst du auch die Brüche finden, die zu den periodischen Dezimalzahlen $0{,}\overline{9}$ oder $0{,}\overline{99}$ gehören. Kürze, soweit wie möglich. Was sagst du zu diesem überraschenden Ergebnis? Was meinen die anderen dazu?

WES-125661-035

11 III **Für Experten und die es werden wollen – ein sicheres Verfahren um eine periodische Dezimalzahl in einen Bruch umzuwandeln**

Wandele $0{,}6155555\ldots = 0{,}61\overline{5}$ in einen Bruch um.

Lösung:

$$\begin{array}{rlll} & 1000 \cdot 0{,}61\overline{5} = & 615{,}5555\ldots & = 615{,}\overline{5} \\ - & 100 \cdot 0{,}61\overline{5} = & 61{,}55555\ldots & = 61{,}\overline{5} \\ \hline & 900 \cdot 0{,}61\overline{5} = & & 554 \end{array}$$

$0{,}61\overline{5} = \frac{554}{900}$ Dividieren durch 900

a) Probiere es einmal selbst mit $0{,}\overline{1}$
$10 \cdot 0{,}\overline{1} = 1{,}1111\ldots = 1{,}\overline{1}$
$1 \cdot 0{,}\overline{1} = 0{,}1111\ldots = 0{,}\overline{1}$
Mache selbst weiter.
Am Schluss müsstest du $\frac{1}{9}$ erhalten.
b) Probiere, $0{,}3\overline{1}$ und $0{,}2\overline{53}$ in einen Bruch umzuwandeln.

Grundwissen
zum Wiederholen

1 Ermittle den Abstand der beiden parallelen Geraden g und h.

2 Berechne das Volumen und den Oberflächeninhalt einer quaderförmigen Halle mit einer Länge von 10 m, einer Breite von 15 m und einer Höhe von 10 m.

+

12 II **Den Zahlenstrahl genauer angeschaut**

Gibt es zwischen zwei verschiedenen Dezimalzahlen noch weitere Dezimalzahlen? Löse die folgende Aufgabe.

Welche Zahl liegt in der Mitte zwischen den jeweiligen Dezimalzahlen?

a) 2 und 3 b) 2,1 und 2,2 c) 2,11 und 2,12 d) 2,111 und 2,112

Was kannst du aus deinen Berechnungen folgern?

13 II **Zahlen zwischen 8 und 8,1**

„Zahlenforscher finden Zahlen zwischen 8 und 8,1. Der Vorrat scheint unerschöpflich".
Gib 10 (100, 1000) Dezimalzahlen an, die zwischen 8 und 8,1 liegen. Natürlich kannst du nicht 100 oder gar 1000 verschiedene Dezimalzahlen aufschreiben.
Vielleicht kannst du aber beschreiben, wie man diese Zahlen findet, wie die Zahlen aussehen, wie viele Stellen hinter dem Komma sie haben, …

14 II **Zahlen zwischen zwei Brüchen**

a) Finde zumindest drei Brüche, die zwischen $\frac{1}{4}$ und $\frac{1}{3}$ liegen. Ermittele diese Brüche, ohne die Brüche in Dezimalzahlen umzuwandeln.
Tipp: Bringe die Brüche auf einen gemeinsamen Nenner, z. B. 60.

b) Wie viele Brüche liegen vermutlich zwischen $\frac{1}{4}$ und $\frac{1}{3}$?

c) Finde zumindest drei Brüche, die zwischen $\frac{99}{100}$ und 1 liegen.

15 II **Nachgefragt**

a) Wie findet man eine Zahl, die zwischen zwei verschiedenen Dezimalzahlen liegt?

b) Wie findet man eine Zahl, die zwischen zwei verschiedenen Brüchen liegt, ohne diese in Dezimalzahlen zu verwandeln?

Exkurs

Brüche und somit Dezimalzahlen liegen dicht

Zwischen verschiedenen Brüchen gibt es auf dem Zahlenstrahl keine Lücken. Zwischen zwei Brüchen liegen immer beliebig viele andere Brüche.

Mathematiker sagen: **Brüche liegen auf dem Zahlenstrahl dicht.**

Kann es noch für andere Zahlen Platz auf dem Zahlenstrahl geben, obwohl es zwischen zwei Brüchen und auch zwischen zwei Dezimalzahlen nie eine Lücke gibt? So viel sei verraten: Ja, es gibt solche Zahlen.

16 III **Dicht und doch Löcher**

Neele und Mirko bauen Zahlen:

a) Wie lauten die nächsten Ziffern? Begründe, dass diese Zahlen keine Bruchzahlen sein können.

b) Baue selber solche Zahlen. Was glaubst du, wie viele solcher Zahlen es gibt?

Neele:
0,123456789101112…

Mirko:
0,010010001000010…

Stellenwerttabelle

Dezimalzahlen sind Zahlen mit Komma. Man spricht von Nachkomma- und Vorkommastellen.

$\cdot 10$ $\cdot 10$ $:10$ $:10$ $:10$

10	1	$0{,}1 = \frac{1}{10}$	$0{,}01 = \frac{1}{100}$
Zehner	Einer,	Zehntel	Hundertstel
	8,	2	5

$8 + \frac{2}{10} + \frac{5}{100} = 8\frac{25}{100} = 8\frac{1}{4}$

Zahlenstrahl

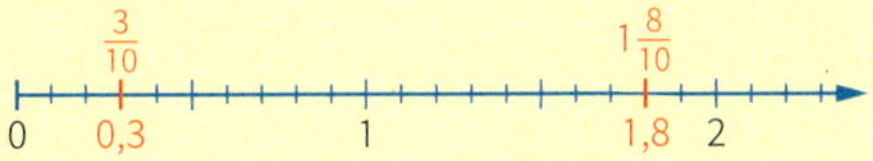

Schriftliches Addieren

	2	7,	4	6	0
+	1	6,	7	0	0
+		9,	0	0	1
	2	1			
	5	3,	1	6	1

Die Summanden so untereinander schreiben, dass Komma unter Komma steht.

Überschlag

Zahlen so „runden", dass man einen Überschlag im Kopf berechnen kann.

$27 + 17 + 9 = 53$

Schriftliches Subtrahieren

	3	4,	0	8	0
−	1	9,	5	8	9
	1	1	1	1	
	1	4,	4	9	1

Die Zahlen so untereinander schreiben, dass Komma unter Komma steht.

Überschlag: $34 - 20 = 14$

Rechengesetze

Beim Addieren und Multiplizieren ermöglichen Rechengesetze geschicktes Rechnen.

Kommutativgesetz

$a + b = b + a$ $\quad$ $a \cdot b = b \cdot a$

Assoziativgesetz

$a + b + c = a + (b + c)$ $\quad$ $a \cdot b \cdot c = a \cdot (b \cdot c)$

Distributivgesetz

$(a + b) \cdot c = a \cdot c + b \cdot c$

Check-up

Für das Rechnen mit Dezimalzahlen kannst du die gleichen Verfahren durchführen wie bei natürlichen Zahlen, du brauchst nur zusätzliche Regeln zum Setzen des Kommas.

1 Stellenwert

Welchen Stellenwert hat die 7 in den Dezimalzahlen?

a) 4,76 b) 0,007 c) 5,678 d) 7849,3 e) 1,11117

2 Von der Dezimalzahl zum Bruch

Wandle die Dezimalzahlen in Brüche um, kürze anschließend soweit wie möglich.

a) 0,2	0,35	0,48	1,25	0,75	3,4
b) 0,25	0,9	1,75	3,25	2,25	0,18
c) 0,375	0,005	0,08	0,8	0,0025	0,10

3 Der Größe nach ordnen

Ordne der Größe nach. Beginne mit der größten Zahl. Eine Stellenwerttabelle kann dir helfen.

a) $\frac{51}{10}$ $\quad$ 0,051 $\quad$ 5,01 $\quad$ $\frac{1}{2}$ $\quad$ $\frac{51}{100}$ $\quad$ $\frac{10}{2}$

b) $\frac{9}{10}$ $\quad$ 0,88 $\quad$ 0,09 $\quad$ 0,89 $\quad$ $\frac{99}{100}$ $\quad$ $\frac{895}{100}$

4 Welche Zahlen liegen dazwischen?

Gib zehn Zahlen an, die zwischen 0,5 und 0,51 liegen. Zwischen den beiden liegt aber nur eine genau in der Mitte, welche ist das?

5 Strecke gesucht

Wie lang ist die Strecke $\overline{BC}$?

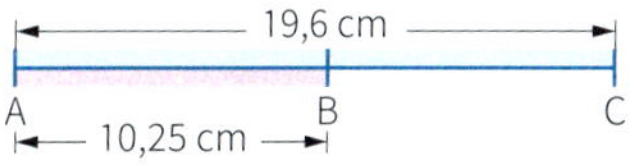

6 Kopfrechnen

a)	b)	c)	d)
$8{,}7 + 0{,}5$	$7{,}6 + 5{,}7$	$0{,}65 - 0{,}1$	$1 - 0{,}1$
$1{,}15 - 0{,}2$	$1{,}1 + 0{,}9$	$0{,}48 - 0{,}2$	$2 - 0{,}02$
$4{,}2 + 0{,}05$	$7{,}8 - 2{,}25$	$3{,}6 + 12{,}4$	$9{,}9 + 1{,}1$

7 Schriftliches Rechnen

a) $132{,}78 + 67{,}05 + 370{,}69$ $\quad$ b) $45{,}8 + 12{,}7 + 107{,}5 + 0{,}7$

c) $206{,}81 - 23{,}13 - 56{,}66 - 0{,}3$ $\quad$ d) $1590 - 376{,}8 - 47{,}03 - 1{,}5$

e) $176{,}9 - 43{,}6 + 23{,}1 - 6{,}4$ $\quad$ f) $895{,}4 - (20{,}6 + 289{,}1 + 9{,}4)$

8 Pärchen gesucht

Ordne den Aufgaben das richtige Ergebnis zu.

$8{,}64 + 3{,}26$ $\quad$ $15{,}3 \cdot 3$
$307{,}75 + 162{,}15$ $\quad$ $21{,}06 : 5{,}4$
$1245{,}09 - 617{,}19$
$156{,}28 + 52{,}62$ $\quad$ $101{,}1 \cdot 9$

909,9 $\quad$ 45,9 $\quad$ 627,9 $\quad$ 469,9 $\quad$ 3,9 $\quad$ 11,9 $\quad$ 208,9

Schriftliches Multiplizieren

- ohne Komma multiplizieren
- Nachkommastellen zählen
- Komma setzen

1 Nachkommastelle — 2 Nachkommastellen

```
3 2,8 · 0,1 5
      3 2 8
      1 6 4 0
        1
-------------
      4,9 2 0
```

3 Nachkommastellen

Multiplizieren mit Zehnerpotenzen

·10	Komma eine Stelle nach rechts
·100	Komma zwei Stellen nach rechts
…	…
·0,1	Komma eine Stelle nach links
·0,01	Komma zwei Stellen nach links
…	…

Dividieren durch eine natürliche Zahl

- Kommaüberschreitung beachten
- Nullen ergänzen

```
  1 3 3,8 0 : 4 = 3 3,4 5
– 1 2
  ---
    1 3
  – 1 2
    ---
      1 8
    – 1 6
      ---
        2 0
        2 0
        ---
          0
```

Komma setzen beim Überschreiten des Kommas.

Dividieren durch eine Dezimalzahl

- Verschiebe das Komma im Dividenden und Divisor nach rechts, bis der Divisor eine natürliche Zahl ist.

```
1 3,3 8 : 0,4 = 3 3,4 5
1 3 3,8 :   4 = 3 3,4 5
```

Bruch in Dezimalzahl umwandeln

Jeder Bruch lässt sich als Dezimalzahl schreiben und umgekehrt.

- abbrechende Dezimalzahl
  $\frac{3}{8} = 3:8 = 0{,}375$
- periodische Dezimalzahl
  $\frac{5}{6} = 5:6 = 0{,}8\overline{3}$

9 Multiplikation von Dezimalzahlen

Berechne.

a) $2{,}5 \cdot 4{,}3$ b) $17{,}8 \cdot 0{,}5$ c) $2{,}38 \cdot 0{,}05$ d) $0{,}05 \cdot 0{,}02$

10 Kommaverschiebung

Übertrage in dein Heft, setze das Komma im Ergebnis richtig.

a) $0{,}92 \cdot 8{,}4 = 7728$ b) $327{,}5 \cdot 12{,}7 = 415925$
c) $4{,}67 \cdot 0{,}624 = 291408$ d) $0{,}042 \cdot 3{,}45 = 1449$

11 Zimmervergleich

Johannas Zimmer ist 4,35 m lang und 3,07 m breit. Ulfs Zimmer ist 3,87 m lang und 3,53 m breit. Wer hat das größere Zimmer?

12 Renovierung

Familie Fischer möchte im 24,9 m² großen Wohnzimmer den Fußbodenbelag erneuern. Reichen 500 €? Wie teuer würde jeweils das Vorhaben werden?

Bodenbelag	Preis pro m²
PVC-Belag	6,25 €
Auslegware	21,99 €
Laminat	19,90 €
Parkett	32,45 €

13 Kopfrechnen

Berechne im Kopf durch Kommaverschiebung.

a)	b)	c)	d)
17 : 0,1	24 : 1,2	1,4 : 0,7	1,5 : 0,01
0,36 : 0,9	4,8 : 2,4	0,9 : 0,03	1,5 : 0,25
36 : 1,2	0,16 : 0,04	7 : 3,5	1,06 : 5,3

14 Teebeutel abfüllen

Ein Teebeutel enthält 2,6 g Tee. Wie viele Beutel können aus 20 kg Tee gefüllt werden?

15 Marathonlauf

Ein Marathon hat die Länge 42,195 km. In den USA wird diese Distanz aber in Meilen (1 Meile entspricht 1,609 km) angegeben. Nach wie vielen Meilen hat ein Teilnehmer am New-York-Marathon das Ziel erreicht?

16 Welche Antwort stimmt?

	Aufgabe	Antwort 1	Antwort 2	Antwort 3
a)	67,8 + 264,25 = ■	335,82	330,825	332,05
b)	52,6 · 4,8 = ■	252,48	25,248	2524,8
c)	0,73 : 0,01 = ■	0,0073	0,073	73
d)	378,4 – 283,25 = ■	104,85	95,15	94,25
e)	46,85 : 12,5 = ■	4685 : 125	468,5 : 125	46,85 : 125
f)	38,7 + ■ = 105	38,7 + 105	105 – 38,7	38,7 – 105
g)	14,3 · ■ = 36,61	36,61 – 14,3	14,3 : 36,61	36,61 : 14,3

17 Vom Bruch zur Dezimalzahl

Wandle die Brüche in Dezimalzahlen um.

a) $\frac{1}{2}$ $\frac{3}{4}$ $\frac{5}{8}$ $1\frac{1}{2}$ $2\frac{1}{4}$ $\frac{1}{5}$ $\frac{5}{10}$ $\frac{7}{10}$ $\frac{9}{5}$

b) $\frac{8}{25}$ $\frac{3}{125}$ $\frac{7}{4}$ $\frac{13}{20}$ $\frac{17}{40}$ $\frac{17}{50}$ $\frac{12}{1000}$ $\frac{31}{1000}$ $10\frac{4}{5}$

Sichern und Vernetzen

Vermischte Aufgaben zu Kapitel 4

Trainieren

WES-125661-060

Lösungen

1 I Brüche als Dezimalzahlen

a) Wandle die Brüche in Dezimalzahlen um: $\frac{1}{2}$; $\frac{3}{4}$; $\frac{1}{8}$; $\frac{3}{20}$; $\frac{17}{250}$

b) Die Brüche ergeben periodische Dezimalzahlen: $\frac{2}{9}$; $\frac{3}{7}$; $\frac{2}{11}$; $\frac{1}{12}$
Wandle um und gib jeweils die Länge der Periode an.

2 I Größenvergleich

Vergleiche die Zahlen. Ersetze das ■-Zeichen durch <, > oder =.

a) 3,1456 ■ 3,1465 b) 0,35 ■ 0,3501 c) 25,12 ■ 25,120
d) 33,883 ■ 33,8829 e) 0,0010 ■ 0,0100 f) 26,451 ■ 26,541

3 I Kopfrechnen

Rechne möglichst schnell und geschickt im Kopf.

a) $3{,}9 + 19{,}9$ b) $2{,}5 \cdot 20$ c) $11{,}4 - 3{,}5 - 1{,}4$ d) $34{,}6 : 2$
e) $1000 \cdot 0{,}7564$ f) $4 \cdot 1{,}7 \cdot 2{,}5$ g) $12{,}67 - 11$ h) $10 : 0{,}1$
i) $1{,}5^2$ j) $1000 - 998{,}9$ k) $0{,}2 \cdot 0{,}5$ l) $4 \cdot 1{,}5 - 1{,}5$

4 I Taschengeld

Patrick hat noch 4,82 € von seinem Taschengeld übrig, Janina hat 1,95 € weniger als Patrick und Alberto hat 2,05 € mehr als Patrik.

a) Wie viel Geld hat jeder der drei übrig?
b) Wie viel Geld haben sie zusammen?

5 I Schriftliches Addieren und Subtrahieren

Berechne schriftlich.

a) $72{,}13 + 0{,}259 + 839{,}702 + 91{,}4332$ b) $1001 + 100{,}1 + 10{,}01 + 1{,}001 + 0{,}1001$
c) $90{,}9009 - 9{,}09$ d) $22{,}029 - 8{,}04 - 1{,}3$

6 II Rechenmauer

Rechne zunächst „plus", dann „minus", dann „mal" und schließlich „geteilt".

a)

			2,8		
:		■	■		
·		■	■	■	
−	■	■	■	■	
+	1	6,31	0,3	5,91	0,05

b)

			0		
:		■	■		
·		■	■	■	
−	■	■	■	■	
+	0,04	0,08	0,04	0,01	0,02

7 II Kopfrechnen

Multipliziere im Kopf. Achte auf die richtige Stelle für das Komma im Produkt.

a) $12 \cdot 0{,}3$ b) $2{,}4 \cdot 0{,}2$ c) $3{,}2 \cdot 0{,}04$ d) $0{,}2 \cdot 0{,}4$
e) $456{,}03 \cdot 10$ f) $3{,}5 \cdot 1000$ g) $4{,}80 \cdot 0{,}1$ h) $25{,}60 : 0{,}01$

8 I Multiplizieren mit Überschlag

Berechne das Produkt. Mache zunächst eine Überschlagsrechnung.

a) $12{,}5 \cdot 8{,}2$ b) $3{,}45 \cdot 11$ c) $16{,}4 \cdot 20{,}3$ d) $52{,}1 \cdot 3{,}4$

9 **II Multiplikations- und Divisionstabelle**

Ergänze die fehlenden Zahlen in der Tabelle.

a)

·	2,45	12,3	24,5	1,23
2,45	■	■	■	■
12,3	■	■	■	■
24,5	■	■	■	30,135
1,23	3,0135	■	■	■

b)

:	1,4	0,14	0,014	0,0014
0,119	■	0,85	■	■
1,19	0,85	■	■	■
0,0119	■	■	■	■
11,9	■	■	■	■

10 **I Division zweier Dezimalzahlen**

Berechne. Achte auf das Komma.

a) 4,2 : 7 b) 4,2 : 0,7 c) 4,2 : 0,07 d) 0,356 : 0,5 e) 4,8 : 0,8
f) 0,571 : 0,0002 g) 0,0001 : 0,00001 h) 16,2 : 7,5 i) 1,21 : 1,1 j) 2,25 : 0,15

11 **II Kilopreis**

Auf dem Markt berechnet der Verkäufer für 1 kg Äpfel 2,40 €. Wie viel Kilogramm Äpfel kann man für 8 € kaufen?

12 **I Runden**

Runde die Zahl auf die angegebene Stelle.

a) 35,78 auf Hundertstel b) 12,05 auf Zehntel c) 3,1415 auf Tausendstel
d) 6,5024 auf Einer e) 3,1415 auf Hundertstel f) 6,0013 auf Zehntel

Verstehen

13 **II Ist das möglich?**

a) Kann die Summe zweier Dezimalzahlen, die beide kleiner als 1 sind, größer als 2 sein?
b) Kann die Summe zweier Dezimalzahlen mit Nachkommastellen eine natürliche Zahl sein?
c) Kann das Produkt zweier Dezimalzahlen mit jeweils einer Nachkommastelle eine natürliche Zahl sein?
d) Kann der Quotient von zwei Dezimalzahlen eine natürliche Zahl sein.

14 **II Gleiche Produkte – verschiedene Faktoren**

756 · 24 = 18 144. Setze bei beiden Faktoren jeweils ein Komma oder ergänze Nullen so, dass das Produkt unverändert bleibt. Wie viele Möglichkeiten gibt es dafür? Beschreibe, wie man sie angeben kann.

15 **III Fragen und Begründungen**

Es gilt 3,6 + 2,4 = 6.

a) Was passiert, wenn man das Komma bei jedem Summanden um eine Stelle nach rechts verschiebt? Versuche, eine Begründung zu geben.
Was passiert bei der gleichen Kommaverschiebung, wenn man die beiden Zahlen subtrahiert, multipliziert oder dividiert?
b) Führe die Untersuchung aus Teilaufgabe a) für eine Kommaverschiebung bei beiden Zahlen um zwei Stellen nach links durch.

16 **II Etwas zum Nachdenken**

a) Gesucht ist eine Dezimalzahl, deren Produkt mit 7,6 eine Zahl ergibt, die größer als 3,8 und kleiner als 7,6 ist.
b) Gib ein Beispiel dafür an, dass der Quotient zweier Dezimalzahlen, die kleiner als 1 sind, größer als 1 ist.
c) Gib eine Dezimalzahl an, mit der man 101 multiplizieren kann, um eine Zahl zwischen
① 1 und 10 ② 1 und 35 ③ 0 und 1 zu erhalten.

Erläutere, was du dir überlegt hast.

17 II **Brüche und Dezimalzahlen**

Wandle den Bruch in eine Dezimalzahl um. Um welche Art von Dezimalzahl handelt es sich?

a) $\frac{13}{12}$ b) $\frac{41}{8}$ c) $\frac{5}{33}$ d) $\frac{100}{32}$ e) $\frac{11}{15}$

18 II **Dezimalzahlen und Brüche**

Wandle die Dezimalzahl in einen Bruch um.

a) 5,4 b) $2,\overline{3}$ c) $2,\overline{03}$ d) 2,03 e) $8,5\overline{2}$

Anwenden

19 II **Wasserstände**

Am Monatsersten schreibt Frau Seemann den Zählerstand ihrer Wasseruhr auf. Zeichne ein Diagramm, aus dem man den Wasserverbrauch für jeden Monat ablesen kann.
In welchem Monat war der Verbrauch am größten? Woran könnte es liegen?

Datum	Wasserverbrauch
1.4.	263,004 m^3
1.5.	279,678 m^3
1.6.	297,684 m^3
1.7.	332,488 m^3
1.8.	369,139 m^3
1.9.	374,207 m^3

20 III **Eine Kanutour**

Die Klasse 6c mit 30 Schülerinnen und Schülern plant eine 5-tägige Kanutour mit 4 Übernachtungen. Der Veranstalter bietet eine Pauschale für 2 Personen in einem Boot inkl. Verpflegung für 21,50 € pro Tag an. Die Unterkunft auf Zeltplätzen kostet 4,30 € pro Nacht und Person. Die Busfahrkarte kostet pro Person 26,85 €.

a) Wie viel kostet die Fahrt insgesamt?

b) Wie viel muss jedes Kind bezahlen?

21 II **Im Restaurant**

Ein Ausflugsrestaurant bietet ein „All-you-can-eat"-Buffet an, von dem jeder Besucher so viel essen kann, wie er möchte. Der Inhaber des Restaurants berechnet für einen Erwachsenen einen Preis von 20,70 € und für Kinder ein Drittel des Preises für einen Erwachsenen.
Die Stoffels nehmen mit drei Erwachsenen und vier Kindern das Buffet. Wie viel müssen sie bezahlen?

22 II **Lastkahn**

Ein Lastkahn hat 1400 t Schrott geladen. Der Lastkahn wird auf Lkws entladen, die eine Zuladung von 17,5 t erlauben. Wie viele Lkw-Fuhren werden benötigt, um den Lastkahn vollständig zu entladen?

23 II **Geburtstagsgeschenk**

Hanna, Leonie und Emma kaufen für ihre Freundin zum Geburtstag verschiedene Geschenke und wollen sich die Kosten teilen. Hanna kauft ein Buch für 9,75 €, Leonie besorgt einen Kalender in einer Geschenkverpackung für 12,99 € und Emma ein Spiel für 8,49 €. Wie viel muss jedes Mädchen bezahlen, wenn sie die Kosten gleichmäßig aufteilen?

24 III **Getränkeverkauf**

Ein Obstbauer füllt 1800 Liter gepressten Apfelsaft in 0,75 l-Flaschen ab. Er verkauft die komplette Menge zum Flaschenpreis von 1,65 €.

a) Wie viel kostet ein Kasten dieses Apfelsaftes mit 6 Flaschen, wenn noch zusätzlich 2,40 € Pfand für den Kasten und 0,15 € Pfand pro Flasche berechnet werden?

b) Der Obstbauer kalkuliert die Kosten für die Erzeugung von einem Liter Apfelsaft (Arbeit auf dem Feld, Ernte, Pressen und Abfüllen) mit 0,95 € pro Flasche. Welchen Gewinn erzielt er, wenn er alle Flaschen verkaufen kann?

5 Symmetrie

Symmetrie ist überall. Sie begegnet uns vielfältig in von Menschen geschaffenen Gegenständen, Bauwerken oder Bildern. Auch die Natur steckt voller Symmetrien. Hier ist sie im Bauplan von Pflanzen, Tieren und Menschen schon angelegt. Doch findet man sie dort selten in perfekter geometrischer Form. Bei einer Spiegelung an der glatten Wasseroberfläche entsteht das Spiegelbild der Kohlmeise.

5.1 Symmetrie in Raum und Ebene

1 Symmetrien entdecken

Beschreibe die Regelmäßigkeiten, die dir bei den Bildern auffallen.

2 Symmetrien auf dem Geobrett

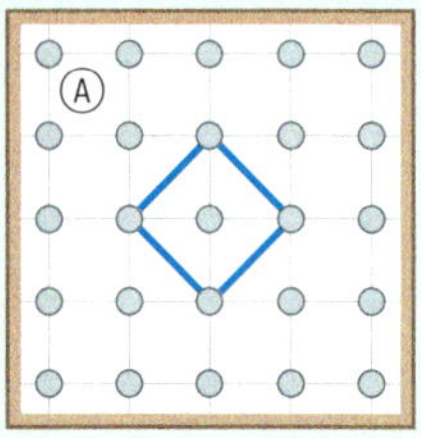

a) Spanne auf dem Geobrett mit einem Gummiband das Quadrat Ⓐ. Markiere mit einem andersfarbigen Gummiband eine Symmetrieachse des Quadrats. Wie viele verschiedene Möglichkeiten findest du?

b) Spanne andere Vierecke auf. Wie viele Symmetrieachsen findest du beim Rechteck, beim Parallelogramm und bei der Raute?

c) Spanne die Figur Ⓒ auf. Welche Regelmäßigkeit erkennst du? Finde Figuren mit dieser Regelmäßigkeit und spanne sie auf.

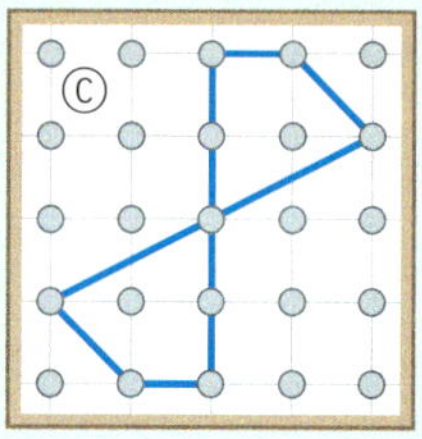

3 Kapitän Blaubart

Auf dem Schiff von Kapitän Blaubart gibt es Ärger.
Der Maat zum Kapitän:
„Der Schiffsjunge hat den Kurs geändert! Er hat heimlich am Steuer gedreht."
Darauf brummt der Kapitän zurück: „So ein Quatsch! Das Steuerrad stand vorhin genauso. Ich kann keinen Unterschied sehen." Was meinst du dazu?

Basiswissen

WES-125661-036

Achsensymmetrische Figuren

Bei manchen Figuren ist die eine Hälfte das genaue Spiegelbild der anderen. Diese Figuren nennt man **achsensymmetrische Figuren**.

Drehsymmetrische Figuren

$360° : 5 = 72°$

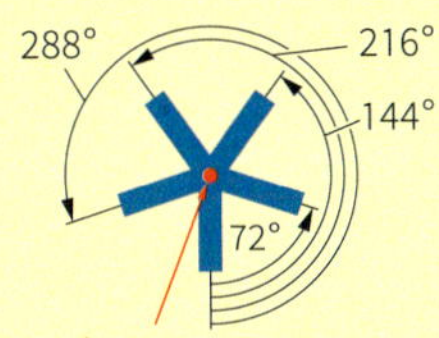

Manche Figuren verändern ihr Aussehen nicht, wenn man sie um einen Punkt mit einem bestimmten Winkel (kleiner als 360°) dreht. Diese Figuren nennt man **drehsymmetrische Figuren**.

Punktsymmetrische Figuren

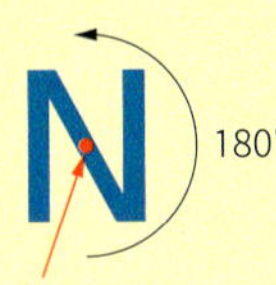

Manche Figuren verändern ihr Aussehen nicht, wenn man sie um einen Punkt mit 180° dreht. Sie sehen dann aus, als wären sie an einem Punkt gespiegelt. Man nennt sie deshalb **punktsymmetrische Figuren**.

Spiegelsymmetrische Körper

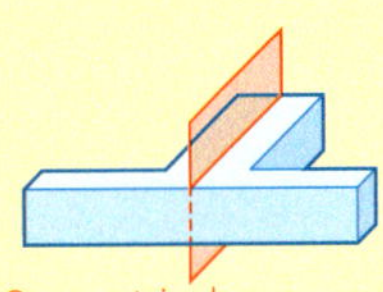

Bei manchen Körpern ist die eine Hälfte das genaue Spiegelbild der anderen. Diese Körper nennt man **spiegelsymmetrische Körper.**

Drehsymmetrische Körper

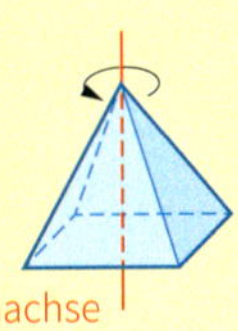

Dreht man Körper mit einem Winkel (kleiner als 360°), und es sieht so aus, als wäre nichts geschehen, so nennt man sie **drehsymmetrische Körper**.

Beispiele

A **Symmetrie in der Natur**
Welche Symmetrien erkennst du?

Lösung:

Der Schmetterling ist achsensymmetrisch, aber nicht drehsymmetrisch oder punktsymmetrisch.

Der Eiskristall ist achsensymmetrisch, drehsymmetrisch und punktsymmetrisch.

Das Eichenblatt ist genau genommen nicht symmetrisch.

B Symmetrische Figuren

Welche der Figuren sind achsensymmetrisch, welche punktsymmetrisch? Zeichne in jede Figur, wenn vorhanden, alle möglichen Symmetrieachsen bzw. das Symmetriezentrum ein.

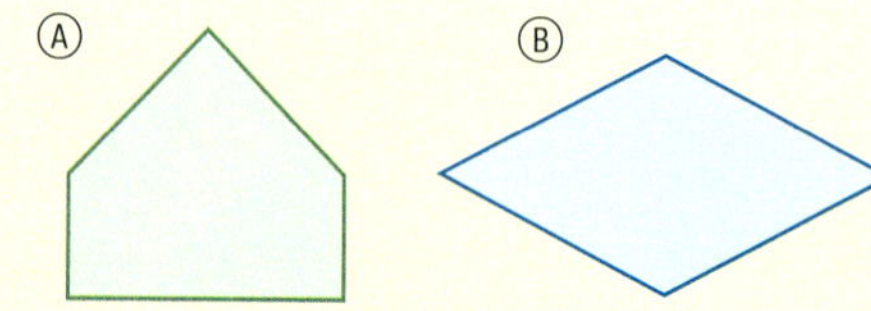

Lösung:
Die Figur Ⓐ ist achsensymmetrisch und hat eine Symmetrieachse.
Die Figur Ⓑ ist achsen- und punktsymmetrisch. Sie hat zwei Symmetrieachsen und das Symmetriezentrum Z.

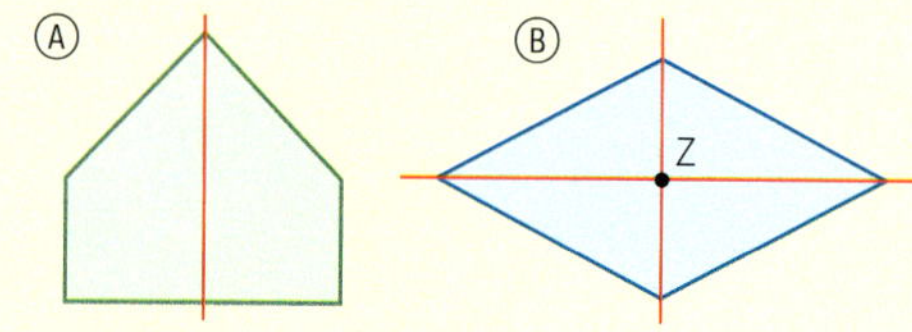

C Symmetrie beim Quader

Wie viele Symmetrieebenen und Drehachsen findest du bei einem Quader?

Lösung:

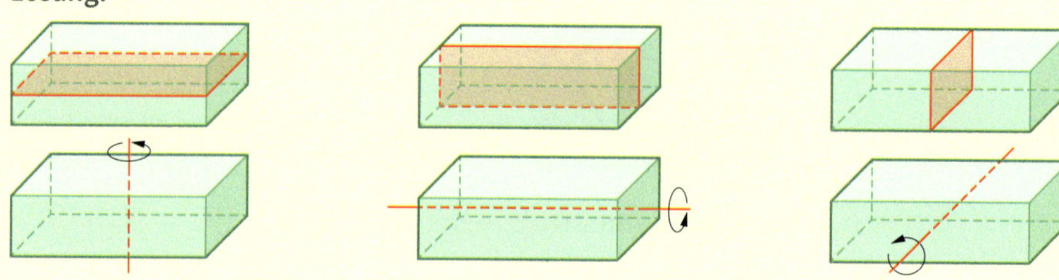

Ein Quader hat drei Symmetrieebenen und drei Drehachsen.

Übungen

4 **Seltsame Spielkarten**

Betrachte die Karten von Herzkönig und As. Nur bei einer Karte handelt es sich um das Bild einer echten Spielkarte.

a) Erkennst du, welche es ist? Begründe!
b) Ordne den drei Karten die passende Symmetrie zu.

5 **Symmetrie bei Verkehrsschildern**

Untersuche die Verkehrsschilder auf Symmetrie. Weißt du auch, was die Schilder bedeuten?

6 **Symmetrie bei Würfelzahlen**

Die Flächen eines Spielwürfels sind mit Punkten für die Zahlen 1 bis 6 beschriftet. Beschreibe die Symmetrien, die du auf den Flächen erkennen kannst.

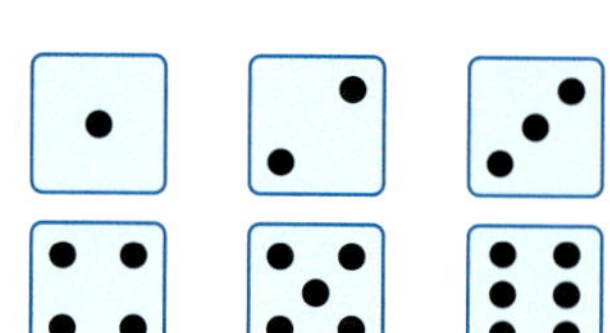

7 Symmetrie gesucht

Welche der Figuren sind symmetrisch?

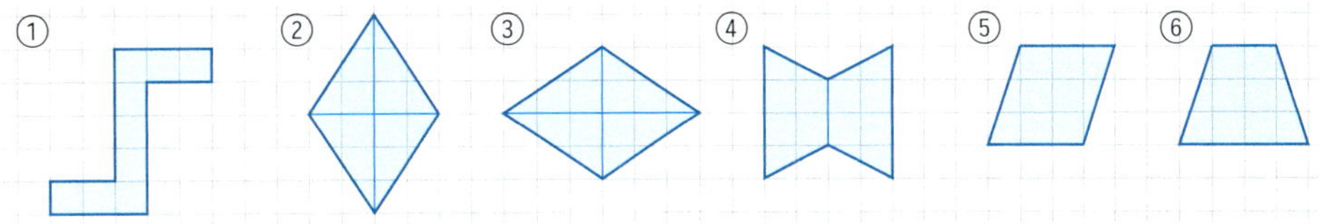

8 Symmetrische Figuren

Zeichne die Figuren ab.

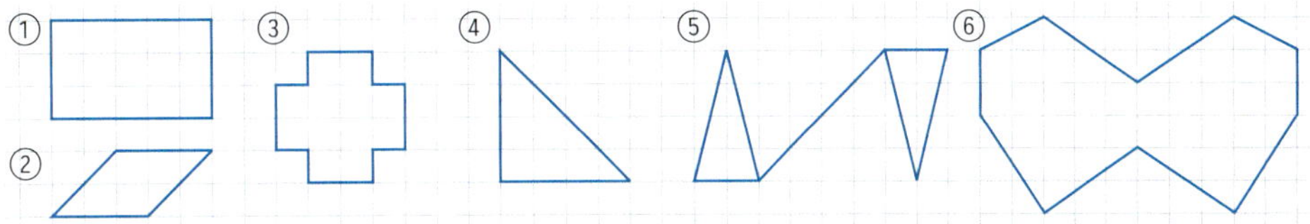

Welche der Figuren sind achsensymmetrisch, welche drehsymmetrisch, welche punktsymmetrisch? Zeichne in die Figur die Symmetrieachsen bzw. das Symmetriezentrum ein.

9 Symmetrie bei Flaggen

Untersuche die Flaggen auf Symmetrie.

Schweden

Österreich

Jamaika

Nordmazedonien

10 Symmetrie bei Spielbrettern

Untersuche die Spielbretter auf Symmetrie. Kennst du die zugehörigen Spiele?

① 

② 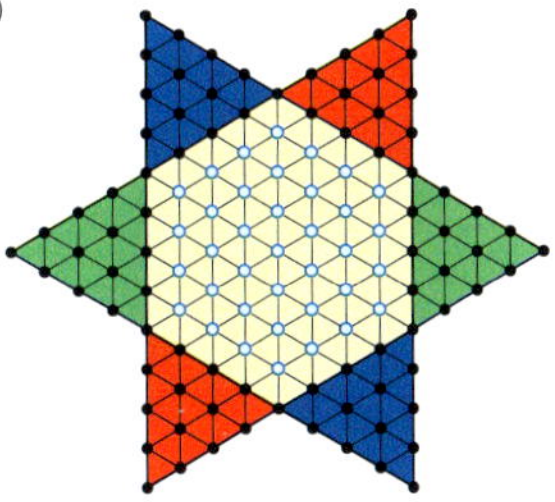

③ 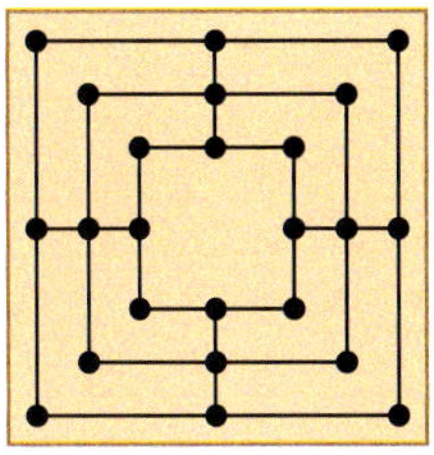

11 Halbe Geschichten

a) Fast eine Geheimschrift. Kannst du den Text entschlüsseln?

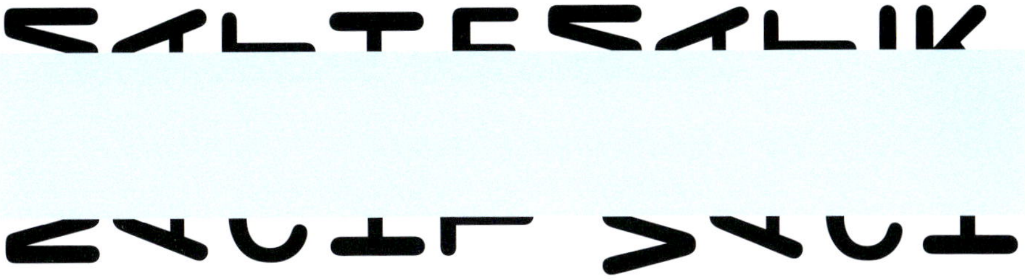

Ein Spiegel kann dir hier helfen

b) Schreibe selbst eine Nachricht in dieser „Geheimschrift". Das ist gar nicht so einfach. Man muss sich ganz schön konzentrieren. Außerdem kann man nicht alle Buchstaben benutzen. Überlege zunächst, welche Buchstaben sich eignen.

12 I Drehsymmetrische Figur im Koordinatensystem

Zeichne in ein Koordinatensystem (beide Achsen 10 cm lang) die Vierecke ABCD und DEFG mit A(4|2), B(5|0), C(6|2), D(5|4), E(7|3), F(9|4) und G(7|5).
Ergänze zu einer drehsymmetrischen Figur.

13 I Spiegelschrift

a) Wer hat hier seinen Namen aufgeschrieben?
b) Schreibe deinen und andere Namen in Spiegelschrift.
c) Arbeite mit einem Partner. Denke dir einen kurzen Satz aus und schreibe ihn in Spiegelschrift. Kann dein Partner ihn lesen?

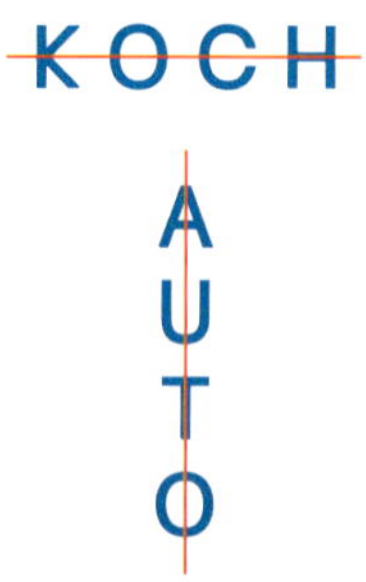

14 II Symmetrische Wörter

Das Wort KOCH hat eine waagerechte Symmetrieachse. Das Wort AUTO hat eine senkrechte Symmetrieachse, wenn man die Buchstaben untereinander schreibt.

a) Finde möglichst lange Wörter, die eine Symmetrieachse besitzen. Gibt es Buchstaben, die sowohl senkrecht als auch waagerecht achsensymmetrisch sind? Gibt es drehsymmetrische oder punktsymmetrische Buchstaben?
b) Kannst du auch symmetrische Sätze bilden? Warum ist das Schwimmen ausgerechnet montags untersagt?

15 I Portraits

Betrachte die Bilder von Timo. Erkennst du das Originalbild? Wie sind die anderen beiden hergestellt?

16 I Symmetrie bei Spielgeräten

Untersuche die Spielgeräte auf Symmetrie.

a)

b)

c)

d)

17 I Symmetrische Dächer

Welches Dach weist die meisten Symmetrieebenen auf?

18 II Würfelhäuser

Manche Würfelhäuser sind achsensymmetrische Gebäude. Bei ihnen sieht die eine Hälfte so aus wie die andere.

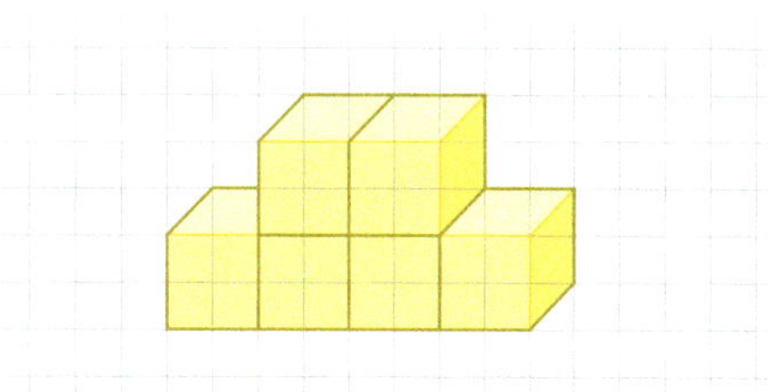

a) Zeichne das Schrägbild des Würfelhauses in dein Heft.

b) Ergänze Würfel so, dass die Symmetrie erhalten bleibt.

c) Ergänze die Würfelhäuser jeweils zu einem spiegelsymmetrischen Gebäude. Zeichne die Schrägbilder in dein Heft.

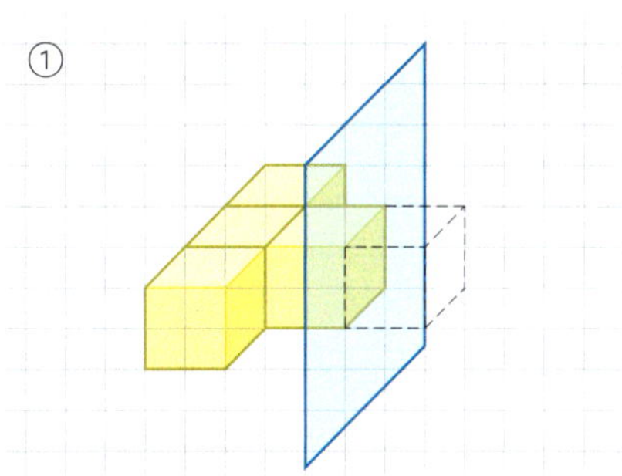

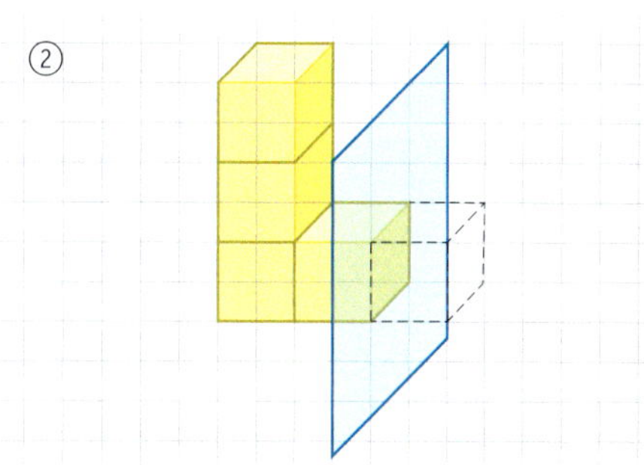

19 I Aus einem Intelligenztest

Ordne passend zu. Benenne jeweils die Art der Symmetrie.

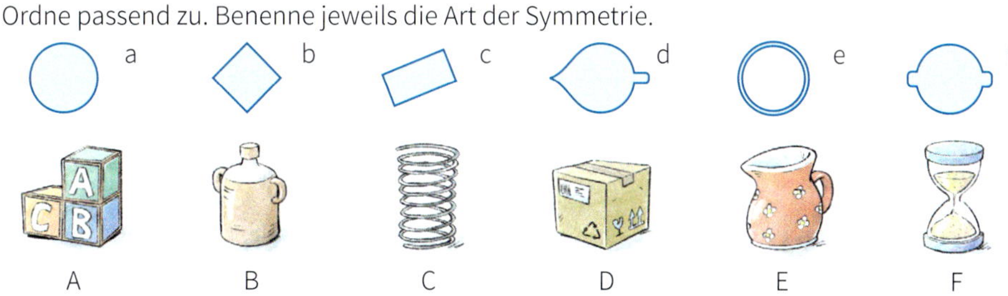

Grundwissen zum Wiederholen

1 Entscheide, welche Einheit zu der Angabe passt.
„Die geschätzte Dauer einer Autofahrt von Mainz nach Berlin."

2 Welches Rechenzeichen gehört in das Kästchen, damit die Rechnung stimmt?

a) $18:9 \,\square\, 8:4=0$ b) $14 \,\square\, 0=0$ c) $22 \,\square\, 22=1$ d) $5 \,\square\, 2\cdot 3=11$

3 Berechne.

a) $\frac{3}{4}+\frac{2}{5}$ b) $\frac{3}{4}\cdot\frac{2}{5}$ c) $\frac{3}{4}-\frac{2}{5}$ d) $\frac{3}{4}:\frac{2}{5}$

20 Symmetrische Muster falten und schneiden

Wenn man quadratisches Papier mehrmals faltet und dann verschiedene Formen ausschneidet, entstehen symmetrische Muster. Mit etwas Fantasie findest du bestimmt viele originelle Muster. Aber wie steht es mit der Umkehrung? Schaffst du es, ein vorgegebenes Muster nachzuschneiden und dein Vorgehen zu beschreiben? Das soll Ziel dieses Projekts sein.

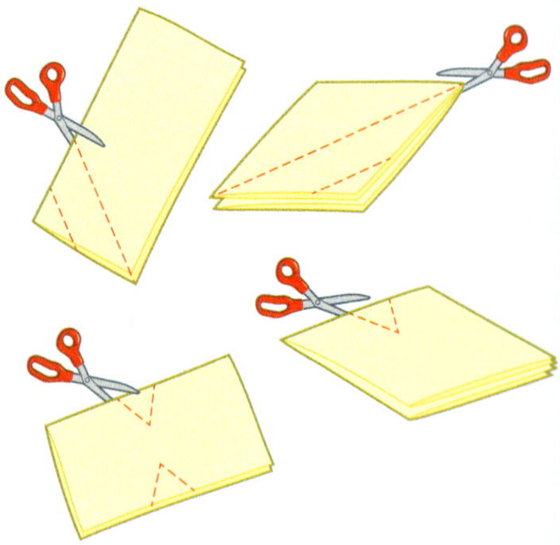

Vorbereitung

Du benötigst dazu quadratisches Papier (z. B. farbiges Origamipapier aus dem Bastelladen) und eine Schere.

Sammle zuerst Erfahrungen im Falten und Schneiden. Was passiert, wenn du im gefalteten Papier Ecken abschneidest? Was entsteht beim Einschneiden von Figuren? Welchen Einfluss hat die Art der Faltung auf dein Muster? Deine Kenntnisse über Spiegel- und Drehsymmetrie helfen dir beim Erforschen der Muster.

Projektarbeit

Erzeuge eines der abgebildeten Muster selbst. Beschreibe danach genau, wie du vorgegangen bist. Verwende bei deiner Beschreibung auch Skizzen.

Können deine Mitschülerinnen und Mitschüler deine Lösung anhand deiner Beschreibung ohne Schwierigkeiten nachschneiden? Probiert es aus.

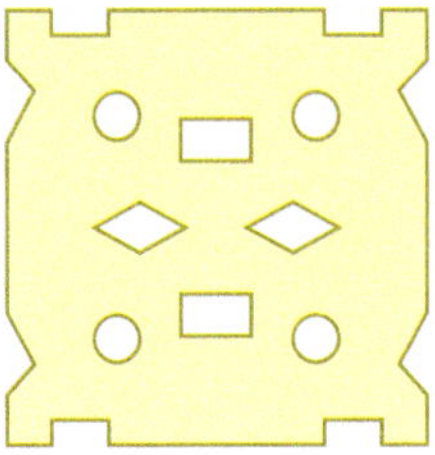

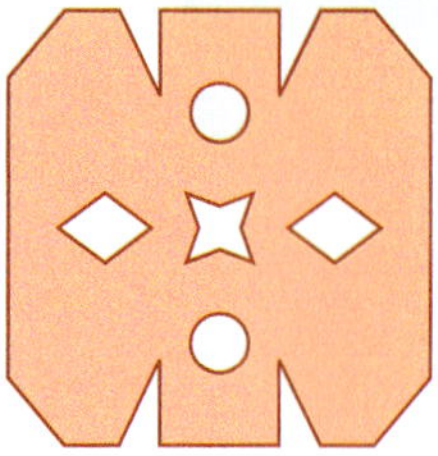

21 Ohne Worte

Irgendetwas stimmt hier nicht. Beschreibe.

5.2 Achsenspiegelungen

Gruppenarbeit

1 Spiegelung an einer Achse im Klassenraum

Klebt mit Kreppband eine gerade Linie als Spiegelachse auf den Boden. Schüler A und A′ stellen sich achsensymmetrisch gegenüber. Nun bewegt sich Schüler A. Schüler A‘ bewegt sich so mit, dass der Punkt A′ Spiegelpunkt bleibt. Die anderen beobachten.

- Beschreibt, wie sich A′ in Abhängigkeit von A bewegen muss.
- Beschreibt die Lage der Verbindungsstrecke von A und A′ zur Spiegelachse.

2 Achsensymmetrische Figuren mit einem Spiegel erzeugen

Übertrage jedes dargestellte Muster zweimal auf kariertes Papier und schneide die Kärtchen aus.

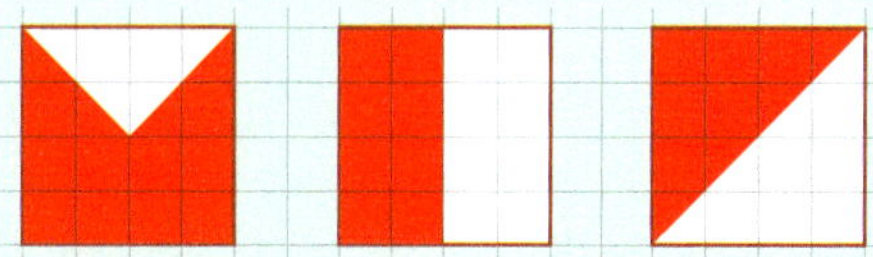

Mit zwei Kärtchen und einem Spiegel kannst du Muster herstellen. Versuche die folgenden Muster mithilfe zweier Kärtchen und eines Spiegels herzustellen.

3 Geobrett

Spanne auf einem Geobrett die abgebildete Figur. Lege dann ein zweites Geobrett daneben und spanne das Spiegelbild, das sich nach dem Spiegeln an der roten Symmetrieachse ergibt.

a)

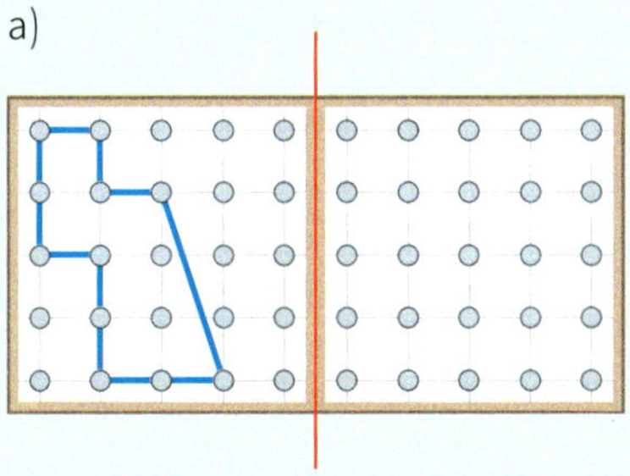

b)

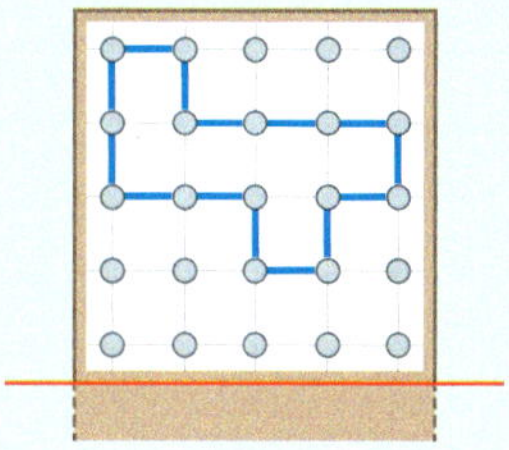

c)

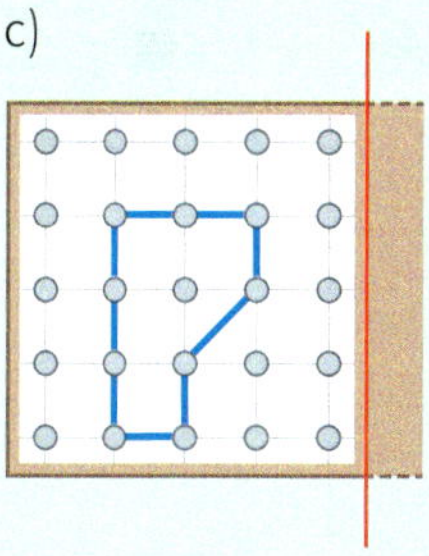

Wenn du kein Geobrett zur Verfügung hast, kannst du auf Karopapier zeichnen. Die Punkte auf dem Geobrett sind dann die Gitterpunkte.

4 Haus ergänzen

Zeichne die Hälfte des Hauses in dein Heft. Ergänze deine Zeichnung so, dass das Haus achsensymmetrisch ist.

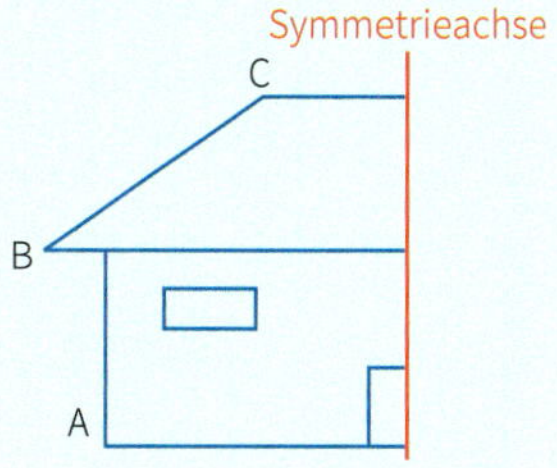

Basiswissen

WES-125661-037

Figuren an einer Geraden spiegeln

Spiegelbilder einer Figur und achsensymmetrische Figuren können durch Spiegeln an einer Geraden erzeugt werden.

Spiegelbild

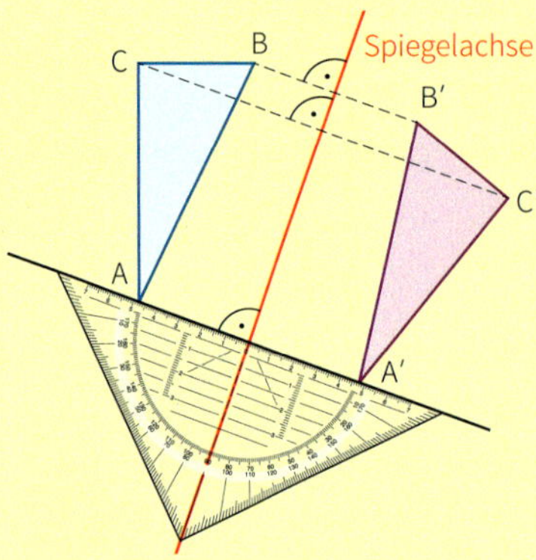

achsensymmetrische Figur

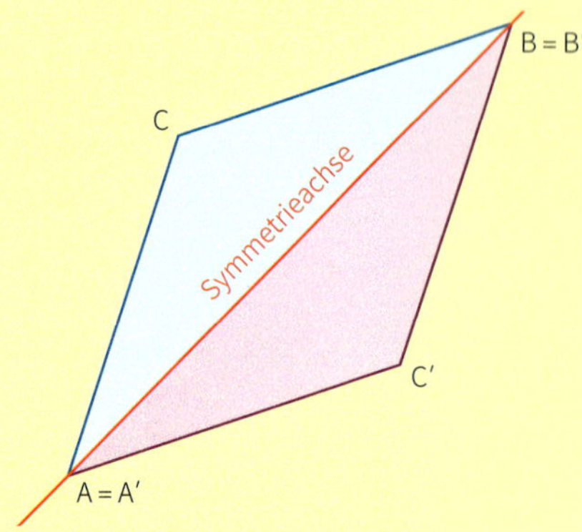

1. Zeichne die Senkrechte zur Spiegelachse durch den Punkt A. Markiere auf der Senkrechten den Punkt A′ so, dass er den gleichen Abstand zur Spiegelachse hat wie A.
2. Spiegele die weiteren Eckpunkte.
3. Verbinde die Bildpunkte passend.
4. Ein Punkt auf der Spiegelachse stimmt mit seinem Bildpunkt überein.

Beispiel

A Spiegeln einer Figur

Spiegele das Quadrat an der roten Spiegelachse.

Lösung:

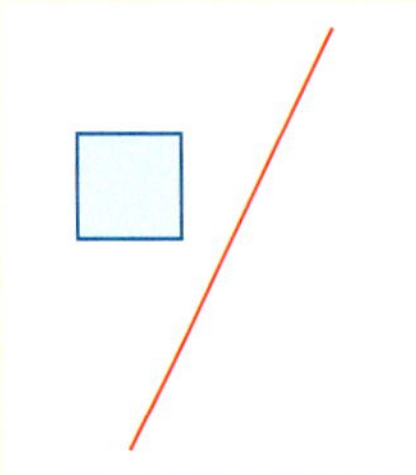

Gegeben:
Figur und Spiegelachse.

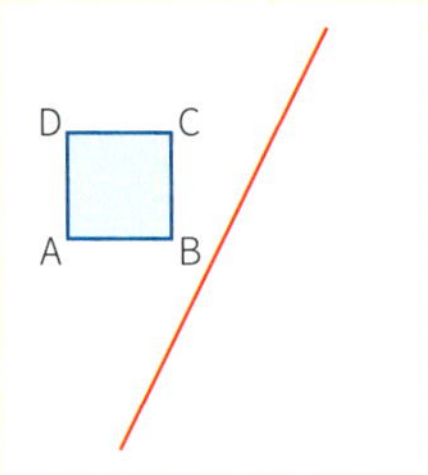

Bezeichne die Eckpunkte mit A, B, C und D.

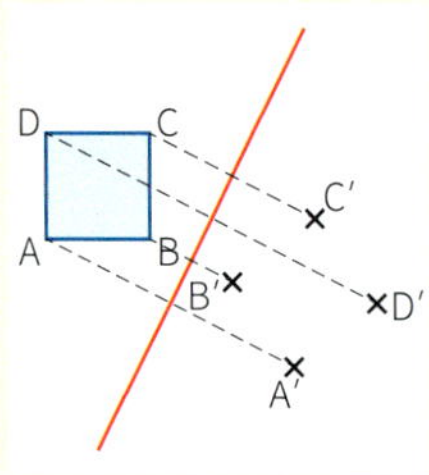

Spiegele die Punkte A, B, C und D.

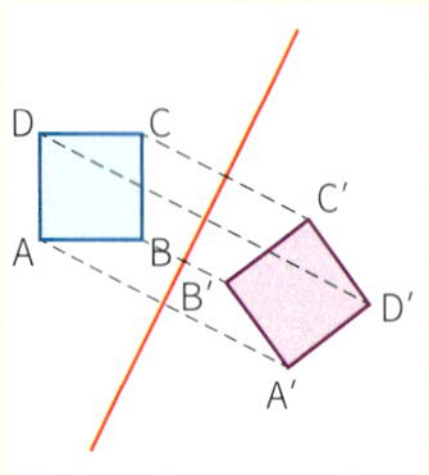

Verbinde die Bildpunkte A′, B′, C′ und D′.

Übungen

5 I II **Achsensymmetrische Figuren**

Zeichne die Figur in dein Heft. Vervollständige sie so, dass sie achsensymmetrisch ist. Spiegele dazu an der roten Spiegelachse.

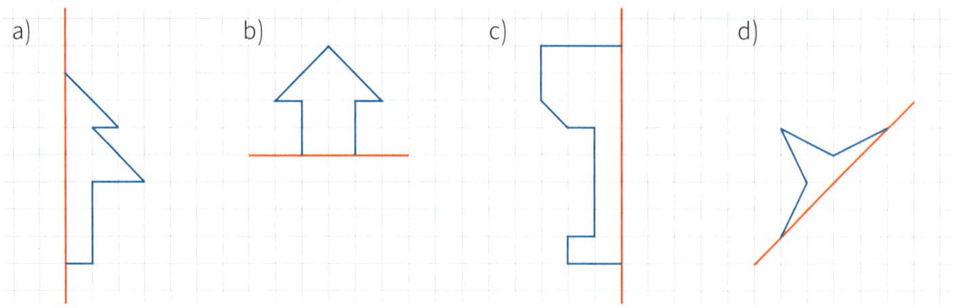

6 Ⅰ **Spiegelbilder**

Zeichne die Figur mit der Spiegelachse in dein Heft und zeichne das Spiegelbild.

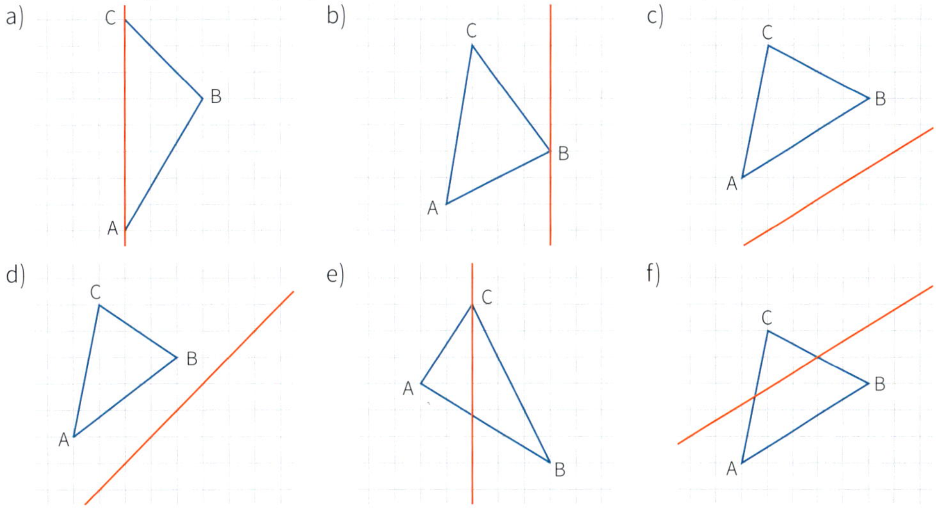

7 Ⅰ **Rechtecke spiegeln**

Übertrage das Rechteck mit den Kantenlängen 3 cm und 2 cm und die Spiegelachse auf ein weißes Blatt Papier und zeichne das Spiegelbild.

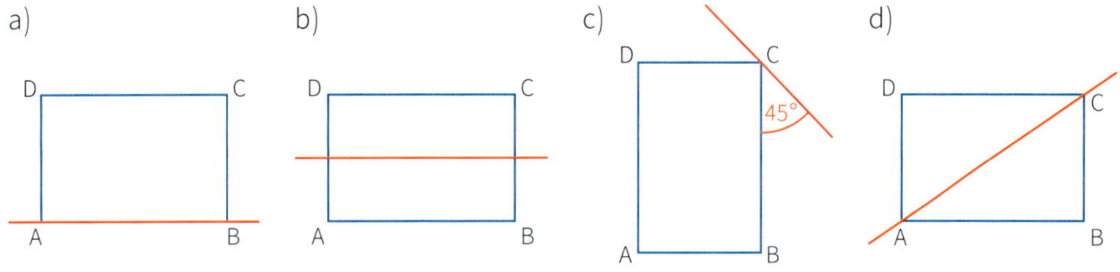

8 Ⅰ **Eine Figur entsteht**

Übertrage die Zeichnung in dein Heft und spiegele dann an der roten Linie. Du erhältst eine interessante achsensymmetrische Figur.

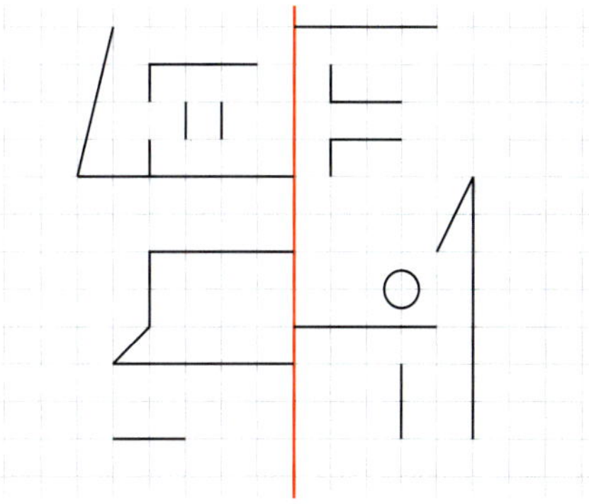

9 Ⅰ **Spiegeln im Koordinatensystem**

Zeichne ein Koordinatensystem mit 0,5 cm pro Einheit. Spiegele das Dreieck ABC mit A(8 | 12), B(12 | 15) und C(9 | 17)

① an der Parallelen zur x-Achse durch den Punkt P(0 | 9);

② an der Parallelen zur y-Achse durch den Punkt Q(7 | 0);

③ an der 1. Winkelhalbierenden.

Vergleiche die Koordinaten der Punkte des Grunddreiecks und des jeweiligen Bilddreiecks. Fällt dir etwas auf? Hättest du die Koordinaten der Bildpunkte auch berechnen können?

Die Gerade durch (0 | 0), (1 | 1), (2 | 2) usw. heißt **1. Winkelhalbierende**.

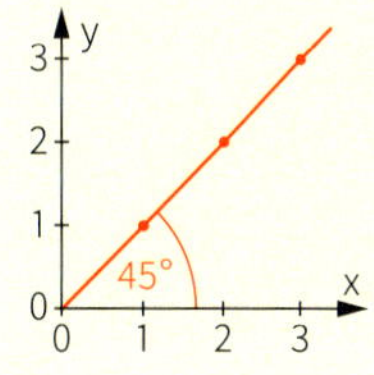

10 I Wo ist die Spiegelachse?

Das Dreieck A′B′C′ ist das Spiegelbild des Dreiecks ABC. Übertrage die Zeichnung in dein Heft. Findest du die Spiegelachse?
Zeichne sie und beschreibe dein Vorgehen.

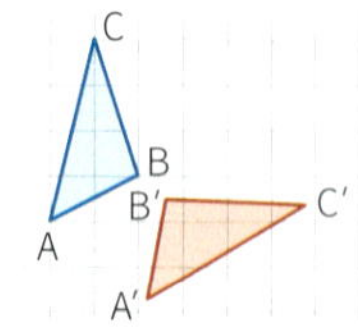

WES-125661-038

Die Mittelsenkrechte als Symmetrieachse erzeugen

Die **Mittelsenkrechte** zur Strecke $\overline{PQ}$ ist die Gerade, die
- durch die Mitte von $\overline{PQ}$ verläuft und
- senkrecht zu $\overline{PQ}$ verläuft.

Die Mittelsenkrechte ist die Symmetrieachse zu den beiden Punkten P und Q.

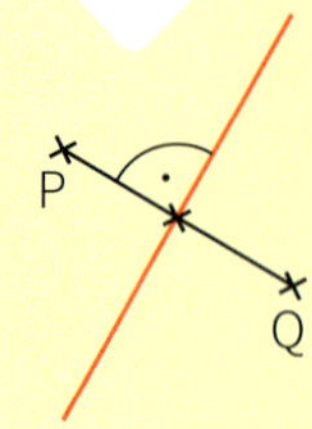

Zeichnung: Markiere den Mittelpunkt M von $\overline{PQ}$. Zeichne die Senkrechte zu $\overline{PQ}$ durch M.

11 II Spiegelachsen gesucht

Übertrage in dein Heft und zeichne, falls möglich, die Symmetrieachsen.

a)

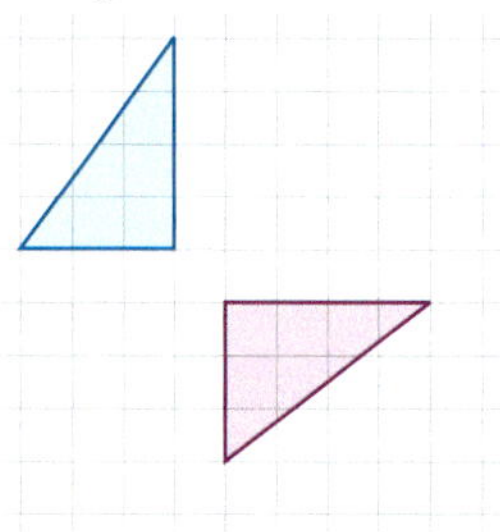

b)

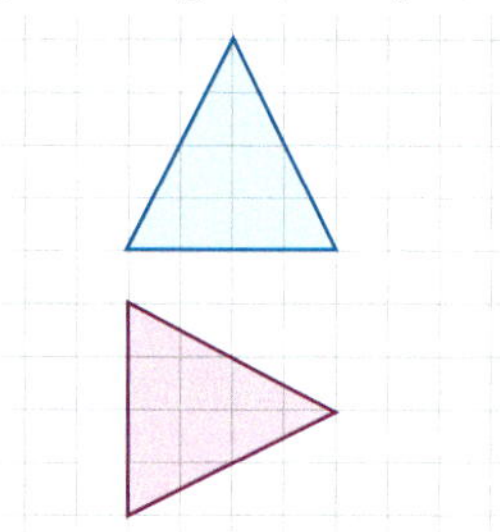

c)

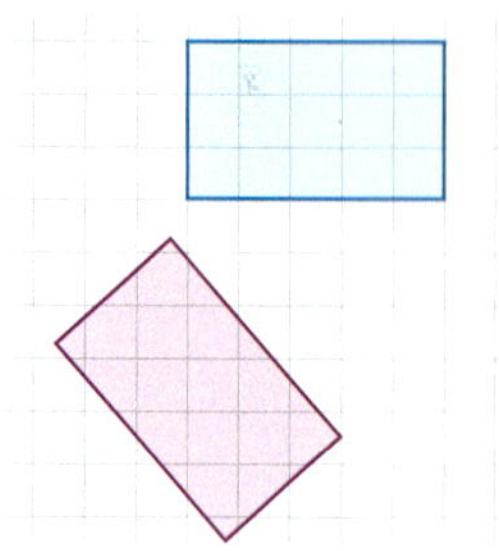

12 II Mittelsenkrechte im Dreieck

Beide Dreiecke sollten nicht zu klein sein.

Zeichne ein beliebiges spitzwinkliges Dreieck und ein beliebiges stumpfwinkliges Dreieck.

a) Zeichne in beiden Dreiecken zu jeder Seite die Mittelsenkrechte.

b) Vergleiche die Zeichnungen zu beiden Dreiecken. Fällt dir etwas auf? Vergleiche mit den Zeichnungen deiner Nachbarn.

zum Weiterdenken

c) Können die Mittelsenkrechten Symmetrieachsen von Dreiecken sein?

13 II Symmetrieachsen – Wo steckt der Fehler?

a) Beschreibe die Fehler.

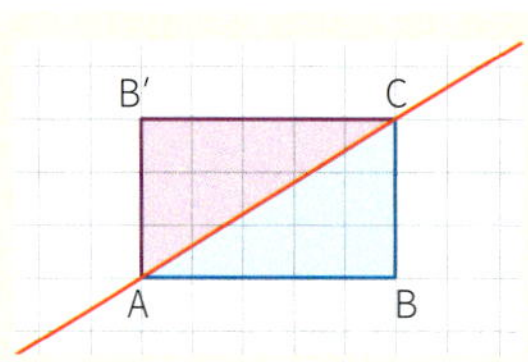

Beispiel:
Fehlerbeschreibung:
Der Punkt B′ ist falsch. Die Strecke $\overline{BB'}$ ist nicht senkrecht zur Spiegelachse.

①

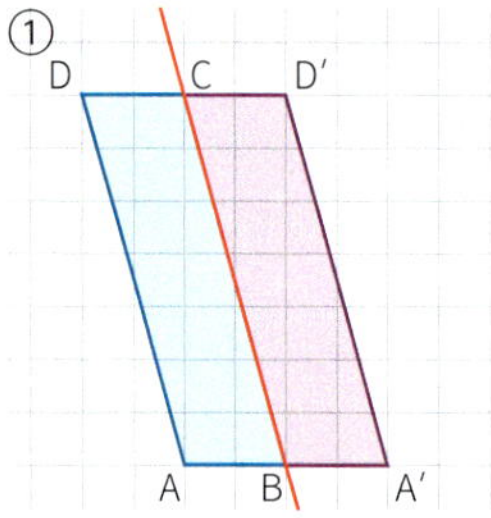

②

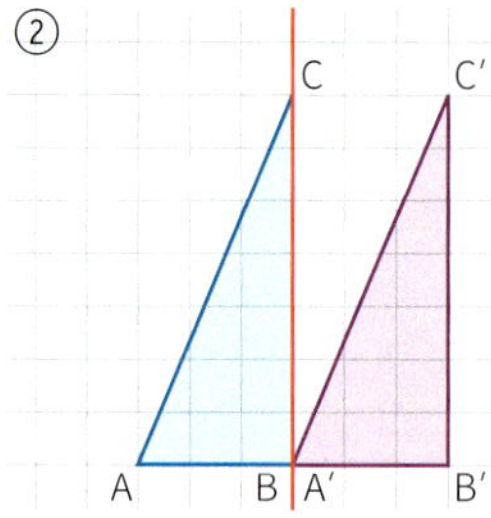

③

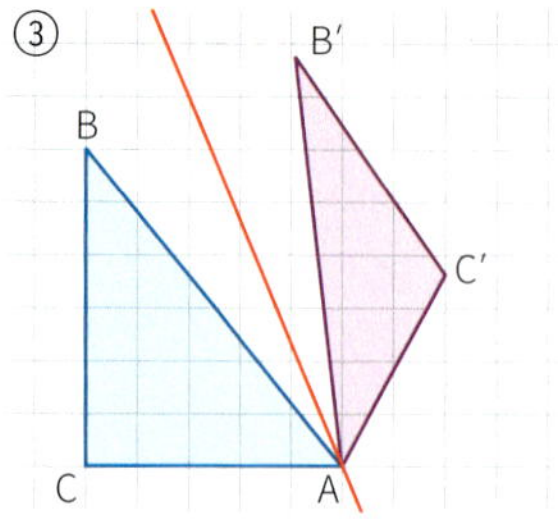

b) Übertrage die blauen Figuren und die Spiegelachsen in dein Heft und spiegele richtig.

14 **Symmetrie und Archäologie**

Vor tausenden von Jahren benutzten Menschen bereits Pfeil und Bogen. Viele der Pfeilspitzen bestanden aus Stein, der kunstvoll bearbeitet wurde. Archäologen finden heute viele dieser Stücke bei Ausgrabungen.

Die Zeichnung zeigt eine zerbrochene Pfeilspitze.

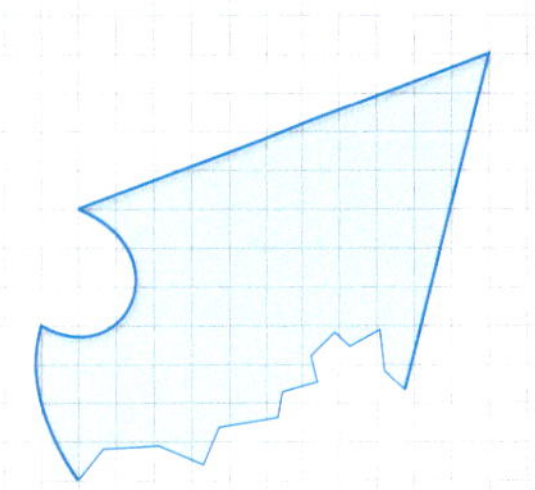

a) Um das ursprüngliche Aussehen wieder herzustellen, soll die unbeschädigte Hälfte an der Symmetrieachse gespiegelt werden.
- Wie kann man diese Achse finden?

Hinweis: Betrachte den Winkel der Spitze.
- Zeichne die Symmetrieachse in deinem Heft.

b) Vervollständige dann die Pfeilspitze durch eine Achsenspiegelung.

WES-125661-039

Die Winkelhalbierende als Symmetrieachse erzeugen

Die **Winkelhalbierende** zu einem Winkel α ist die Gerade, die
- den Winkel α halbiert.
- durch den Scheitel des Winkels verläuft

Die Winkelhalbierende ist die Symmetrieachse zum Winkel α.

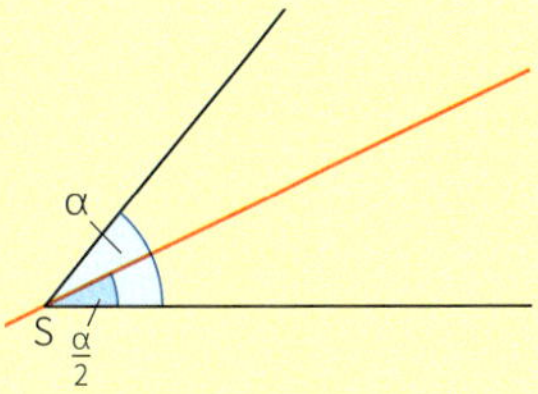

Zeichnung: Miss den Winkel. Bestimme die Hälfte des Winkels. Trage diesen Winkel an S und einem Schenkel ab und markiere den zugehörigen Punkt. Verbinde diesen Punkt mit dem Scheitel S.

15 **Symmetrische Geradenkreuzung**

Zeichne in dein Heft zwei verschiedene Geradenkreuzungen, deren Kreuzungswinkel nicht 90° betragen.

a) Zeichne alle Symmetrieachsen.

b) Vergleiche die Zeichnungen zu beiden Geradenkreuzungen. Fällt dir etwas auf? Vergleiche mit den Zeichnungen deiner Nachbarn.

16 **Winkelhalbierende im Dreieck**

Zeichne ein beliebiges spitzwinkliges Dreieck und ein beliebiges stumpfwinkliges Dreieck. Beide Dreiecke sollten nicht zu klein sein.

a) Zeichne zu jedem Winkel im Dreieck die Winkelhalbierende.

b) Vergleiche die Zeichnungen zu beiden Dreiecken. Fällt dir etwas auf? Vergleiche mit den Zeichnungen deiner Nachbarn.

zum Weiterdenken

c) Können die Winkelhalbierenden Symmetrieachsen von Dreiecken sein?

Grundwissen
zum Wiederholen

1 Rieke mischt 2 Dosen roter Farbe und 3 Dosen blauer Farbe und erhält die Farbe Lila. Welchen Anteil macht Blau aus?

2 Wie viele Strecken benötigt man, um das Haus des Nikolaus zu zeichnen?

3 Der Flächeninhalt eines Rechtecks beträgt 10 cm^2. Wie lang können die Seiten dieses Rechtecks sein?

Exkurs

Mathematik und Billard

Wer kann die Regeln für Pool-Billard und Karambolage-Billard beschreiben? Suche im Lexikon oder im Internet.

Sicher hast du schon einmal Billard-Spiele im Fernsehen oder sogar in Wirklichkeit beobachten können. Beim Pool-Billard werden die Kugeln durch Zusammenstöße in die Randlöcher versenkt, beim wettkampfmäßigen Karambolage-Billard geht es um festgelegte Zusammenstöße zwischen drei Kugeln.

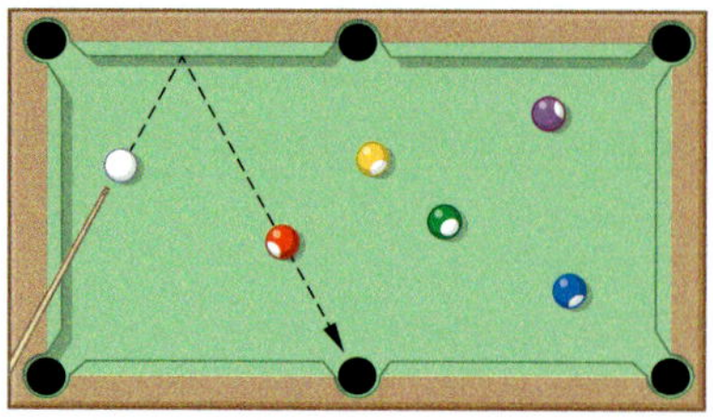

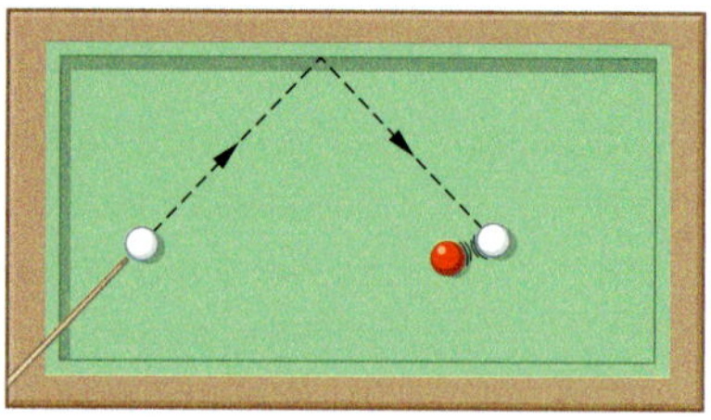

Beim schrägen Bandenstoß gilt immer: Einfallswinkel gleich Abprallwinkel.

Es gehört viel Geschick und Training dazu, damit die Kugeln auf ausgeklügelten Bahnen mit Zusammenstößen und Abprallen von den Banden das gewünschte Ziel erreichen. Ein Teil des Erfolges beruht auf Mathematik, nämlich der geschickten Anwendung der Achsenspiegelung.
Ein Beispiel: Die weiße Kugel soll über die Bande so gespielt werden, dass sie die rote Kugel trifft. Welchen Punkt auf der Bande soll man anpeilen?

Den Punkt findet man mithilfe einer Achsenspiegelung:

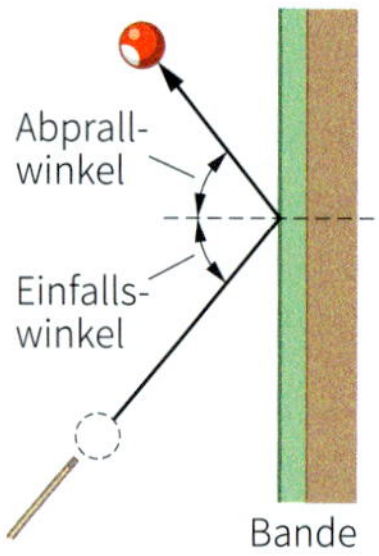

1. Spiegele die Kugel, die getroffen werden soll, an der Bande.
2. Verbinde die weiße Kugel mit der gespiegelten Kugel. Der Schnittpunkt dieser Linie mit der Bande ist der Punkt, der angespielt werden muss.

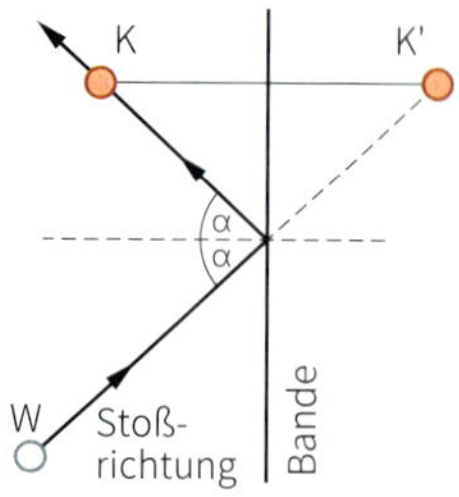

17 II **Kleines Billard**

Übertrage den Plan in dein Heft, am besten in die Mitte einer Seite. Die weiße Kugel soll über Bande gestoßen werden, sodass sie die rote Kugel trifft. Konstruiere den Anspielpunkt auf einer Bande und zeichne den Weg der Kugel ein. Findest du auch Wege über mehrere Banden?

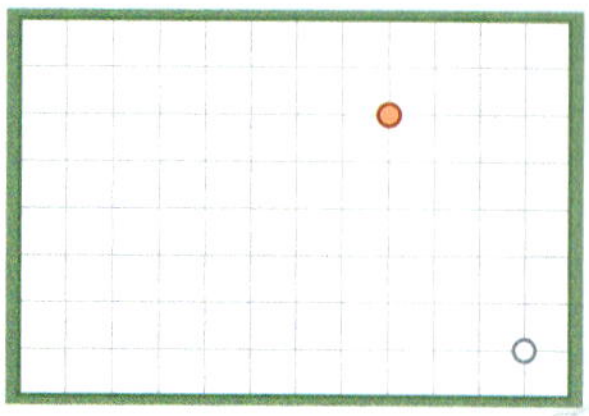

18 III **Minigolf**

Wie will Manuela die Bahn mit einem Schlag schaffen? Übertrage die Minigolfbahn maßstabsgetreu in dein Heft (Maßstab 1 : 50). Konstruiere den Abprallpunkt auf einer Bande und zeichne den möglichen Lauf des Minigolfballes ein. Gibt es verschiedene Möglichkeiten?

5.3 Drehungen

1 Rechtecke drehen

Zeichne ein Rechteck von 4 cm × 2 cm in die Mitte eines karierten Blattes in dein Heft. Zeichne nun das gleiche Rechteck auf eine durchsichtige Folie (ungefähr 8 cm × 8 cm). Beschrifte bei beiden Rechtecken die Ecken A, B, C und D wie in der Abbildung. Lege die Folie nun auf das Papier, sodass die Rechtecke genau zur Deckung kommen.

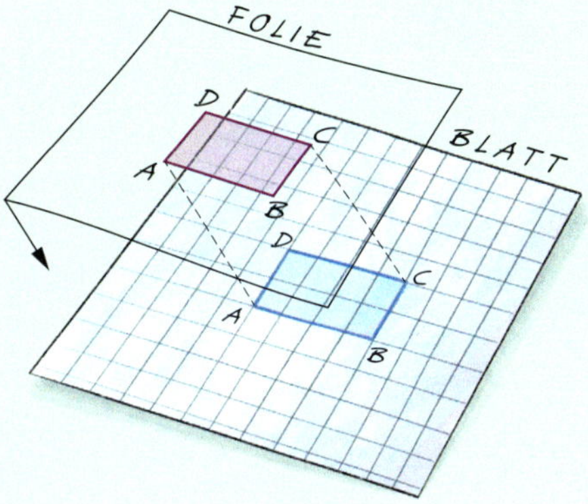

a) Stecke eine Stecknadel in die Mitte des Folienrechtecks und drehe die Folie um 90° entgegen dem Uhrzeigersinn (①). Wo liegen die Punkte A, B, C, D nach der Drehung? Auf welchen Bahnkurven bewegen sich die Eckpunkte des Rechtecks? Beschreibe möglichst genau. Zeichne in dein Heft und beschrifte die Ecken des lila Rechtecks. Zeichne die Bahnkurven.

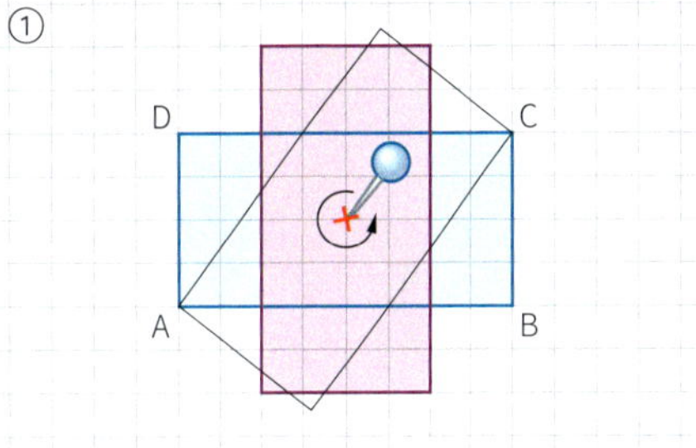

b) Stecke die Stecknadel nun in den Punkt C und drehe die Folie aus der Ausgangsstellung um 180° (②). Wie liegen die beiden Vierecke nun zueinander? Wie lassen sich die Bahnkurven der Eckpunkte beschreiben? Zeichne ins Heft.

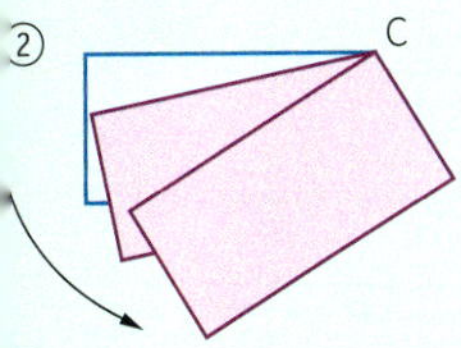

c) Das Bild ③ entsteht, wenn du die Nadel im Punkt Z außerhalb des Rechtecks einstichst und dann die Folie um 90° drehst. Konstruiere das Rechteck im Heft mit Geodreieck und Zirkel.

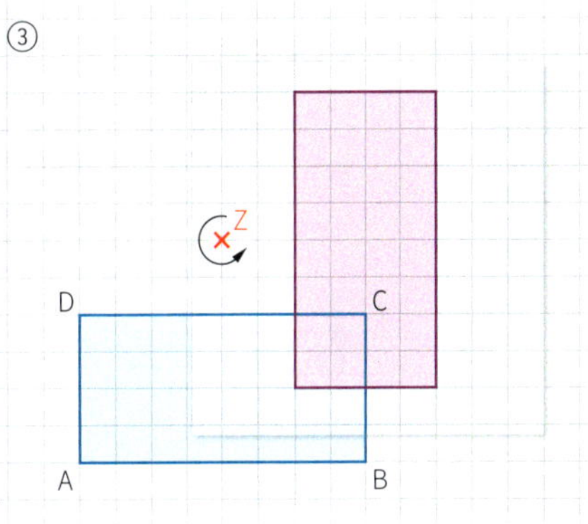

Alle Drehungen gegen den Uhrzeigersinn.

2 Ein antikes Bruchstück

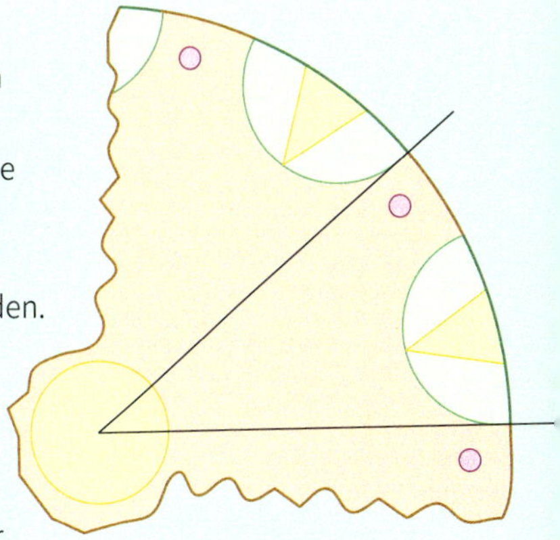

In alten Städten findet man beim Ausheben von Baugruben auch heute noch antike Gegenstände. Meistens handelt es sich um Bruchstücke, aus denen in Museen die Gegenstände rekonstruiert werden.
Wie hat wohl der Teller ausgesehen, von dem nur noch ein kleiner Teil übrig ist? Das kannst du ganz einfach herausfinden. Lege ein großes Stück Transparentpapier auf das Bild und zeichne darauf den eingezeichneten Ausschnitt des Tellers ab. Stecke eine Stecknadel in den Mittelpunkt des inneren Kreises. Drehe dann das Transparentpapier um 40° und zeichne das „Dreieck“ erneut ab. Fahre so fort, bis der Teller vollständig ist. Klebe ihn dann in dein Heft.

Basiswissen

WES-125661-040

Figuren um einen Punkt drehen

Gedrehte Figuren und drehsymmetrische Figuren können durch Drehen um einen Punkt mit Zirkel und Lineal erzeugt werden. Es wird gegen den Uhrzeigersinn gedreht.

Drehung

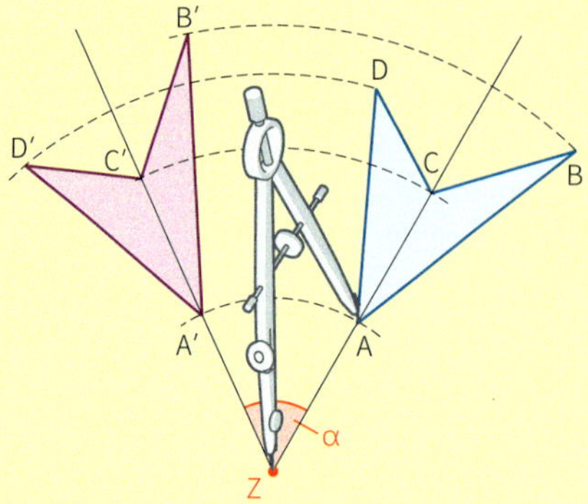

drehsymmetrische Figur

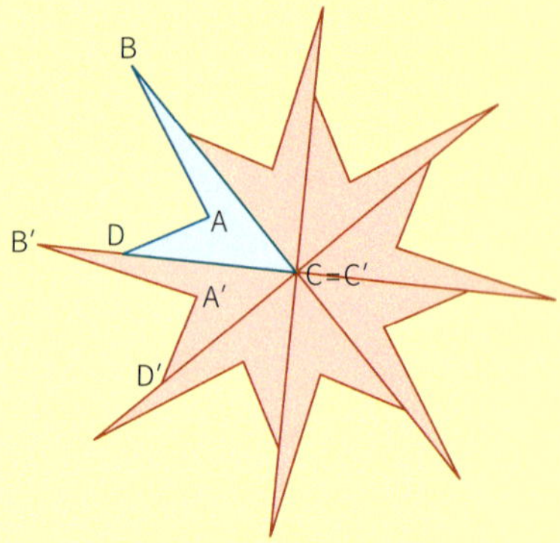

1. Verbinde A mit dem Drehzentrum Z.
2. Zeichne an die Verbindungsstrecke den Drehwinkel α nach links.
3. Markiere mit dem Zirkel auf dem neuen Schenkel des Winkels den Bildpunkt A' im selben Abstand zum Drehzentrum wie A.
4. Drehe die weiteren Eckpunkte genauso.
5. Verbinde die Bildpunkte passend.
6. Das Drehzentrum ist sein eigener Bildpunkt.

Beispiele

Die Hilfslinien zeichnet man am besten mit ganz dünnen Bleistiftlinien. Dann kann man sie wieder ausradieren.

A **Windrad – eine drehsymmetrische Figur**
Erstelle aus dem blauen Dreieck eine drehsymmetrische Figur, in der das Dreieck fünfmal zu sehen ist.

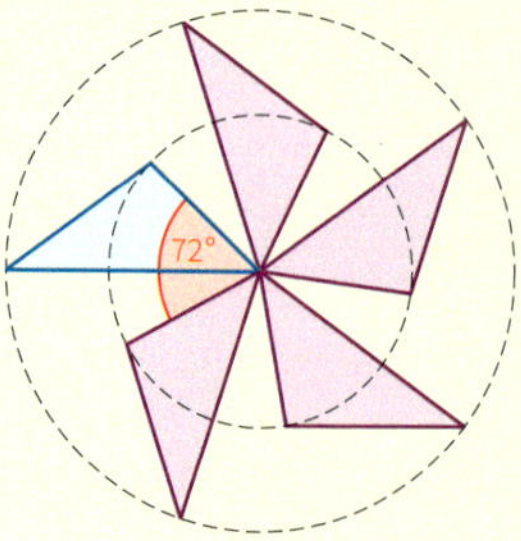

Lösung:
Bei drehsymmetrischen Figuren kommen alle Teiler von 360° als Drehwinkel infrage. Diese Figur besteht aus 5 Teilen, also ist der Drehwinkel 72°.

B **Verschiedene Lagen des Drehzentrums**
Beschreibe die Lage des Drehzentrums und gib den Drehwinkel an.

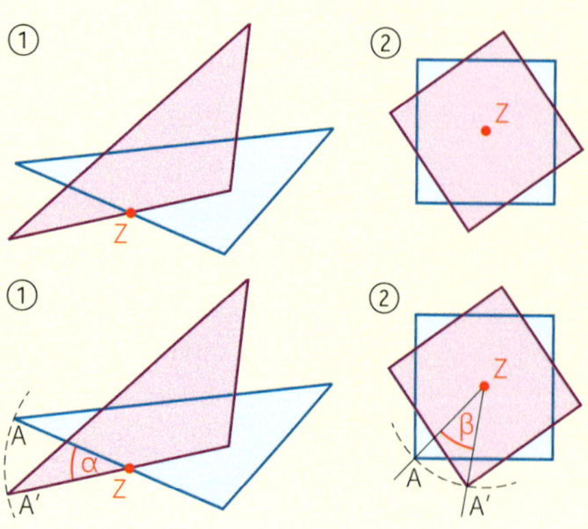

Lösung:
Wähle einen Eckpunkt und seinen Bildpunkt und zeichne den Drehwinkel ein.
① Das Drehzentrum liegt auf dem Rand der Figur. Der Drehwinkel α beträgt 36°.
② Das Drehzentrum liegt innerhalb der Figur. Der Drehwinkel β beträgt 39°.

Übungen

Über dem Punkt Z sollten mindestens 10 Kästchen frei sein.

3 **Dreieck drehen**
Drehe das Dreieck ABC um das Drehzentrum Z mit dem Winkel α.
a) α = 90° b) α = 70° c) α = 45°

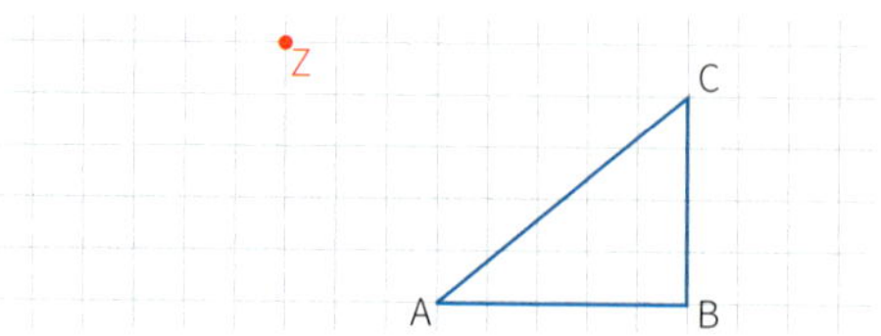

4 I Punkte im Koordinatensystem drehen

Drehe den Punkt P um Z mit dem Winkel α. Bestimme den Bildpunkt P′.

a) Z(0|0), α = 50°, P(7|1)
b) Z(3|3), α = 45°, P(6,5|6,5)
c) Z(3|4), α = 125°, P(2|3)
d) Z(5|2,5), α = 210°, P(4|1,5)

5 I Dreiecke im Koordinatensystem drehen

a) Drehe das Dreieck ABC mit A(2|1), B(8|3), C(6|8) um Z(5|4) um 40°.
b) Drehe das Dreieck ABC mit A(1|1), B(4|0), C(5|2) um Z(3|3) um 180°.
Welche Koordinaten haben die Bildpunkte?

6 I Windrad

Erstelle wie im Beispiel A drehsymmetrische Windräder.

a) Drehe um 45°.
b) Drehe um 60°.
c) Drehe um 120°.

7 I Eine Raute drehen

Übertrage die Grundfigur in dein Heft. Drehe diese Grundfigur nacheinander um 90°, 180° und 270° um Z.
Welche Gesamtfigur entsteht?

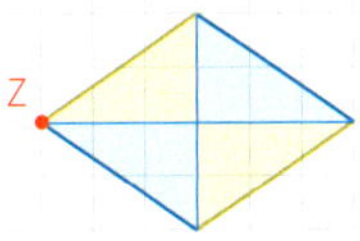

8 I Linien drehen

Übertrage die Linien in dein Heft. Drehe sie dann nacheinander um 90°, 180° und 270° um Z und zeichne jeweils die Bilder. Gestalte das entstehende Muster farbig.

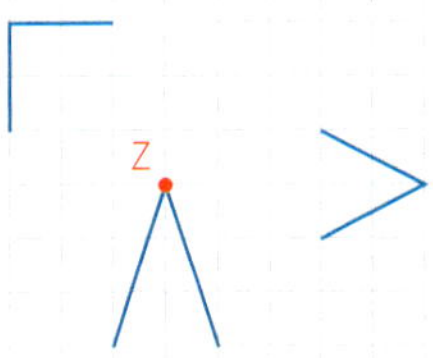

9 I Ein Rechteck drehen

Übertrage das Rechteck dreimal in dein Heft. Zeichne dann das Bildrechteck nach Drehung

a) um 70° um Z.
b) um 100° um B.
c) um 60° um M.

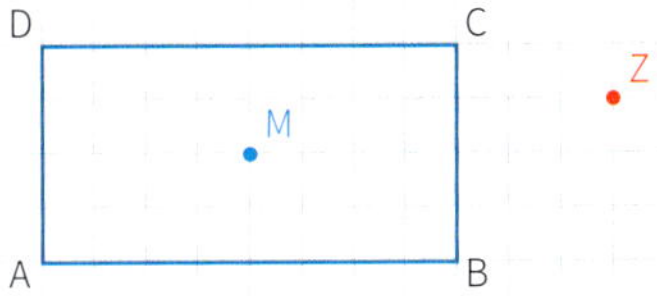

10 II Ein Quadrat drehen

Das lila Quadrat ist jeweils das Bild des blauen Quadrats nach einer Drehung. Übertrage in dein Heft. Wo liegen die Drehzentren und um welchen Winkel wurde gedreht? Stelle zuerst eine Vermutung auf und überprüfe dann durch Zeichnung.

Die Vermutung kannst du auch durch Probieren mit einem ausgeschnittenen Quadrat gewinnen.

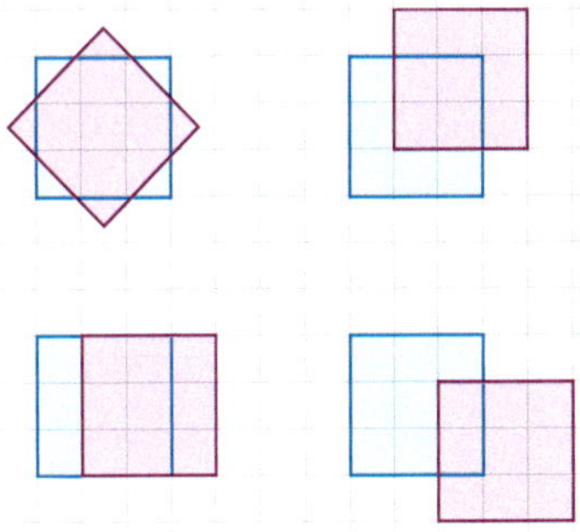

WES-125661-041

11 **Drehwinkel gesucht**

Die lila Figur ist durch Drehung der blauen Figur entstanden. Wie groß ist der Drehwinkel?

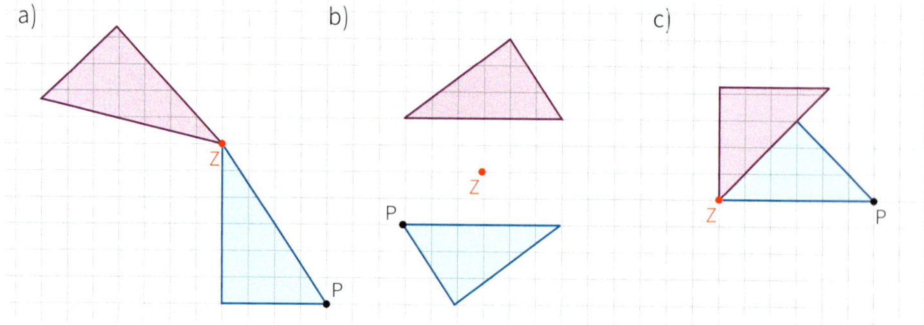

12 **Drehung, ja oder nein?**

Kann das lila Dreieck durch eine Drehung aus dem blauen entstanden sein?
Begründe deine Antwort. Gib gegebenenfalls das Drehzentrum und den Drehwinkel an.

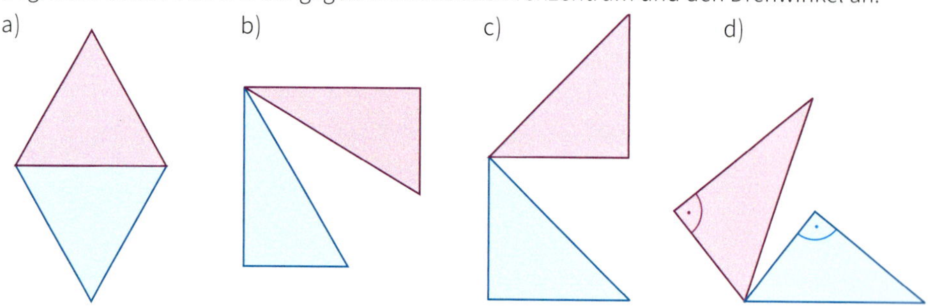

13 **Spiegelachse, Symmetrie- und Drehzentrum gesucht**

In den Abbildungen ①, ② und ③ sind die Spiegelachse s und das Drehzentrum D bei einer Drehung um 90° verloren gegangen. Übertrage die Abbildungen in dein Heft und finde die Achse und die Zentren wieder. Schreibe eine Anleitung, wie man sie mit dem Geodreieck zeichnen kann.

TIPP für ③: Betrachte das Dreieck ADA′ (Drehzentrum D). Was weißt du über die Winkel?

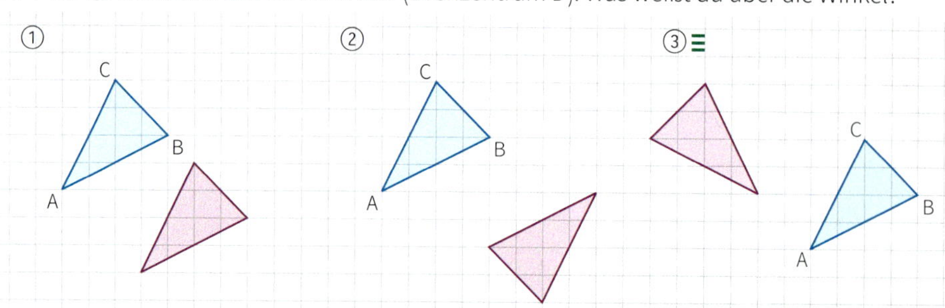

Grundwissen
zum Wiederholen

1 Wie groß ist der Winkel α ungefähr?

2 Ordne die Zahlen der Größe nach: $\frac{18}{6}$; $\frac{13}{5}$; $\frac{7}{2}$.

3 Skizziere einen Kreis und ein gleichseitiges Dreieck so, dass sie sich in

a) 3 Punkten b) 6 Punkten schneiden.

4 Auf welche Stelle (E, Z, H, T,…) wurde gerundet?

a) 19 761 ≈ 19 800 b) 63,52 ≈ 64 c) 55 555 ≈ 56 000

5.4 Punktspiegelungen

1 Punktspiegelung an einem Punkt im Klassenraum

Markiert einen Punkt als Symmetriezentrum auf dem Boden. Schüler A und A′ stellen sich punktsymmetrisch gegenüber. Nun bewegt sich Schüler A. Schüler A′ bewegt sich so mit, dass der Punkt A′ Spiegelpunkt bleibt. Die anderen beobachten.

- Beschreibt, wie sich A′ in Abhängigkeit von A bewegen muss.
- Beschreibt die Lage der Verbindungsstrecke von A und A′ zum Symmetriezentrum.

2 Eigene Spielkarten

Spielkarten kannst du selbst erstellen. Dazu gehört ein wenig Fantasie. Zwei Musterkarten sind dargestellt.
Zeichne die Karten ab und ergänze sie so, dass sie punktsymmetrisch sind. Warum ist es sinnvoll, Spielkarten punktsymmetrisch zu gestalten?
Wenn ihr euch in der Klasse zusammenschließt, könnt ihr sogar ein ganzes Kartenspiel herstellen. Beachtet, alle Karten sollten dann 4 cm × 6 cm groß sein.

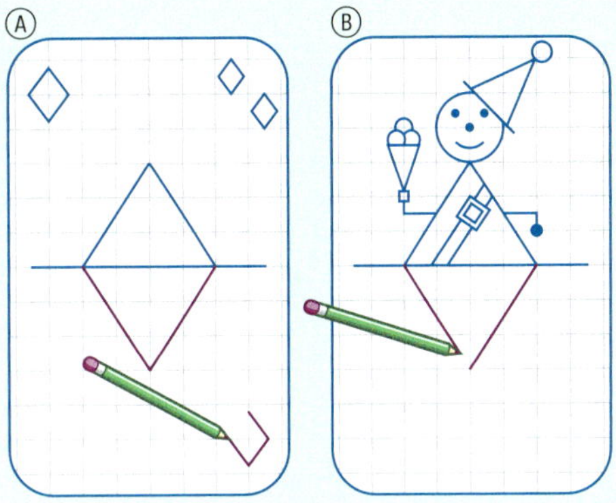

3 Geobrett

Spanne auf einem Geobrett die abgebildete Figur und das Spiegelbild, das sich nach Spiegelung an dem rot markierten Punkt ergibt.

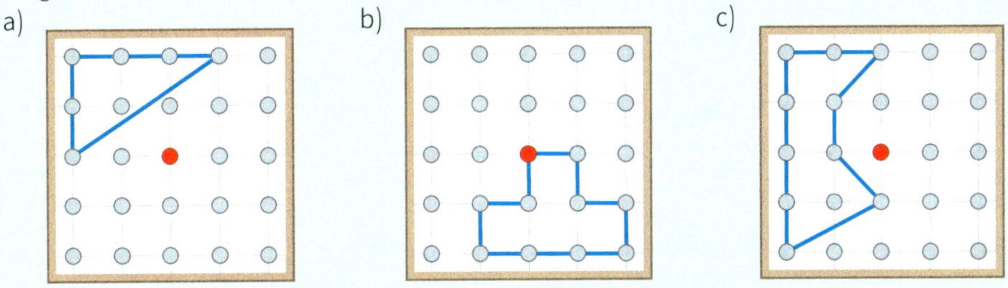

Wenn du kein Geobrett zur Verfügung hast, kannst du auf Karopapier zeichnen. Die Punkte auf dem Geobrett sind dann die Gitterpunkte.

4 Drachen

Übertrage den Drachen, das Spiegelzentrum Z und den gegebenen Teil der Bildfigur in dein Heft.
Konstruiere den Rest der punktsymmetrischen Bildfigur mithilfe eines Geodreiecks.
Ole meint: „Ich kann das Bild auch mit einer Drehung erzeugen.“ Was meinst du?

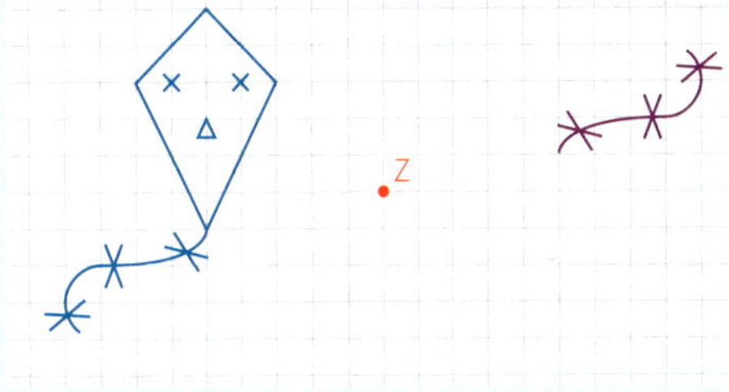

Basiswissen

WES-125661-042

Figuren an einem Punkt spiegeln

Spiegelbilder einer Figur und punktsymmetrische Figuren können durch eine Punktspiegelung erzeugt werden. Die Punktspiegelung an Z entspricht der Drehung um 180°.

Spiegelbild

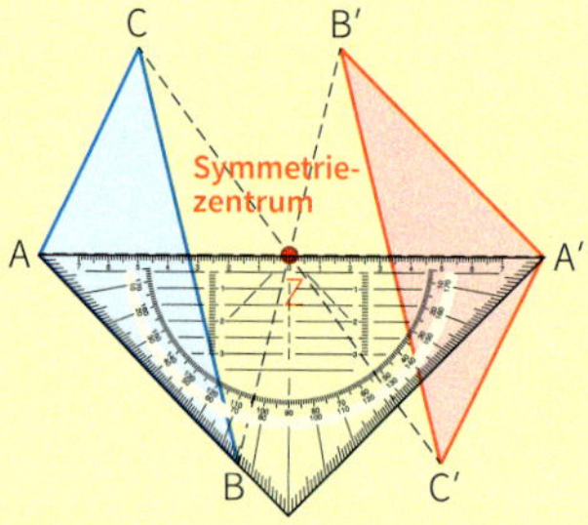

punktsymmetrische Figur

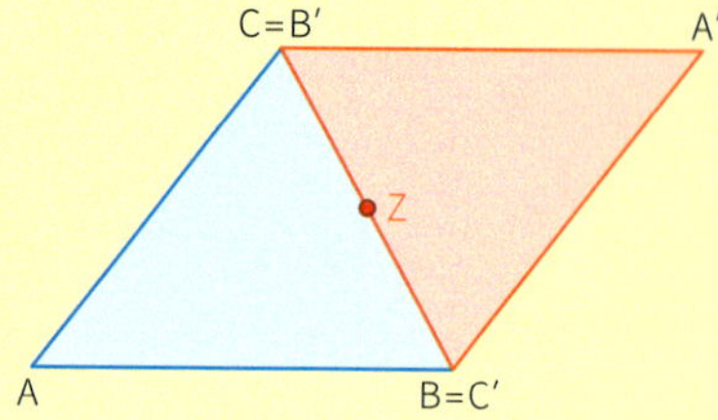

1. Zeichne den Bildpunkt A′ so, dass er den gleichen Abstand zu Z hat wie A.
2. Spiegele die weiteren Eckpunkte.
3. Verbinde die Bildpunkte passend.
4. Das Symmetriezentrum Z ist sein eigener Bildpunkt.

Beispiel

A Dreieck an einem Punkt spiegeln

Spiegele das Dreieck ABC am Punkt Z.

Lösung:

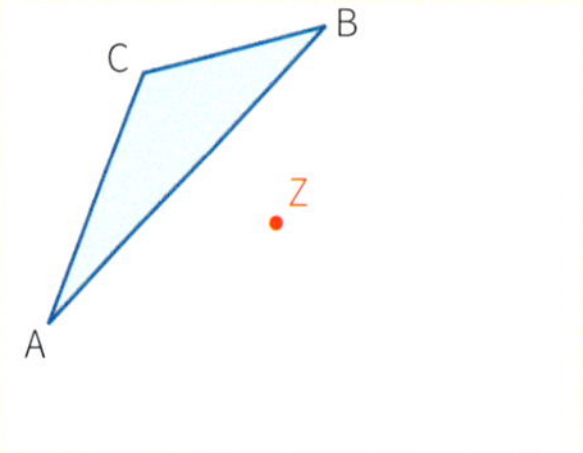

Gegeben: Ausgangsfigur und Symmetriezentrum

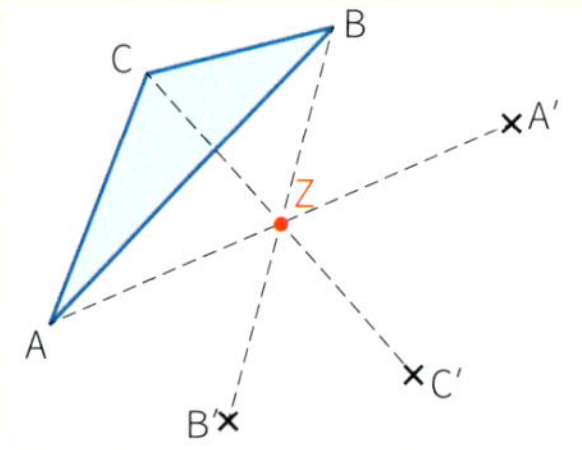

Spiegele die Punkte A, B und C.

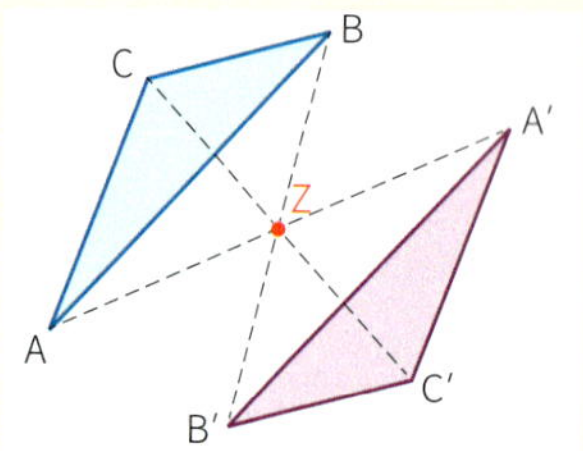

Verbinde die Bildpunkte A′, B′ und C′ zur Bildfigur.

Übungen

Tipp
Überlege **vor** dem Zeichnen, in welcher Richtung du in deinem Heft Platz einplanen musst.

5 **Punktsymmetrische Figuren**

Zeichne die Figur in dein Heft. Spiegele sie am Punkt Z.

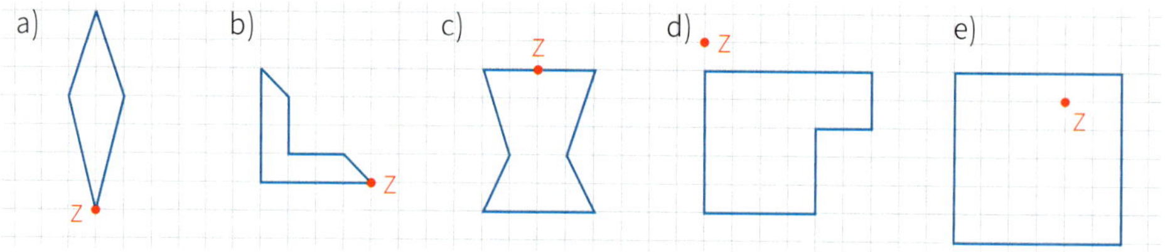

6 **Punkte an einem Punkt im Koordinatensystem spiegeln**

Spiegele den Punkt P am Punkt Z. Bestimme den Bildpunkt P′.

a) P(3|1), Z(5|2) b) P(4|4), Z(2|2) c) P(1|3), Z(2|5)

7 **Punktspiegelung im Koordinatensystem**

Koordinatensystem mit 1 cm pro Einheit

a) Spiegele das Dreieck ABC mit A(1|1), B(4|2) und C(1|3) an Z(3|4) und am Punkt B. Notiere die Koordinaten der Bildpunkte. Hättest du die Koordinaten auch voraussagen können?

b) P(3|7) hat den Bildpunkt P′(7|11). Gib die Koordinaten des Symmetriezentrums Z an.

WES-125661-043

Wie findet man das Symmetriezentrum?

- Verbinde einen Punkt und seinen Bildpunkt.
- Markiere den Mittelpunkt der Strecke.

Dieser Punkt ist das Symmetriezentrum.

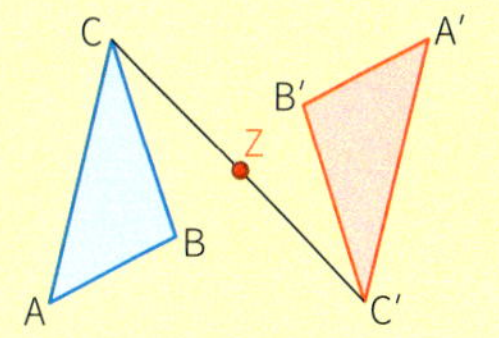

8 I Symmetriezentrum gesucht

Übertrage in dein Heft und konstruiere, falls möglich, das Symmetriezentrum.

a)
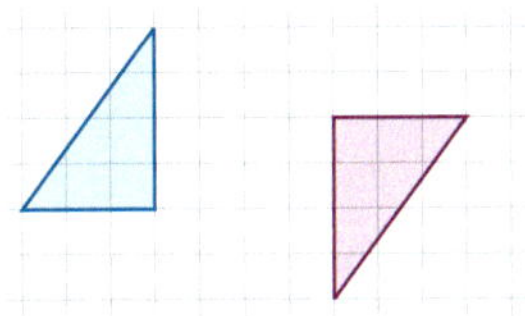

b)
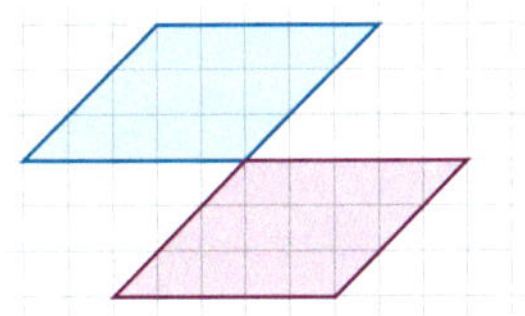

c)
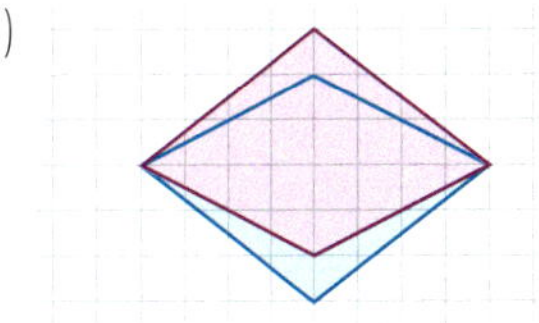

9 II Symmetriezentren – Wo steckt der Fehler?

a) Beschreibe die Fehler.

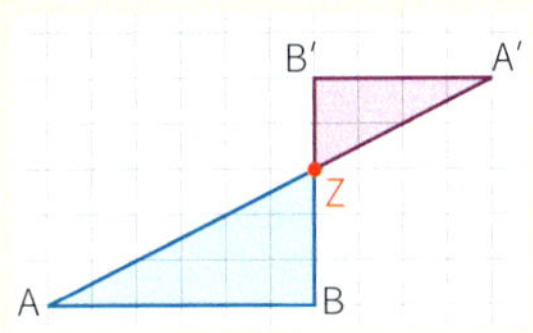

Beispiel:

Fehlerbeschreibung:

Die Punkte A und B wurden falsch gespiegelt.

Die Strecke $\overline{ZA'}$ ist kürzer als die Strecke $\overline{ZA}$.

Das gleiche gilt für die Strecken $\overline{ZB'}$ und $\overline{ZB}$.

①
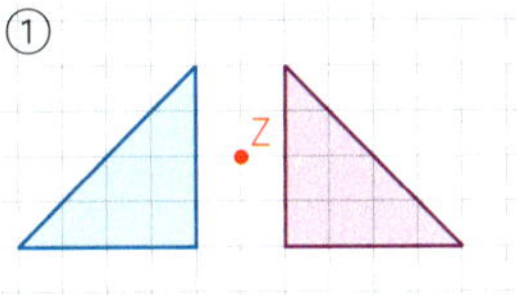

②
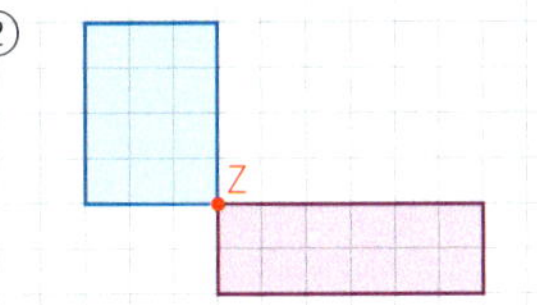

③
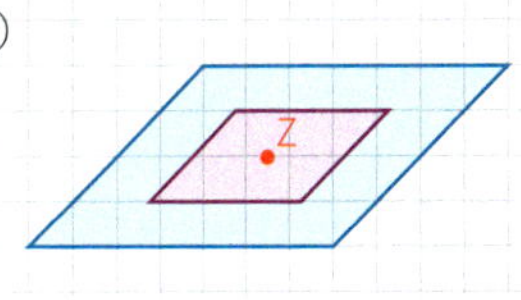

b) Übertrage die blaue Figur und das Symmetriezentrum in dein Heft und Spiegele die Figur richtig.

10 I Würfelnetze

a) Die Abbildung zeigt sechs Würfelnetze. Welche sind achsensymmetrisch, welche punktsymmetrisch? Finde jeweils die Symmetrieachse und das Symmetriezentrum.

b) Insgesamt gibt es 11 verschiedene Würfelnetze. Zeichne die fehlenden Netze und untersuche sie auf Symmetrie.

Grundwissen
zum Wiederholen

1 Wie groß ist der Anteil der farbigen Fläche an der Gesamtfläche?

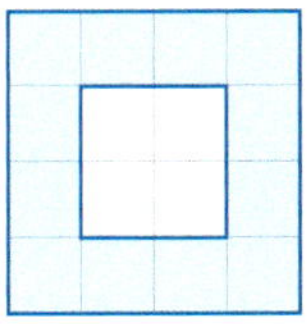

2 Pandas wiegen bei der Geburt gerade einmal 100g. Die Mutter wiegt 700 mal so viel. Wie schwer ist sie?

3 Von Mainz nach Ludwigshafen sind es 80 km. Wie lange ist man mit dem Fahrrad unterwegs, wenn man pro Stunde im Durchschnitt 15 km schafft?

5.5 Verschiebung

1 Bandornamente, wohin man sieht

a) Versuche, die verschiedenen Bandornamente mit Worten zu beschreiben. Was haben sie alle gemeinsam?

b) Sieh dich auf der Straße und bei dir zu Hause um. Findest du dort Bandornamente? Notiere Beispiele und fertige von zwei Bandornamenten eine Skizze an. Was fällt dir dabei schwer? Findest du nützliche Hilfen?

2 Rösselsprung und mehr

Bei vielen Brettspielen müssen Spielfiguren verschoben werden. Beim Schachspiel gibt es für jede Spielfigur eine Regel, wie man sie verschieben darf.

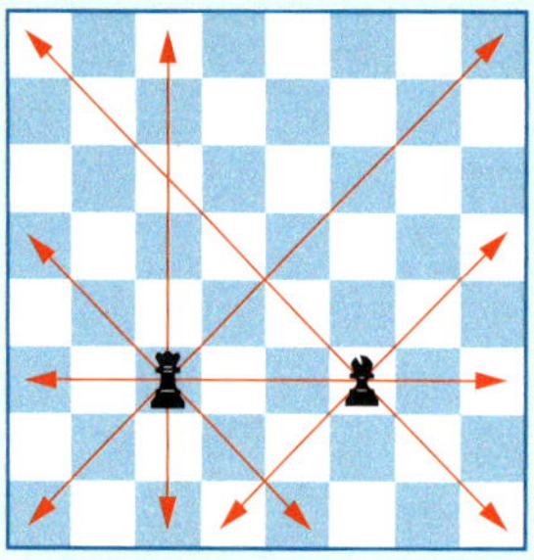

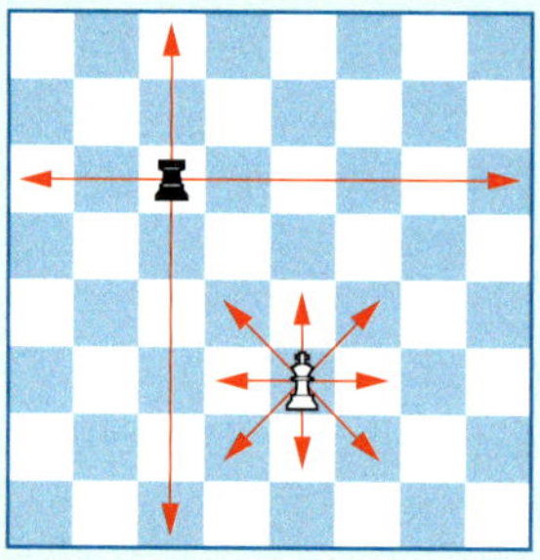

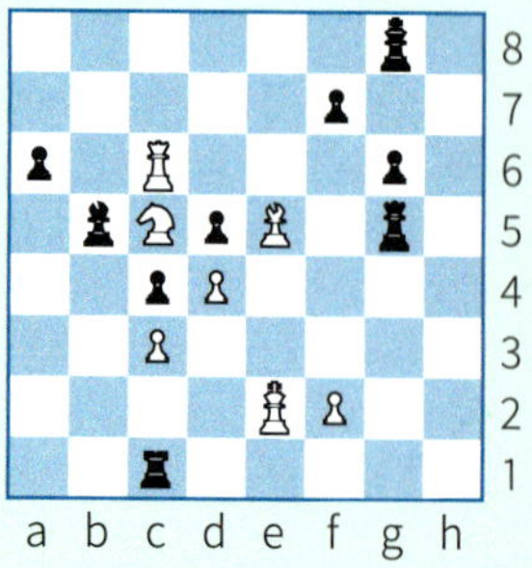

a) Die Dame darf man nach rechts, links, oben, unten oder in jede beliebige Diagonale um so viele Felder verschieben, wie man will, solange keine andere Figur im Weg ist. Beschreibe, wie man die anderen Figuren verschieben darf.

b) Sieh dir den Spielstand oben an. Wie muss die weiße Dame verschoben werden, um auf das Feld a 8 zu gelangen? Wie kann der schwarze Läufer verschoben werden?

c) Die grauen Springer in der Abbildung markieren die Felder, auf die der Springer ziehen darf. Beschreibe in Worten, wie man den Springer verschieben kann.

Basiswissen

WES-125661-044

Figuren verschieben

Figuren können mit einem Verschiebungspfeil verschoben werden.

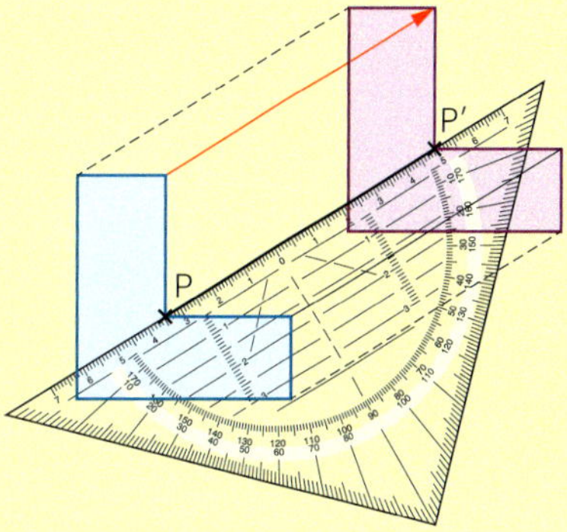

Verschiebe alle Eckpunkte der Figur mit dem Verschiebungspfeil.

1. Zeichne durch P eine Parallele zum Verschiebungspfeil.
2. Trage die Länge des Verschiebungspfeils auf der Parallelen von P aus ab.
3. Verschiebe die weiteren Eckpunkte.
4. Verbinde die Bildpunkte passend.

Beispiele

A Bandornament
Zeichne ein Bandornament aus der Grundfigur und dem Verschiebungspfeil.

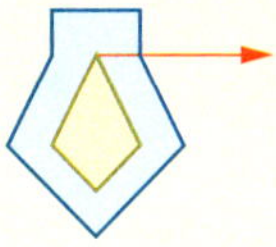

Lösung:
Verschiebe zunächst die Grundfigur und anschließend die Bildfigur usw.

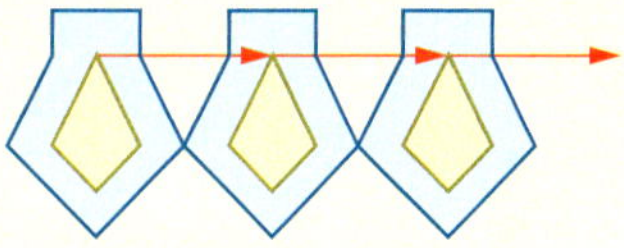

B Verschieben auf Kästchenpapier
Verschiebe die Grundfigur um 5 Kästchen nach rechts und 2 Kästchen nach unten.

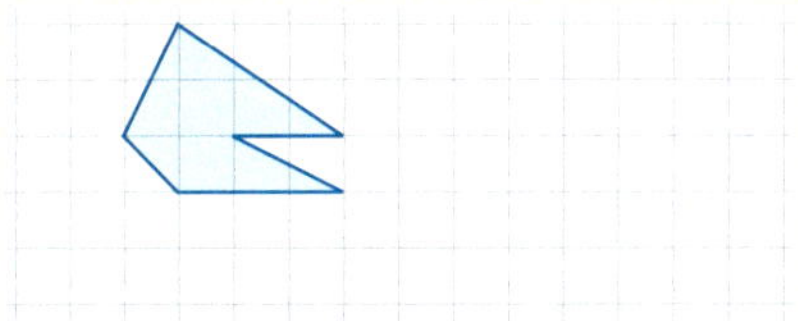

Lösung:
Man kann den Verschiebungspfeil durch Abzählen der Kästchen bestimmen.

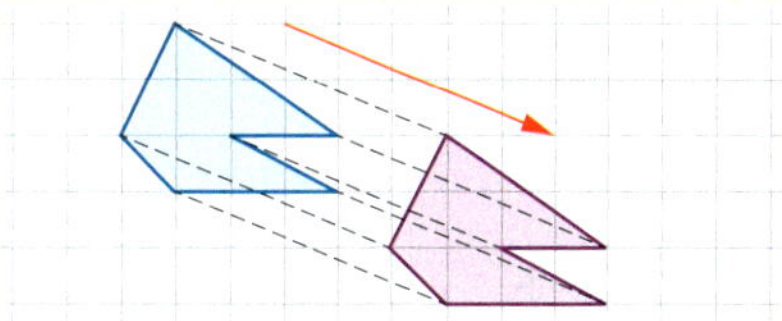

Übungen

3 Bandornamente 1

a) Zeichne ein Bandornament aus der Grundfigur und dem Verschiebungspfeil in dein Heft. Nutze die Heftbreite.
b) Erfinde selbst eine Grundfigur, gib einen Verschiebungspfeil vor und lasse deine Nachbarin oder deinen Nachbarn daraus ein Bandornament zeichnen.

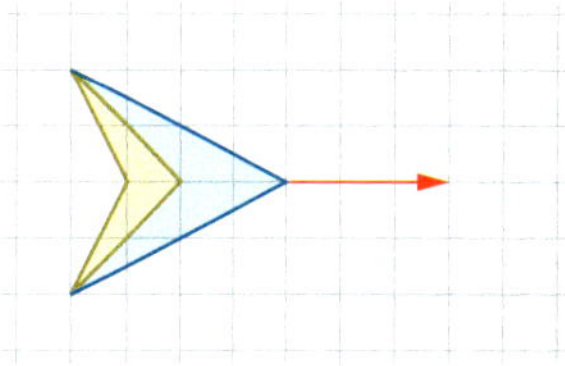

4 Bandornamente 2

Übertrage die Figur so in dein Heft, dass der kleine Kreis einen Radius von 2 cm hat. Welchen Radius hat dann der Halbkreis? Zeichne ein Bandornament über die ganze Heftbreite, indem du die Grundfigur immer wieder um 4 cm verschiebst. Wie viele Punkte musst du verschieben, um die Bildfigur zeichnen zu können?

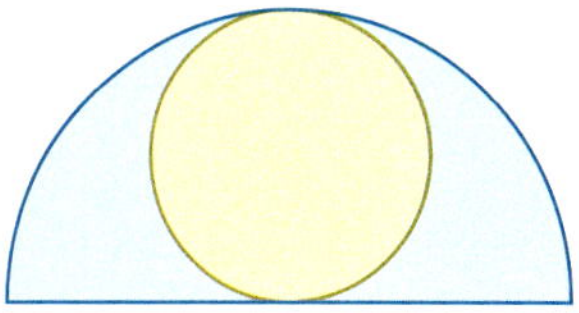

5 **Schrägbilder durch Verschiebungen**

Verschiebungen sind hilfreich beim Zeichnen von Schrägbildern. Zeichne aus den Grundformen Schrägbilder, indem du sie mit dem angegebenen Verschiebungspfeil verschiebst. Überlege dir vorher genau, welche Linien du gestrichelt zeichnen musst oder weglassen kannst. Wie heißen die entstandenen Körper?

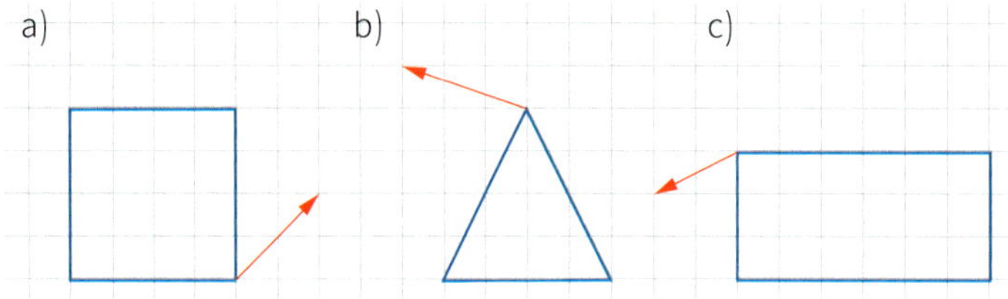

Tipp:

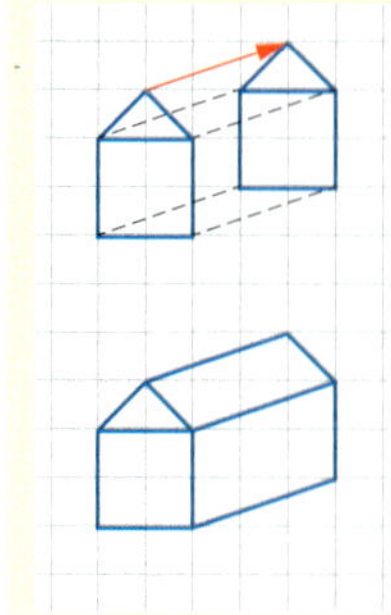

6 **Auf die Perspektive kommt es an**

Übertrage die Abbildung dreimal in dein Heft. Zeichne dann drei verschiedene Schrägbilder eines Hauses durch Verschiebung mit den Verschiebungspfeilen.

① 6 nach links, 2 nach oben ② 3 nach rechts, 3 nach oben
③ 2 nach rechts, 6 nach oben

Wie unterscheiden sich die Schrägbilder?

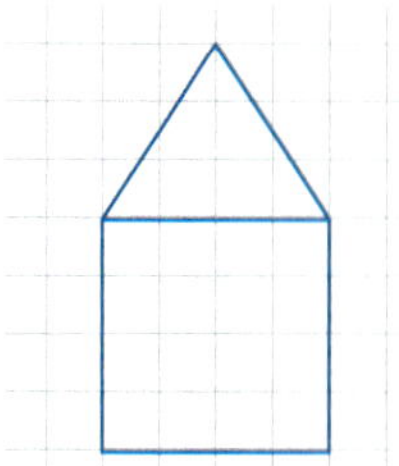

7 **Mit Koordinaten kann man rechnen**

a) Verschiebe das Dreieck A(1|1), B(4|2), C(1|6) um zwei nach rechts und vier nach oben. Lies die Koordinaten der Bildpunkte ab und vergleiche mit denen der Grundfigur. Kann man die Koordinaten der Bildfigur errechnen?

b) Welche Koordinaten erwartest du für die Bildpunkte des Vierecks A(2|5), B(6|6), C(3|8), D(4|9) bei Verschiebung um 1 nach rechts und 4 nach unten? Überprüfe dein Ergebnis mit einer Zeichnung.

8 **Ein Viereck im Koordinatensystem**

Trage die Punkte A(2|1), B(6|2), C(7|5) und D(4|5) in ein Koordinatensystem ein und verbinde sie zum Viereck ABCD. Zeichne das Bildviereck A′B′C′D′ mithilfe des Verschiebungspfeils, der folgende Punkte aufeinander abbildet:

a) P(3|5) auf P′(1|8) b) Q(6|0) auf Q′(9|3) c) R(1|3) auf R′(3|4) d) A auf B

9 **Rechnen und Verschieben**

Die Punkte A bis E bilden die Figur im Koordinatensystem.

a) Lies die Koordinaten der einzelnen Punkte ab und notiere sie.

b) Mit welchem Verschiebungspfeil muss die Figur verschoben werden, damit A′ die Koordinaten (4|0) hat?

c) Berechne die Koordinaten der anderen Bildpunkte, die bei der Verschiebung in b) entstehen.

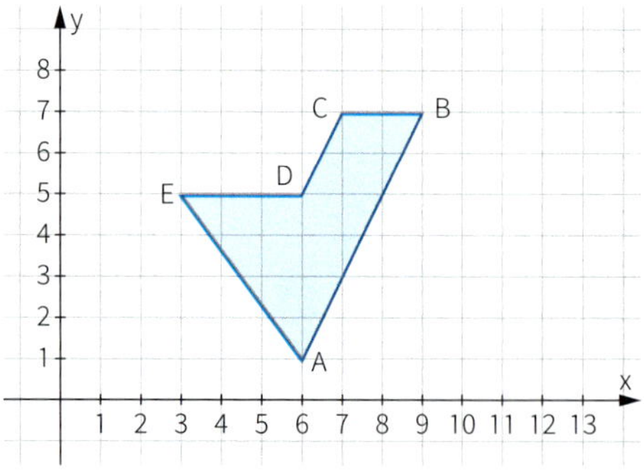

Grundwissen zum Wiederholen

1 Aus wie vielen Sekunden besteht eine Stunde?

2 Berechne im Kopf. a) 5 : 0,2 b) 5 : 2 c) 5 : 20

Parkettierungen

10 I **Mathematik liegt auf der Straße**

Nils sind auf seinem Schulweg einige Plattenmuster aufgefallen.

a) Zeichne die Plattenmuster ab. Beschreibe die Formen.

b) Schau dich selbst draußen um. Kannst du weitere Plattenmuster finden? Erstelle von diesen eine Skizze.

11 II **Lebendige Parkette**

Erzeugt ein Parkett aus den abgebildeten Figuren oder erfindet eigene. Die Vorlagen geben euch Hinweise, wie die Schablone gebaut werden muss, damit eine lückenlose Parkettierung möglich ist.

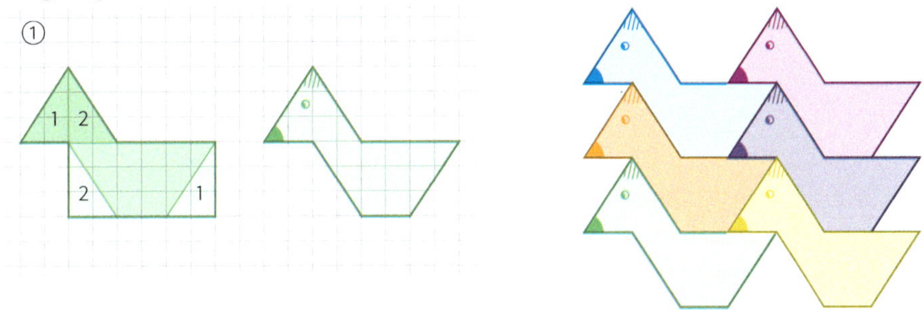

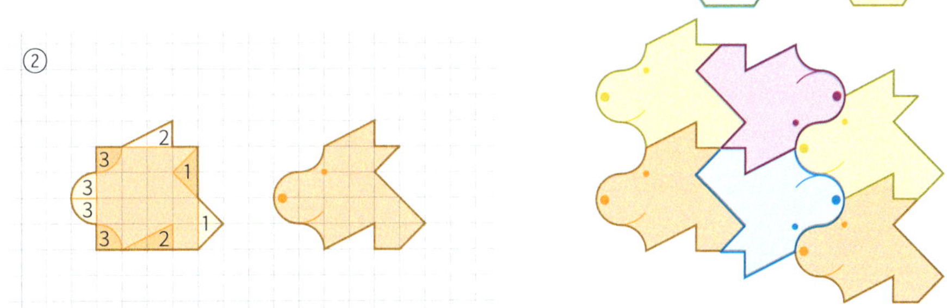

12 II **Eidechsen**

a) Beschreibe das Bild. Welche Besonderheiten fallen dir auf? Was haben die einzelnen Eidechsen gemeinsam, wie unterscheiden sie sich?

b) Durch welche Abbildung kannst die Eidechsen ② und ③ aus Eidechse ① erhalten?

c) Wie kommst du von Eidechse ④ zu den Eidechsen ⑤ und ⑥?

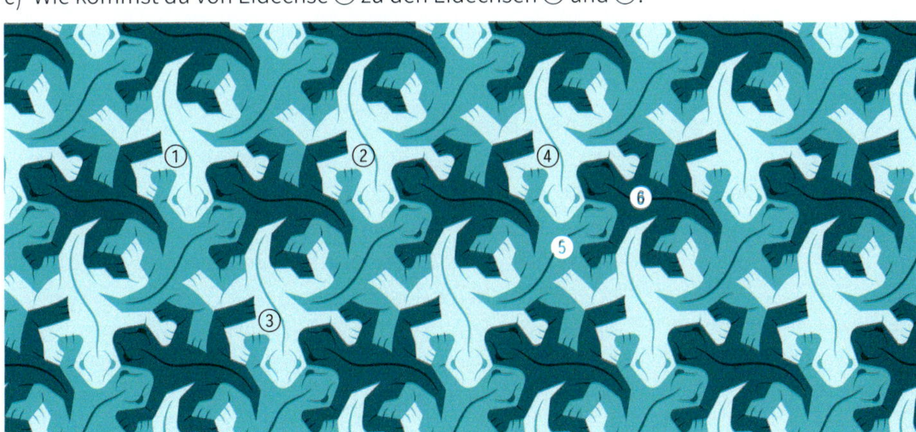

5.6 Vierecke unterscheiden

1 Bewegte Vierecke

Schneide aus Pappe zwei rechteckige Streifen (Breite 1 cm, Länge 10 cm) aus. Markiere auf beiden Streifen die Mittelpunkte und hefte die beiden Streifen an diesen Punkten mit einer Heftzwecke aufeinander. Markiere die Punkte A, B, C und D auf den Streifen. Du kannst die Streifen in verschiedene Lagen zueinander bewegen.

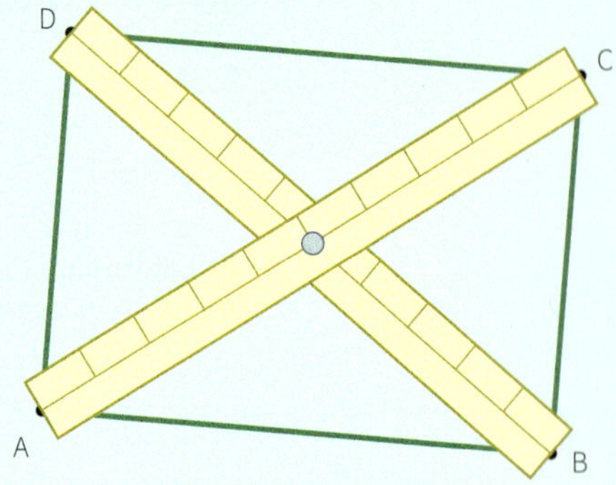

a) Markiere für verschiedene Lagen der Streifen die Endpunkte A, B, C und D in deinem Heft und verbinde sie. Welche Vierecke entstehen?

b) Was ändert sich, wenn einer der beiden Streifen nur 8 cm lang ist? Experimentiere erneut.

2 Ein Vierecksspiel

Für das Spiel benötigst du verschiedene Vierecksformen, die du aus Pappe basteln kannst.

a) Zeichne zunächst Rechtecke in dein Heft. Überlege, was du jeweils von den Rechtecken „abschneiden“ müsstest, um die abgebildeten Vierecke zu erhalten. Markiere diese „Schnittlinien“ in deinen Rechtecken.
Schneide die Formen aus rechteckigen Pappstücken aus. Am besten schneidest du von jeder Viereckssorte mehrere Vierecke in verschiedenen Größen aus. Anschließend kommen alle Vierecke in einen Beutel.

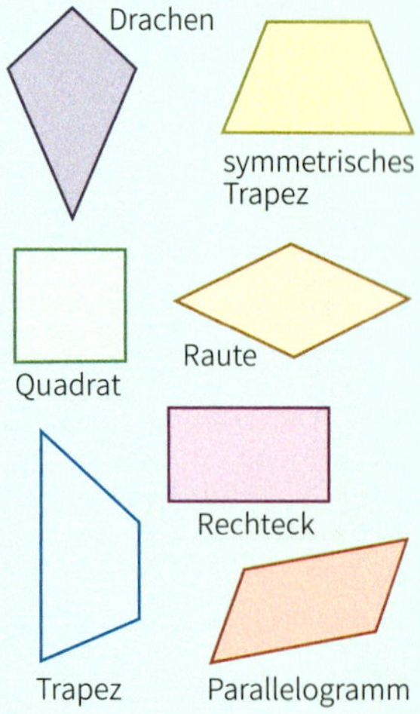

b) **Spiel 1**: Fasse in den Beutel und ertaste ein Viereck. Nenne seinen Namen und lege es auf den Tisch. Hast du es richtig ertastet, bleibt es bei dir liegen, wenn nicht, kommt es zurück in den Beutel. Danach ist dein Partner dran, usw.

c) **Spiel 2**: Zwei Schülern werden die Augen verbunden. Einer zieht ein Viereck und beschreibt dem anderen, was er ertasten kann. Die Namen der Vierecke dürfen dabei nicht genannt werden. Der oder die andere muss erraten, um welchen Viereckstyp es sich handelt.

3 Auf dem Geobrett

Spanne auf dem Geobrett mit einem Gummiband ein Quadrat.

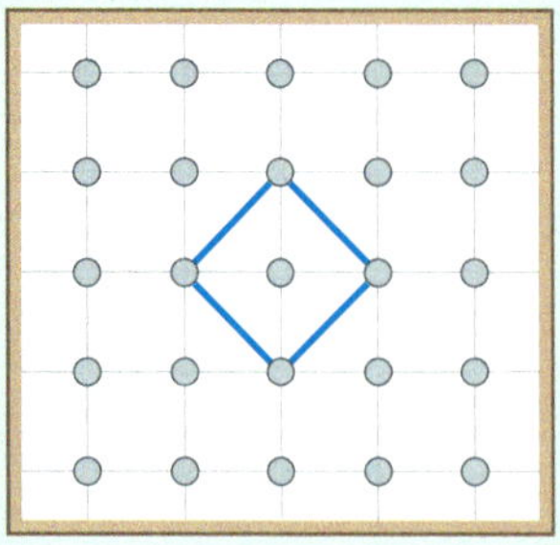

a) Verlege zwei Ecken des Quadrats so, dass ein Rechteck, ein Parallelogramm, eine Raute, ein Trapez entsteht. Gibt es jeweils mehrere Möglichkeiten?

b) Wie viele Ecken musst du verlegen, um ein größeres Quadrat zu erzeugen? Versuche, mit möglichst wenigen Verlegungen auszukommen.

Basiswissen

WES-125661-045

Besondere Vierecke

Vierecke lassen sich durch ihre verschiedenen Eigenschaften unterscheiden. Das Quadrat zum Beispiel hat die meisten Eigenschaften unter allen Vierecken. Es geht dabei immer um die Längen und die Lage von Seiten und Diagonalen. Man erhält für jeden Vierecktyp einen genauen „Steckbrief". Damit kann man Vierecke genau beschreiben und unterscheiden.

Rechteck

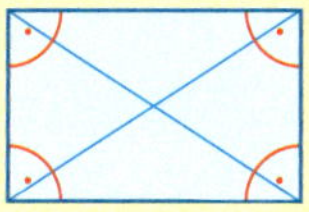

- gegenüberliegende Seiten gleich lang
- gegenüberliegende Seiten parallel
- aneinanderstoßende Seiten senkrecht
- Diagonalen halbieren sich
- Diagonalen gleich lang

Quadrat

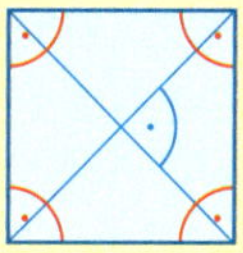

- alle Seiten gleich lang
- gegenüberliegende Seiten parallel
- aneinanderstoßende Seiten senkrecht
- Diagonalen halbieren sich
- Diagonalen gleich lang
- Diagonalen senkrecht

Parallelogramm

- gegenüberliegende Seiten gleich lang
- gegenüberliegende Seiten parallel
- Diagonalen halbieren sich

Raute

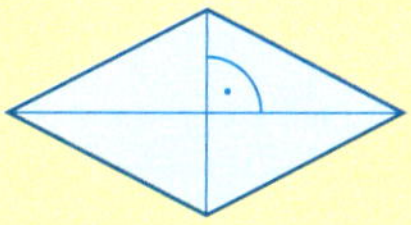

- alle Seiten gleich lang
- gegenüberliegende Seiten parallel
- Diagonalen halbieren sich
- Diagonalen senkrecht zueinander

Trapez

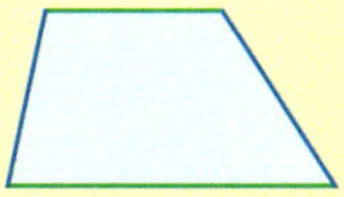

- **ein Paar** paralleler Seiten

Gleichschenkliges Trapez

- ein Paar paralleler Seiten
- ein Paar gleich langer Seiten, die sich gegenüber liegen
- Diagonalen gleich lang

Drachen

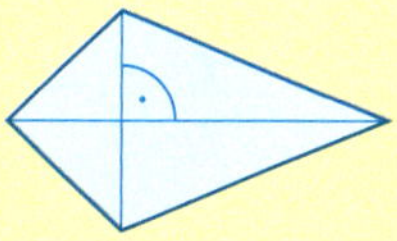

- zwei Paare gleich langer Seiten, die sich an einer Ecke treffen
- eine Diagonale wird halbiert
- Diagonalen senkrecht zueinander

Beispiele

A **Wer bin ich?**

Welche Vierecke kommen infrage?

a) „Ich habe vier rechte Winkel."

b) „Je zwei gegenüberliegende Seiten sind zueinander parallel."

Lösung:

a) Es könnte sich um ein Rechteck oder ein Quadrat handeln.

b) Vier Typen kommen infrage: Quadrat, Rechteck, Raute und Parallelogramm.

B **Besonderes Viereck**
Welches besondere Viereck ist abgebildet? Begründe.

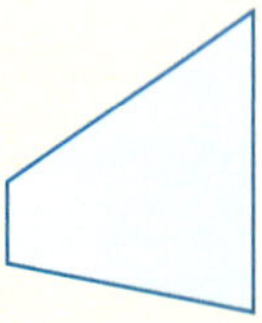

Lösung:
Es ist ein Trapez, weil es ein Paar paralleler Seiten gibt. Es ist kein symmetrisches Trapez, weil die gegenüberliegenden Seiten nicht gleich lang sind.

C **Vierecke ergänzen**
Ergänze zu einem Parallelogramm. Welche Eigenschaft nutzt du aus? Färbe die Fläche des Parallelogramms.

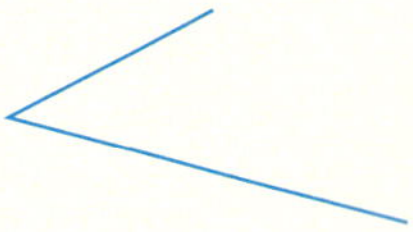

Lösung:

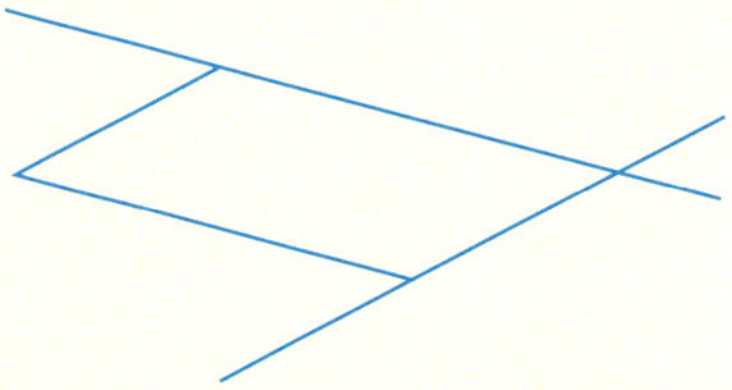

Zeichne Parallelen zu den Strecken.

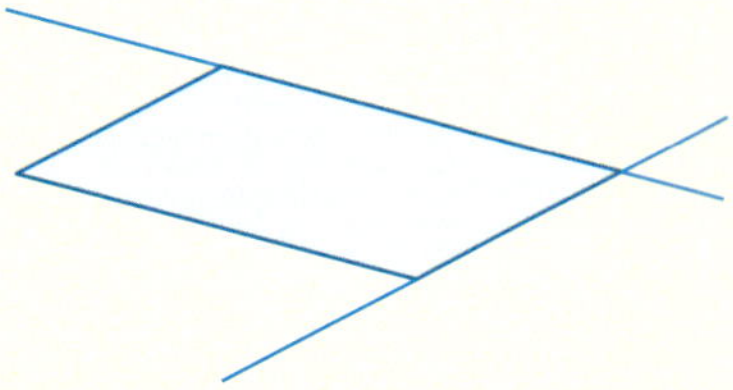

Färbe die Fläche des Parallelogramms.

Ausgenutzte Eigenschaft: gegenüberliegende Seiten sind parallel zueinander.

Übungen

4 **Vierecke im Alltag**
Welche Vierecke erkennst du?

5 **Vierecke gesucht**

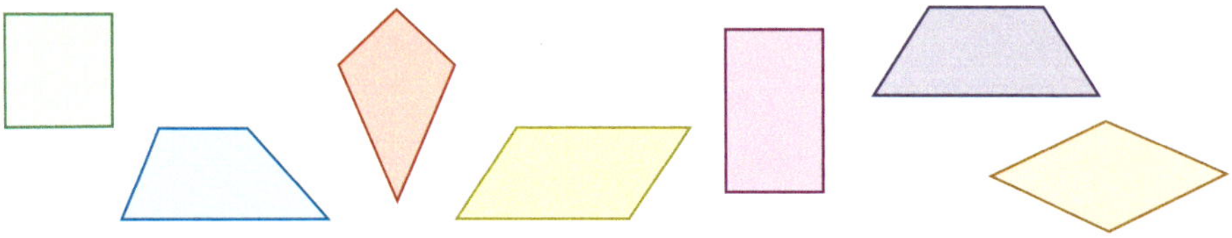

a) Tim sucht Vierecke, in denen gegenüberliegende Seiten parallel zueinander sind.
b) Anna sucht Vierecke, in denen die Seiten zueinander senkrecht stehen.
c) Welche Vierecke sind sowohl für Tim als auch für Anna geeignet?

6 I Vierecke zeichnen

Zeichne die Vierecke mit dem Geodreieck auf ein Blatt Papier ohne Kästchen.

a) Ein Rechteck mit den Seitenlängen 4 cm und 6 cm.

b) Ein Quadrat mit der Seitenlänge 5 cm.

c) Ein Parallelogramm mit den Seitenlängen 3 cm und 4 cm.

d) Ein symmetrisches Trapez, dessen parallele Seiten 2 cm und 4 cm lang sind.

e) Eine Raute mit der Seitenlänge 4 cm.

f) Einen Drachen, bei dem eine Diagonale 4 cm und die andere Diagonale 6 cm lang ist.

7 I Vierecke ergänzen

Übertrage in dein Heft und ergänze

a) zu einem Rechteck.
b) zu einer Raute.
c) zu einem symmetrischen Trapez.

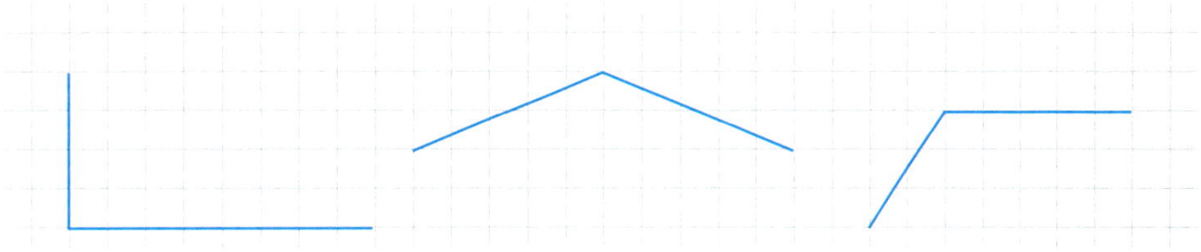

8 II Vierecke und Seitenlängen

Du kannst Vierecke auch über Seitenlängen beschreiben.

a) Bei welchen Vierecken gibt es mindestens zwei gleich lange Seiten?

b) Bei welchen Vierecken sind gegenüberliegende Seiten gleich lang?

c) Gibt es auch Vierecke mit drei gleich langen Seiten?

9 II Welches Viereck versteckt sich hier?

Notiere alle besonderen Vierecke, die sich hinter der Mauer verstecken könnten. Begründe deine Wahl.

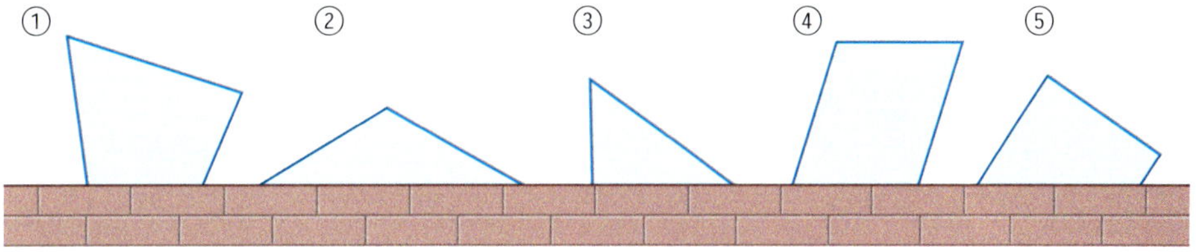

10 III Vierecke und Diagonalen

Zeichne die Vierecke mit dem Geodreieck auf unliniertes Papier. Gibt es mehrere Möglichkeiten für deine Zeichnung? Wenn ja, zeichne mindestens zwei verschiedene Vierecke mit der geforderten Eigenschaft.

a) Ein Rechteck, dessen Diagonalen 8 cm lang sind.

b) Eine Raute, deren Diagonalen 4 cm und 6 cm lang sind.

c) Ein symmetrisches Trapez, dessen Diagonalen 5 cm lang sind.

d) Ein Parallelogramm, bei dem eine Seite doppelt so lang ist wie eine andere.

Koordinatensystem

11 I Vierecke im Koordinatensystem

Zeichne ein Koordinatensystem in dein Heft (1 Einheit ≙ 1 cm) und trage die Punkte A(1|3), B(1|1), C(4|1), D(4|3), E(6|1), F(6|4) und G(4|6) ein.

a) Zeichne die Vierecke ABCD und DEFG. Welche Vierecke sind entstanden?

b) Welches Viereck entsteht, wenn du die Punkte A, B, E und F verbindest?

c) Ergänze einen Punkt Q so, dass ADGQ ein Quadrat ist.

12 **II Parallelogramm im Koordinatensystem**

Zeichne ein Koordinatensystem in dein Heft (1 Einheit ≙ 1 cm) und trage die Punkte A(3|3), B(2|4) und C(5|5) ein. Ergänze einen Punkt so, dass ein Parallelogramm entsteht und gib seine Koordinaten an. Aufgepasst: Hier gibt es drei Lösungen.

13 **I Zwei Streifen**

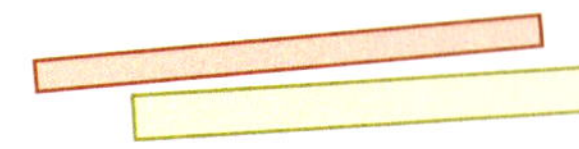

Welche besonderen Vierecke können im Kreuzungsbereich von zwei Folienstreifen entstehen?

a) Die beiden Streifen sind gleich breit.

b) Die beiden Streifen sind unterschiedlich breit. Probiere es mit Transparenzpapier aus oder zeichne.

14 **II Eine erstaunliche Entdeckung**

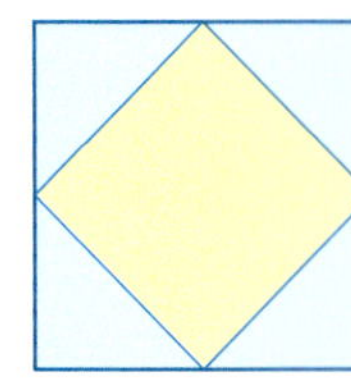

a) Zeichne ein Quadrat und markiere die Mittelpunkte aller vier Seiten. Verbinde die Mittelpunkte zu einem Viereck. Welcher Vierecksttyp entsteht?

b) Führe die Konstruktion von a) für ein Rechteck durch. Welcher Viereckstyp entsteht nun?

c) Welche Viereckstypen entstehen bei der gleichen Konstruktion bei einem Parallelogramm, einer Raute, einem gleichschenkligen Trapez, einem Drachen? Versuche es auch bei einem Viereck mit vier verschieden langen Seiten.

d) Welche gemeinsamen Eigenschaften haben alle so konstruierten Vierecke?

15 **III Parallelogramme zerschneiden**

a) Zeichne auf eine Pappe ein Parallelogramm mit 5 cm und 7 cm langen Seiten und schneide es aus. Zerlege es durch einen einzigen Schnitt so in zwei Teile, dass du die beiden Teile zu einem Rechteck zusammensetzen kannst. Gibt es für den Schnitt verschiedene Möglichkeiten?

b) Gibt es Parallelogramme, die man nach einem Schnitt zu einem Quadrat zusammenlegen kann? Probiere es aus.

16 **III Streichholz-Puzzles**

a) Lege drei Streichhölzer so um, dass aus den 6 Dreiecken 4 Parallelogramme werden.

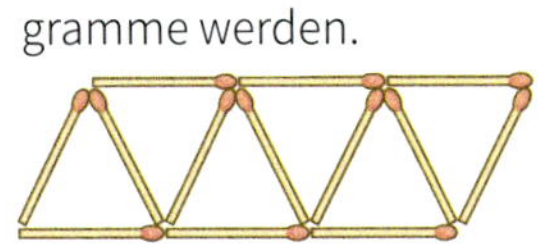

b) Lege drei Hölzer so um, dass vier Rauten entstehen.

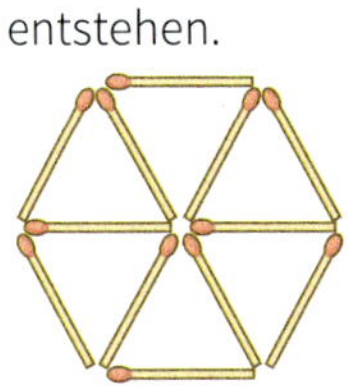

c) Lege fünf Hölzer so um, dass drei Quadrate entstehen.

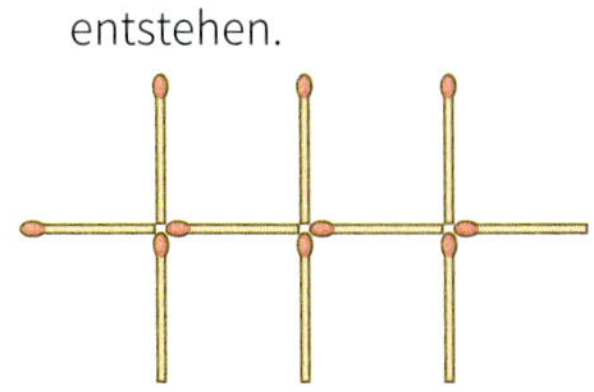

Grundwissen
zum Wiederholen

1 Berechne im Kopf: a) 1000 : 100 b) 2300 : 100 c) 999 000 : 1000

2 So viel Wasser wird zur Erzeugung eines Lebensmittels aufgewendet:
Ⓐ 1826 l Wasser für 1 kg Weizen, Ⓑ 15 415 l Wasser für 1 kg Rindfleisch,
Ⓒ 822 l Wasser für 1 kg Äpfel, Ⓓ 3300 l Wasser für 1 kg Hühnereier.
Wähle aus dieser Liste die zwei Lebensmittel mit dem geringstem Wasserverbrauch aus.

3 Sarah zahlt für ihre 50 m² große Wohnung monatlich 400 € Miete.
Berechne die monatlichen Mietkosten pro 1 m².

4 Wandle eine Stunde in Sekunden um.

Exkurs

Tangram

Aus China ist ein interessantes Puzzle überliefert: das Tangram. Im Chinesischen wird es „Chi'i Chi'iao Pan" genannt, das bedeutet „Siebenschlau". Wir wissen nicht, wer es erfunden hat, aber es gibt eine hübsche Legende dazu: Ein alter chinesischer Philosoph wollte seinem Mandarin eine wunderschöne quadratische Platte als Geschenk überreichen. Doch er stolperte am Eingang des Palastes, die Platte fiel zu Boden und zerbrach in sieben Stücke. Als er versuchte, die Teile wieder zusammenzusetzen, entstanden interessante geometrische Figuren, Symbole, Brücken, Bäume und Tiere.

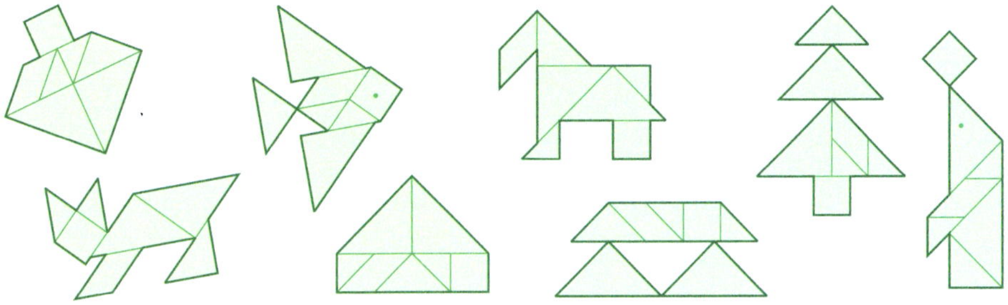

17 II **Tangramrätsel**

a) Schneide aus einem Pappquadrat (10 cm Seitenlänge) die sieben Teile des Tangrams aus.
Zeichne dazu zunächst die roten Hilfslinien ein und schneide dann längs der roten Kanten aus. Tipp: Auf kariertem Papier kannst du die Linien leicht einzeichnen.

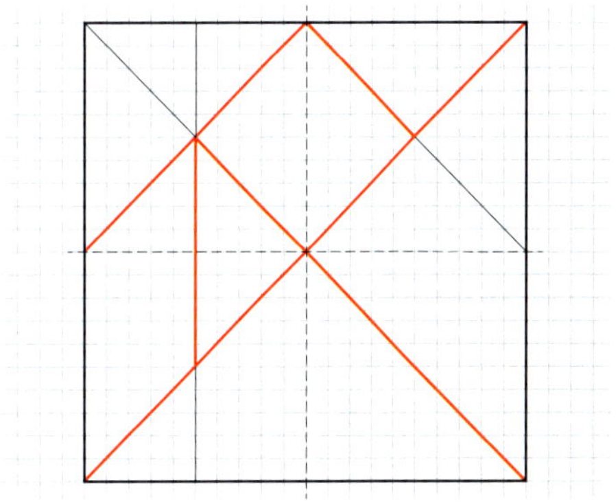

b) Lege deine Puzzleteile wieder zu einem Quadrat zusammen.

c) Lege die im Exkurs abgebildeten Figuren nach.

d) Lege mit deinen sieben Steinen das Trapez nach.
Genau dieses Trapez kann man auch auf eine andere Art legen. Findest du sie?

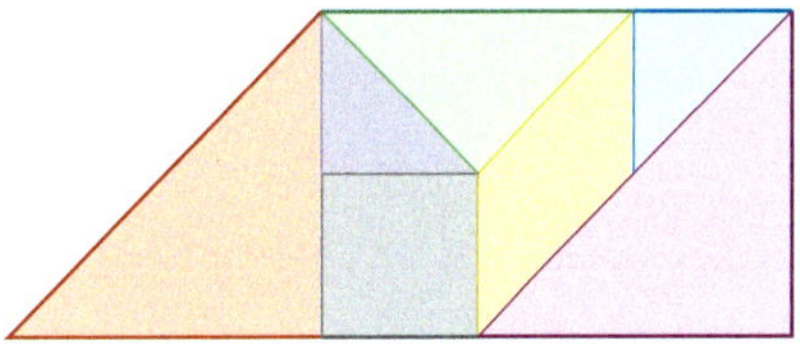

e) Kannst du auch Figuren nachlegen, bei denen du die Einteilung nicht kennst?

f) Lege mit den Tangram-Teilen selbst Figuren nach deiner Fantasie. Verwende dabei immer alle sieben Teile.

5.7 Das Haus der Vierecke

1 Ordnen der Vierecke

a) Gib den Typ der Vierecke an und beschreibe sie.

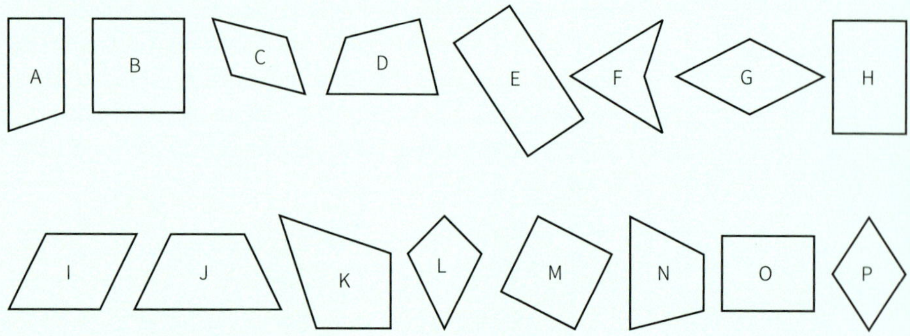

b) Ordne die Vierecke nach der Anzahl ihrer Symmetrieachsen. Welche Vierecke haben die meisten Symmetrieachsen? Welche besonderen Vierecke sind dies?

c) Unter den Vierecken mit zwei Symmetrieachsen gibt es zwei „Arten", die sich durch die Lage ihrer Symmetrieachsen unterscheiden. Welche besonderen Vierecke sind dies?

d) Vierecke mit einer Symmetrieachse: Gibt es auch hier zwei „Arten"?

e) Welche der Vierecke sind punktsymmetrisch? Welche gemeinsamen Eigenschaften weisen sie auf? Um welche besonderen Vierecke handelt es sich dabei?

f) Gibt es Vierecke, die achsensymmetrisch, aber nicht punktsymmetrisch sind? Gibt es Vierecke, die punktsymmetrisch, aber nicht achsensymmetrisch sind?

g) Einige der angegebenen Vierecke sind drehsymmetrisch mit einem Drehwinkel von 180°. Welche sind es? Findest du auch kleinere Drehwinkel?

2 „Verwandtschaft" von Vierecken

Vielleicht ist dir schon aufgefallen, dass manche Eigenschaften auf mehrere besondere Vierecke zutreffen. So hat zum Beispiel jedes Quadrat vier rechte Winkel, genau wie jedes Rechteck. Also ist ein Quadrat auch ein Rechteck.
Allerdings hat ein Quadrat zudem noch vier gleichlange Seiten. Also sind nur manche Rechtecke (nämlich die mit vier gleichlangen Seiten) zugleich auch Quadrate.
Solche „Verwandtschaften" gibt es auch zwischen anderen besonderen Vierecken. Eine Tabelle bringt hier Übersicht. Übertrage sie in dein Heft und fülle sie vollständig aus.

Tipp
Hier helfen dir die „Steckbriefe" aus dem Basiswissen von 5.6.

Ein ■ ist ein ■. → ↑	**Trapez**	**gleichschenkliges Trapez**	**Drachenviereck**	**Parallelogramm**	**Rechteck**	**Raute**	**Quadrat**
Trapez							
gleichschenkliges Trapez							
Drachenviereck							
Parallelogramm							
Rechteck	✓						
Raute							
Quadrat				✓			

Basiswissen

WES-125661-046

Das Haus der Vierecke

Die besonderen Vierecke lassen sich nach der Anzahl und Art ihrer Symmetrien, sowie nach der Lage ihrer Symmetrieachsen ordnen. In einem solchen Diagramm, dem „Haus der Vierecke“, lassen sich auch „Verwandtschaften“ der besonderen Vierecke ablesen.

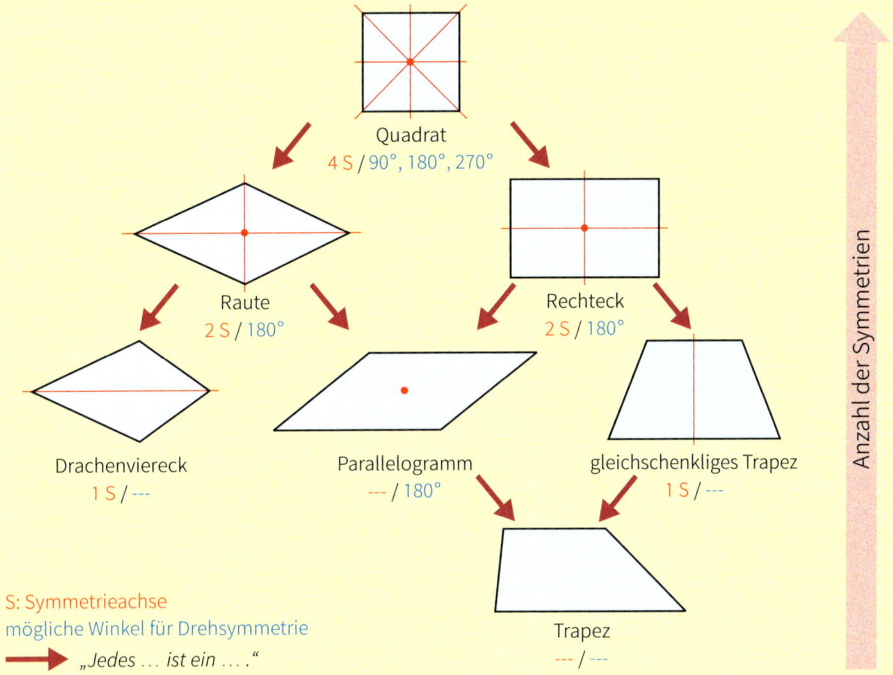

Verwandtschaften im Haus der Vierecke

Die kleinen Pfeile im Haus der Vierecke bedeuten so viel wie *„Jedes … ist ein …“*.
Der Pfeil vom Quadrat zur Raute zeigt also, dass jedes Quadrat eine Raute ist.
Folgt man einem Pfeil „rückwärts“, so bedeutet das so viel wie *„Manche … sind …“*.
Der „Rückwärtspfeil“ zwischen Raute und Quadrat zeigt also, dass manche Rauten Quadrate sind (nämlich die Rauten mit vier rechten Winkeln).

Symmetrie im Haus der Vierecke

Die Symmetrieeigenschaften werden im Haus der Vierecke „vererbt“, wenn man den kleinen Pfeilen „rückwärts“ folgt.
Der Drachen ist spiegelsymmetrisch zu einer Diagonalen, das Parallelogramm ist drehsymmetrisch. Folgt man den beiden „Rückwärtspfeilen“ zur Raute, so sieht man, dass die Raute beide Symmetrieeigenschaften von Drachen und Parallelogramm „geerbt“ hat.

Beispiel

A **Wahr oder falsch?**

a) „Jede Raute ist ein Drachenviereck.“
b) „Manche Parallelogramme sind Quadrate.“
c) „Jedes Trapez ist eine Raute.“

Lösung:

a) Wahr. Eine Raute ist ein spezielles Drachenviereck, weil sie alle Bedingungen für einen Drachen erfüllt (siehe Basiswissen in 5.6).
b) Wahr. Parallelogramme mit vier rechten Winkeln und vier gleich langen Seiten sind Quadrate.
c) Falsch. Es gibt Trapeze mit unterschiedlich langen Seiten (siehe Abbildung im Basiswissen).

Übungen

3 I Wahr oder falsch 2

a) „Jedes gleichschenklige Trapez ist ein Rechteck."
b) „Manche Rechtecke sind Rauten."
c) „Jedes Quadrat ist zugleich jedes andere besondere Viereck."

4 I Viereck gesucht

a) Anke sagt: „ Mein Viereck ist drehsymmetrisch und achsensymmetrisch, die Symmetrieachsen sind aber keine Diagonalen."
b) Jan sagt: „Mein Viereck ist das einzige besondere Viereck, das kein Trapez ist."
c) Finde selbst weitere Rätsel und stelle sie deinem Nachbarn.

5 I „Geerbte" Eigenschaften

Wie du weißt, halbieren sich die Diagonalen im Parallelogramm. Für welche besonderen Vierecke gilt dies noch? Wie kann man dies am Haus der Vierecke erkennen?

6 I Zusätzliche Eigenschaften

a) Welche Eigenschaft muss ein Parallelogramm *zusätzlich* haben, damit es ein Rechteck ist? Es gibt verschiedene Möglichkeiten, wie viele findest du?
b) Welche Eigenschaft muss ein Drachenviereck *zusätzlich* haben, damit es ein Parallelogramm ist? Auch hier gibt es verschiedene Möglichkeiten, finde möglichst viele.

7 I Die Party der Vierecke

Die Vierecke feiern eine Party! Aber nicht jedes Viereck ist eingeladen. Um dafür zu sorgen, dass nur die eingeladenen Vierecke auf der Party erscheinen, wurde ein großer, kräftiger Kreis als Türsteher angeheuert …
Und nun seid ihr dran: Mindestens acht Schülerinnen und Schüler „verkleiden" sich als Vierecke, indem sie sich ein (nicht zu kleines) Bild von einem Viereck anheften. Achtet darauf, dass alle besonderen Vierecke und auch ein „gewöhnliches" Viereck mindestens einmal dabei sind. Dann wird festgelegt, welche Vierecke zur Party eingeladen sind (zum Beispiel „Die Party der Rechtecke" oder „Die Party der drehsymmetrischen Vierecke" – lasst euch vom Haus der Vierecke inspirieren!).
Ein Schüler oder eine Schülerin spielt nun den Kreis und „bewacht" den Eingang zur Party. Er darf nur diejenigen Vierecke durchlassen, auf die die Beschreibung auf der Einladung zutrifft. Allerdings sollte der Kreis den abgewiesenen Vierecken auch erklären, warum sie nicht eintreten dürfen. Vielleicht können die abgewiesenen Vierecke den Kreis ja auch überzeugen, dass sie doch eingeladen sind?

Grundwissen
zum Wiederholen

1 Bestimme die Zahl, die um 15 kleiner als 1000 ist.

2 Der Eintritt im Erlebnisbad kostet für Kinder 5 €. Von 360 Besuchern waren die Hälfte Kinder. Ist die Rechnung richtig oder falsch: „Die Kinder zahlten $(360:2) \cdot 5\,€ = 900\,€$."?

3 Die Entfernung zwischen Hamburg und New York beträgt ca. 6128 km. Ein Flugzeug legt etwa 800 km pro Stunde zurück. Schätze die Dauer des Fluges.

4 Ein Fünftel der Laufstrecke sind 100 m. Wie viel muss Simon insgesamt zurücklegen?

5.8 Raumvorstellung

1 Würfel drehen und kippen

Beim groß abgebildeten Spielwürfel liegt die Fünf vorne.

a) Der Spielwürfel wird nach rechts gekippt und 90° im Uhrzeigersinn gedreht. Welchen der abgebildeten Würfel Ⓐ bis Ⓔ siehst du, nachdem der Würfel gekippt und gedreht wurde?

Ⓐ Ⓑ Ⓒ Ⓓ Ⓔ

b) Der Spielwürfel wird nach vorne gekippt und 180° im Uhrzeigersinn gedreht. Welchen der abgebildeten Würfel Ⓐ bis Ⓔ siehst du, nachdem der Würfel gekippt und gedreht wurde?

Ⓐ Ⓑ Ⓒ Ⓓ Ⓔ

2 Diese Treppe hat es in sich

a) Erlaube dem roten Männlein in Gedanken die Treppe hinaufzugehen. Decke es anschließend mit einer Hand ab.

b) Versuche nun das grüne und anschließend das blaue Männlein die Treppe hinaufsteigen zu lassen. Drehe dazu das Buch. Was stellst du fest?

c) Übertrage das Schrägbild in dein Heft und versuche, die Treppe in Gedanken „springen“ zu lassen.

3 Gefärbte Würfel

Sechs gleich gefärbte Würfel sollen aus den Würfelnetzen entstehen. Übertrage die Netze in dein Heft und versuche, die richtige Einfärbung zu finden.
Beachte: Es gibt mehrere Möglichkeiten.

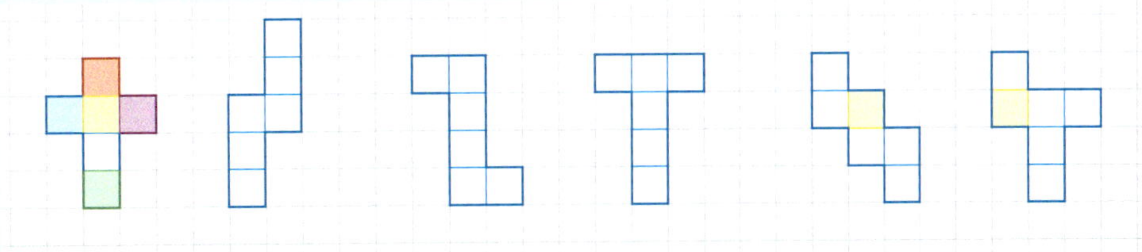

Tipp: Du kannst die Netze auch auf einen Zettel zeichnen, anschließend ausschneiden und sie zusammenfalten. So kannst du deine Ergebnisse überprüfen.

Basiswissen

WES-125661-047

Körper darstellen

Schrägbilder und Netze helfen bei der Veranschaulichung geometrischer Körper. Durch Drehungen und Spiegelungen kann man viele weitere Eigenschaften der Körper entdecken.

Man kann Körper aus Netzen herstellen.

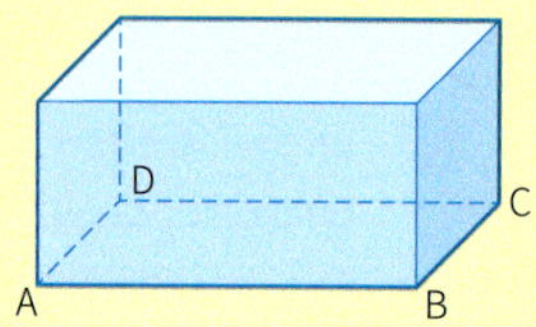

Man kann Körper als Schrägbild zeichnen.

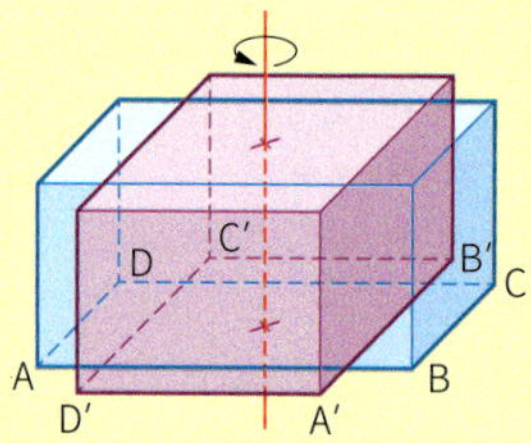

Man kann Körper drehen.

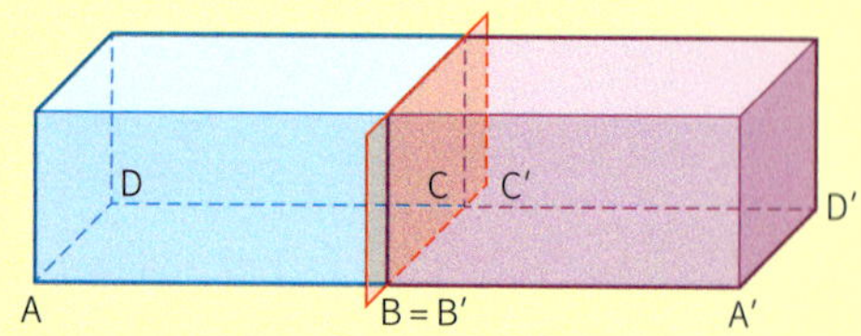

Man kann Körper spiegeln.

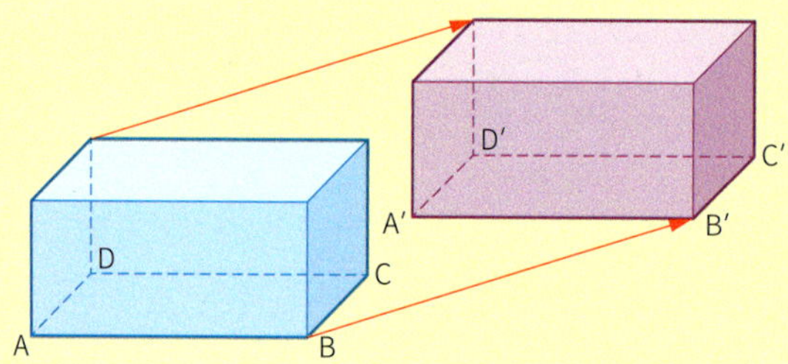

Man kann Körper verschieben.

Übungen

Lösungen sind dabei:
78 40 34
11 12 6

4 I II **Würfeltreppe**

a) Aus wie vielen Würfeln ist diese Treppe aufgebaut?

b) Wie viele Würfel kannst du sehen, wenn du in Gedanken um die Treppe herum gehst, wie viele sind im Innern der Treppe verborgen?

c) Übertrage das Schrägbild der Treppe in dein Heft und ergänze eine weitere Stufe.

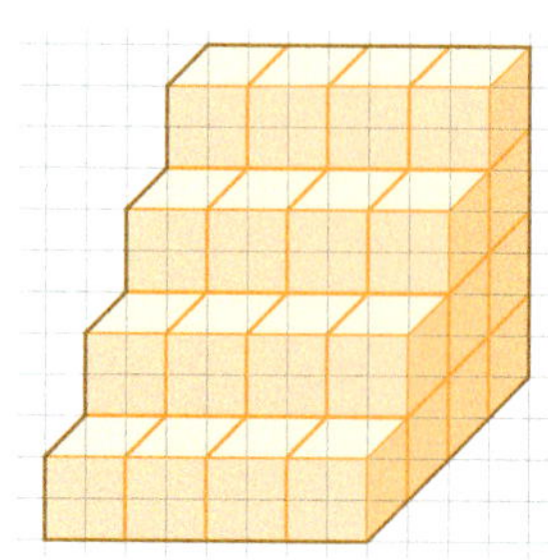

5 II **Würfeldrehungen**

Hier lohnt sich der Bau eines Kantenmodells aus Zahnstochern und Knetgummi.

Ein Würfel hat acht Ecken. Wie sehen die beiden Würfel aus, wenn sie aus der Ausgangsposition um 90°, 180° oder gar 270° gedreht werden? Zeichne die zugehörigen Schrägbilder in dein Heft.

①

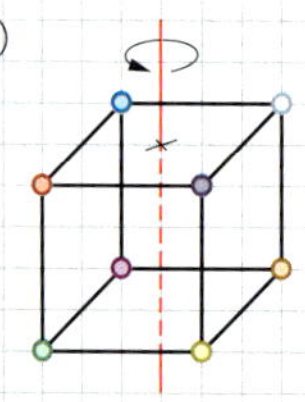

②

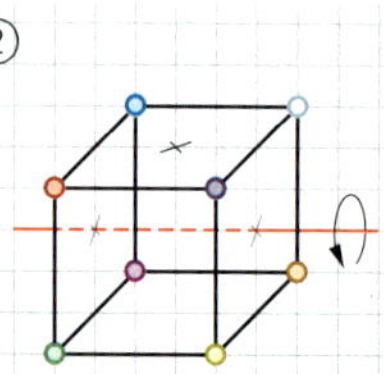

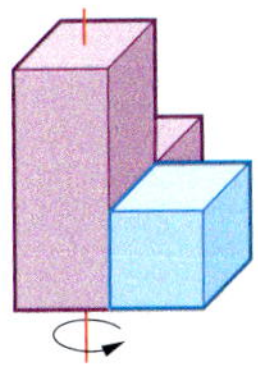

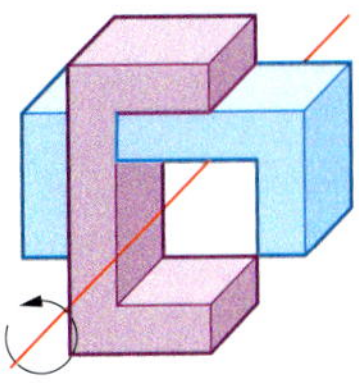

6 II Bausteine

a) Der Baustein wurde um 90° um die rote Achse gedreht. Er soll nun auf die gleiche Weise noch zweimal gedreht werden. Welche Schrägbilder passen dazu? Zeichne sie in dein Heft.

b) Auch der Torbogen wurde um 90° um die rote Achse gedreht. Zeichne die beiden Schrägbilder in dein Heft und setze die Reihe fort. Welches Schrägbild erhältst du, wenn du die letzte Figur deiner Reihe noch einmal um 90° drehst?

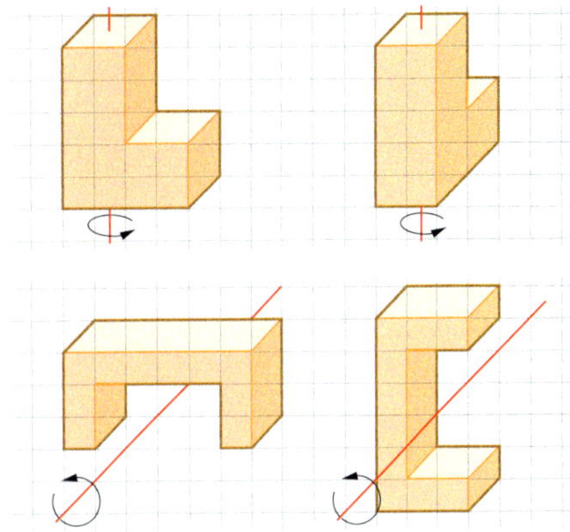

7 II Siegertreppchen

Max hat aus vier Würfeln ein Siegertreppchen gebaut. Anschließend dreht und kippt er es in verschiedene Richtungen.

a) Übertrage die drei Ansichten in dein Heft.

b) Finde noch weitere Ansichten der Treppe und zeichne die dazugehörigen Schrägbilder. Überprüfe deine Ergebnisse durch Nachbauen mit 4 Würfeln.

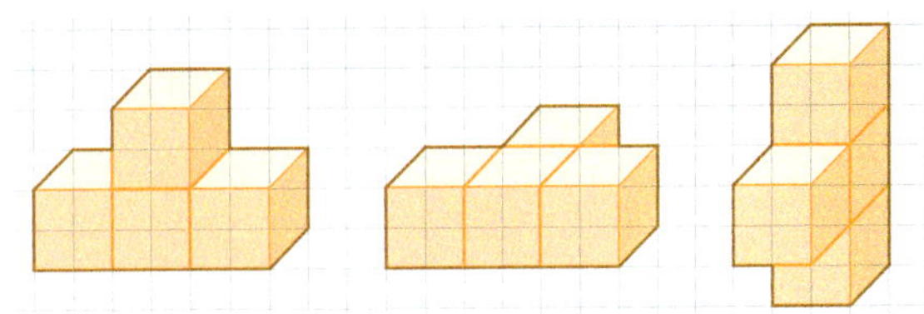

8 II Bilder einer Würfelfigur

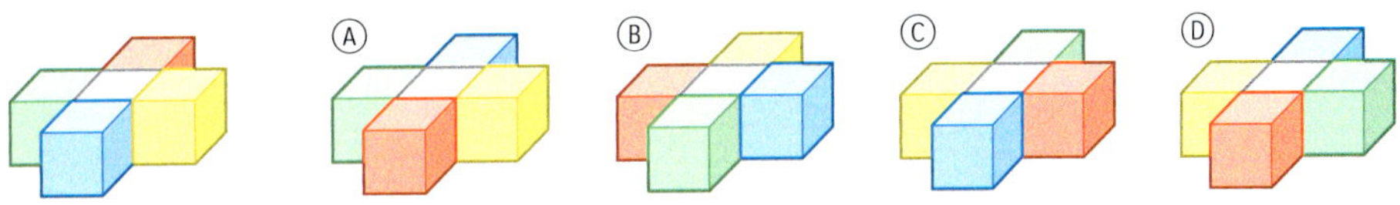

Welche der Figuren Ⓐ, Ⓑ, Ⓒ, Ⓓ kannst du durch Drehen oder Spiegeln der Ausgangsfigur erhalten? Beschreibe, wie du abbildest.

9 III Bilder eines Tetraeders

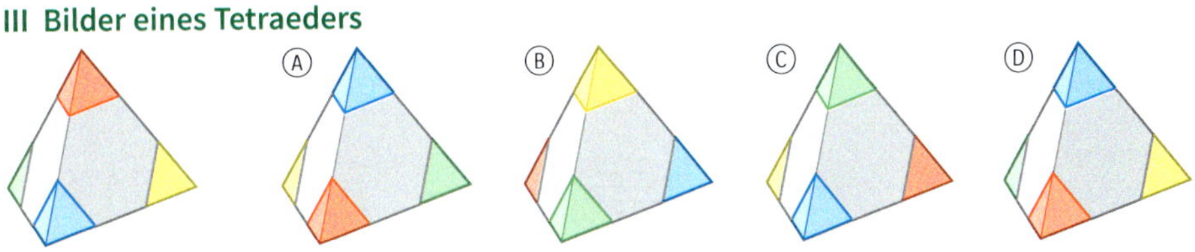

Ein Tetraeder ist eine gleichseitige Dreieckspyramide. Beschreibe, wie du durch Drehen oder Spiegeln der Ausgangsfigur die Figuren Ⓐ, Ⓑ, Ⓒ, Ⓓ erhalten kannst.

Grundwissen
zum Wiederholen

1 Entscheide, ob das Runden für dich sinnvoll ist:
a) dein Geburtsjahr, b) die Abfahrtszeit deines Zuges,
c) die Anzahl der Haare auf deinem Kopf.

2 Zähle in 16-er Schritten abwärts: 100, 84, ■, ■, ■, ■, ■.

3 Das größte Dreieck im Bild hat die Seitenläge 12 cm.
Bestimme die Seitenlänge des kleinsten Dreiecks.

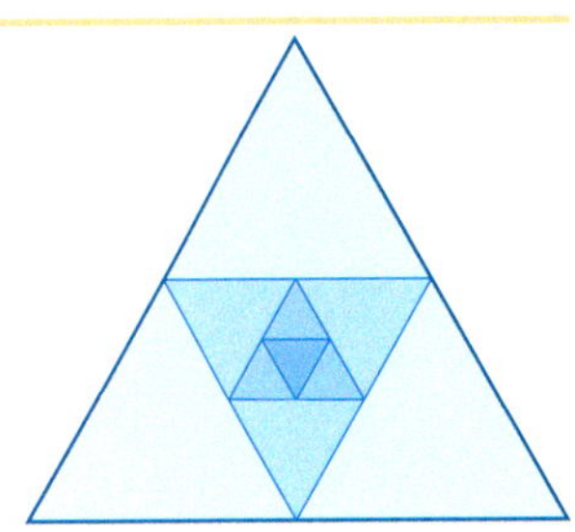

10 II Der Soma-Würfel – Ein dreidimensionales Puzzle

Dieses berühmte Knobelproblem stammt von dem dänischen Schriftsteller PIET HEIN und hat schon viele Köpfe zum Rauchen gebracht. Was kann man mit diesen sieben Teilen wohl alles zusammensetzen?

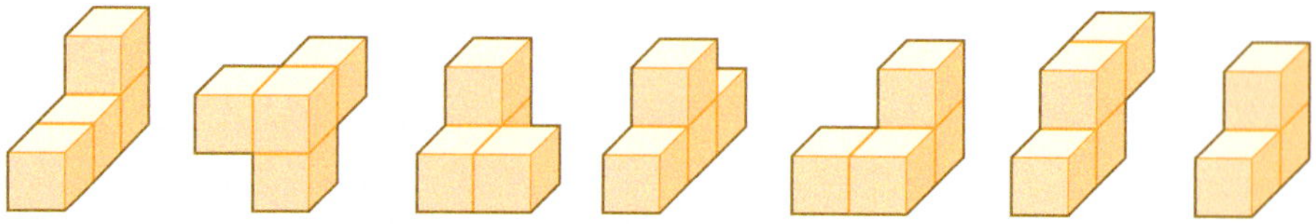

Bau der Puzzleteile

Betrachtet die Teile des Puzzles. Es sind alle „krummen“ Möglichkeiten, auf die man drei oder vier Würfel zusammensetzen kann. Stellt zuerst die sieben Puzzleteile selbst her. Für den Bau könnt ihr Holz- oder Plastikwürfel verwenden. Leim oder Kleber nicht vergessen.

Zum Aufwärmen

Versucht zunächst die folgenden einfachen Körper aus zwei, drei oder vier Puzzleteilen zusammenzubauen. Ihr könnt auch selbst Puzzle erfinden.

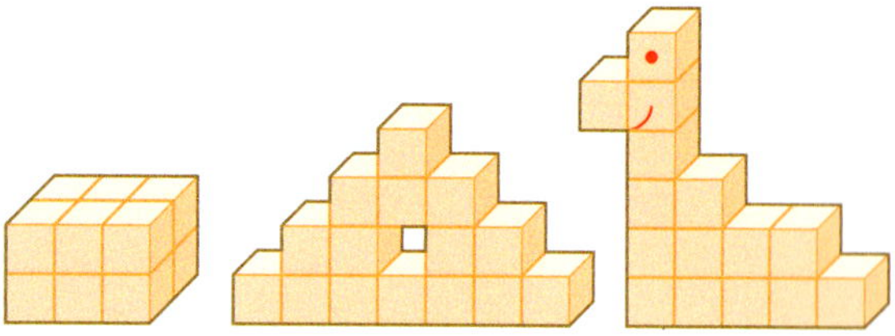

Soma-Würfel

Alle Teile lassen sich zu einem Würfel mit der Kantenlänge 3 zusammenbauen. Mit der Zeichnung und dem Foto haben wir schon Tipps für zwei verschiedene Möglichkeiten verraten. Baue diese nach.

Englische Mathematiker fanden 1961 heraus, dass es 240 verschiedene Möglichkeiten gibt, den Würfel zu bauen.

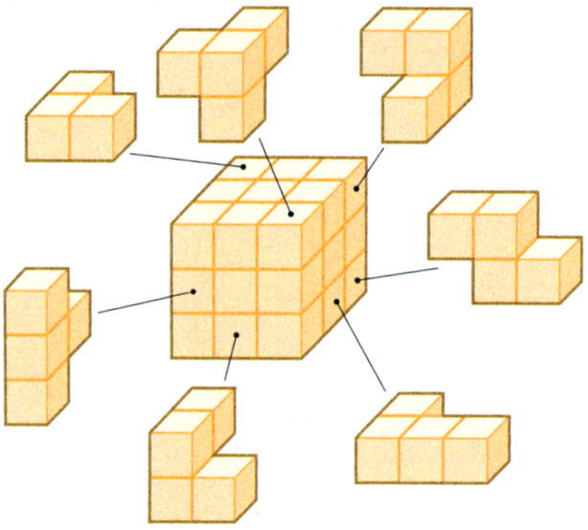

Lösungen sammeln und Baupläne erstellen

Wie viele verschiedene Möglichkeiten findet ihr? Wie könnt Ihr sicher sein, dass nicht zweimal die gleiche Lösung gefunden wurde?

Zwei Möglichkeiten, um den Bauplan des Somawürfels festzuhalten: Bauplan von oben Bildfolge auf Isometriepapier

1		
2	1	

3	3	1
3	1	1
3	3	2

		1
1	1	1
2	1	1

3	3	1
3	3	2
3	3	2

2	1	1
2	1	1
2	1	1

3	3	3
3	3	3
3	3	3

3	3	1
3	1	1
2	1	1

Achsensymmetrische Figuren

Die eine Hälfte einer achsensymmetrischen Figur ist das exakte Spiegelbild der anderen.

Drehsymmetrische Figuren

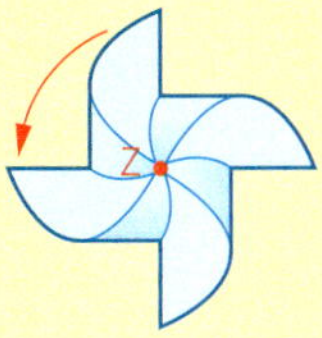

Dreht man eine drehsymmetrische Figur um einen bestimmten Winkel, dann sieht es so aus, als wäre nichts geschehen.

Punktsymmetrische Figuren

Dreht man eine punktsymmetrische Figur um 180°, dann sieht es so aus, als wäre nichts geschehen.

Verschiebungssymmetrische Figuren

Verschiebt man eine verschiebungssymmetrische Figur in eine bestimmte Richtung um eine bestimmte Länge, dann sieht es so aus, als wäre nichts geschehen.

Figuren auf Symmetrie untersuchen

Um eine Figur auf Symmetrie zu untersuchen, suche nach den Symmetrieachsen oder Drehzentren.

Check-up

1 Symmetrie

Untersuche die Muster auf Achsensymmetrie, Punktsymmetrie und Drehsymmetrie. Wenn du die Symmetrieachsen und Symmetriezentren zeichnen möchtest, verwende Transparentpapier.

a) 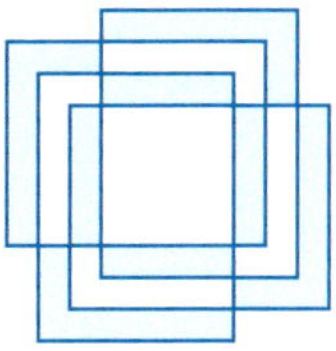 b)  c) 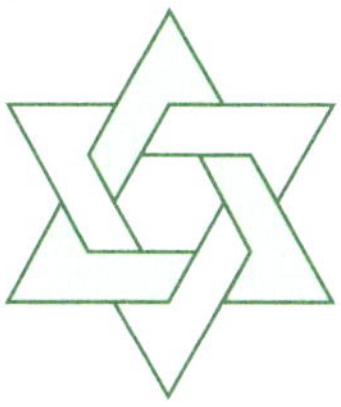

2 Achsensymmetrie

a) Der Buchstabe F wird an der roten Spiegelachse gespiegelt. Welche Figur entsteht?

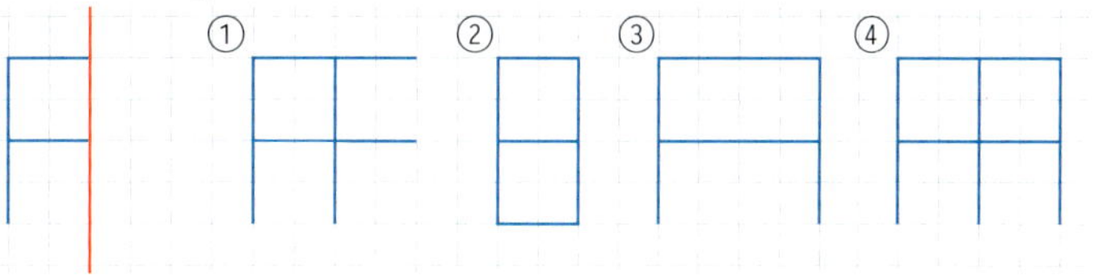

b) Übertrage die Figuren ① bis ④ auf kariertes Papier und zeichne jeweils alle möglichen Spiegelachsen ein.

3 Drehsymmetrie

Welche der Figuren ist drehsymmetrisch?
Wo liegt bei den drehsymmetrischen Figuren das Symmetriezentrum?

4 Punktsymmetrie

Der Buchstabe F wird am Punkt Z gespiegelt. Welche Figur entsteht?

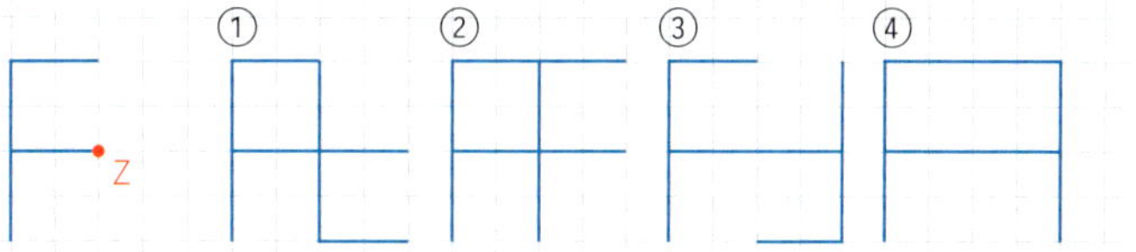

5 Symmetrie im Schilderwald

Gib für jedes Verkehrszeichen an, wie viele Symmetrieachsen und Symmetriezentren es besitzt.

Spiegeln, drehen, verschieben

Es werden immer nur einzelne Punkte von Figuren (meistens Eckpunkte) gespiegelt, gedreht und verschoben. Anschließend werden die Bildpunkte verbunden.

Achsenspiegelung

Bei einer Achsenspiegelung sind Punkte, die auf der Spiegelachse liegen, identisch mit ihrem Bildpunkt.

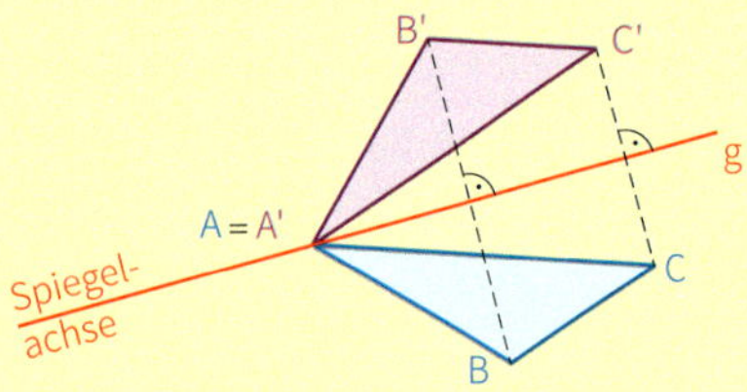

Drehung

Gedreht wird um das Drehzentrum Z mit dem Drehwinkel α gegen den Uhrzeigersinn. Bei einer Drehung ist nur das Drehzentrum identisch mit seinem Bildpunkt.

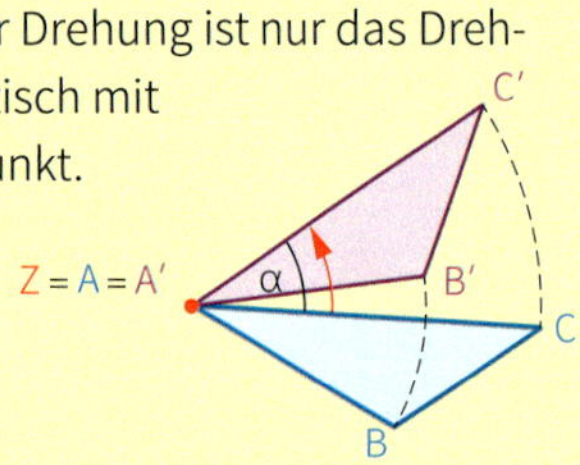

Punktspiegelung

Die Punktspiegelung entspricht einer Drehung um 180° um das Symmetriezentrum. Nur dieser Punkt Z ist identisch mit seinem Bildpunkt.

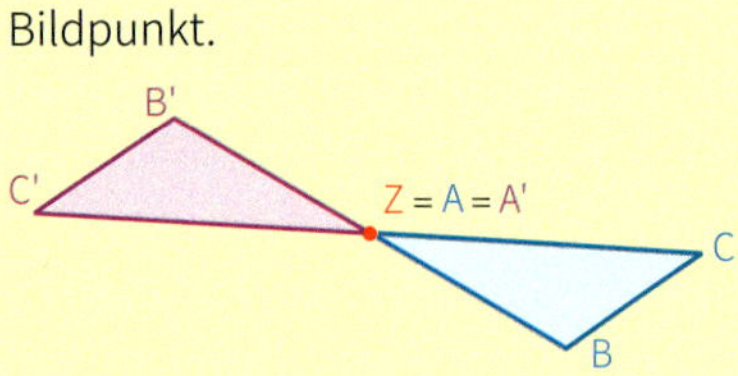

Verschiebung

Bei einer Verschiebung mit Verschiebungspfeil verändern alle Punkte ihre Lage um die gleiche Richtung und gleiche Länge.

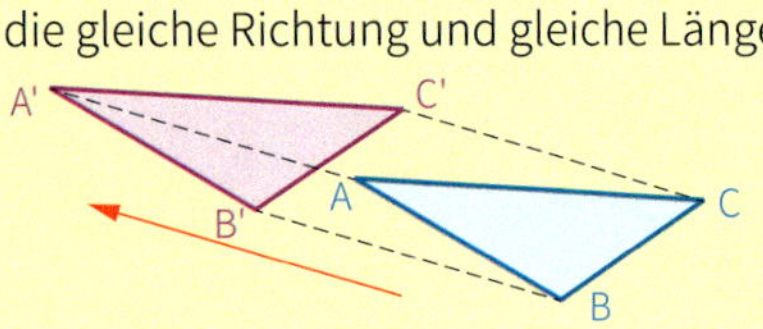

6 Weihnachtsbaum

Jans Versuche, einen symmetrischen Weihnachtsbaum zu zeichnen, sind gescheitert. Nun zeichnet er nur die Hälfte eines Weihnachtsbaums und konstruiert die andere Hälfte mithilfe einer Achsenspiegelung. Zeichne in dein Heft.

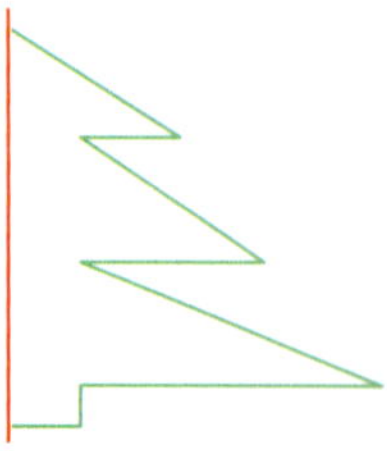

7 Achsenspiegelung

Begründe, warum der rechte Kreis nicht aus dem linken Kreis durch Achsenspiegelung an der roten Geraden hervorgegangen sein kann.

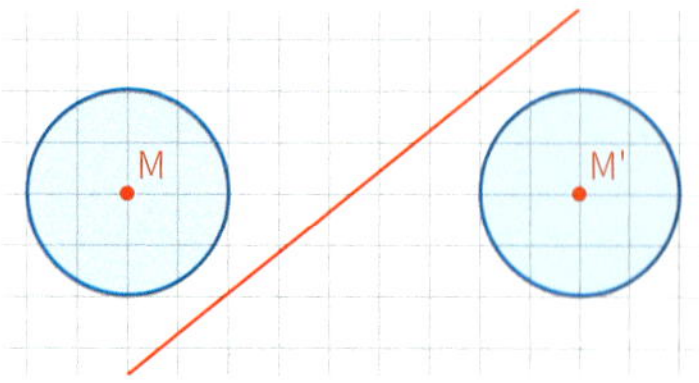

8 Drehsymmetrie und Drehwinkel

Durch welche wiederholte Drehung eines Dreiecks um einen Eckpunkt kann man eine drehsymmetrische Figur erzeugen?

Ⓐ Ein Dreieck wird dreimal um einen Eckpunkt mit 60° gedreht.
Ⓑ Ein Dreieck wird viermal um einen Eckpunkt mit 72° gedreht.
Ⓒ Ein Dreieck wird zehnmal um einen Eckpunkt mit 20° gedreht.

9 Drehung

Übertrage das „Strichmännchen" und den Punkt Z auf Karopapier. Drehe das „Männchen" gegen den Uhrzeigersinn mit 90° um den Punkt Z. Kannst du die Drehung auch durch Zählen der Kästchen durchführen?

10 Punktspiegelung

Spiegele das Viereck ABCD am Punkt Z und gib die Koordinaten der Bildpunkte A′, B′, C′ und D′ an.

A(1 | 10), B(3 | 7), C(5 | 10), D(3 | 9) und Z(4,5 | 5).

11 Punktsymmetrische Vierecke

Welche der folgenden Vierecke sind punktsymmetrisch zum Schnittpunkt der Diagonalen?

Ⓐ Quadrat	Ⓑ Rechteck	Ⓒ Parallelogramm
Ⓓ Raute	Ⓔ Drachen	Ⓕ Trapez

12 Bandornamente

Bandornamente entstehen, wenn man eine Grundfigur wiederholt in die gleiche Richtung und um die gleiche Länge verschiebt. Verschiebe die Grundfigur jeweils dreimal.

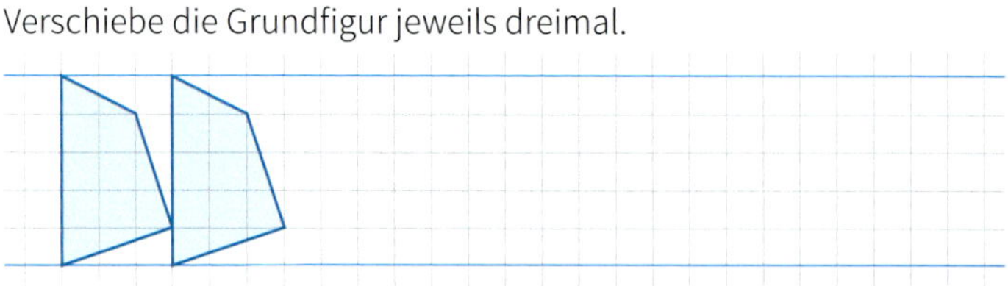

Quadrat

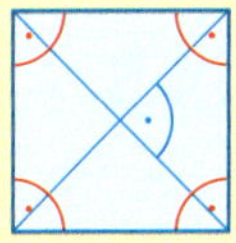

- alle Seiten gleich lang
- gegenüberliegende Seiten parallel
- aneinanderstoßende Seiten senkrecht
- Diagonalen halbieren sich
- Diagonalen gleich lang
- Diagonalen senkrecht

Rechteck

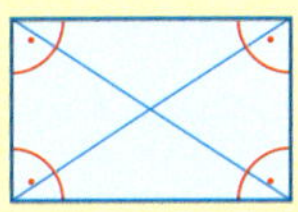

- gegenüberliegende Seiten gleich lang
- gegenüberliegende Seiten parallel
- aneinanderstoßende Seiten senkrecht
- Diagonalen halbieren sich
- Diagonalen gleich lang

Parallelogramm

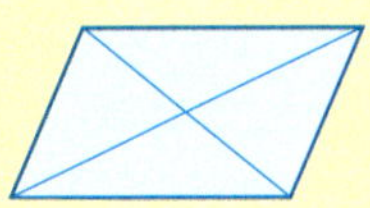

- gegenüberliegende Seiten gleich lang
- gegenüberliegende Seiten parallel
- Diagonalen halbieren sich

Raute

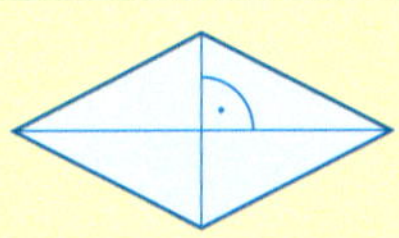

- alle Seiten gleich lang
- gegenüberliegende Seiten parallel
- Diagonalen halbieren sich
- Diagonalen senkrecht zueinander

Symmetrisches Trapez

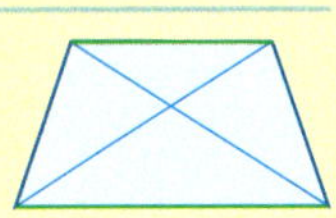

- ein Paar gleich langer Seiten, die sich gegenüber liegen
- **ein Paar** paralleler Seiten
- Diagonalen gleich lang

Drachen

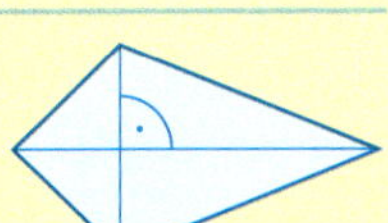

- zwei Paare gleich langer Seiten, die sich an einer Ecke treffen
- eine Diagonale wird halbiert
- Diagonalen senkrecht zueinander

13 Vierecke suchen

Gib die Vierecke mithilfe der Eckpunkte an.

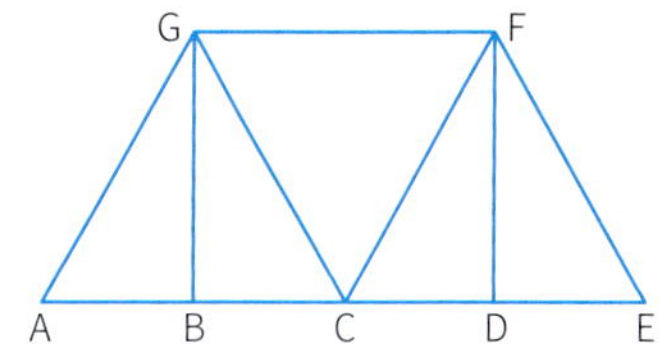

a) Rechteck
b) Parallelogramm
c) symmetrisches Trapez
d) Trapez

14 Vierecke zeichnen

a) Zeichne ein Rechteck mit den Seitenlängen 3 cm und 6 cm.
b) Zeichne ein Quadrat mit der Seitenlänge 5 cm.
c) Zeichne eine Raute mit 3 cm und 5 cm langen Diagonalen.
d) Zeichne ein symmetrisches Trapez so, dass die parallelen Seiten 3 cm und 7 cm lang sind.
e) Zeichne ein Parallelogramm mit den Seitenlängen 3 cm und 7 cm.

15 Vierecke im Koordinatensystem

Zeichne die Vierecke mit den angegebenen Koordinaten in ein Koordinatensystem. Um welches Viereck handelt es sich jeweils?

a) Viereck 1: A(2|1), B(6|1), C(8|4), D(0|4)
b) Viereck 2: A(8|13), B(11|13), C(11|16), D(8|16)
c) Viereck 3: A(12|10), B(14|10), C(16|16), D(14|16)
d) Viereck 4: A(13|5), B(18|7), C(13|9), D(11|7)
e) Viereck 5: A(1|8), B(8|8), C(8|11), D(1|11)

16 Vierecke

Vierecke können zueinander parallele oder zueinander senkrechte Seiten haben.
Zeichne und benenne Vierecke, die

a) parallele und zueinander senkrechte Seiten haben,
b) parallele Seiten, aber keine rechten Winkel haben,
c) weder parallele noch zueinander senkrechte Seiten haben.

17 Vierecke durchschneiden

Welche besonderen Dreiecke entstehen, wenn du ein Quadrat (ein Rechteck, eine Raute) längs einer Diagonale durchschneidest?

18 Besondere Vierecke

Welche Vierecke besitzen die folgenden Eigenschaften?

a) Je zwei gegenüberliegende Seiten sind parallel zueinander.
b) Die beiden Diagonalen sind gleich lang.
c) Die Diagonalen stehen senkrecht aufeinander.
d) Gegenüberliegende Winkel sind gleich groß.
e) Die Diagonalen sind Symmetrieachsen.
f) Es ist punktsymmetrisch, aber nicht achsensymmetrisch.

19 Stimmt das?

a) Jedes Quadrat ist auch ein Rechteck.
Jedes Rechteck ist auch ein Quadrat.
b) Formuliere und überprüfe ähnliche Aussagen zu
① Parallelogramm und Raute ② Trapez und Rechteck.

Sichern und Vernetzen
Vermischte Aufgaben zu Kapitel 5

Trainieren

WES-125661-060

Lösungen

1 I Symmetrische Figuren

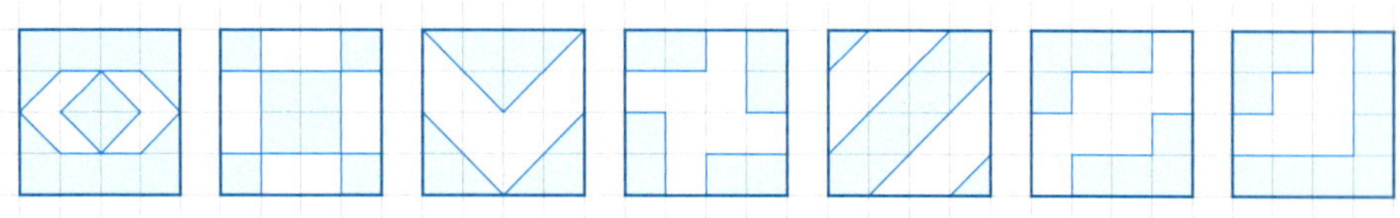

Untersuche die Figuren auf Symmetrie. Zeichne sie dazu in dein Heft und zeichne alle Symmetrieachsen ein. Welche Figuren sind drehsymmetrisch oder punktsymmetrisch? Zeichne die Symmetriezentren ein und gib die Drehwinkel an.

2 I Eine Blüte

Übertrage die Zeichnung in dein Heft und spiegele dann am Punkt Z.
Du erhältst eine interessante punktsymmetrische Figur.

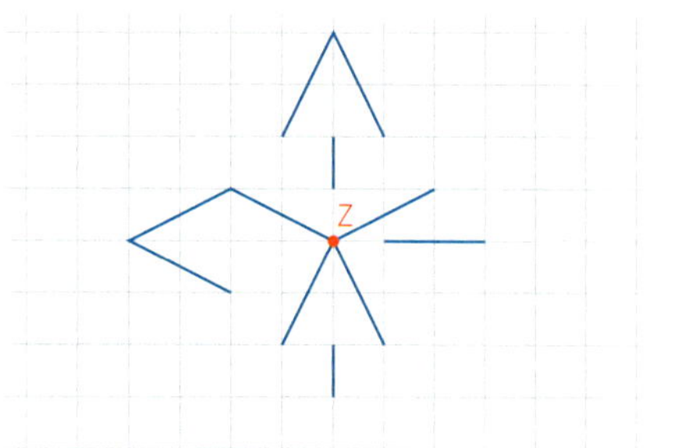

3 I Welche Figur wird Drehsieger?

In unserer Umgebung siehst du viele drehsymmetrische Figuren. Um welche Winkel kannst du die Figuren um den Punkt Z drehen, damit sie wieder auf sich selbst abgebildet werden? Welche Figur bietet die meisten Möglichkeiten, wird also „Drehsieger"?

① ② ③ ④

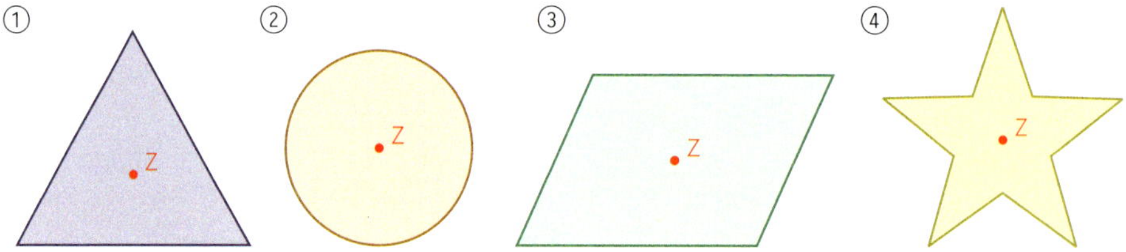

4 I Punktsymmetrie im Koordinatensystem

a) Spiegele das Dreieck ABC mit A(1|1), B(4|2) und C(1|3)

① am Punkt Z(3|4); ② am Punkt B.

Notiere die Koordinaten der Bildpunkte. Hättest du die Koordinaten auch voraussagen können?

b) Der Punkt P(3|7) hat bei einer Punktspiegelung den Bildpunkt P′(7|11). Kannst du die Koordinaten des Symmetriezentrums Z angeben?

5 I Spiegeln im Koordinatensystem

Bestimme durch Konstruieren oder Rechnen die Koordinaten der Punkte A′, B′, C′ und D′ nach Spiegelung des Vierecks ABCD mit A(3|2), B(5|1), C(8|3) und D(6|5)

a) an der Parallelen zur x-Achse durch P(0|6);
b) an der Parallelen zur y-Achse durch Q(10|0);
c) an der 1. Winkelhalbierenden.

6 II **Spiegelachse gesucht**

Das Dreieck A(5|10), B(11|12), C(9|15) wurde gespiegelt. Leider ist die Spiegelachse verschwunden, nur der bereits gespiegelte Punkt A′(4|7) ist bekannt.
Konstruiere zunächst die Spiegelachse mit Zirkel und Geodreieck. Spiegele dann die übrigen Punkte und vervollständige das gespiegelte Dreieck.

Verstehen

7 II **Verschobene Schiffe**

Das blaue „Schiff“ ist mehrfach verschoben worden. Doch dabei ist einiges schief gegangen. Finde die richtigen Verschiebungen heraus und beschreibe, was bei den anderen Abbildungen falsch gemacht wurde.

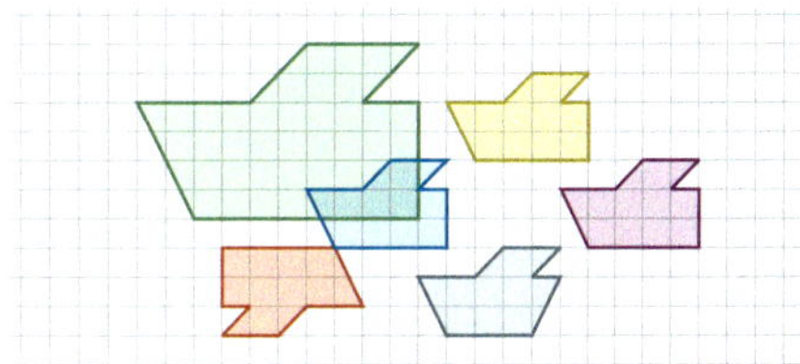

8 II **Spiegeln und Drehen im Koordinatensystem**

a) Drehe das Dreieck ABC um D mit 90°. Lies die Bildpunkte A′, B′ und C′ ab.

b) Spiegele das Bilddreieck A′B′C′ an D und lies die Bildpunkte A″, B″ und C″ ab.

Zusatzaufgabe: Durch welche Spiegelung oder Drehung wird das Dreieck A″B″C″ in das Dreieck ABC überführt? Findest du eine Begründung?

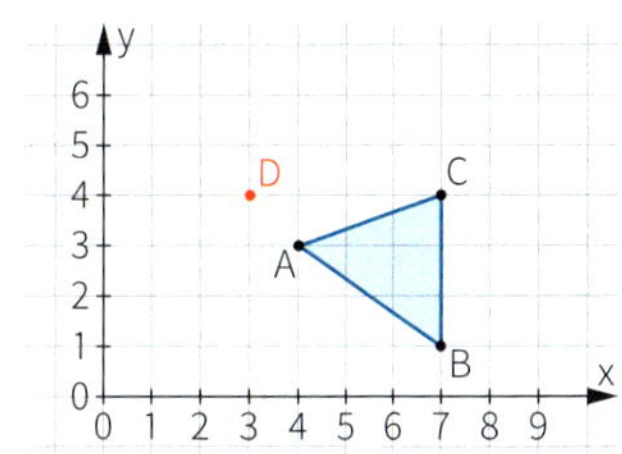

9 III **Quer durch die geometrischen Abbildungen**

Aus dem blauen Haus in der Mitte sind vier unterschiedliche Bilder entstanden.

a) Finde heraus, welches dieser vier Häuser durch Verschiebung, welches durch Drehung, welches durch Achsenspiegelung und welches durch Punktspiegelung entstanden ist.

b) Gib passend den Verschiebungspfeil, das Drehzentrum und den Drehwinkel, die Spiegelachse und das Symmetriezentrum an.

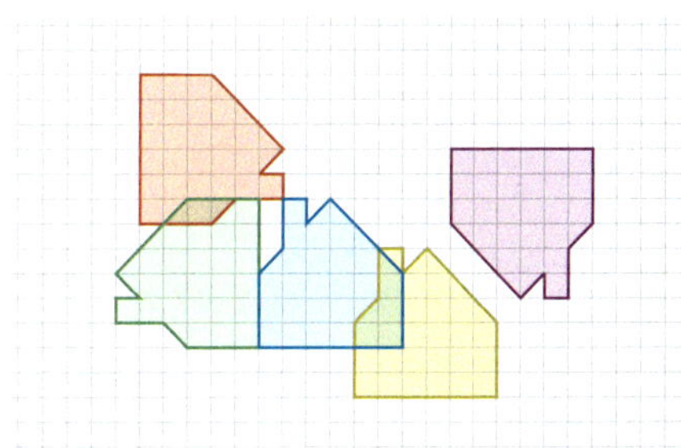

10 II **Drehen**

Übertrage die Figur und den Punkt Z in dein Heft. Drehe die Figur wie angegeben um den Punkt Z.

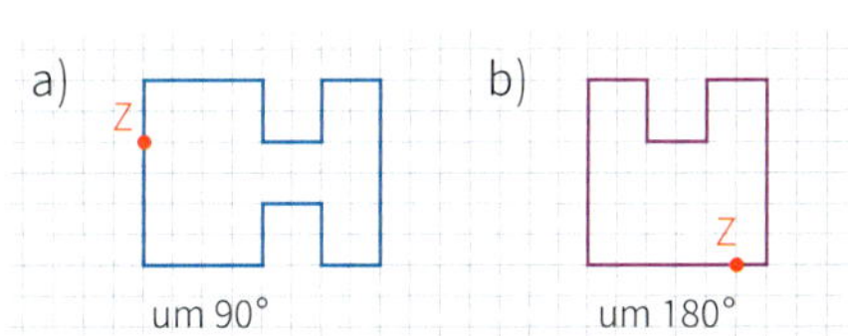

Anwenden

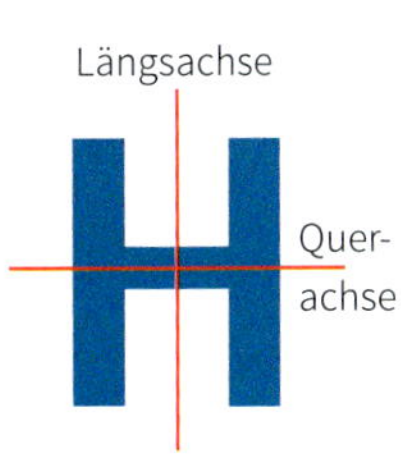

11 II **Maries neue Geheimschrift**

Marie hat eine neue Geheimschrift erfunden.

a) Übertrage die geheimen Worte in dein Heft und ergänze sie so, dass damit Maries Geheimschrift entziffert wird.

b) Leider eignen sich nicht alle Buchstaben für Maries Geheimschrift, sondern nur die großen Druckbuchstaben, die symmetrisch zur Querachse sind. Notiere alle Buchstaben, die man benutzen kann und erfinde selbst Worte in Maries Geheimschrift. Lasse sie von deinem Nachbarn entziffern.

c) Notiere alle großen Druckbuchstaben, die symmetrisch zur Längsachse sind. Kannst du damit auch eine Geheimschrift bilden?

6 Winkel in Figuren

Straßen und Wege treffen sich an Kreuzungen. Dabei entstehen unterschiedliche Winkel, in denen sich die Fahrwege begegnen.

Auch in einem Gatter treffen Holzlatten aufeinander, die unterschiedliche Winkel miteinander bilden. Die schräge Holzlatte, die der Stabilität des Gatters dient, bildet mit den waagerechten Holzlatten zahlreiche gleich große Winkel.

6.1 Winkel an Geradenkreuzungen

1 Straßenkreuzungen

Auf Stadtplänen und Straßenkarten findest du Straßenkreuzungen.

a) Der rot markierte Feldweg trifft in einem Winkel von 49° auf die Bundesstraße. Wie groß ist der andere Winkel, den die Bundesstraße und der Feldweg einschließen? Der Feldweg soll geradlinig über die Bundesstraße hinaus verlängert werden, sodass er den Meisenweg trifft. Gib an, welche Winkel die Verlängerung mit der Bundesstraße einschließt. Kannst du das ohne Messen?

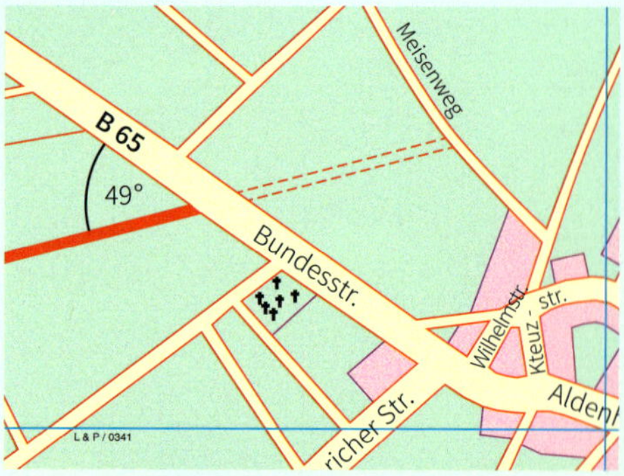

Zwei neue Wohngebiete sollen erschlossen werden.

b) Die Poststraße soll von zwei weiteren Straßen gekreuzt werden.
Wie groß sind die Winkel an den Kreuzungen?

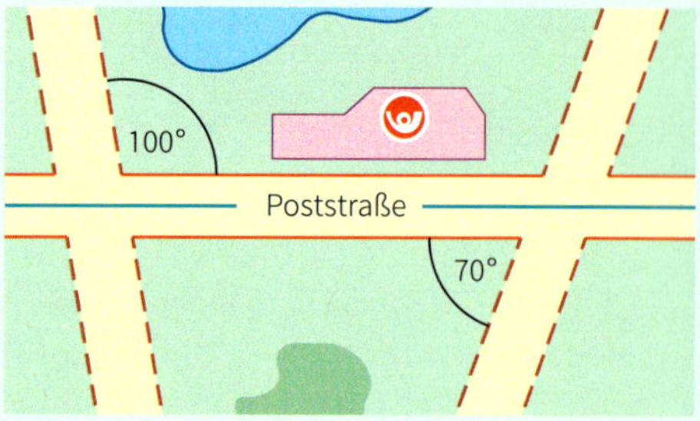

c) An der Hauptstraße sind zwei neue zueinander parallele Straßen geplant.
Wie groß sind die Winkel an den Kreuzungen?
Was fällt dir auf?

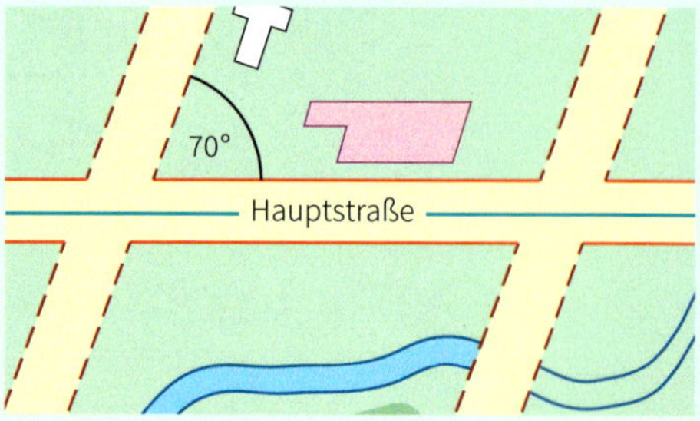

2 Gatter

An einer Pferdekoppel gibt es für Pferde ein Gatter.
Marcel hat ein Gatter gezeichnet.

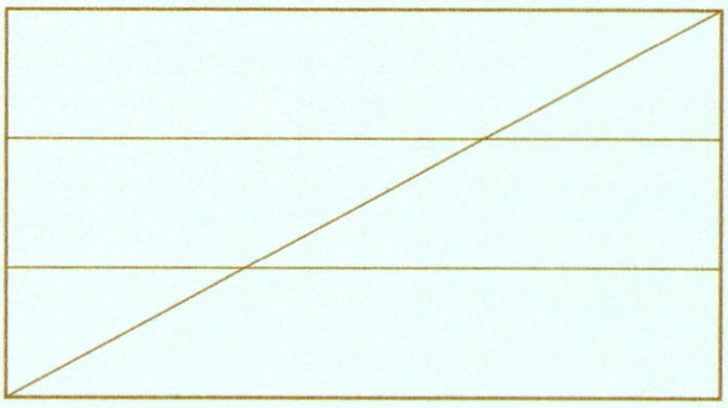

a) Zeichne ein Gatter in dein Heft. Miss die vorhandenen Winkel zwischen der schrägen Latte und den waagerechten Latten und färbe gleich große Winkel mit der gleichen Farbe.

b) An anderen Weiden sind die Gatter manchmal breiter oder schmaler, manchmal höher oder niedriger, sehen aber sonst genauso aus. Zeichne verschiedene Gatter und färbe wieder gleich große Winkel mit der gleichen Farbe.

c) Vergleiche die Lage der gefärbten Winkel in deinen Zeichnungen. Was fällt dir auf? Beschreibe deine Beobachtung.

Basiswissen

WES-125661-048

Winkel an Geradenkreuzungen

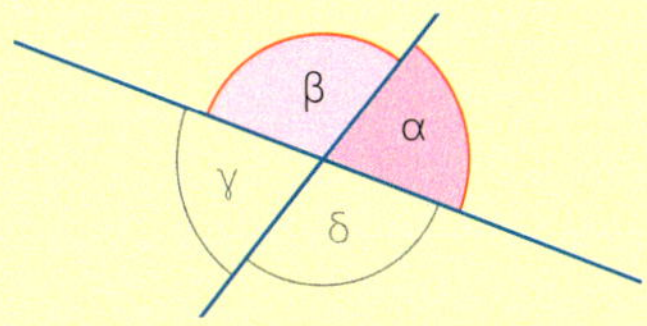

Nebeneinanderliegende Winkel nennt man **Nebenwinkel**.
Nebenwinkel ergänzen sich zu 180°.
z. B. $\alpha + \beta = 180°$

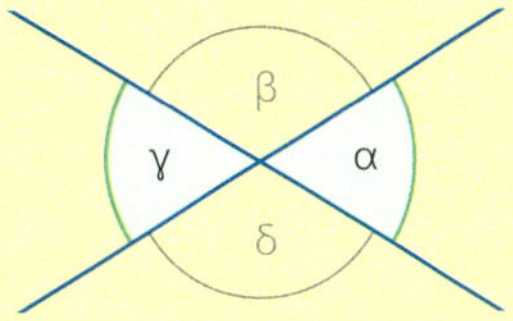

Gegenüberliegende Winkel nennt man **Scheitelwinkel**.
Scheitelwinkel sind gleich groß.
z. B. $\alpha = \gamma$

Winkel an Doppelkreuzungen paralleler Geraden

g‖h
g ist parallel zu h

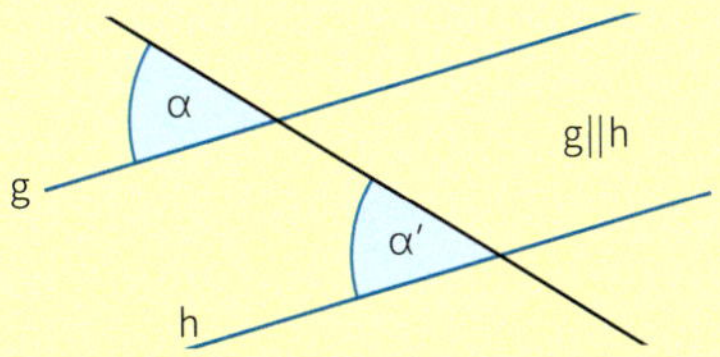

Die Winkel α und α' nennt man **Stufenwinkel**.
Stufenwinkel an parallelen Geraden sind gleich groß. $\alpha = \alpha'$

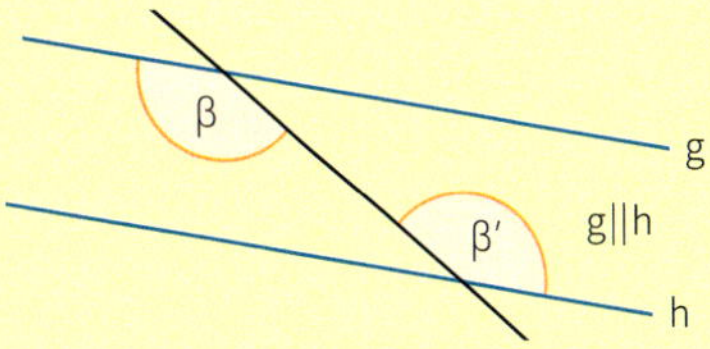

Die Winkel β und β' nennt man **Wechselwinkel**.
Wechselwinkel an parallelen Geraden sind gleich groß. $\beta = \beta'$

Beispiele

A **Winkel an einer Doppelkreuzung**
Markiere Winkel, die genauso groß wie α sind und bezeichne sie. Begründe.

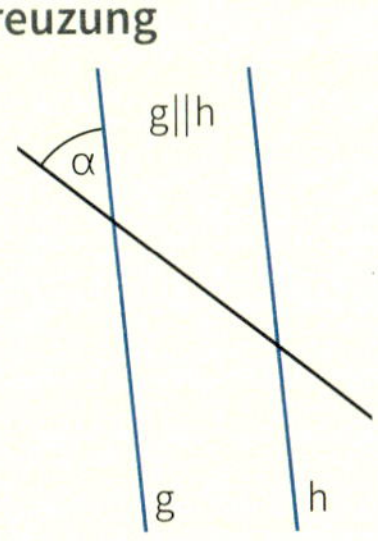

Lösung:

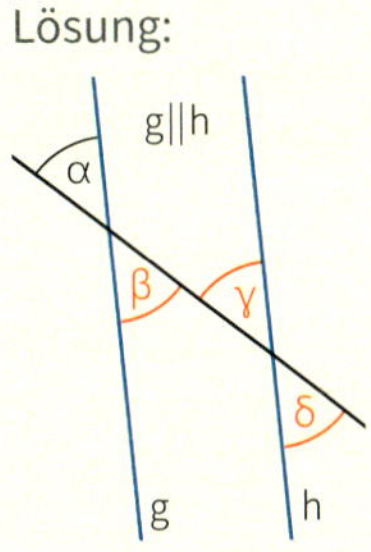

β ist der Scheitelwinkel zu α.
γ ist der Stufenwinkel zu α.
δ ist der Wechselwinkel zu α.

Winkel werden mit griechischen Buchstaben bezeichnet.
α alpha
β beta
γ gamma
δ delta
ε epsilon

B **Winkel berechnen**
Berechne α, β, γ und δ.

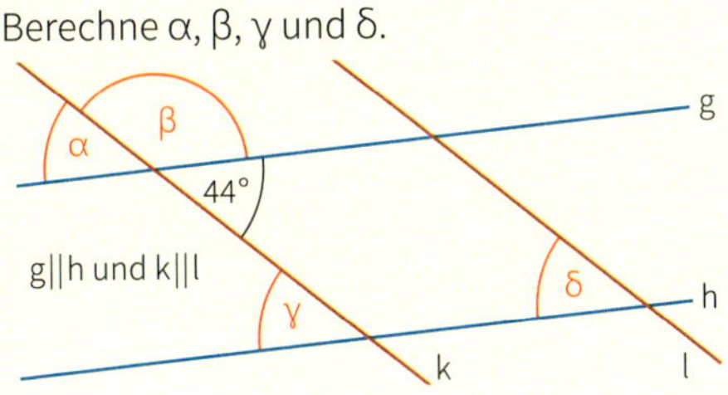

Lösung:
α ist der Scheitelwinkel zum 44°-Winkel:
$\alpha = 44°$
β ist ein Nebenwinkel zu α:
$\alpha + \beta = 180°$, also $\beta = 180° - 44° = 136°$
γ ist ein Wechselwinkel zum 44°-Winkel bzw.
γ ist ein Stufenwinkel zu α: $\gamma = 44°$
δ ist ein Stufenwinkel zu γ: $\delta = 44°$

Übungen

3 I **Winkelpaare**
a) Gib Winkelpaare an:
① Scheitelwinkel ② Nebenwinkel
③ Stufenwinkel ④ Wechselwinkel
b) Welche Winkel sind genauso groß wie ε_3?

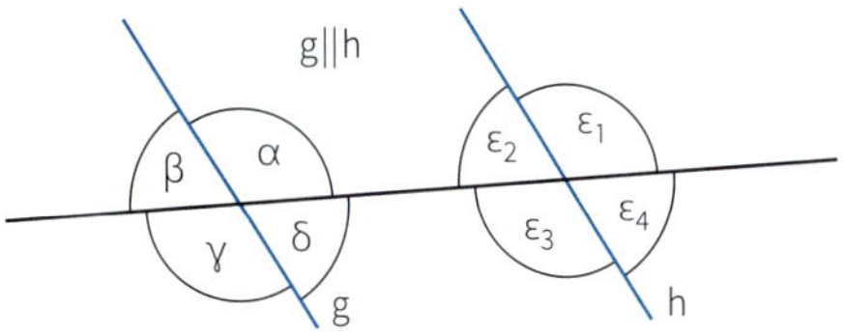

4 I Winkelgrößen ohne Messen

Gib die Größe der Winkel α, β und γ ohne zu messen an. Begründe deine Ergebnisse wie in Beispiel B.

a)

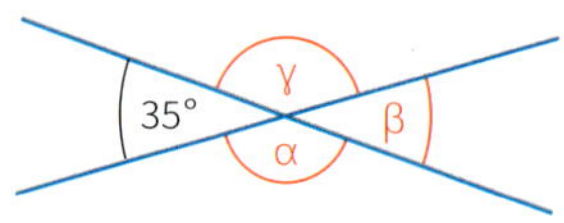

b)

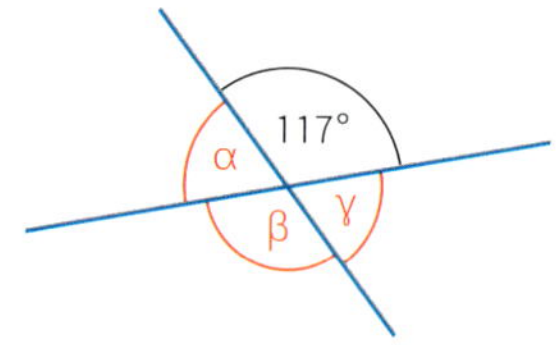

c)

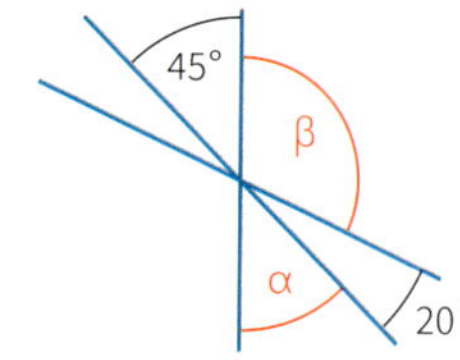

5 I Winkelleine

Welche Winkelgröße von der Winkelleine gehört zu welchen Winkeln? Begründe.

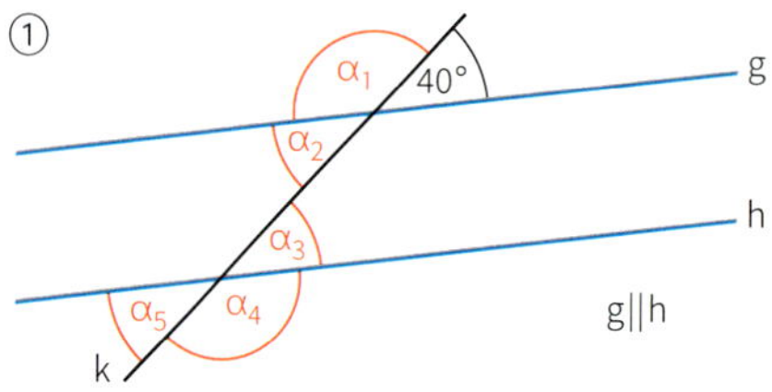

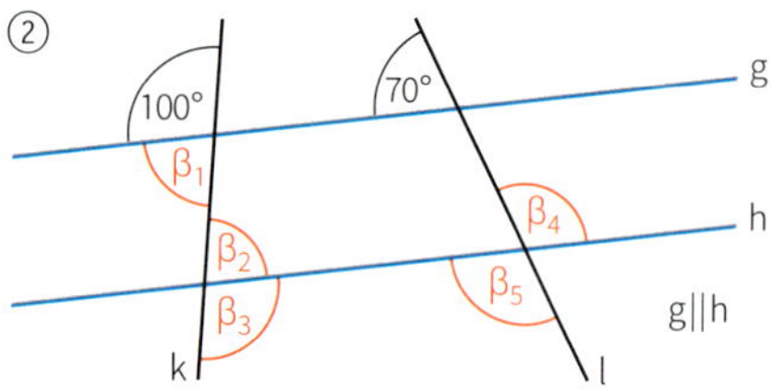

6 II Was ist hier passiert?

Lukas hat die Winkelgrößen berechnet:
$\alpha = 150°$, $\beta = 30°$, $\gamma = 150°$.
Charlotte hat die Winkel nachgemessen und kommt teilweise zu anderen Ergebnissen.
Was hat Lukas falsch gemacht?

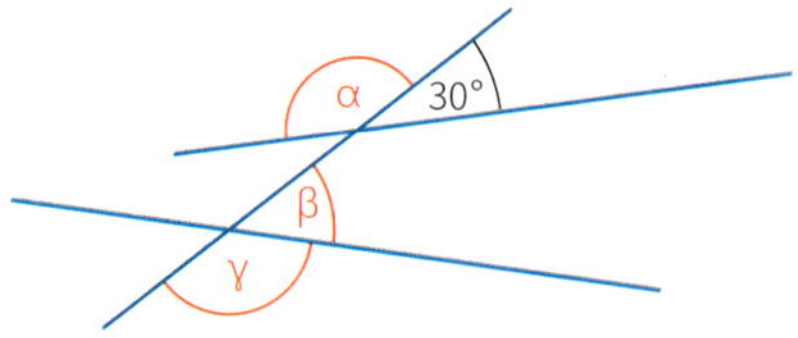

7 II Winkeldetektiv

Berechne die eingezeichneten Winkelgrößen. Gib jeweils eine Begründung wie in Beispiel B.
Manchmal können zusätzliche Winkel helfen.

a)

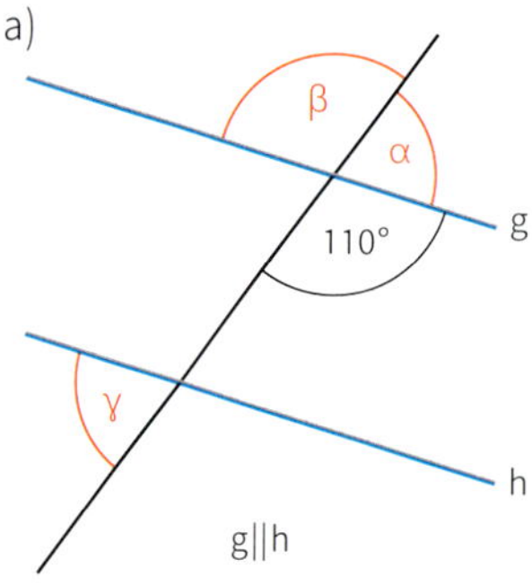

b)

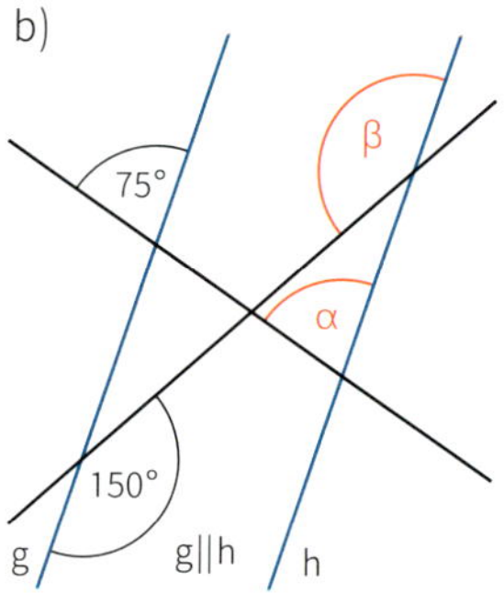

c)

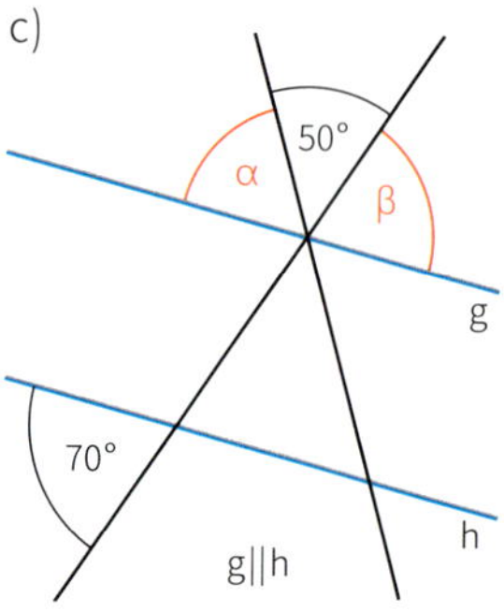

8 II Koordinatensystem

Zeichne in ein Koordinatensystem die Punkte A(1|5), B(5|7) und C(2|2).
Zeichne durch A und B eine Gerade g und durch C eine Parallele zu g. Zeichne durch B und C eine Gerade h.

a) Bezeichne alle an den Geradenkreuzungen entstandenen Winkel mit kleinen griechischen Buchstaben.
b) Bestimme mit möglichst wenigen Messungen die Größe aller Winkel. Wie viele Winkel musst du messen?

9 II **Winkel am verlängerten Parallelogramm**

Baue aus Pappstreifen und Briefverschlussklammern ein Parallelogramm. Experimentiere, indem du die Pappstreifen bewegst.

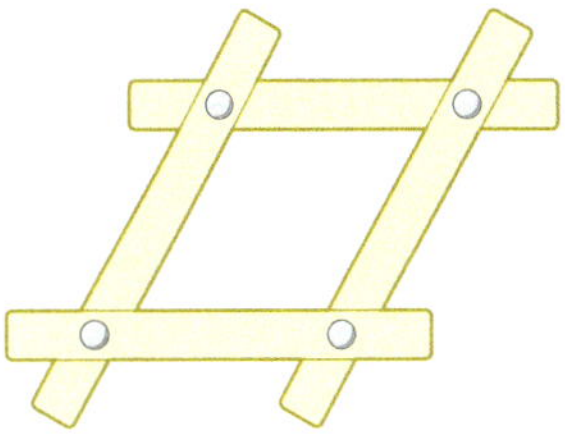

a) Welche besonderen Vierecke können entstehen?

b) Wie verändern sich die Winkel? Welche Winkelarten kannst du erkennen? Welche Winkel sind gleich groß?

c) Was kannst du für die Innenwinkel in einem Parallelogramm feststellen?

10 II **Parallelogramm?**

Anna hat ein Viereck gezeichnet und zwei Winkel gemessen. Ist das Viereck ein Parallelogramm?

WES-125661-049

Prüfen auf Parallelität

Mit Stufen- und Wechselwinkeln an Doppelkreuzungen kann man entscheiden, ob zwei Geraden parallel sind.

Sind an einer Doppelkreuzung Stufen- oder Wechselwinkel gleich groß, so sind die Geraden parallel.

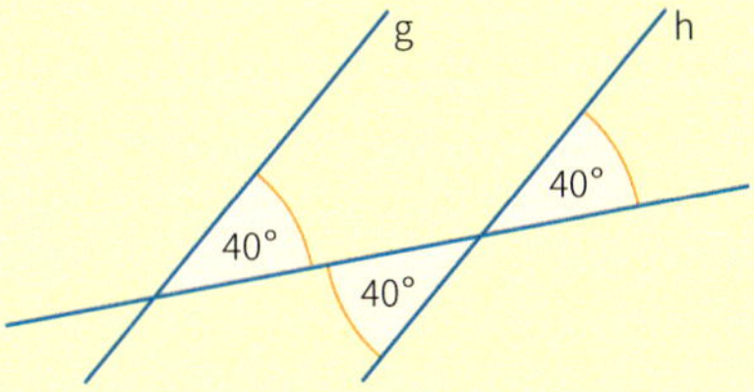

g und h sind parallel.

Sind an einer Doppelkreuzung Stufen- oder Wechselwinkel nicht gleich groß, so sind die Geraden nicht parallel.

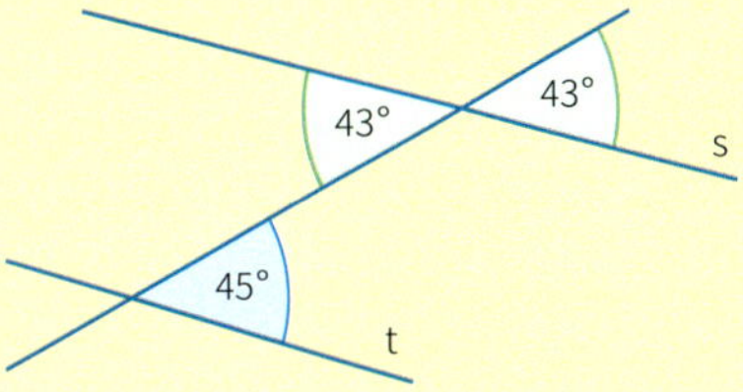

s und t sind nicht parallel.

11 I **Parallelität prüfen**

Sind die Geraden g und h zueinander parallel? Begründe.

a)

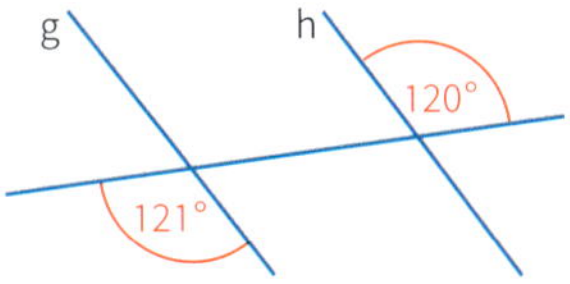

b)

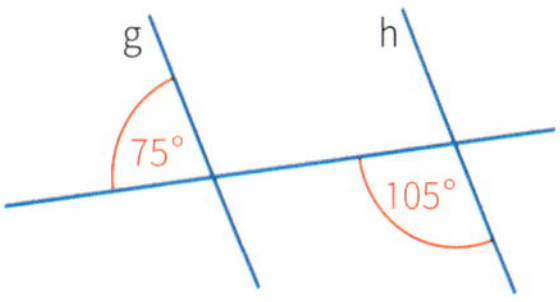

12 I **Parallele Strecken und parallele Geraden**

a) Sind in der Figur die Strecken $\overline{AB}$ und $\overline{CD}$ parallel? Begründe.

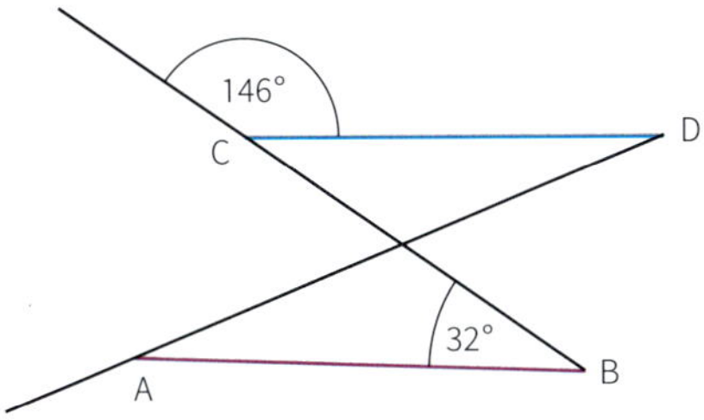

b) Wie groß muss der Winkel γ sein, damit die Geraden g und h parallel sind?

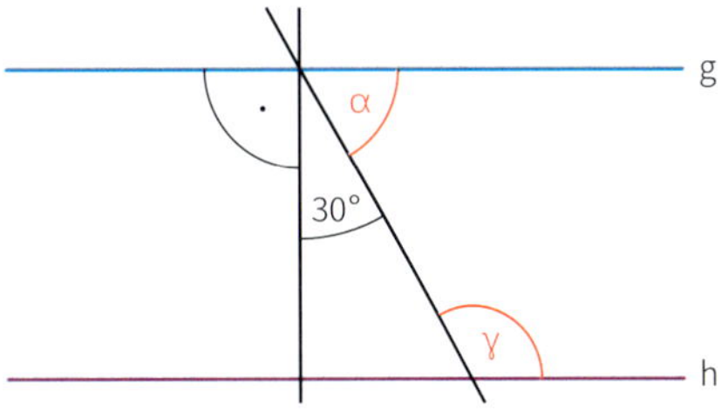

13 II Geraden im Koordinatensystem

Die Gerade g verläuft durch die Punkte A(1 | 1) und B(10 | 3), die Gerade h durch die Punkte C(3 | 3) und D(15 | 6). Zeichne die beiden Geraden in ein Koordinatensystem. Sind die beiden Geraden parallel? Begründe mit deinem Wissen über Stufenwinkel.

14 II Parallelogramm gesucht

Welches der Vierecke könnte ein Parallelogramm sein. Begründe.

①
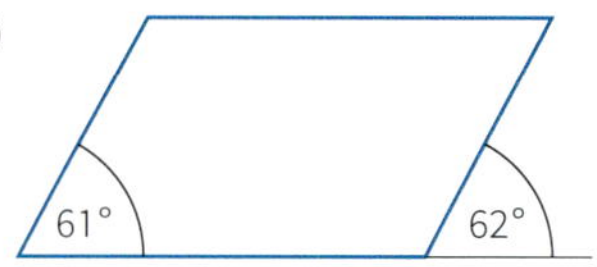

②
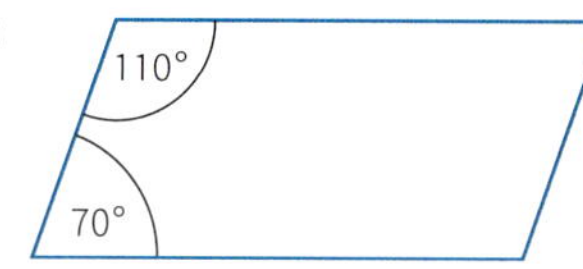

15 II Steigungswinkel

Findest du Rampen in deiner Umgebung? Welche Steigungswinkel kommen vor?

Die Rampe auf der Treppe dient dazu, ein Fahrrad oder einen Kinderwagen hinaufzuschieben. Der Winkel zwischen der Rampe und der Trittfläche der Stufe ist der Steigungswinkel der Treppe. Übertrage die Treppe mit der Rampe in einem geeigneten Maßstab in dein Heft und bestimme ihren Steigungswinkel. Markiere außerdem verschiedene Stufenwinkel.

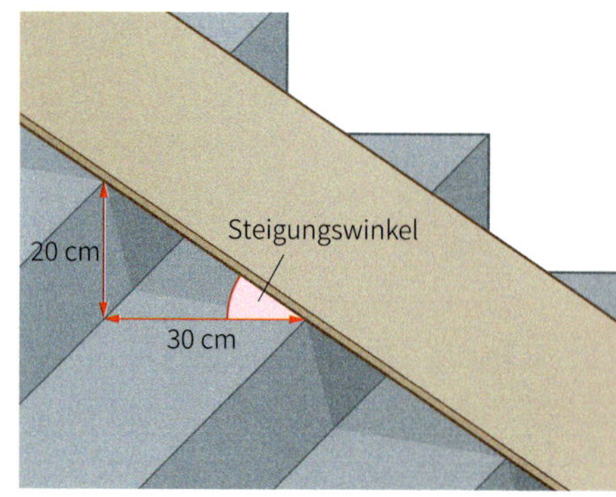

16 II Bücherregal

Bettina hat ein Zimmer unter dem Dach. Sie möchte sich selbst ein Bücherregal in die Dachschräge bauen. Dazu muss sie die Längsbalken entsprechend abschrägen. Sie weiß, dass die Dachneigung 38° beträgt. In welchem Winkel α muss sie die Balken absägen?

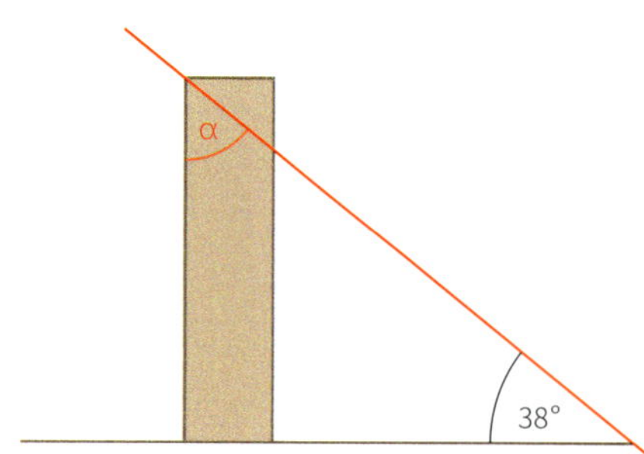

17 II Dachbalken

Herr Meier baut sich selbst ein Gartenhäuschen. Um die Dachbalken auf das Haus aufsetzen zu können, muss er sie wie in der Skizze aussägen.
Leider kennt er die Winkel α und β nicht, sondern nur die Dachneigung $\gamma = 34°$.
Bestimme die Größe der Winkel α und β.

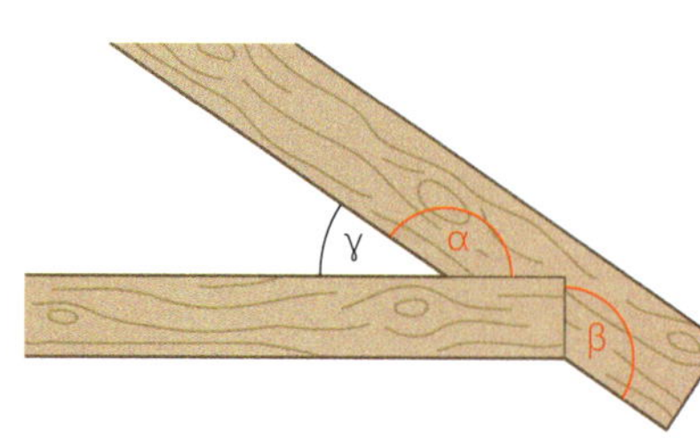

Grundwissen
zum Wiederholen

1 Zwei Drittel von 240 Kinoplätzen sind belegt. Wie viele Plätze sind noch frei?

2 Berechne. a) $\frac{2}{3} \cdot (1 + \frac{1}{4})$ b) $\frac{2}{3} \cdot 1 + \frac{1}{4}$ c) $\frac{2}{3} + \frac{2}{3} \cdot \frac{1}{4}$

6.2 Winkel in Dreiecken

1 Entdeckungen am Dreiecksmuster

- Übertrage die Dreieckspflasterung in dein Heft. Färbe alle gleich großen Winkel in der gleichen Farbe. Dabei hilft dir dein Wissen über Neben-, Scheitel-, Stufen- und Wechselwinkel.
- Welche Winkel ergeben zusammen einen gestreckten Winkel?
- Wie groß ist die Summe der Innenwinkel eines einzelnen Dreiecks? Kannst du die Summe ohne Messen bestimmen?
- Forsche auch an anderen Dreiecken innerhalb der Figur.

2 Größte Winkelsumme gesucht

Zeichne die Dreiecke in ein Koordinatensystem. 1 cm sollte dabei einer Längeneinheit entsprechen.

Beispiel: A(1|1), B(5|2), C(1|4)
Dreieck 1: A(1|1), B(5|1), C(1|8)
Dreieck 2: A(12|1), B(16|7), C(10|6)
Dreieck 3: A(9|2), B(9|8), C(3|5)
Dreieck 4: A(3|8), B(11|10), C(6|11)

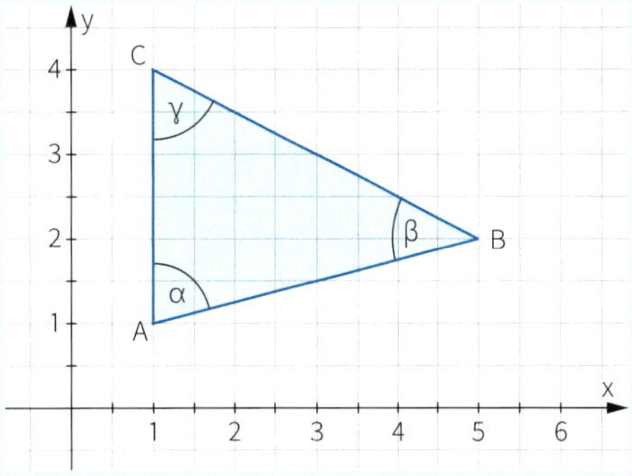

Schätze nun in jedem Dreieck die Größe der drei Winkel α, β und γ und bilde ihre Summe. Welches Dreieck hat die größte Winkelsumme? Überprüfe deine Schätzung durch Nachmessen.
Welche Ergebnisse haben andere Schülerinnen und Schüler? Vergleiche.

3 Ecken abreißen

a) Folge den Anweisungen und du wirst eine interessante Entdeckung machen. Schreibe deine „Entdeckung“ auf.

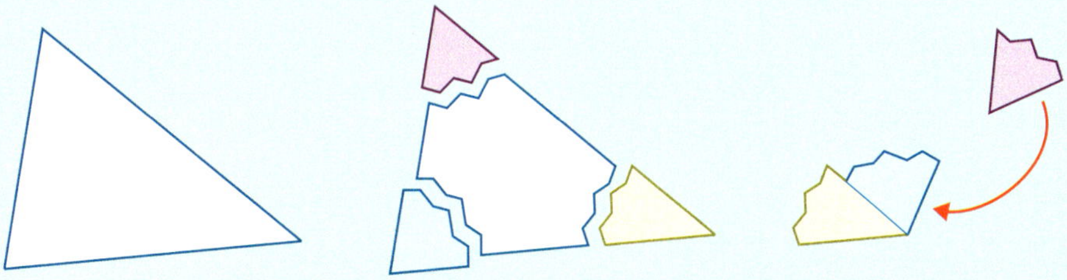

Schneide ein Dreieck aus. Reiße die Ecken ab. Lege die Ecken so aneinander, dass sie mit den Spitzen zusammenstoßen.

b) Was passiert, wenn du ein gleichseitiges Dreieck oder ein gleichschenkliges Dreieck verwendest?

Basiswissen

WES-125661-050

Winkelsumme im Dreieck

Die Winkelsumme im Dreieck beträgt 180°.
$\alpha + \beta + \gamma = 180°$

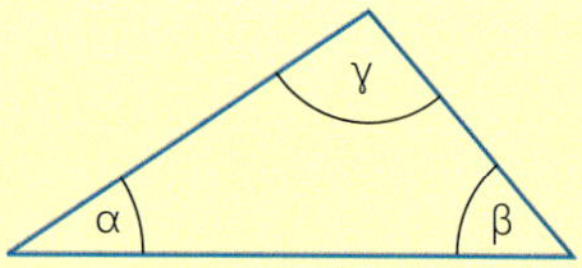

Winkel in besonderen Dreiecken

Gleichschenkliges Dreieck
In einem gleichschenkligen Dreieck sind die Basiswinkel α gleich groß.
$\gamma = 180° - 2 \cdot \alpha$

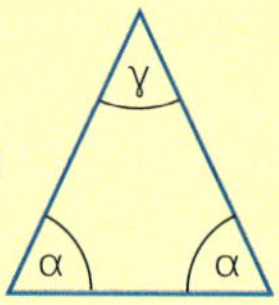

Gleichseitiges Dreieck
In einem gleichseitigen Dreieck sind alle Winkel gleich groß.
$\alpha = 180° : 3 = 60°$

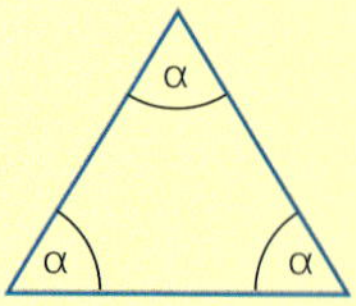

Beispiel

A Winkel berechnen
Bestimme die Größe des Winkels β.

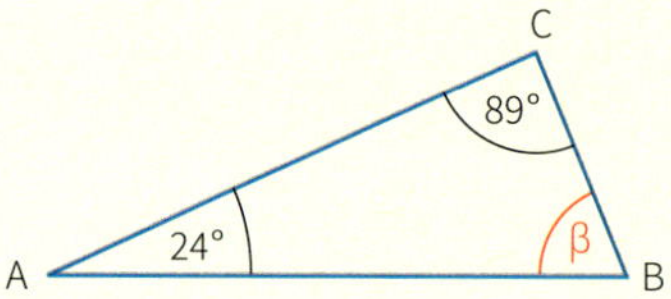

Lösung:
Die Winkelsumme im Dreieck ist 180°.
$24° + \beta + 89° = 180°$
Die Winkelsumme der beiden Winkel beträgt
$24° + 89° = 113°$.
Also ist $\beta = 180° - 113° = 67°$.

Übungen

4 Winkel in Dreiecken
Bestimme die fehlende Winkelgröße, ohne zu messen.

a)
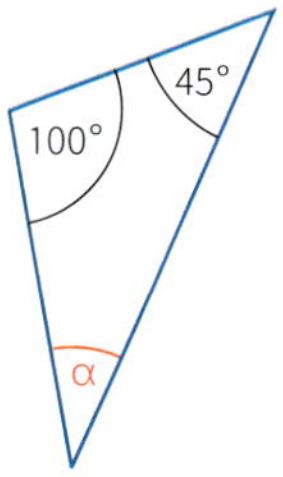

b)
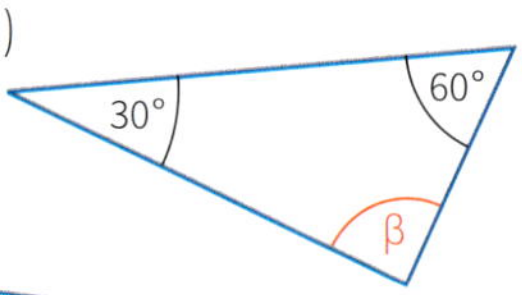

c)
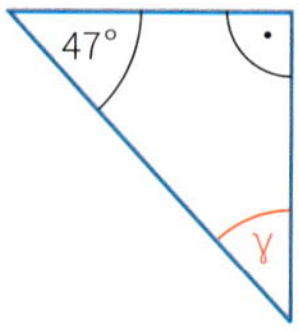

d)
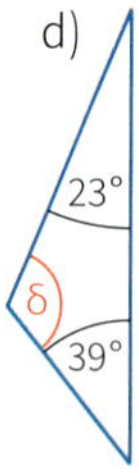

e)

5 Winkelgrößen ohne Messen
Bestimme die fehlenden Winkelgrößen, ohne zu messen.

a)
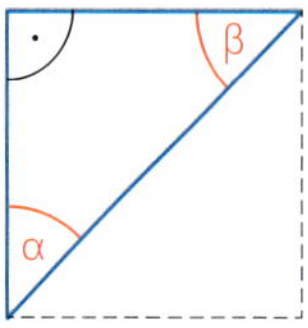

Quadrat

b)
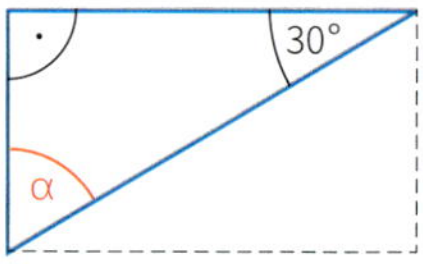

Rechteck

c)
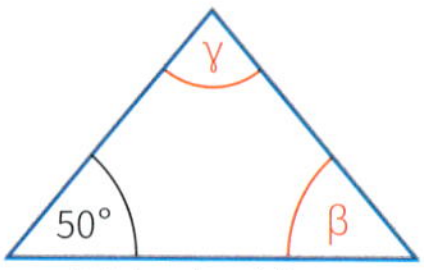

gleichschenkliges Dreieck

d)
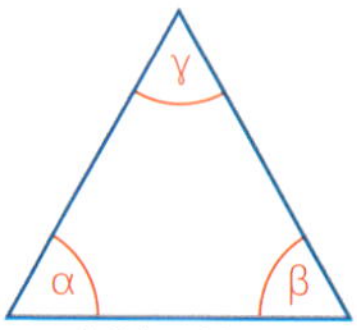

gleichseitiges Dreieck

6 Abgerissene Ecken
Die Ecken wurden von vier Dreiecken abgerissen. Welche Ecken gehören zum selben Dreieck? Wie groß ist der Winkel α?

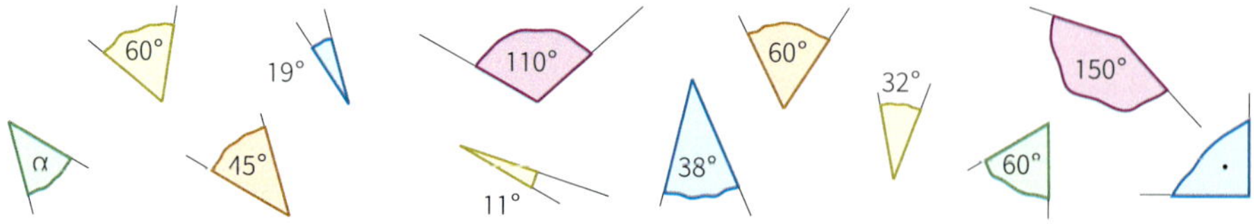

7 **Winkeldetektiv in Dreiecken**

Bestimme die Größe der Winkel, ohne zu messen.

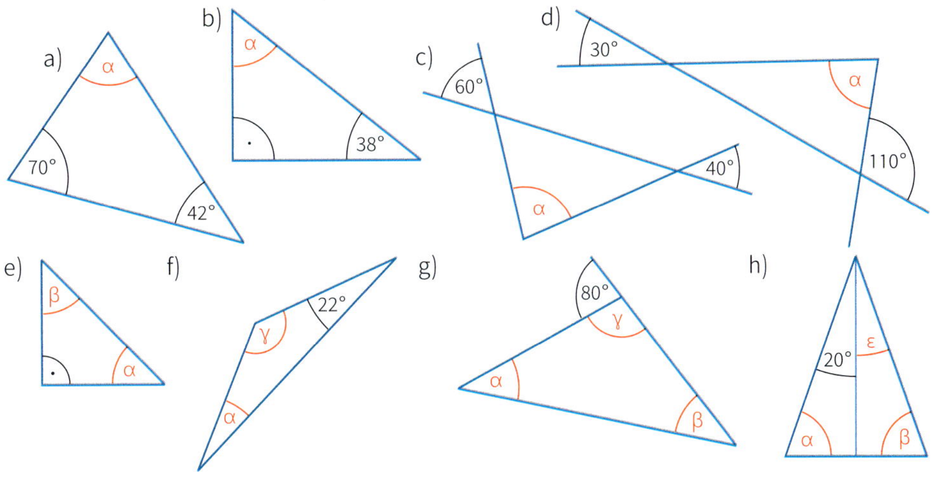

Die Dreiecke in e) – h) sind gleichschenklig.

8 **Dreiecke**

Maja, Lutz und Britta zeichnen Dreiecke.

Maja: „Bei meinem Dreieck sind alle Winkel gleich groß." Weißt du, wie groß die Winkel von Majas Dreieck sind?

Lutz: „Mein Dreieck hat einen stumpfen und zwei spitze Winkel." Zeichne ein Dreieck, auf das Lutz' Beschreibung zutrifft.

Britta: „Mein Dreieck hat zwei stumpfe und einen spitzen Winkel." Was sagst du zu Brittas Behauptung?

9 **Winkel am Gelenkdreieck**

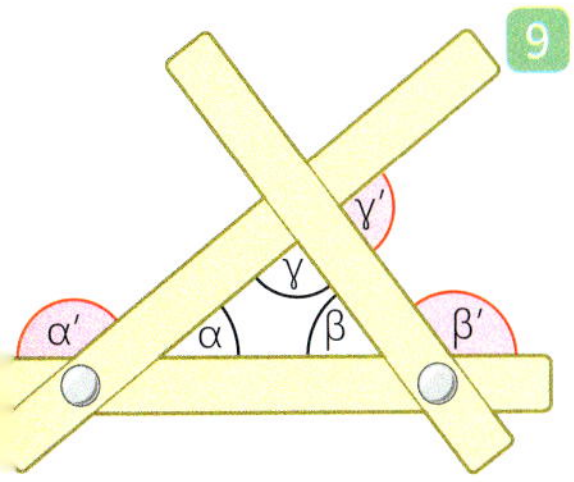

WES-125661-051

Baue aus drei Pappstreifen und zwei Briefverschlussklammern ein Dreieck. Experimentiere, indem du die beweglichen Pappstreifen bewegst. Miss bei verschiedenen Lagen der Pappstreifen die Winkel α, β, γ und α', β', γ'. Was stellst du fest? Schreibe deine Beobachtungen auf.

Außenwinkel am Dreieck

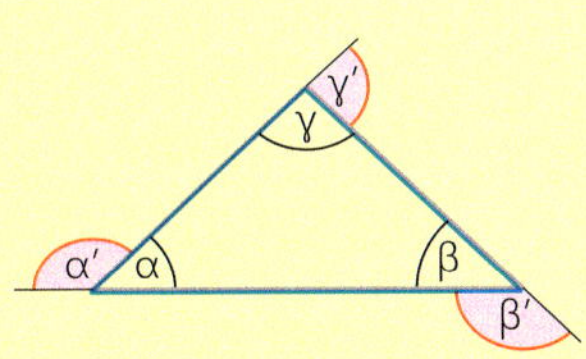

Zu den Innenwinkeln α, β, γ sind α', β', γ' die jeweiligen Außenwinkel.

Für die Außenwinkel gilt:

$\alpha' + \alpha = 180°$ $\quad \alpha' = \beta + \gamma$

$\beta' + \beta = 180°$ $\quad \beta' = \alpha + \gamma$

$\gamma' + \gamma = 180°$ $\quad \gamma' = \alpha + \beta$

Für die Summe der Außenwinkel gilt:

$\alpha' + \beta' + \gamma' = 360°$

10 **Außenwinkel am Dreieck**

a) Berechne γ'.

b) Berechne α' und β'.

c) Wie groß sind α und γ zusammen?

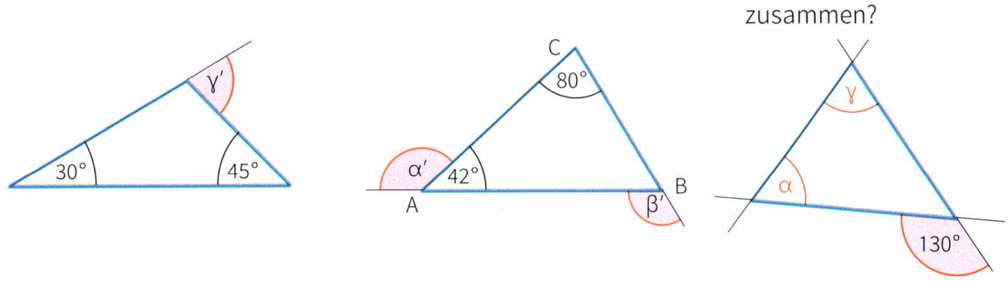

Exkurs

Beweisen in der Mathematik

Die Feststellung, dass die Winkelsumme in allen Dreiecken 180° beträgt, kann nur an einzelnen Dreiecken nachgemessen werden (Aufgabe 2). In der Mathematik muss diese Aussage allgemein bewiesen werden, damit man sich sicher sein kann, dass sie für alle Dreiecke gilt.

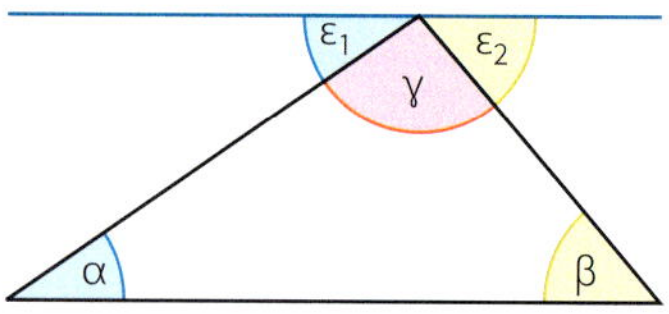

Aufgabe 3
- „Ecken abreißen" ist ein **anschaulicher Beweis** für alle Dreiecke.

Aufgabe 12
- Begründen, indem man auf Kenntnisse zurückgreift, die man schon erworben und nach Möglichkeit auch begründet hat, ist ein **strenger Beweis**.

11 II **Winkelsumme im Dreieck durch Falten – ein anschaulicher Beweis**

Erkläre, wie Mirko die Winkelsumme im Dreieck begründet.

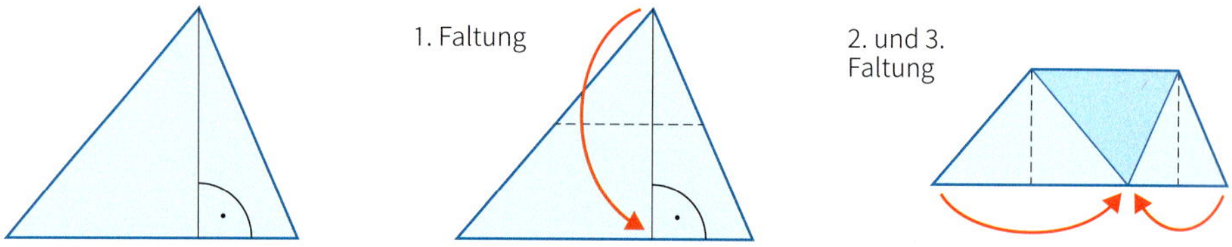

12 II **Winkelsumme im Dreieck durch einen strengen Beweis**

Hinweis: Die Pflasterung aus Aufgabe 1 ermöglicht auch den Beweis.

Für einen strengen Beweis benötigt man häufig eine zündende Idee. Das ist hier das Einzeichnen einer Parallelen zur Seite AB durch den Punkt C.
Begründe die Winkelsumme im Dreieck durch Benutzen bekannter Sätze an Geradenkreuzungen.

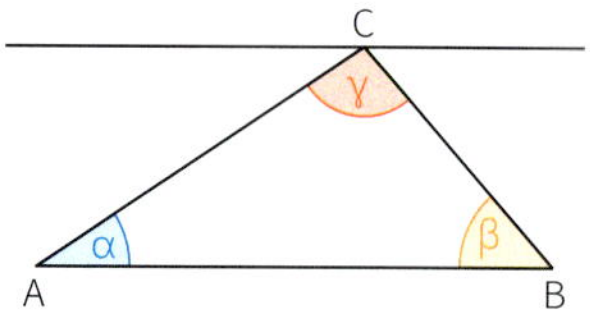

13 II **Summe der Außenwinkel im Dreieck durch einen strengen Beweis**

In Aufgabe 9 hast du vielleicht entdeckt, dass die Summe der Außenwinkel am Dreieck 360° beträgt. Dies ist dir durch das Messen an verschiedenen Dreiecken gelungen. Ein strenger Beweis muss allerdings ohne Messen geführt werden.
Beweise, dass $\alpha' + \beta' + \gamma' = 360°$ allgemein gilt.

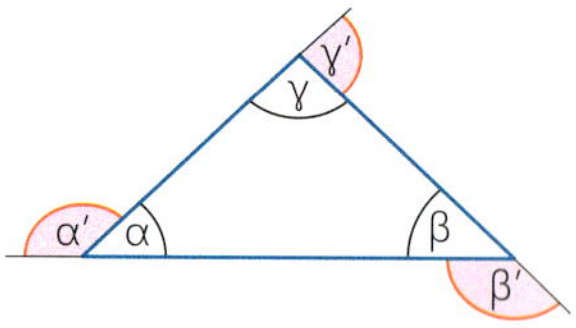

14 III **Winkelsumme im Viereck**

a) Die Winkelsumme in Rechtecken beträgt 360°. Begründe.

b) Wie groß ist die Winkelsumme in beliebigen Vierecken?
- Zeichne einige Vierecke und miss die Innenwinkel.
- Was kannst du über die Winkelsumme sagen?

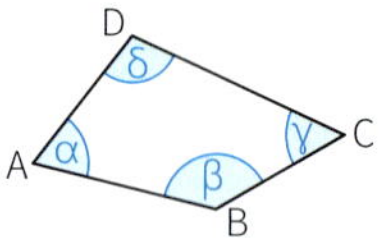

c) Wie kann die Winkelsumme im Viereck begründet werden?
Yavuz hat eine Idee, Mila ist skeptisch. Begründe mit der Idee von Yavuz die Winkelsumme in Vierecken. Was sagst du Mila?

Grundwissen
zum Wiederholen

1 Bestimme die fehlende Zahl: 9 + ▪ · 3 = 30.

2 Ein Film beginnt um 18.50 Uhr und endet um 20.30 Uhr. Wie lange dauert der Film?

+

15 II Winkelsumme im Fünfeck

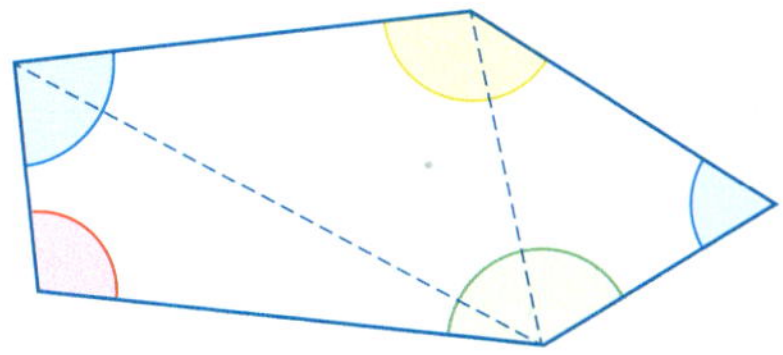
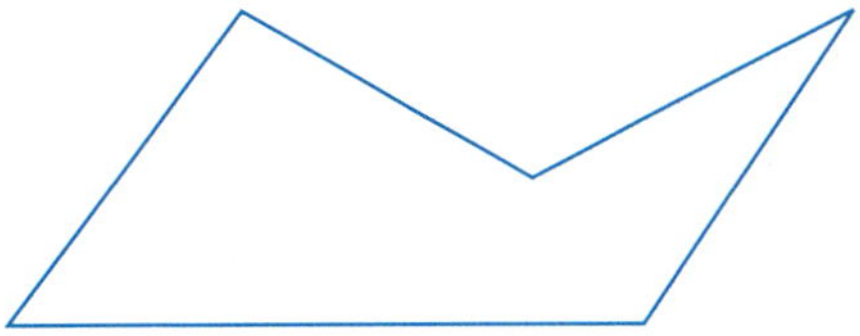

Winkelsumme im Vieleck

a) Begründe mithilfe der Abbildung, dass die Winkelsumme im Fünfeck 540° beträgt.
b) Warum hat auch das rechts abgebildete Fünfeck die Winkelsumme 540°?

16 II Regelmäßiges Fünfeck

a) In einem regelmäßigen Fünfeck sind alle Winkel gleich groß und alle Seiten gleich lang. Zeichne ein regelmäßiges Fünfeck mit 4 cm Seitenlänge.
b) Gregor möchte eine Pflasterung aus regelmäßigen Fünfecken zeichnen. Ist das möglich? Begründe deine Antwort.

17 II Regelmäßiges Sechseck

a) Bei der Pflasterung sind die Innenwinkel der regelmäßigen Sechsecke alle gleich groß. Überlege dir die Größe dieser Winkel. Wie groß ist die Winkelsumme eines regelmäßigen Sechsecks?
b) Wo findest du regelmäßige Sechsecke?
c) Untersuche die Winkelsumme in einem beliebigen Sechseck.

Erkunden

18 III Winkelsumme in Vielecken

Durch Zerlegen eines Vierecks in zwei Dreiecke kannst du zeigen, dass die Winkelsumme im Viereck 360° beträgt. Dieses Zerlegungsverfahren kannst du auch für die Winkelsummenbestimmung anderer Vielecke benutzen.

a) Übertrage die Tabelle in dein Heft und ergänze sie bis zum Achteck. Achte beim Anlegen der Tabelle darauf, dass du genug Platz für die Skizzen hast.

Figur	Skizze	Summe aller Innenwinkel
Viereck	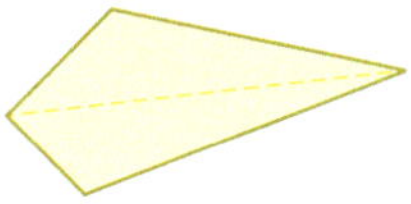	$2 \cdot 180° = 360°$
Fünfeck	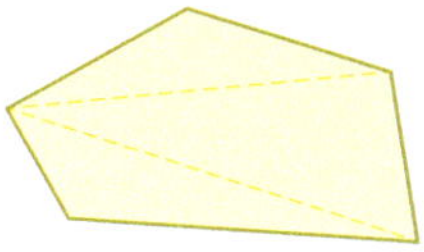	$3 \cdot 180° =$ ■
Sechseck	■	■ $\cdot 180° =$ ■

n steht für die Anzahl der Ecken.

b) Im Lexikon findest du für die Winkelsumme im n-Eck die Formel:
$W(n) = (n - 2) \cdot 180°$
Überprüfe die Ergebnisse in deiner Tabelle durch Einsetzen.
c) Wie groß ist die Winkelsumme im 102-Eck?

6.3 Problemlösen mit Winkeln

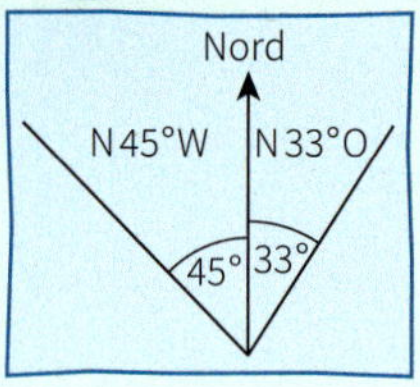

1 Schatzsuche mit Geodreieck und Lineal

Vom Schatz aus sieht man die Kirche (K) unter einem Winkel von N33°O und den Baum (B) unter N45°W.

Übertrage die Karte ins Heft und bestimme die Position des Schatzes. Es helfen dir dabei Kenntnisse über Wechselwinkel.

2 Pentagramm

Vgl. 6.2 Aufgabe 15

a) Die farbige Fläche des Fünfsterns (Pentagramm) ist ein regelmäßiges Fünfeck. Der Innenwinkel γ eines regelmäßigen Fünfecks beträgt 108°.
   - Bestimme die Winkel α, β und δ.

b) Wie erhält man aus dem Fünfeck das Pentagramm? Konstruiere ein Pentagramm. Beschreibe dein Vorgehen.

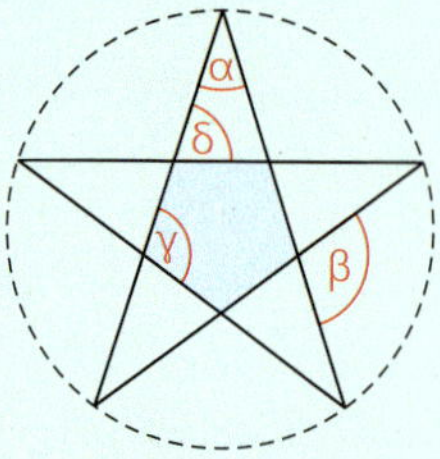

3 Winkeldetektiv

Bestimme die Größen der Winkel α und ε. Es darf nicht gemessen werden. Das Dreieck in b) ist gleichschenklig.

a)

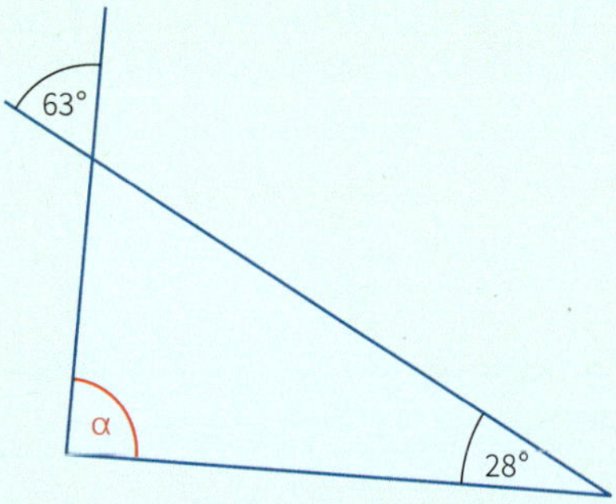

b)

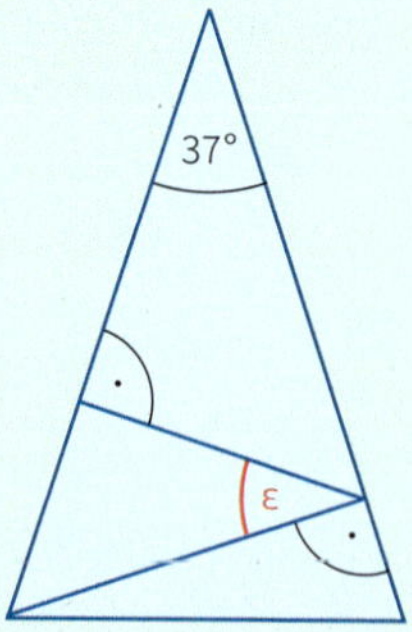

Basiswissen

WES-125661-052

Problemlösen – Winkelgrößen gesucht

Gesuchte Winkelgrößen
- α und β

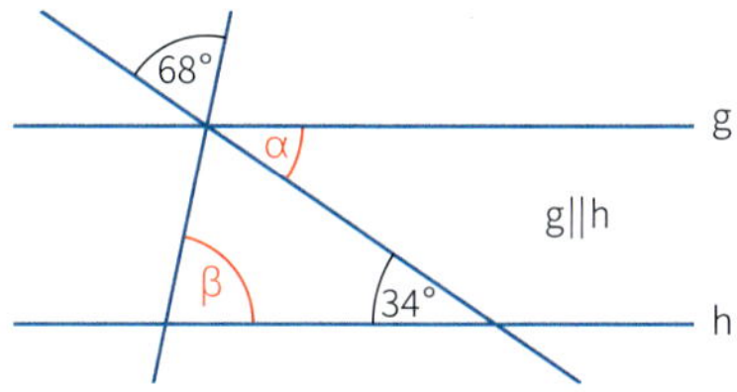

Gegeben
- zwei Winkel mit den Größen 34° und 68°
- zwei parallele Geraden g und h
- ein Dreieck mit einem 34°-Winkel und β
- eine Geradenkreuzung mit einem 68°-Winkel

Weitere Größen können hilfreich sein

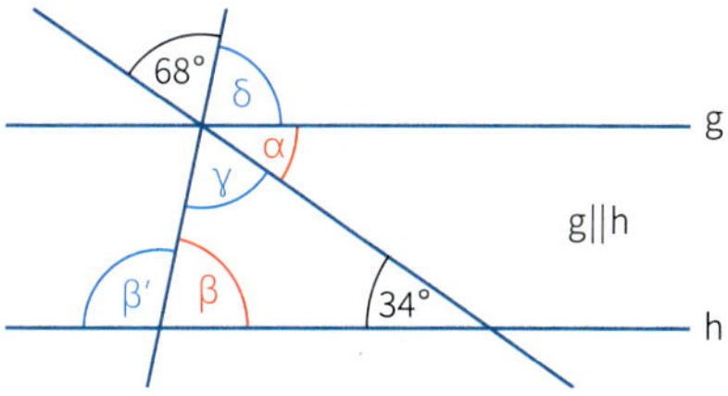

- der dritte Innenwinkel γ im Dreieck
- der Winkel δ zwischen α und dem 68°-Winkel
- der Nebenwinkel β' von β

Gesuchte Winkelgrößen berechnen
- γ ist Scheitelwinkel zum 68°-Winkel, also $\gamma = 68°$
- α ist Wechselwinkel zum 34°-Winkel, also $\alpha = 34°$
- Die Winkelsumme im Dreieck ist 180°.
  $\alpha + \beta + \gamma = 34° + \beta + 68° = 180°$, also $\beta = 78°$

Überprüfen
- Passt die Lösung zum Problem?
  δ ist Stufenwinkel von β und bildet zusammen mit α und dem 68°-Winkel einen gestreckten Winkel.
  $\alpha + \delta + 68° = 34° + 78° + 68° = 180°$ ✓

Beispiel

A **Winkeldetektiv**

Gesuchte Winkelgrößen
- α und β

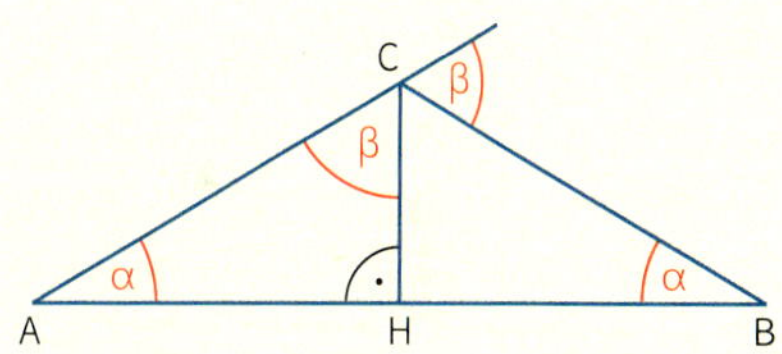

Lösung:

Gegeben
- Der außerhalb des großen Dreiecks ABC liegende Winkel β ist Außenwinkel des Dreiecks ABC.
- Die Höhe teilt das Dreieck ABC in zwei rechtwinklige Dreiecke AHC und CHB.

Weitere Größen können hilfreich sein
- der Winkel γ, der zwischen den beiden Winkeln β liegt
- der Nebenwinkel δ vom 90°-Winkel

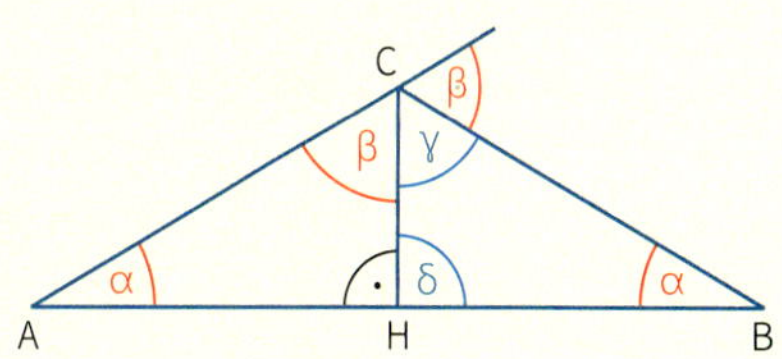

Gesuchte Winkelgrößen berechnen

Lösungsweg 1
- δ ist der Nebenwinkel des rechten Winkels, also $\delta = 90°$.
- Die Dreiecke AHC und CHB haben beide einen rechten Winkel und den Winkel α. Damit sind auch die dritten Winkel gleich groß, also $\gamma = \beta$.
- $\beta + \gamma + \beta = 180°$, damit $\beta + \beta + \beta = 3 \cdot \beta = 180°$, also $\beta = 60°$
- Die Winkelsumme im Dreieck AHC ergibt $\alpha + \beta + 90° = \alpha + 60° + 90° = 180°$, also $\alpha = 30°$.

Lösungsweg 2
- Das Dreieck ABC ist ein gleichschenkliges Dreieck.
- Das gleichschenklige Dreieck ABC ist achsensymmetrisch zur Spiegelachse $\overline{CH}$, also $\gamma = \beta$.
- $\beta + \gamma + \beta = 180°$, damit $\beta + \beta + \beta = 3 \cdot \beta = 180°$, also $\beta = 60°$
- Die Winkelsumme im Dreieck AHC ergibt $\alpha + \beta + 90° = \alpha + 60° + 90° = 180°$, also $\alpha = 30°$.

Überprüfen
- Im Dreieck AHC ist $\alpha + \beta + 90° = 30° + 60° + 90° = 180°$. ✓

4 II Winkeldetektiv

Bestimme die Größen der eingezeichneten Winkel.

Hinweis: Die Aufgaben haben aufsteigenden Schwierigkeitsgrad.

a)

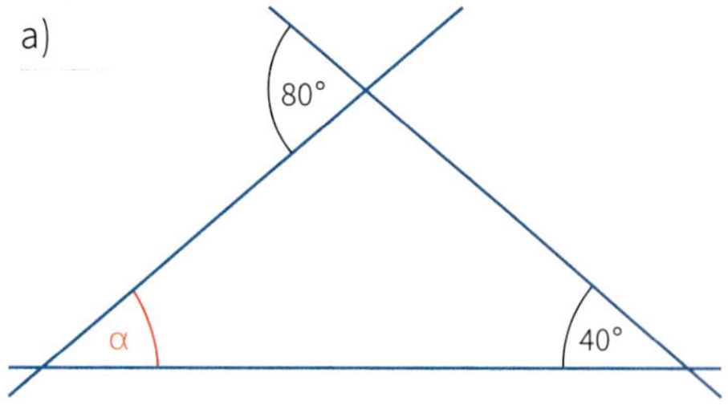

b)

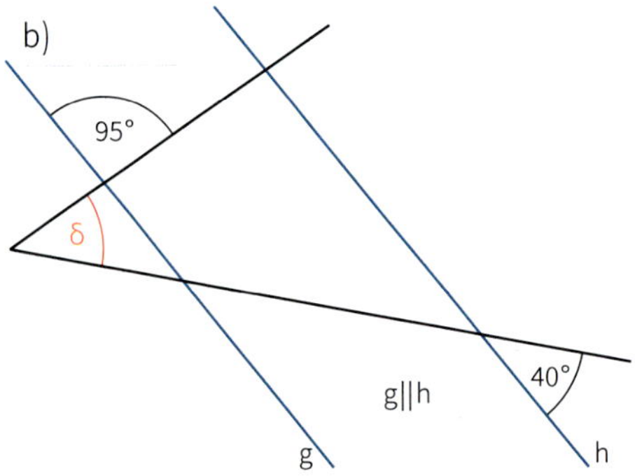

c)

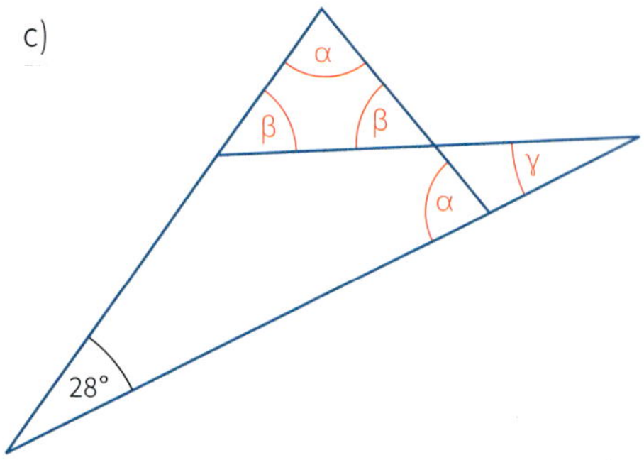

5 II Zusammenhänge entdecken

a) Bestimme die drei fehlenden Winkelgrößen, wenn $\beta = 15°$ groß ist.

b) Bestimme die drei fehlenden Winkelgrößen, wenn $\gamma = 30°$ groß ist.

c) Welche Zusammenhänge zwischen den vier markierten Winkeln kannst du erkennen?
Überprüfe deine Vermutung an eigenen Beispielen: Lege dazu eine Winkelgröße fest und berechne die anderen drei Winkelgrößen.

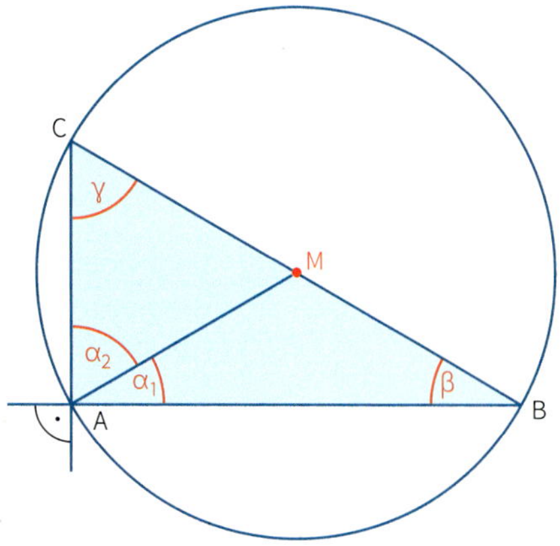

6 II Regelmäßiges Sechseck und Achteck

a) Bestimme jeweils die Winkel im regelmäßigen Sechseck und Achteck.
Bestimme damit jeweils die Innenwinkelsumme.

b) Konstruiere jeweils mit diesen Informationen das Sechseck und das Achteck.

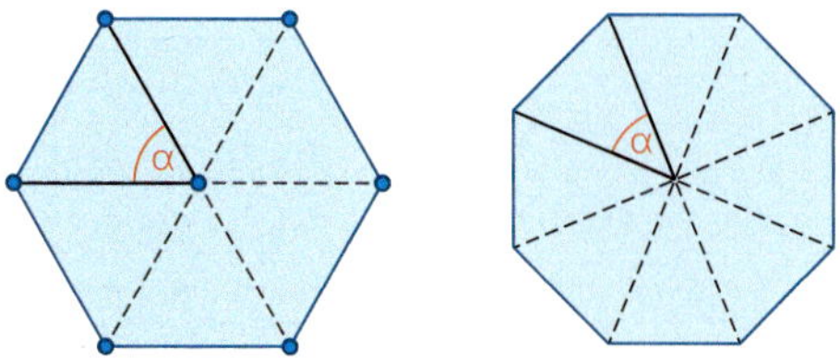

Grundwissen
zum Wiederholen

1 Ordne die Brüche $\frac{1}{1}$; $\frac{1}{8}$; $\frac{2}{3}$; $\frac{2}{4}$ der Größe nach.

2 Wahr oder falsch? Jedes Quadrat ist ① ein Rechteck ② ein Parallelogramm ③ eine Raute

3 In einem Bus sitzen 28 Schüler. Es sind vier Mädchen mehr als Jungen.
Wie viele Jungen, wie viele Mädchen sind es?

Winkel an Geradenkreuzungen

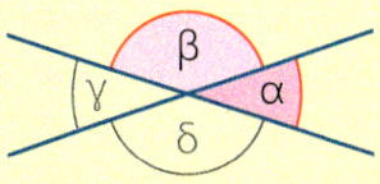

Nebenwinkel ergänzen sich zu 180°.
z. B. $\alpha + \beta = 180°$

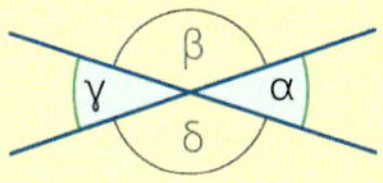

Scheitelwinkel sind gleich groß.
$\alpha = \gamma$ und $\beta = \delta$

Doppelkreuzungen von Parallelen

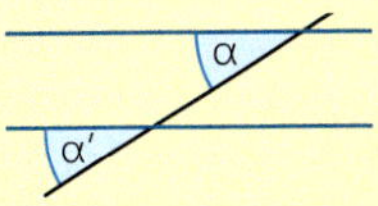

Stufenwinkel sind gleich groß.
$\alpha = \alpha'$

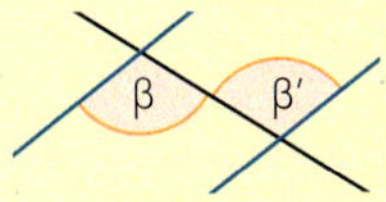

Wechselwinkel sind gleich groß.
$\beta = \beta'$

Winkelsumme im Dreieck

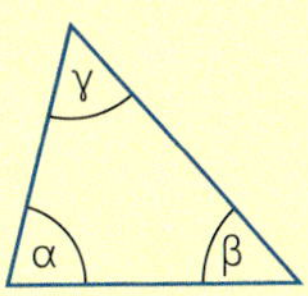

Die Winkelsumme im Dreieck beträgt 180°.
$\alpha + \beta + \gamma = 180°$

Winkel im gleichschenkligen Dreieck

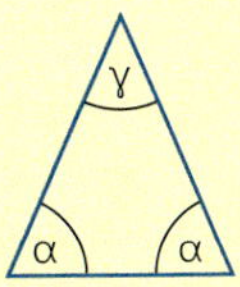

Die Basiswinkel α sind gleich groß.
$\gamma = 180° - 2 \cdot \alpha$

Winkel im gleichseitigen Dreieck

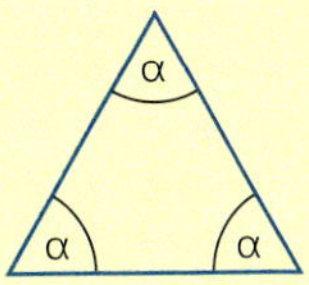

Alle Innenwinkel sind gleich groß.
$\alpha = 180° : 3 = 60°$

Außenwinkel am Dreieck

Für die Summe der Außenwinkel gilt:
$\alpha' + \beta' + \gamma' = 360°$
Für die Außenwinkel gilt:
$\alpha' = \beta + \gamma$ $\beta' = \alpha + \gamma$ $\gamma' = \alpha + \beta$

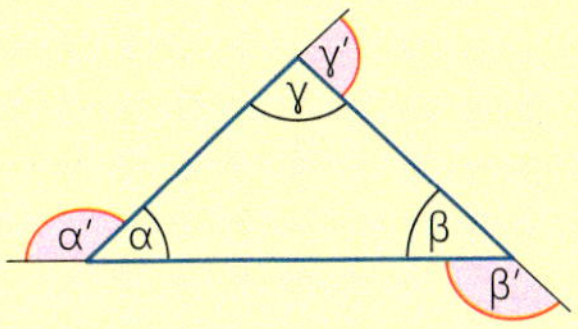

Check-up

1 Geradenmuster
Übertrage das Geradenmuster in dein Heft. Markiere je ein Paar Stufenwinkel, Nebenwinkel und Scheitelwinkel.
Bestimme dann die Größe aller auftretenden Winkel.

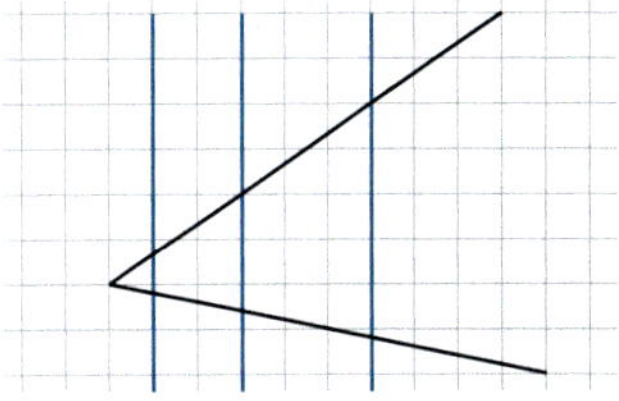

2 Winkelbestimmung
Berechne die Größe aller roten Winkel. Die Geraden g und h sind zueinander parallel.

a)

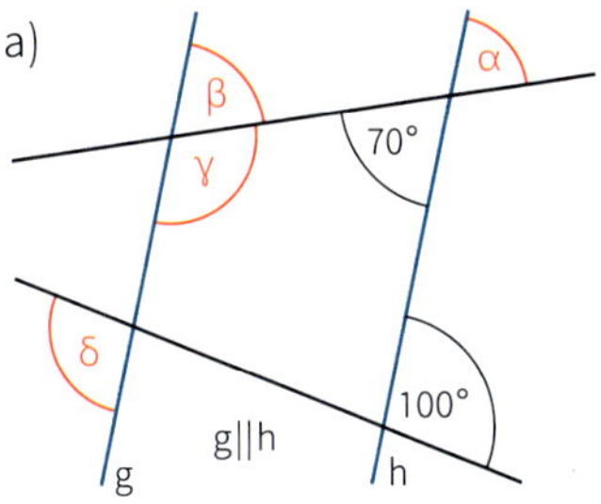

b)

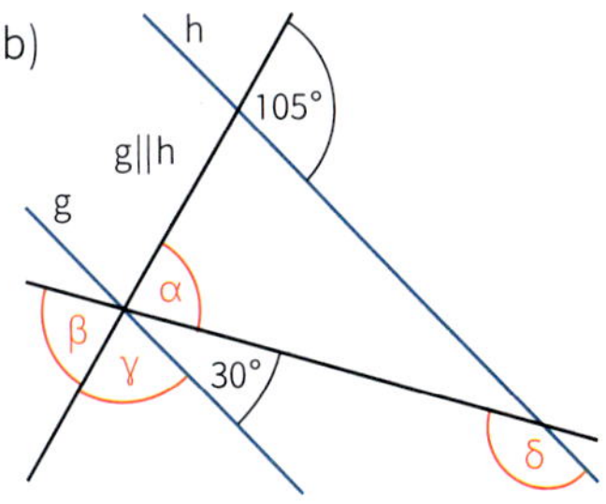

3 Dreieckswinkel
In der Tabelle sind je zwei der sechs Dreieckswinkel (drei Innenwinkel und drei Außenwinkel) gegeben. Übertrage die Tabelle in dein Heft und fülle die Lücken aus.

	α	β	γ	α′	β′	γ′
a)	30°	■	83°	■	■	■
b)	■	■	■	81°	■	123°

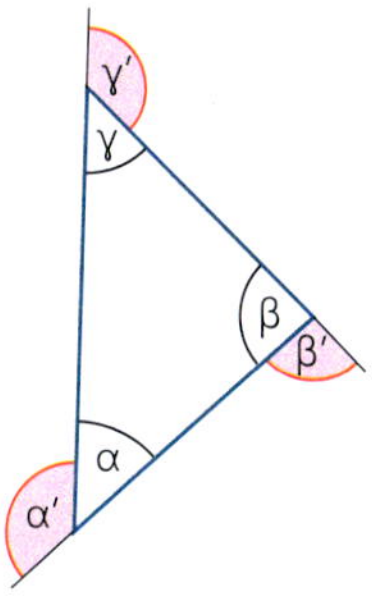

4 Winkel in gleichschenkligen Dreiecken
Berechne die Größe der rot markierten Winkel.

a)

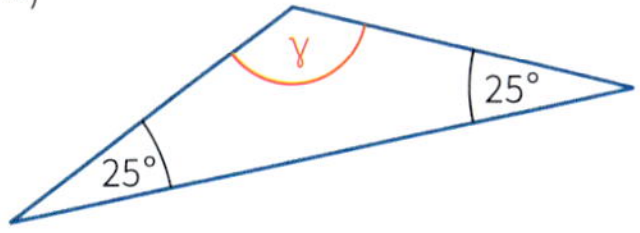

b)

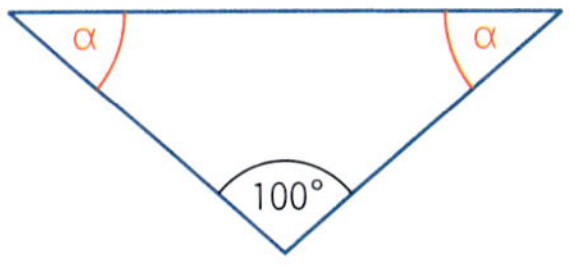

5 Winkeldetektiv
Berechne die Größe aller rot markierten Winkel.

a)

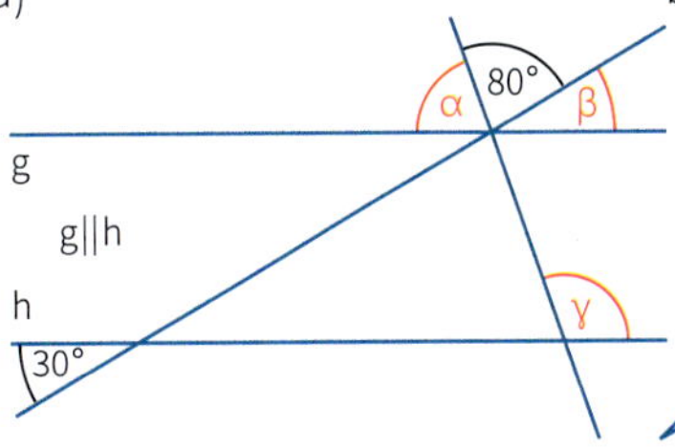

b)

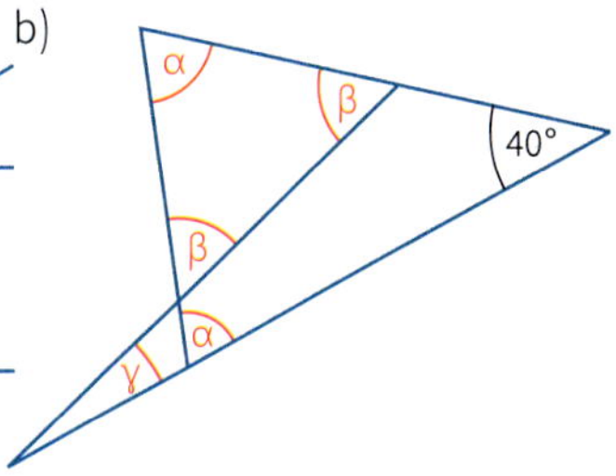

Sichern und Vernetzen
Vermischte Aufgaben zu Kapitel 6

Trainieren

WES-125661-060

Lösungen

1 I|| **Besondere Dreiecke**

Berechne die Winkelgrößen.

a) Rechtwinkliges Dreieck

b) Rechtwinkliges, gleichschenkliges Dreieck

c) Gleichschenkliges Dreieck

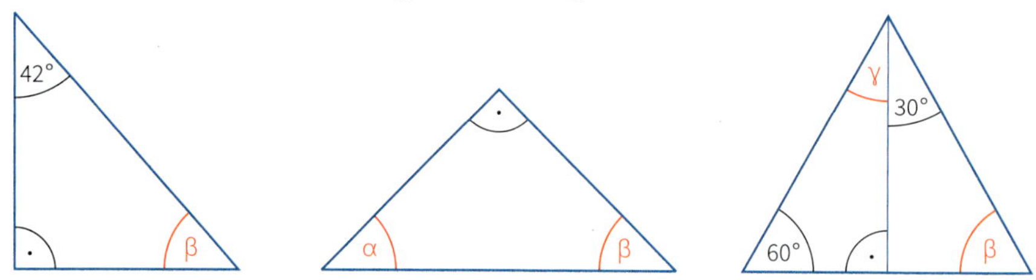

2 I|| **Parallelogramm**

Zeichne ein Parallelogramm mit verlängerten Seiten in dein Heft. Markiere alle gleich großen Winkel in der gleichen Farbe. Begründe, warum gegenüberliegende Winkel im Parallelogramm gleich groß sind.

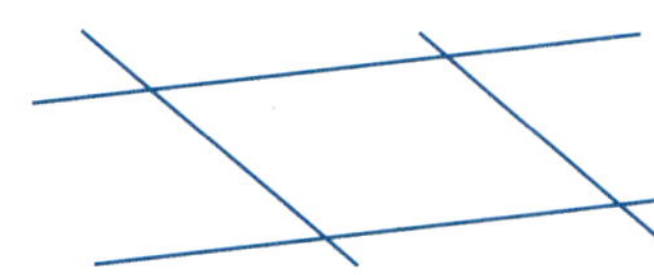

3 I|| **F-Winkel und Z-Winkel**

a) Warum werden Stufenwinkel oft als F-Winkel und Wechselwinkel als Z-Winkel bezeichnet?

b) Findest du einen anderen Buchstaben, der sich zur Beschreibung von Wechselwinkeln eignet?

c) Welche Winkel könnte man als X-Winkel bezeichnen?

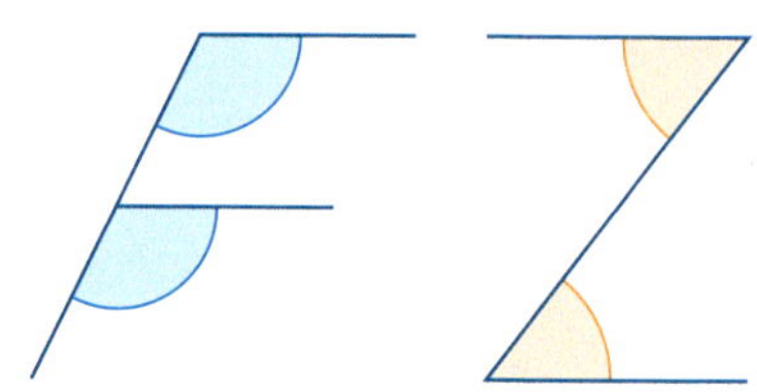

4 II| **Winkeldetektiv**

Gesucht sind die Größen der roten Winkel.

a) b) c)

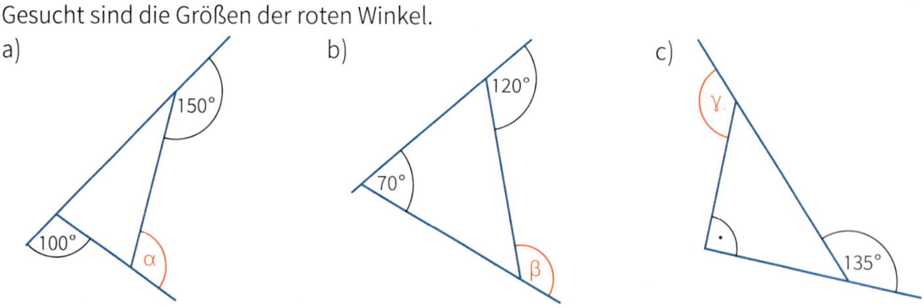

Verstehen

5 II| **Größter Winkel im Dreieck**

a) Wie kommt Martin zu seiner Behauptung?

b) Gibt es Dreiecke mit zwei rechten Winkeln? Begründe.

c) In einem rechtwinkligen Dreieck ist der größte Winkel neunmal so groß wie der kleinste. Zeichne ein solches Dreieck.

6 II Wahr oder falsch

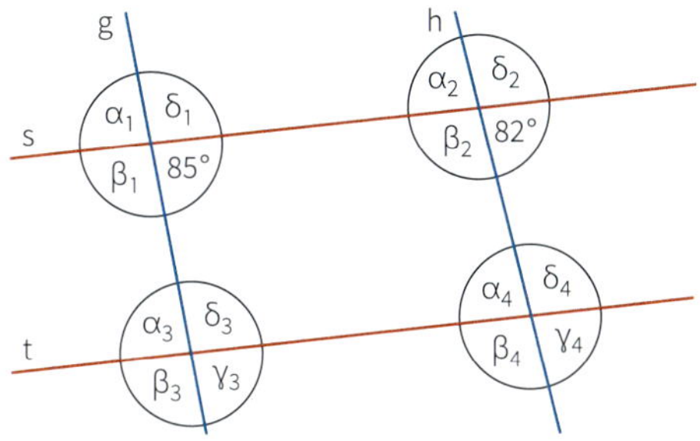

Die Geraden s und t sind parallel. Welche Aussagen sind richtig? Begründe.

a) $\alpha_1 = 85°$
b) $\delta_3 = 95°$
c) $\delta_4 = 82°$
d) $\beta_2 + \alpha_4 = 180°$
e) $\alpha_4 = \alpha_3$
f) Die Geraden g und h sind parallel.

7 II Falsche Behauptungen

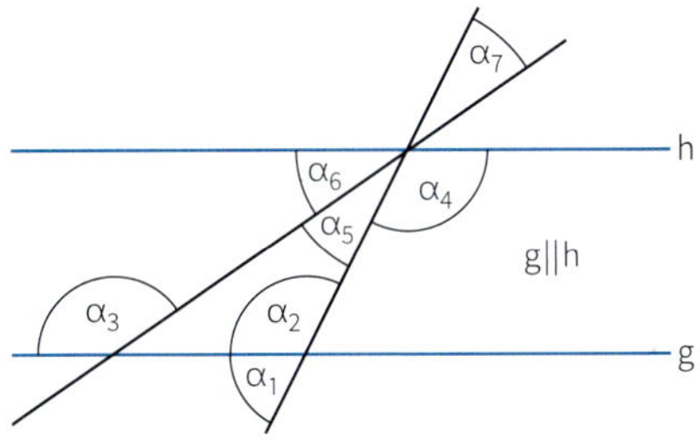

Zwei der fünf Behauptungen sind falsch.

a) $\alpha_2 = \alpha_4$
b) $\alpha_1 = 180° - \alpha_2$
c) $\alpha_6 = \alpha_7$
d) $\alpha_1 = \alpha_5 + \alpha_6$
e) $\alpha_3 = \alpha_5 + \alpha_6$

8 II Der Winkeldetektiv untersucht Vierecke

Die Winkelsumme im Viereck beträgt 360°. Im Trapez und in der Raute sind die Symmetrieachsen rot gekennzeichnet. Berechne die Winkelgrößen.

a)

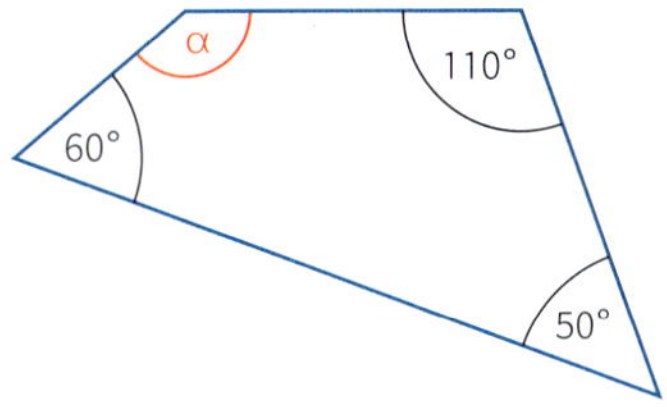

b)

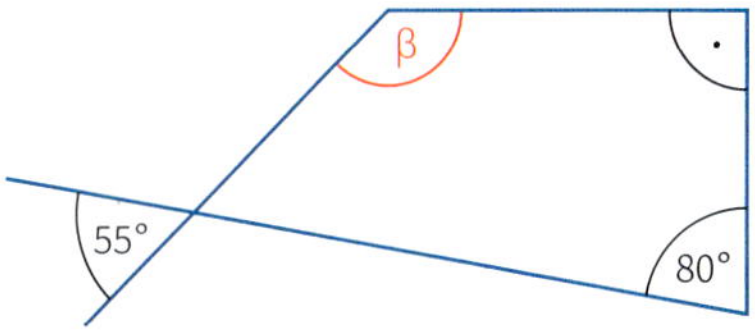

c)

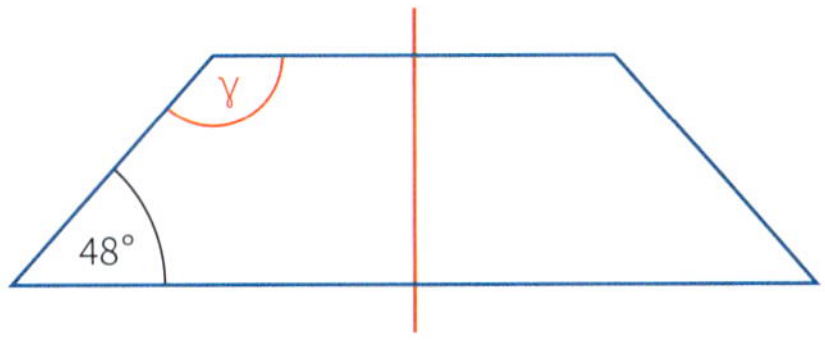

d)

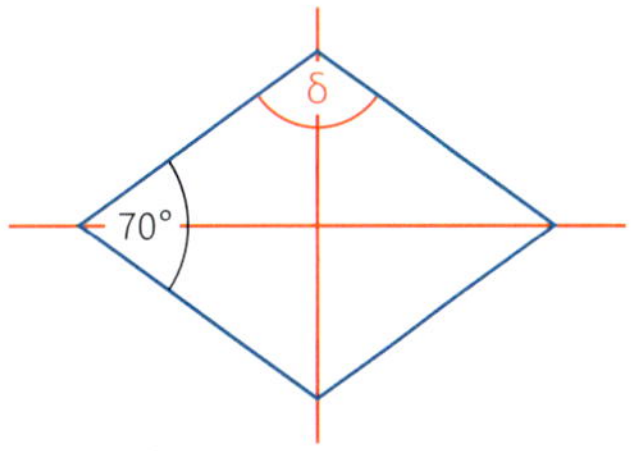

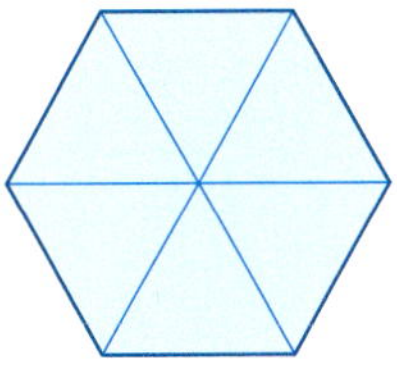

9 III Winkelsumme im Sechseck

Kaja überlegt sich, dass man die Winkelsumme eines Sechsecks durch Zerlegung in sechs Dreiecke bestimmen kann. Sie behauptet: „Die Winkelsumme im Sechseck beträgt $6 \cdot 180° = 1080°$.“ Was sagst du dazu?
Findest du eine andere Zerlegung des Sechsecks in Dreiecke?

Anwenden

10 II Winkel unter dem Dachfirst

Guido möchte den Winkel unter dem Dachfirst seines Hauses bestimmen. Dazu misst er den Winkel zwischen Dach und Fußboden.

a) Wie kann er das machen? Was hat Guido sich dabei gedacht?
b) Kann Guido auch ohne in der Ecke zu messen den Winkel im Dachfirst bestimmen?

7 Statistische Daten

Wie gestalten Jugendliche ihre Freizeit?
Wie viel Zeit verbringen 10–12-Jährige durchschnittlich am Tag in sozialen Netzwerken?
Wie verteilen sich die Lieblingsessen auf eine Klasse?
Wie kann man Sportwettkämpfe auswerten?
Zur Beantwortung solcher Fragen werden statistische Daten erhoben, übersichtlich in Tabellen und Diagrammen dargestellt und mithilfe bestimmter Werte ausgewertet.

7.1 Anteile, Prozente, Häufigkeiten
7.2 Mittelwerte und Spannweite
7.3 Auswertung statistischer Daten mit Tabellenkalkulation

7.1 Anteile, Prozente, Häufigkeiten

1 Lieblingsessen

In den Klassen 6a und 6b fand die Umfrage „Welches ist dein Lieblingsessen?“ statt.

	6a	6b
Pizza	15	12
Burger	6	6
Spaghetti	6	4
Sonstige	3	2

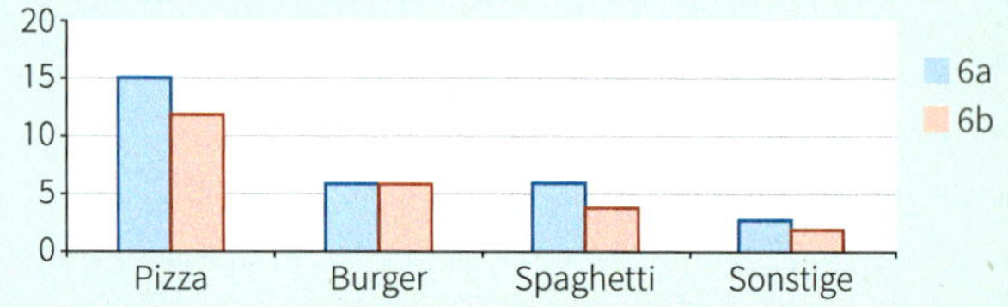

a) Nico aus der 6a hat sich für Spaghetti entschieden, sein Freund Leon aus der 6b für Hotdog. Wo in der Tabelle und im Diagramm findet man ihre Angaben wieder?

$\frac{6}{30} = \frac{1}{5} = 20\,\%$

b) Nico behauptet: „Die Burger sind in den beiden Klassen gleich beliebt.“ Leon erwidert: „Das stimmt nicht, die Burger wurden in der 6b häufiger gewählt als in der 6a.“ und zeichnet folgendes Diagramm. Setze sein Diagramm in deinem Heft fort. Wie kommt es zu den unterschiedlichen Aussagen? Was meinst du, wer Recht hat?

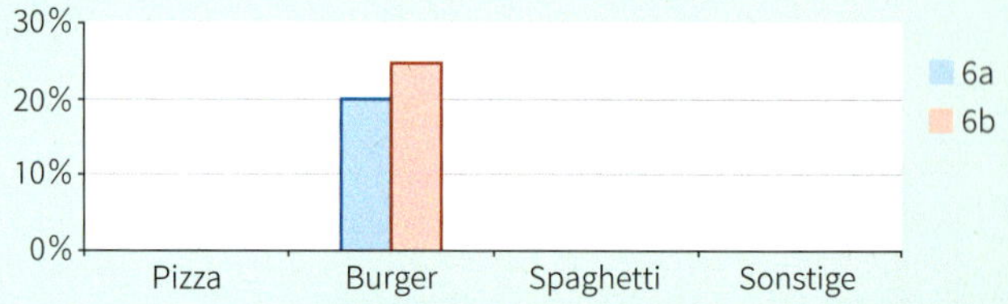

c) Führt in eurer Klasse eine Untersuchung zu den Lieblingsspeisen durch und stellt die Ergebnisse in beiden Arten von Diagrammen dar.

2 Wahlergebnis

Fünf verschiedene Parteien haben sich zur Wahl gestellt. Nach der Auszählung der gültigen Stimmen wird die Stimmenverteilung mit einem Kreisdiagramm dargestellt.

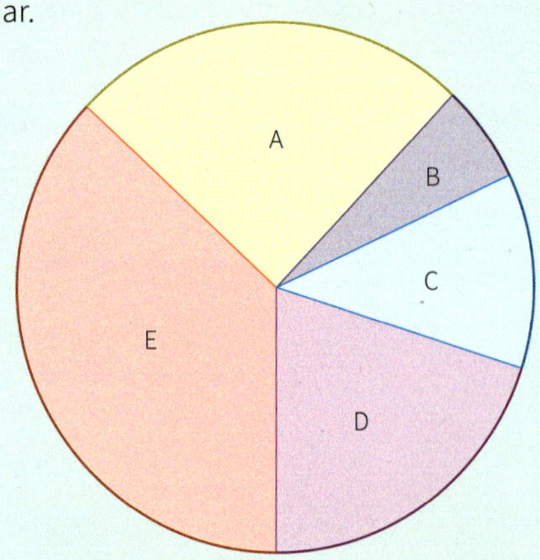

a) Schätze, wie groß die Stimmenanteile der Parteien sind.

b) Welche beiden Parteien haben zusammen mehr als 50 % der Stimmen?

3 Waldschäden

Schadensklassen:
2 mittelstark geschädigt
3 stark geschädigt
4 abgestorben

Der Waldzustand in Rheinland-Pfalz wird jährlich neu anhand des Kronenzustandes von ca. 4000 Bäumen erfasst und ausgewertet. Wenn die Krone eines Baumes keine Schäden aufweist, dann kommt er in die Schadensklasse 0, bei geringen Schäden in die Schadensklasse 1 und bei deutlichen Schäden in die Klasse 2 bis 4.

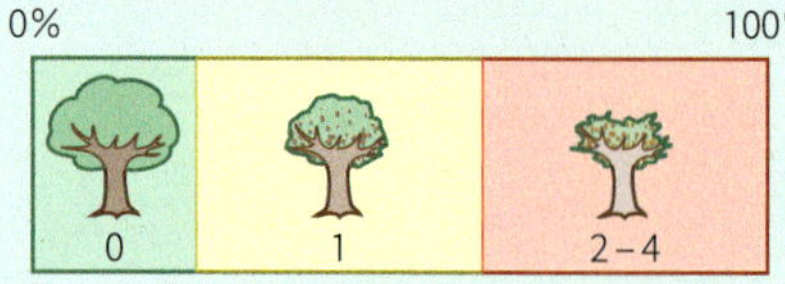

Baumschäden in RLP 2017

a) Beschreibe den Waldzustand in RLP 2017 mithilfe der Schadensklassen. Schätze die Anteile, gib sie in Prozent an und zeichne ein Säulendiagramm.

b) Im Jahr 2020 waren in RLP etwa 39 % der Bäume in der Schadensklasse 1 und 45 % in den Schadensklassen 2 bis 4. Zeichne für das Jahr 2020 ein Säulendiagramm der Schadensklassen. Vergleiche die Jahre 2020 und 2017.

Basiswissen

WES-125661-053

Prozentzahlen in Diagrammen

Prozentzahlen lassen sich besonders gut vergleichen. In Diagrammen kann man häufig die Größe von Anteilen auf einen Blick erfassen.
Die Schülerinnen und Schüler der Klasse 6 b wurden befragt, wie sie zur Schule kommen. Die Ergebnisse sind in zwei Tabellen, einem Säulendiagramm und in einem Kreisdiagramm dargestellt.

Absolute Häufigkeit

Relative Häufigkeit $= \frac{\text{absolute Häufigkeit}}{\text{Gesamtzahl}}$

Bei gerundeten Zahlen verwendet man das „≈"-Zeichen und sagt: „ungefähr gleich".

Schulweg	Anzahl
zu Fuß	14
Fahrrad	7
Auto	3
Bus	4
gesamt	**28**

→

Schulweg	Anteile	
	Bruch	Prozent
zu Fuß	$\frac{14}{28} = \frac{1}{2}$	50 %
Fahrrad	$\frac{7}{28} = \frac{1}{4}$	25%
Auto	$\frac{3}{28}$	≈ 10,7 %
Bus	$\frac{4}{28} = \frac{1}{7}$	≈ 14,3 %
gesamt	$\frac{28}{28} = 1$	**100 %**

Säulendiagramm

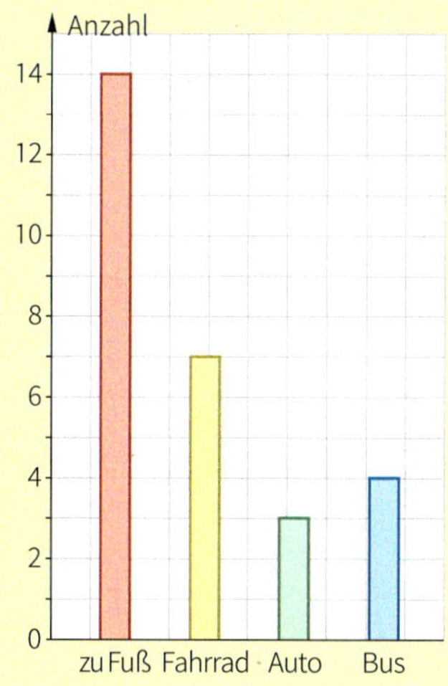

Kreisdiagramm

Für das Kreisdiagramm werden die Winkel am Mittelpunkt berechnet.
1 % entspricht einem Winkel von $\frac{360°}{100} = 3{,}6°$.
Die Winkelmaße werden gerundet.

Prozent	Grad
50 %	180°
25 %	90°
≈ 10,7 %	≈ 38,5°
≈ 14,3 %	≈ 51,5°
100 %	**360°**

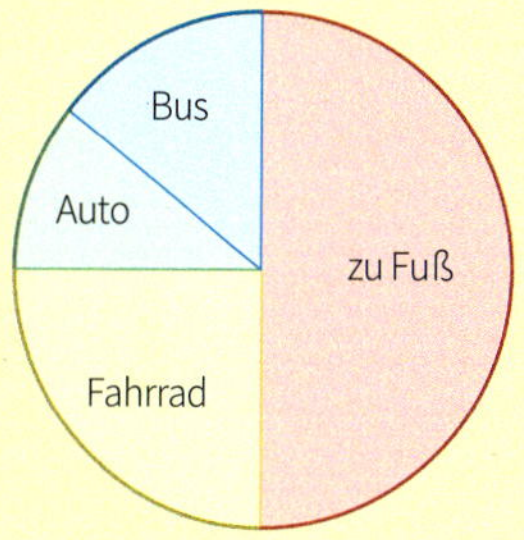

Beispiele

A Blutgruppen

Es gibt vier Blutgruppen: 0, A, B und AB, die nicht gleich häufig vorkommen.
Veranschauliche die Verteilung in einem Säulendiagramm und beschreibe die Ergebnisse.

Verteilung der Blutgruppen in Europa:

Blutgruppe	0	A	B	AB
relative Häufigkeit	39 %	43,5 %	12,5 %	5 %

Lösung:
Die Blutgruppe A ist in Europa mit 43,5 % am häufigsten.
Die Blutgruppe 0 ist mit 39 % ebenfalls oft anzutreffen.
Damit besitzen über 80 % der Europäer eine dieser beiden Blutgruppen.
Nur jeder achte Europäer hat die Blutgruppe B.
Am seltensten kommt in Europa die Blutgruppe AB vor.

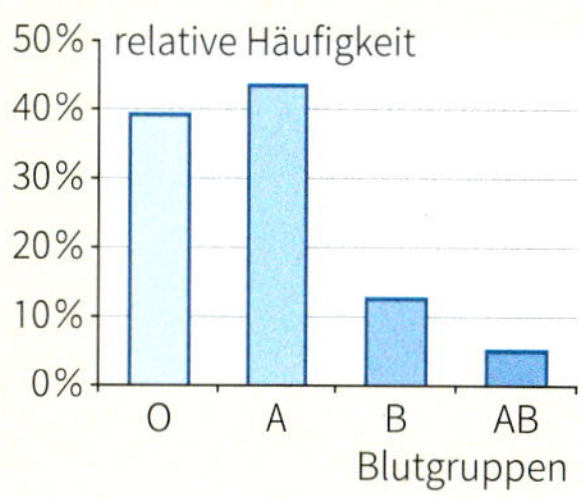

B Tagesbeschäftigungen

Ramonas Tagesbeschäftigungen sind in einem Kreisdiagramm dargestellt. Schätze, welchen Anteil des Tages sie mit den verschiedenen Beschäftigungen verbringt.

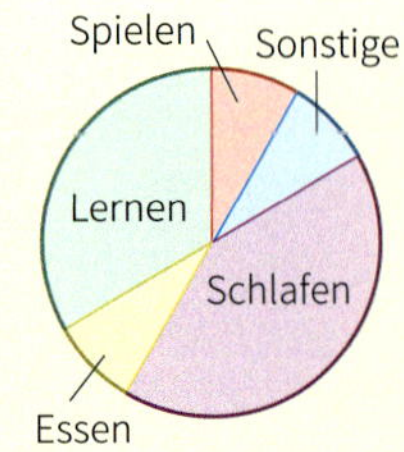

Tagesbeschäftigungen

Lösung:
Winkel schätzen, Prozente berechnen und wenn nötig runden.

Lernen	Essen	Schlafen	Spielen	Sonstige
120°	30°	150°	30°	30°
33 %	8 %	42 %	8 %	8 %

Das Runden der Prozentzahlen führt dazu, dass die Summe nicht immer genau 100 % ergibt.

Übungen

4 I Klassensprecherwahl

Lena, Lisa, Kaya und Oliver wurden in der Klasse 6 b zur Wahl zur Klassensprecherin bzw. zum Klassensprecher aufgestellt. Ihre Wahlergebnisse sind in der Tabelle zusammengefasst.

Name	Lena	Lisa	Kaya	Oliver
Anzahl der Stimmen	7	3	5	9

a) Stelle die Ergebnisse in einem Säulendiagramm dar.
b) Berechne die relative Häufigkeit aller Stimmanteile in Prozent.

5 I Internetnutzung

Von 805 befragten Kindern im Alter zwischen 12 und 13 Jahren benutzen 467 das Internet täglich, 282 ein bis mehrmals die Woche und 56 eher seltener. Stelle die Daten mit relativen Häufigkeiten in einem Säulendiagramm dar.

6 I Blutgruppen

Blutgruppe	0	A	B	AB
Inuit	54 %	38,5 %	5 %	2,5 %
Ainu	17 %	32 %	32,5 %	18,5 %

Die Blutgruppen sind auf der Welt nicht gleichmäßig verteilt. Zeichne Kreisdiagramme für die relativen Häufigkeiten der Blutgruppen bei den Inuit und den Ainu (Ureinwohner Japans). Vergleiche diese Blutgruppenverteilungen mit der Blutgruppenverteilung in Europa.

Verteilung in Europa: siehe Beispiel A

7 II Taschengelderhöhung

Lorina möchte gern eine Taschengelderhöhung bekommen. Sie hat in ihrer Klasse nachgefragt, wie viel Taschengeld die Kinder pro Woche bekommen.

a) Welchen Anteil der Klasse machen die fünf Gruppen jeweils aus?
b) Gib die Anteile in Prozent an.

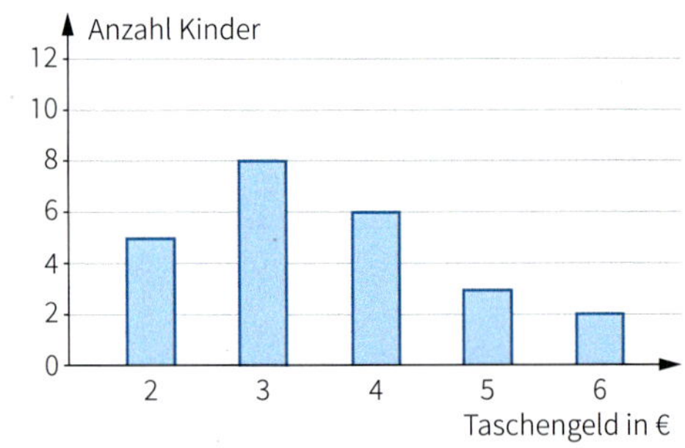

8 II Milch ist nicht gleich Milch

Menschliche Muttermilch ist ähnlich zusammengesetzt wie die Kuhmilch. Daher kann man aus Kuhmilch eine Ersatznahrung herstellen. Delfinbabys bekommen aber eine ganz andere Milch.

	Wasser	Eiweiß	Fett	Kohlenhydrate
Muttermilch	87,7 %	1 %	4,4 %	6,9 %
Kuhmilch	88,5 %	3,2 %	3,7 %	4,6 %
Delfinmilch	51 %	4 %	44 %	1 %

Veranschauliche die Zusammensetzung von Kuh- und Delfinmilch durch Kreisdiagramme.

9 II Frösteln

Mediziner haben festgestellt, dass Frauen eher frieren als Männer. Dies liegt an der unterschiedlichen Zusammensetzung der Körper. In der Tabelle sind die Anteile für Muskeln, Fett und Knochen aufgelistet.

	Muskeln	Fett	Knochen	?
Mann	$\frac{21}{50}$	$\frac{9}{50}$	$\frac{4}{25}$	■
Frau	$\frac{9}{25}$	$\frac{7}{25}$	$\frac{3}{20}$	■

a) Verwandle die Brüche in Prozentzahlen.
b) Bestimme den Anteil, den jeweils der Rest ausmacht. Woraus könnte der Rest bestehen?
c) Stelle die Anteile mit einem Säulendiagramm dar.

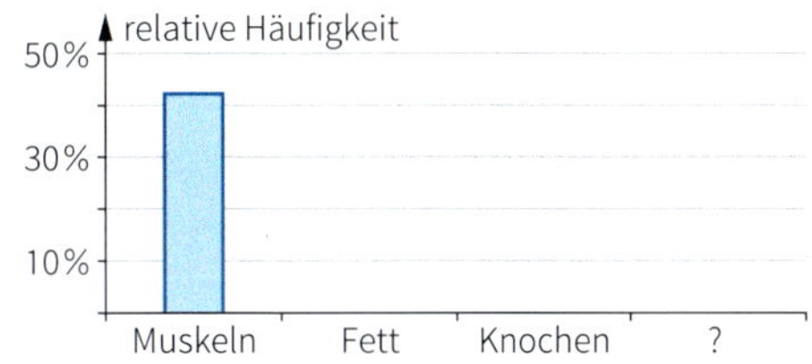

Körperanteile beim Mann

10 II Müllaufkommen

In der Gemeinde Unratshausen wurde kontrolliert, wie viel Müll im letzten Monat anfiel.
a) Stelle die Anteile mit einem Kreisdiagramm dar.
b) In einem Haus fielen in einem Monat 60 kg Müll an. Berechne das Müllgewicht der einzelnen Stoffgruppen.

Gewichtsanteile
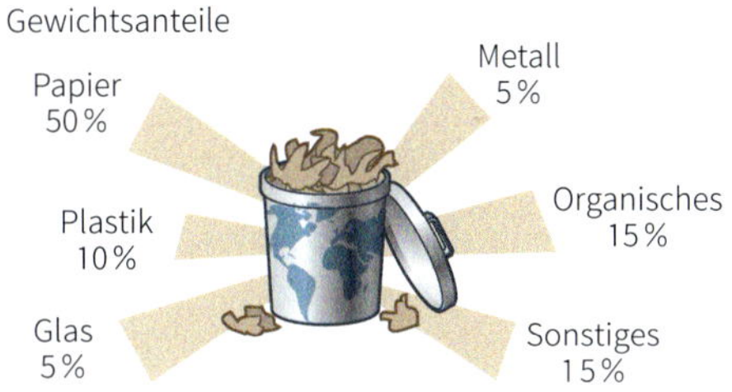

11 II Pizza-Express

Marios Pizza-Express läuft zurzeit sehr gut. Um die Einkäufe besser planen zu können, hat Mario die Verkaufszahlen der letzten Woche notiert.

Pizza	Anzahl
Käse	60
Salami	80
Schinken	90
Pilze	65
Sonstige	105

a) Wie viele Pizzen wurden während der Woche verkauft?
b) Bestimme die Anteile für die einzelnen Pizzasorten in Prozent.
c) Zeichne zu diesen Angaben ein Kreisdiagramm.
d) Stimmt es, dass Pizzen mit Salami, Schinken oder Pilzen zusammen mehr als 50 % aller verkauften Pizzen ausmachen?

12 III Drei Situationen – ein Diagramm

a) Zeige, dass alle in A, B und C beschriebenen Situationen zum Säulendiagramm passen.
b) Welche Informationen gingen beim Übergang zum Diagramm verloren?
c) Erfinde eine weitere Situation, die zum Säulendiagramm passt.

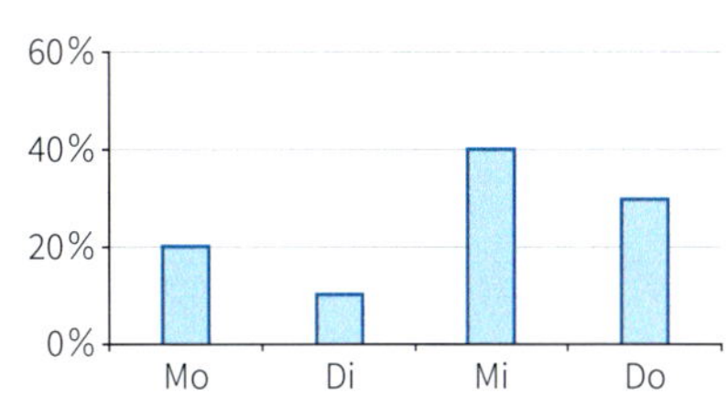

A Marios Zettel für verkaufte Pizzas (**S**alami, **P**eperoni, **T**hunfisch, **V**egetarisch):

Montag	*SSPVTPTS*
Dienstag	*TPTS*
Mittwoch	*VVVTSPS* *STVSPVTTT*
Donnerstag	*STPVSPTVTPSS*
Gesamt	*40*

B Sophie liest 4 Tage lang einen achtseitigen Englischtext und notiert die neuen Vokabeln.

Mo	*S.1–2: IIIII I*
Di	*S.3: III*
Mi	*S.4–6: IIIII IIIII II*
Do	*S.7–8: IIIII IIII*

C Rena beobachtet die Wetterlage seit Beginn der Woche und notiert:
50 mm am 15.03. (Schnee),
25 mm am 16.03. (Nieselregen),
100 mm am 17.03. (Starkregen),
75 mm am 18.03. (Regen).

13 **II Argumentieren mit Diagrammen**

Verkaufszahlen der Schülerzeitung „Pepo“ im vergangenen Jahr

Monat	Jan.	Feb.	März	April	Mai	Juni	Juli	Aug.	Sep.	Okt.	Nov.	Dez.
Anzahl	425	396	405	275	320	220	195	198	207	243	261	280

a) Erstelle je ein Säulendiagramm für das ganze Jahr und für die Zeit von Juli bis Dezember, wobei die y-Achse (Hochachse) erst bei 190 verkauften Exemplaren beginnt. Vergleiche den Eindruck, den die Diagramme hervorrufen.

b) Hans und Maria, die Chefredakteure von „Pepo“, wollen demnächst in der Sprechstunde beim Direktor der Schule einen höheren Zuschuss für die Schülerzeitung beantragen. Während Hans das Diagramm von Juli bis Dezember verwenden möchte, ist Maria strikt gegen die Verwendung dieses Diagramms. Überlegt euch Argumente für und gegen das jeweilige Diagramm.

14 **III Drei Diagramme – eine Situation**

Jedes der drei Diagramme beschreibt einen möglichen Notenspiegel einer Klassenarbeit.

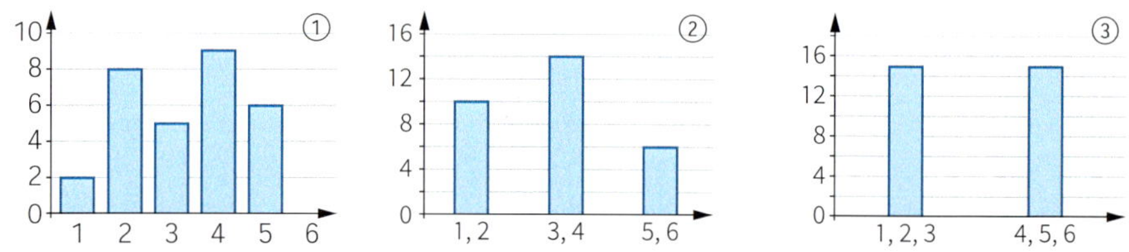

a) Zeige, dass die drei Diagramme zu dem gleichen Notenspiegel gehören können.

b) Beschreibe den Eindruck, den jede Darstellung hervorruft. Was geht beim Übergang von ① zu ② und ③ an Informationen verloren, was wird eventuell deutlicher?

c) Fasse die Anzahl der Noten 1; 2; 3; 4 einerseits und 5; 6 andererseits zusammen. Erstelle ein Säulendiagramm. Was veranschaulicht dieses Diagramm gut?

d) Erstelle zu ③ einen passenden Notenspiegel, der sich von ① stark unterscheidet.

15 **II Vorsicht – Diagramme richtig deuten**

In zwei Tageszeitungen findet Sabine unter derselben Überschrift „Ladendiebstahl in unserer Stadt bei Jugendlichen“ verschiedene Säulendiagramme.

a) Diskutiert, ob die beiden Diagramme dieselben Daten darstellen.

b) Ein Reporter schreibt: *„Zahl der Ladendiebstähle explosionsartig angestiegen.“* Mit welchem Diagramm hat er wohl seine Behauptung unterstützt? Ist seine Aussage richtig?

Grundwissen
zum Wiederholen

1 Zeichne ein Koordinatensystem (Maßeinheit 1 entspricht 1 cm).

a) Trage die Punkte A(3|1), B(5|5) und C(1|4) in das Koordinatensystem ein.

b) Verbinde die Punkte und bestimme mit dem Geodreieck die Länge der Strecken.

c) Miss auch die Winkel in dem Dreieck.

2 Der Umfang der Erde beträgt 40 000 km, der Umfang der Sonne ist 109-mal so groß. Wie groß ist der Umfang der Sonne?

+

P III Haustiere

Haustiere sind sehr beliebt. Bei einer Umfrage in der Zeit zwischen November 2017 und Januar 2018 wurden über 10 000 Internetnutzer in Deutschland nach ihrem liebsten Haustier befragt.

Haustiere in Deutschland

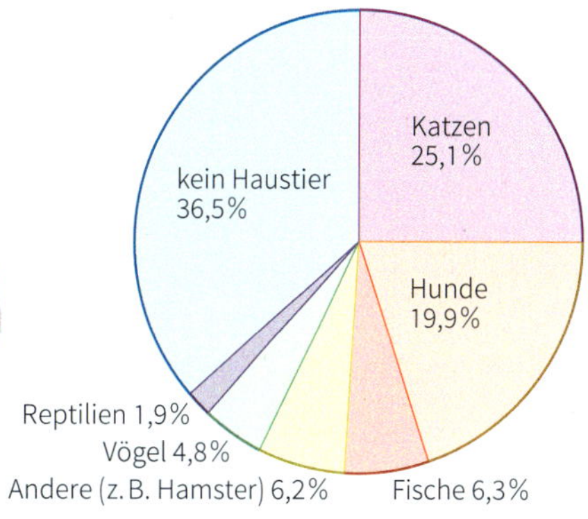

Die befragten Internetnutzer stellen eine Stichprobe der Gesamtbevölkerung Deutschlands dar.

Stichprobe
Als Stichprobe bezeichnet man eine Teilauswahl aus einer Grundgesamtheit.

A Ermittelt, welche Haustiere in eurer Klasse am beliebtesten sind.

B Angenommen, ihr wollt herausfinden, welche Haustiere bei den Schülerinnen und Schülern eurer Schule am beliebtesten sind. Es wäre sehr aufwendig, alle Schülerinnen und Schüler eurer Schule zu befragen. (Übrigens, wie viele Schülerinnen und Schüler besuchen eure Schule?). Daher ist es zweckmäßig, nur eine Stichprobe aller Schülerinnen und Schüler zu befragen.

Diskutiert die folgenden Vorschläge:

Wir nehmen einfach als Stichprobe unsere eigene Klasse.

Wir befragen aus jeder Klassenstufe fünf zufällig ausgewählte Personen.

Wir stellen uns am Ende der Pause an die Schultür und befragen die ersten 100 Schülerinnen und Schüler, die in die Pause gehen.

Aus jeder Klassenstufe befragen wir drei Mädchen und drei Jungen.

Wir befragen in der nächsten Pause unsere Freundinnen aus den anderen Klassen.

Befragung

Wählt verschiedene Methoden zur Auswahl einer Stichprobe aus. Führt die Befragung in eurer Schule entsprechend durch.
Tragt die Ergebnisse eurer Befragungen mithilfe einer Wandzeitung, Folien oder dem Beamer vor. Vergleicht eure Ergebnisse.

Arbeit in Gruppen

C Welche Auswahl einer Stichprobe erscheint euch sinnvoll, wenn die Stichprobe die Gesamtheit aller Schülerinnen und Schüler widerspiegeln soll? Begründet eure Entscheidung.

Präsentation

D Überlegt euch andere interessante Fragestellungen und führt dazu eine Umfrage durch. Wie wäre es z. B. mit der Frage nach den beliebtesten Fächern?

7.2 Mittelwerte und Spannweite

1 Schulvergleichskampf

Martin, Florian und Dennis sind gute Weitspringer. Aber nur einer von ihnen kann an einem Schulvergleichskampf teilnehmen. Herr Hops, ihr Sportlehrer, hat die besten Weitsprungergebnisse der letzten fünf Wochen aufgeschrieben.

Martin	Florian	Dennis
3,84 m	3,95 m	3,87 m
3,92 m	3,97 m	4,05 m
3,94 m	3,76 m	3,72 m
3,82 m	4,02 m	3,81 m
3,98 m	3,80 m	3,80 m

Herr Hops überlegt mit der Sportgruppe, wen er zum Wettkampf mitnehmen soll.
Claudia: „Dennis ist am weitesten gesprungen."
Sabine: „Aber zuletzt war Martin der beste und er ist am konstantesten gesprungen."
Daniel: „Ich würde erst mal den „Durchschnitt" ausrechnen."

a) • Prüfe, ob Claudia Recht hat.
- Sabine hat zwei Beobachtungen genannt. Kannst du beide begründen?
- Führe aus, was Daniel sagt. Zu welcher Entscheidung führt dieser Weg?

b) Wie hättest du dich entschieden? Begründe.

2 Aus der Jahresstatistik eines Autohauses

2018	Jan.	Feb.	März	April	Mai	Juni	Juli	Aug.	Sep.	Okt.	Nov.	Dez.
Zahl der verkauften Pkws	11	8	15	18	35	21	17	13	10	15	12	23

a) Gib die kleinste und die größte monatliche Verkaufszahl an.
b) Stelle die Verkaufszahlen in einem Säulendiagramm dar.
c) Im Jahr 2017 wurden monatlich im Schnitt 21 Pkw verkauft.
- Berechne die durchschnittliche Verkaufszahl in 2018. Welchen Sinn hat hier die Dezimalzahl? Vergleiche mit 2017.
- Erstelle eine mögliche Tabelle der Verkaufszahlen für 2017, bei der der Unterschied zwischen der kleinsten und der größten monatlichen Verkaufszahl genauso groß wie 2018 ist.

3 Im Zoo

Die Zoowärter Anton und Paul betreuen jeweils zehn Tiere und notieren deren Gewicht.
Anton: 5 kg, 7 kg, 7 kg, 25 kg, 30 kg, 30 kg, 30 kg 33 kg, 35 kg, 1020 kg.
Paul: 14 kg, 22 kg, 40 kg, 40 kg, 40 kg, 40 kg, 67 kg, 72 kg, 80 kg, 95 kg

a) „Im Durchschnitt („Summe aller Gewichte geteilt durch Anzahl der Tiere.") sind meine zehn Tiere 122,2 kg schwer", weiß Anton. Die Praktikantin meint: „ Das mittlere Gewicht der Tiere wird besser durch den Wert 30 kg beschrieben".
- Überprüfe Antons Rechnung. Was hat die Praktikantin als mittleres Gewicht genommen?
- Beschreibt der Wert von Anton oder der Wert der Praktikantin das „mittlere" Gewicht der zehn Tiere angemessen? Begründe.

b) Bestimme die entsprechenden Werte für die Tiere von Paul und vergleiche mit den Werten von Antons Tieren.
c) Vergleiche die jeweils kleinsten und größten Gewichte der Tiere von Anton und Paul.

Basiswissen

WES-125661-054

Haben die Daten keine Maßeinheiten, spricht man von Kennzahlen statt von Kenngrößen.

Mittelwerte und Spannweite

Mittelwerte und Spannweite sind **Kenngrößen** von Datenlisten. Sie erfassen eine Datenliste jeweils in einem einzigen Wert. Diese Werte berücksichtigen unterschiedliche Eigenschaften der Liste.

Susanne möchte wissen, wie lange sie im Mittel für eine Rechenaufgabe benötigt.
Sie misst die Zeit, die sie für jede der 8 Rechenaufgaben benötigt und notiert die Werte.
Ergebnisliste: 5 min; 5 min; 2 min; 7 min; 5 min; 12 min; 7 min; 5 min (Werte gerundet).

Arithmetisches Mittel (Durchschnitt)

- Die Summe aller Werte berechnen.
- Die Anzahl der Werte bestimmen.
- Die Summe aller Werte durch die Anzahl der Werte dividieren.

$\overline{x} = \frac{4 \cdot 5\,\text{min} + 2\,\text{min} + 2 \cdot 7\,\text{min} + 12\,\text{min}}{8}$
$= \frac{48\,\text{min}}{8} = 6\,\text{min}$

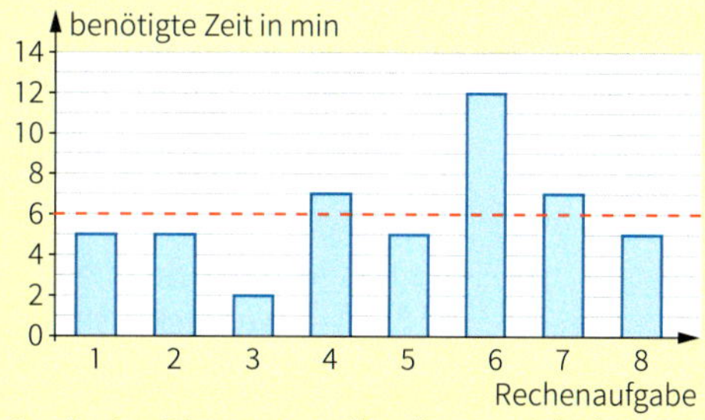

Im Durchschnitt benötigt Susanne pro Aufgabe 6 min. Im Diagramm gibt die gestrichelte Linie den „Durchschnitt“ an. 12 Minuten ist ein "Ausreißer".
War diese Aufgabe besonders schwierig, sehr umfangreich oder Susanne unkonzentriert?

Modalwert

Der häufigste Wert in der Ergebnisliste ist der **Modalwert**:
Die benötigte Zeit von 5 min kam viermal vor.

Spannweite

Die **Spannweite** gibt Auskunft über die Breite und Streuung der Datenliste.
Die Differenz aus dem größten Wert und dem kleinsten Wert ist die Spannweite:
Größte Zeitangabe: 12 min   Kleinste Zeitangabe: 2 min
Spannweite: 12 min – 2 min = 10 min.
Alle benötigten Zeiten „streuen“ zwischen 2 min und 12 min.

Beispiel

A Kenngrößen eines Wettbewerbs im Ballweitwurf

Ergebnisliste vom Ballweitwurf der Klassen 6 a und 6 b in Metern, geordnet nach Weite:

6 a: 22, 25, 28, 28, 30, 32, 32, 34, 34, 37, 38, 38, 40, 40, 41, 43, 43, 43, 45, 47, 47, 51, 54, 54, 60

6 b: 24, 24, 26, 30, 31, 33, 33, 33, 35, 38, 40, 40, 42, 42, 42, 42, 46, 46, 47, 48, 52, 54, 56, 56

Lies zum Vergleich der Klassen aus den Tabellen möglichst viele Informationen ab.
Lösung: Die Klassen im Vergleich:

	6 a	6 b
größte Weite	60 m	56 m
kleinste Weite	22 m	24 m
Modalwert	43 m	42 m
arithm. Mittel	39,44 m	40 m
Spannweite	38 m	32 m

Berechnen des „Durchschnitts“

6 a: $\frac{22\,\text{m} + 25\,\text{m} + 2 \cdot 28\,\text{m} + 30\,\text{m} + \ldots + 60\,\text{m}}{25} = \frac{986\,\text{m}}{25} = 39{,}44\,\text{m}$

6b: $\frac{2 \cdot 24\,\text{m} + 26\,\text{m} + 30\,\text{m} + \ldots + 2 \cdot 56\,\text{m}}{24} = \frac{960\,\text{m}}{24} = 40\,\text{m}$

Berechnen der Spannweite
6 a: 60 m – 22 m = 38 m
6 b: 56 m – 24 m = 32 m

Der Modalwert ist bei 6 a mit 43 m etwas besser als bei 6 b mit 42 m.
Das arithmetische Mittel ist jedoch bei der 6b etwas besser als bei 6 a.
In der 6 b liegen die erzielten Werte nicht so weit auseinander wie in der 6 a.

Übungen

4 **50m-Lauf**

Kai hat folgende Zeiten im 50-m-Lauf erzielt:
Bestimme die Kenngrößen. Vergleiche die Mittelwerte.

8,9 s	8,4 s	8,8 s	8,4 s
8,3 s	8,4 s	8,4 s	8,4 s

5 **Durchschnittsalter**

Luisa möchte eine Statistik über ihre Ballettgruppe erstellen. Dazu hat sie alle nach ihrem Alter gefragt.

Luisas Umfrageergebnisse:
13 Jahre, 10 Jahre, 14 Jahre, 11 Jahre, 11 Jahre, 13 Jahre, 13 Jahre, 12 Jahre, 11 Jahre, 11 Jahre, 13 Jahre, 13 Jahre

a) Bestimme die beiden Mittelwerte und die Spannweite.
b) Luisa ist 12 Jahre alt. Wo liegt sie bezogen auf das arithmetische Mittel und den Modalwert?

6 **Auf der Straße**

Petra zählt während einer langen Busfahrt, wie viele Personen in den vorbeifahrenden Pkws sitzen.

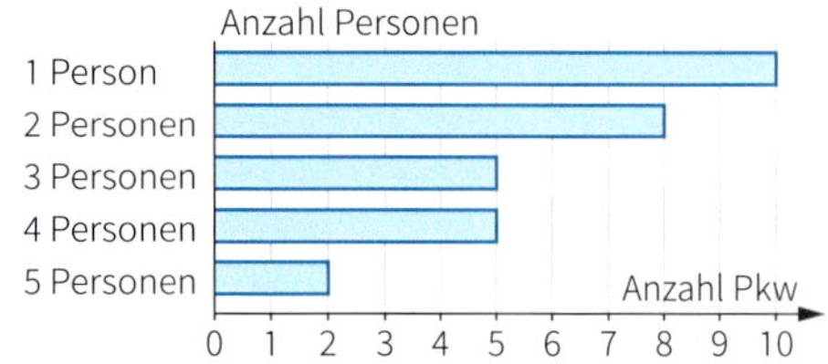

a) Berechne das arithmetische Mittel der Anzahl der Personen in den Pkws .
b) „In jedem 3. Auto sitzt nur eine Person.“ Stimmt das?

7 **Polizeikontrolle**

Die Polizei führt vor der Lise-Meitner-Schule eine Geschwindigkeitskontrolle durch. Man darf dort höchstens mit 30 km/h fahren. Die gemessenen Werte wurden erfasst.

18, 19
24, 25, 25, 25, 25, 27, 27, 27, 28, 28, 29, 29
30, 30, 30, 30, 30, 34, 34, 34, 35, 37
42, 42, 45, 46, 46
50, 53, 59

a) Bestimme die Kennwerte arithmetisches Mittel, Modalwert und Spannweite.
b) Wo verläuft die Grenze zwischen den ersten und den letzten 50 % der geordneten Messwerte?
c) Schreibe einen Zeitungsartikel über das Ergebnis der Messung.

8 **Sind die Mathe-Hausaufgaben zu umfangreich?**

Julians Lehrerin meint, dass man im Durchschnitt mit 15 Minuten auskommen müsste.
Julian hat folgende Minutenwerte notiert: 17, 20, 0, 15, 12, 25, 0, 12, 17, 10, 20, 16.

a) Wie viel Minuten braucht Julian im Durchschnitt für die Hausaufgaben?
b) Bastian meint, dass man die beiden Tage, an denen es keine Hausaufgaben gab, eigentlich nicht mitzählen darf. Welchen Durchschnitt rechnet Bastian aus?
c) Hat Bastian mit seiner Überlegung Recht?

9 **Durchschnittliche Einnahmen**

Frau Schneider hatte in den letzten sechs Monaten die folgenden Einnahmen:

Juli	August	September	Oktober	November	Dezember
1300 €	1000 €	1550 €	1380 €	1200 €	9500 €

a) Berechne das arithmetische Mittel und die Spannweite der monatlichen Einnahmen. Warum ist hier der Modalwert kein sinnvoller Mittelwert?
b) Findest du eine Erklärung für den „Ausreißer“ 9500 € im Dezember? Bestimme das arithmetische Mittel und die Spannweite ohne die Dezembereinnahmen. Vergleiche mit den Werten aus a).

10 I Gemälde

Eine Kunsthändlerin hat 7 Gemälde gekauft. Zwei Gemälde kosteten 300 €, die anderen 320 €, 340 €, 360 €, 400 € und 1000 €.

a) Berechne das arithmetische Mittel und den Modalwert des Kaufpreises der Bilder.

b) Leider hat sich der Preis für das teuerste Bild auf 5000 € erhöht. Wie verändert dies die beiden Mittelwerte?

11 I Ein armes Dorf und ein reicher Zuwanderer

In dem Dorf Ahausen leben nur arme Menschen mit einem sehr kleinen Vermögen. Die Tabelle gibt die Verteilung der Vermögen an.

Anzahl Einwohner	120	200	90	10
Vermögen in €	500	1000	1500	2000

a) Gib den Modalwert an und berechne das durchschnittliche Vermögen.

b) Bill Gates (Gründer von Microsoft) lässt sich in dem Dorf nieder. Sein geschätztes Vermögen beträgt 120 Milliarden US-Dollar. Eine Zeitung meldet: „**Ahausen reichstes Dorf im Land.**" Wie kann es dazu kommen? Was meinst du dazu?

12 II Wert gesucht

Das arithmetische Mittel ist gegeben. Finde den fehlenden Wert.

a) 9, ▒, 7 und $\bar{x} = 7$ b) 2, 2, ▒, 4 und $\bar{x} = 2{,}5$ c) 5, 2, ▒, 2, 4, 8 und $\bar{x} = 4$

13 I Viererteam

Du stellst ein Viererteam zusammen. Wie alt können die Teammitglieder sein, damit

a) die meisten 22 Jahre alt sind und die Spannweite 2 Jahre beträgt?

b) sie im Durchschnitt 25 Jahre alt sind und die Spannweite 5 Jahre beträgt?

c) die meisten 20 Jahre alt sind und der Durchschnitt 25 Jahre beträgt?

14 I Was Mittelwerte verschweigen

a) Berechne den durchschnittlichen monatlichen Niederschlag und die Spannweite der Niederschläge für Maiduguri (Nigeria) und Frankfurt. Vergleiche.

b) Zeichne für beide Städte ein Säulendiagramm der Niederschlagsmengen. Vergleiche.

c) Warum sollte man aus den Kenngrößen keine voreiligen Schlüsse ziehen?

	Maiduguri	Frankfurt
Januar	–	57
Februar	–	44
März	–	36
April	4	43
Mai	33	54
Juni	77	72
Juli	180	68
August	220	77
September	100	58
Oktober	22	50
November	–	53
Dezember	–	53

15 I Etwas zum Schmunzeln und Nachdenken

(A) Wenn der Kopf in einem Kühlschrank steckt und die Füße auf einer Herdplatte – dann ist die Durchschnittstemperatur okay. (Andrew Robertson)

(B) Wenn ein braunes Schaf aus einer Herde schwarzer Schafe zu einer Herde weißer Schafe wechselt, wird die durchschnittliche Farbe beider Herden dunkler.

Grundwissen zum Wiederholen

1 Auf einer Hühnerfarm werden 3492 Eier in Kartons zu je 12 Eiern abgepackt. Wie viele Kartons ergibt das?

2 Addiere zum Produkt der Zahlen 8 und $\frac{3}{4}$ die Differenz von $\frac{4}{5}$ und $\frac{1}{3}$.

16 Starting five

Peter und Anja schauen einem Spiel der Schulbasketballmannschaft zu. „Mensch, da ist ein langer Lulatsch dabei", sagt Anja. Peter kennt aus einem Vorbericht in der Schülerzeitung die Körpergrößen der „Starting five", der fünf Spieler, die das Spiel beginnen.

Starting five: Lena, Jens, Mia, Lukas und Alex

a) Bestimme die Kenngrößen der „Starting five". Warum ist der Modalwert hier sinnlos und das arithmetische Mittel nicht besonders aussagekräftig?

b) Stelle dir vor, du trainierst diese Mannschaft. Du sollst genau einen Spieler so auswechseln, dass bei den Körpergrößen der „Starting five" folgendes passiert:

Ⓐ Die Spannweite verringert sich.

Ⓑ Es gibt einen Modalwert.

Ⓒ Der Durchschnitt sinkt.

Ⓓ Die Spannweite beträgt genau 15 cm.

Ⓔ Der Durchschnitt beträgt genau 2,00 m.

Ⓕ Der Durchschnitt beträgt genau 1,80 m.

Beschreibe jeweils dein Vorgehen. Ist alles machbar?

17 Notenverteilung

Die Diagramme zeigen die Notenverteilung in drei Arbeiten einer Klasse.

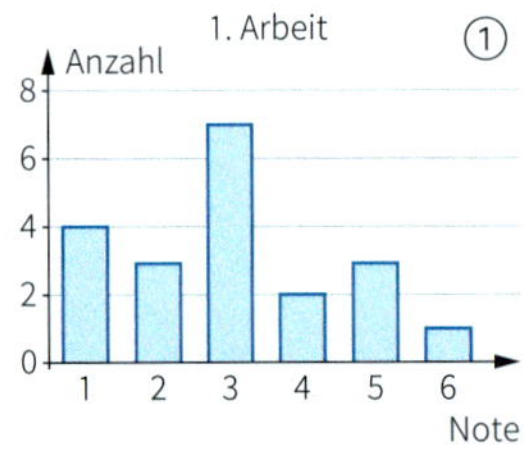

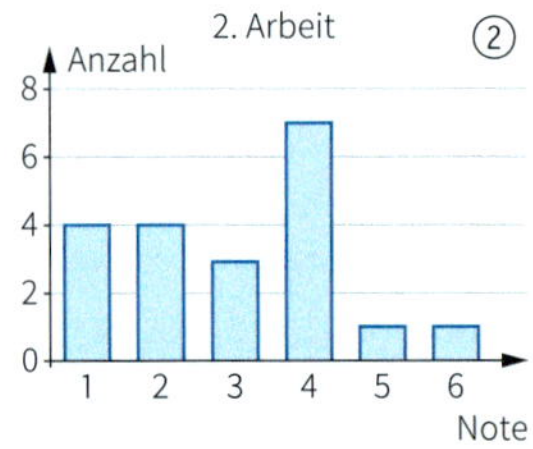

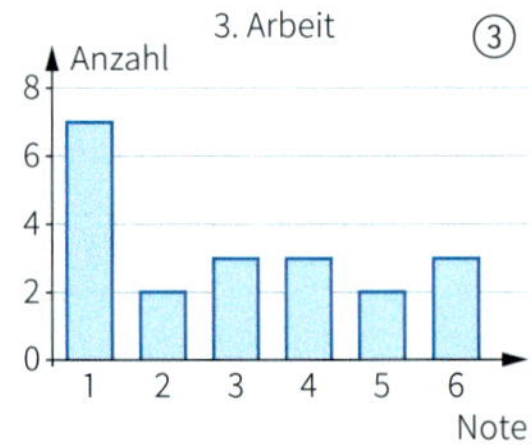

a) Begründe, dass im Durchschnitt alle drei Arbeiten gleich ausgefallen sind.

b) Ordne die drei Fälle A, B und C den Arbeiten zu. Könnte man es allein am Aussehen der Diagramme erkennen? Formuliere eine Regel.

A Das arithmetische Mittel ist größer als der Modalwert.

B Das arithmetische Mittel und der Modalwert sind in etwa gleich groß.

C Das arithmetische Mittel ist kleiner als der Modalwert.

c) Denke dir eine Liste mit Zeugnisnoten eines Schülers so aus, dass A (B, C) aus der Teilaufgabe (b) erfüllt ist. Welches „mittlere Ergebnis" beschreibt jeweils die Leistung vorteilhafter?

18 Atemzüge

Wie lange dauert ein Atemzug durchschnittlich? Welche Unterschiede gibt es hier bei einzelnen Menschen. Man kann das so machen:
Verschiedene Schülerinnen und Schüler messen mit den Stoppuhren ihrer Handys, wie lange sie jeweils für 16 Atemzüge brauchen.
Führt den Versuch selbst aus. Notiert die Zeiten für 16 Atemzüge.
Bestimmt die Kenngrößen und schreibt damit einen Bericht.

7.3 Auswertung statistischer Daten mit Tabellenkalkulation

1 Lesen eines Arbeitsblattes einer Tabellenkalkulation

Die Klasse 6 a hat eine statistische Untersuchung durchgeführt. Die Daten wurden mit einer Tabellenkalkulation ausgewertet und die Ergebnisse veröffentlicht.

	A	B	C	D	E
1	**Urliste**	**Geordnete Liste**	Anzahl Geschwister	abs. Häufigkeiten	rel. Häufigkeiten
2	1	0	keine Geschwister (0)	6	24,0%
3	1	0	ein Geschwister (1)	8	32,0%
4	2	0	zwei Geschwister (2)	7	28,0%
5	3	0	drei Geschwister (3)	3	12,0%
6	1	0	vier Geschwister (4)	1	4,0%
7	3	0	Gesamtzahl	25	100,0%
8	0	1			
9	3	1			
10	0	1			
11	0	1			
12	1	1			
13	2	1			
14	2	1			
15	1	1			
16	1	2			
17	2	2			
18	2	2			
19	1	2			
20	2	2			
21	0	2			
22	0	2			
23	4	3			
24	1	3			
25	2	3			
26	0	4			
27					
28			arith. Mittel	1,40	
29			Minimum	0	
30			Modalwert	1	
31			Maximum	4	
32					

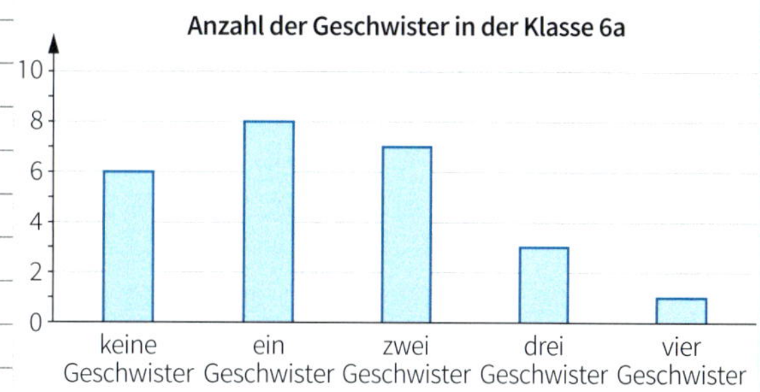

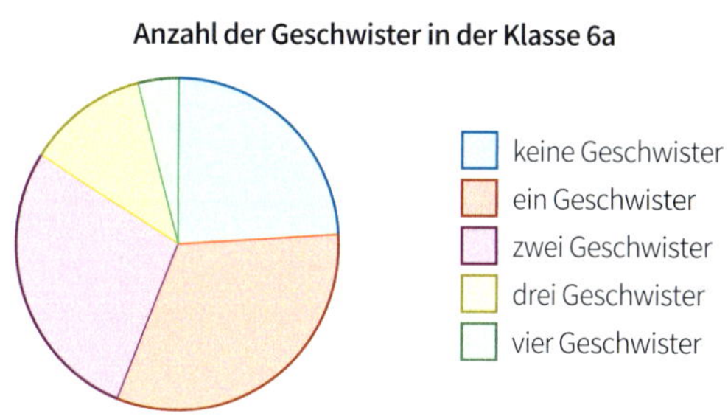

a) Was hat die Klasse 6 a untersucht?

b) Die Abbildung wurde mit einer Tabellenkalkulation erstellt, mit der man Tabellen erstellen und auswerten kann. Mit einer Tabellenkalkulation kann man auch grafische Darstellungen erzeugen und Mittelwerte berechnen.
Lies möglichst viele Informationen aus den Tabellen und den Grafiken ab.

c) Welche Daten aus der Tabelle sind in dem Kreisdiagramm dargestellt?

Basiswissen

WES-125661-055

Statistische Erhebung zur Anzahl der Geschwister

Ⓐ Befrage die Schülerinnen und Schüler deiner Klasse nach der Anzahl ihrer Geschwister und notiere diese in einer Liste. Eine solche Liste nennt man **Urliste**.

Auswertung mit einer Tabellenkalkulation

Ⓑ Übertrage die Urliste als Spalte in die Tabellenkalkulation.
Ⓒ Erstelle eine Tabelle mit den absoluten Häufigkeiten der Geschwisterzahlen.
Ⓓ Erstelle eine Tabelle mit den relativen Häufigkeiten der Geschwisterzahlen.
Ⓔ Ermittle mit einer Tabellenkalkulation das arithmetische Mittel und den Modalwert, das Minimum und das Maximum.
Ⓕ Veranschauliche die Häufigkeiten mit einem Diagramm.

Orientiere dich bei allen Aufgaben an der Vorlage aus Aufgabe 1.

Beispiele

A Durchführung der Befragung aller Schülerinnen und Schüler eurer Klasse
Schreibe die genannten Geschwisterzahlen nacheinander auf. Du erhältst eine sogenannte **Urliste**. Die Liste enthält so viele Zahlen wie Schülerinnen und Schüler in eurer Klasse sind.
Urliste für die Anzahl der Geschwister: 1, 1, 2, 3, 1, 3, …

B Eingabe der Urliste
Auf dem Datenblatt der Tabellenkalkulation sind alle Felder wie auf einem Schachbrett mit Buchstaben gefolgt von Ziffern bezeichnet.
Schreibe in das erste Feld der Spalte A (Feld A1) eine Überschrift. Trage dann alle Werte der Urliste in die Spalte A der Tabelle ein. Angenommen, in deiner Klasse sind 25 Kinder. Die Zahlen der Urliste stehen nun in den Feldern A2 bis A26. Merke dir die größte Geschwisterzahl, die in der Urliste vorkommt.

	A
1	**Urliste**
2	1
3	1
4	2
5	3
6	1
7	3

C Tabelle mit absoluten Häufigkeiten
Zum Ermitteln der absoluten Häufigkeiten „zählt“ der Computer mit der Funktion ZÄHLENWENN, wie häufig die verschiedenen Geschwisterzahlen vorkommen. Hierbei gibt **A2:A26** den Bereich an, in dem die Werte gezählt werden sollen. Die Zahlen 0, 1, …, 4 geben die Werte an, deren Häufigkeit gezählt wird. Ergänze die Tabelle mit passenden Beschriftungen in Spalte C und den absoluten Häufigkeiten in Spalte D.

	C	D
1	Anzahl Geschwister	absolute Häufigkeiten
2	keine Geschwister (0)	=ZÄHLENWENN(A2:A26;0)
3	ein Geschwister (1)	=ZÄHLENWENN(A2:A26;1)
4	zwei Geschwister (2)	=ZÄHLENWENN(A2:A26;2)
5	drei Geschwister (3)	=ZÄHLENWENN(A2:A26;3)
6	vier Geschwister (4)	=ZÄHLENWENN(A2:A26;4)
7	Anzahl der Befragten	=SUMME(D2:D6)

D Tabelle mit relativen Häufigkeiten
Zum Berechnen der relativen Häufigkeiten benötigt man die Anzahl aller Werte der Urliste, also die Anzahl der Befragten. Dazu bildet man die Summe der absoluten Häufigkeiten mit der Funktion SUMME (siehe Feld D7). Die relativen Häufigkeiten berechnet man mit den Formeln **= D2/D7**, **= D3/D7 …**
Trage diese in die Felder E2 bis E7 ein.

	E
1	relative Häufigkeiten
2	= D2/D7
3	= D3/D7
4	= D4/D7
5	= D5/D7
6	= D6/D7
7	= D7/D7

Tipp
Wähle für die relativen Häufigkeiten das Zahlenformat Prozent.

E Arithmetisches Mittel und Kenngrößen ermitteln

Das arithmetische Mittel, das Minimum, das Maximum und der Modalwert können mit Funktionen der Tabellenkalkulation ermittelt werden. Als Daten wird wieder der Bereich A2:A26 genutzt, in dem die Urliste steht.

	C	D
28	arith. Mittel	=MITTELWERT(A2:A26)
29	Minimum	=MIN(A2:A26)
30	Modalwert	=MODUS.VIELF(A2:A26)
31	Maximum	=MAX(A2:A26)

F Diagramme erstellen

Markiere mit der Maus den Bereich C1 bis D6, also die Anzahlen der Geschwister und die absoluten Häufigkeiten. Wähle dann im Menü **Einfügen**. Es wird eine Auswahl von Diagrammen angeboten. Wähle zunächst ein Säulendiagramm und dann ein Kreisdiagramm aus. Der Computer zeichnet die entsprechenden Diagramme. Diese kann man an eine beliebige Stelle verschieben, am besten so, dass sie keine anderen Daten oder Tabellen verdecken.

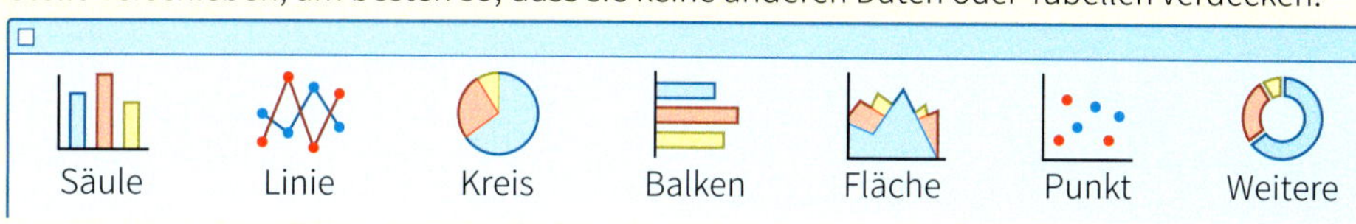

Übungen

2 II Klassenstatistik

Wenn man viele Daten hat, ist es sinnvoll, diese mit einer Tabellenkalkulation zu verarbeiten. Überlegt euch, was ihr in eurer Klasse statistisch auswerten möchtet. Sammelt die Daten dazu.
Wertet die Umfragen mit einer Tabellenkalkulation aus.
Stellt die Ergebnisse grafisch dar. Berechnet Kenngrößen, wenn es möglich ist.

Körpergröße
Schuhgröße
Haarfarbe
Länge des Schulweges

3 II Würfeln mit zwei Würfel – ein Experiment

Jede Schülerin und jeder Schüler eurer Klasse würfelt mit zwei Würfeln dreimal und notiert sich jeweils die Summe der Augenzahlen.
Auswertung mit Tabellenkalkulation

- Tragt alle gewürfelten Augenzahlen in eine Tabelle ein.
- Erstellt eine Tabelle der absoluten und relativen Häufigkeiten der gewürfelten Augenzahlen.
- Erstellt ein Säulendiagramm der Häufigkeitsverteilung. Was beobachtet ihr?

Grundwissen
zum Wiederholen

1 Setzte das richtige Zeichen (<, >, =).
a) 0,05 km ■ 500 m b) 25 g ■ $\frac{1}{4}$ kg c) 6 a ■ 0,05 ha d) 2 l ■ 2000 cm³

2 Zeichne einen Quader mit den Kantenlängen 6 cm, 4 cm und 2 cm als Netz und Schrägbild.

3 a) Wo liegt der Fehler? $211 - 133 + 67 = 211 - (133 + 67) = 211 - 200 = 11$
b) Berechne. $(45 - 20) \cdot 25 - (100 + 100)$

4 Ordne den Vierecken den richtigen Namen zu: Trapez, Raute, Drachen, Parallelogramm

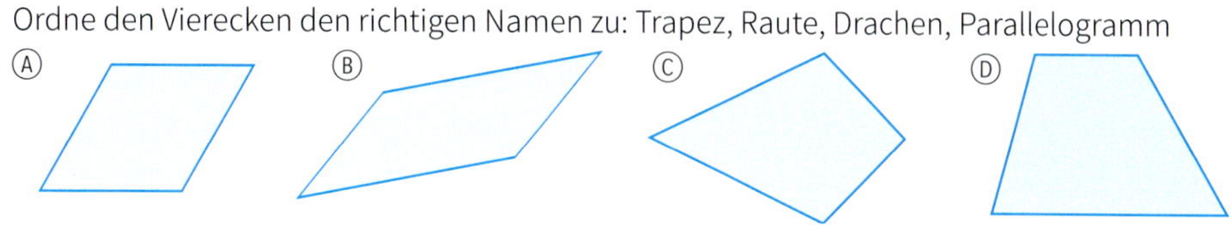

Anteile, Prozente, Häufigkeiten

Umfrage: Wie viele Geschwister hast du?
Datenliste (geordnet):
0, 0, 0, 0, 1, 1, 1, 1, 1, 1, 1, 1, 1, 1, 1,
2, 2, 2, 3, 3

Antwort	**Absolute Häufigkeit** Anzahl der Antworten	**Relative Häufigkeit** Anteil der Antworten
0	4	20 %
1	11	55 %
2	3	15 %
3	2	10 %
gesamt	**20**	**100 %**

Umrechnen in Prozent:
- Erweitern auf Nenner 100:
  $\frac{11}{20} = \frac{55}{100} = 55\,\%$
- Dezimaldarstellung berechnen:
  $11 : 20 = 0{,}55 = 55\,\%$

Anteile werden häufig in einem Kreisdiagramm veranschaulicht.

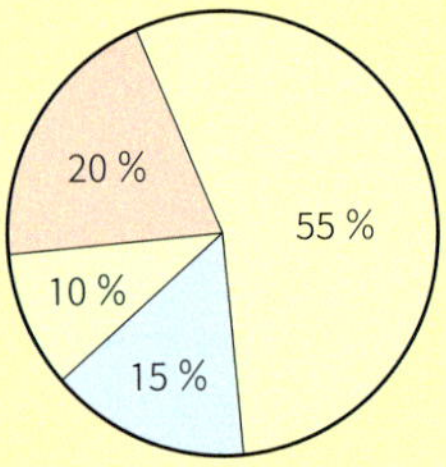

$100\,\% \triangleq 360°$
$1\,\% \triangleq 3{,}6°$
$20\,\% \triangleq 72°$

Kenngrößen

Kenngrößen (Kennzahlen) erfassen das Wesentliche einer Datenliste:
Modalwert und arithmetisches Mittel geben ein mittleres Ergebnis an.
Die Spannweite ist ein Maß für die Streuung der Werte.
Arithmetisches Mittel (Durchschnitt) entspricht einer „gleichen Verteilung“:
$\frac{4 \cdot 0 + 11 \cdot 1 + 2 \cdot 3 + 3 \cdot 2}{20} = \frac{23}{20} = \frac{115}{100} = 1{,}15$
„Durchschnittlich haben die Befragten 1,15 Geschwister.“
Modalwert ist der häufigste Wert in der Datenliste.
Spannweite: größter Wert – kleinster Wert
3 – 0 = 0, also 3 Geschwister

Check-up

1 Lieblingsfach

Eine Klasse von 20 Schülerinnen und Schülern wurde befragt, welches ihr Lieblingsfach ist. Jeder hatte genau eine Stimme.

Lieblingsfach	Schüler
Deutsch	Sven, Hans, Anke
Englisch	Anne, Georg
Mathematik	Marcel, Lena, Bea, Sebastian, Hannah
Sport	Rieke, Manuela, Henning, Johanna, Martin, Arndt
Kunst	Mona, Fidelma, Gregor, Athur
Religion	-

a) Erstelle eine Tabelle mit den Fächern mit den absoluten und relativen Häufigkeiten (als Bruch und in Prozent), mit denen die einzelnen Fächer gewählt wurden.
b) Zeichne ein Kreisdiagramm, das die Verteilung der Lieblingsfächer darstellt. Berechne dafür zunächst, wie groß du die betreffenden Winkel zeichnen musst.
c) Wie groß ist der Anteil der Schülerinnen und Schüler, die Mathe oder Sport als Lieblingsfach angegeben haben?

2 Paprikaernte

Herr Scharf baut Paprika auf seinem Balkon an. Er zählt die Anzahl der Paprikafrüchte auf jedem Strauch:
12; 9; 11; 12; 11; 8; 11; 6.
a) Bestimme den Modalwert, das arithmetische Mittel und die Spannweite.
b) Veranschauliche die Daten mit einem Säulendiagramm (waagerecht: Anzahl der Früchte, senkrecht: Anzahl der Sträucher)

3 Nachgefragt

Formuliere richtige Aussagen. Begründe, indem du jeweils ein Beispiel angibst.
a) Der Durchschnitt … (kann, muss) ein Wert aus der Liste sein.
b) Der Modalwert … (kann, muss) ein Wert aus der Liste sein.

4 Skispringer

Oliver will einmal ein berühmter Skispringer werden. Er hat seine letzten Trainingsweiten in einem Diagramm veranschaulicht.

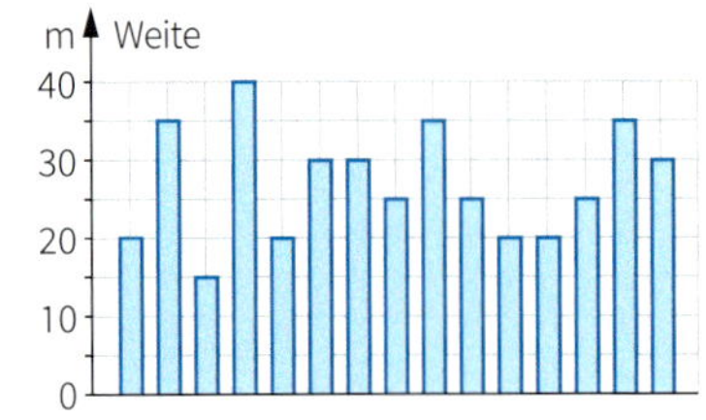

a) Schätze aus dem Diagramm das arithmetische Mittel und berechne es dann exakt.
b) Schreibe einen Bericht über Olivers Leistungen. Benutze dazu alle dir bekannten Kenngrößen.
c) Stelle die Daten in einem Säulendiagramm dar, bei dem auf der Rechtsachse die Weite und auf der Hochachse die zugehörige Anzahl der Sprünge steht. Nenne Vorteile und Nachteile der beiden Säulendiagramme.

Sichern und Vernetzen

Vermischte Aufgaben zu Kapitel 7

Trainieren

WES-125661-060

Lösungen

1 I **Relative Häufigkeit und Diagramme**

Bei einer Verkehrszählung werden 500 Fahrzeuge gezählt. Die Anzahl der beobachteten Fahrzeugarten sind in der Tabelle dargestellt.

Fahrzeugart	Pkw	Busse	Motorräder	Lkw	sonstige
Anzahl	240	35	60	140	25

a) Berechne die relativen Häufigkeiten der Fahrzeugarten bei der Verkehrszählung.
b) Stelle die relativen Häufigkeiten sowohl mit einem Säulendiagramm als auch mit einem Kreisdiagramm dar.

2 I **Vom Kreisdiagramm zum Säulendiagramm**

a) Das Kreisdiagramm stellt die Anteile der Kontinente an Landmasse der Erde dar. Stelle die Verteilung in einem Säulendiagramm dar.
b) Stelle die Anteile der Weltmeere an der gesamten Meeresfläche in einem Kreisdiagramm dar: Nordpolarmeer 4 %, Südpolarmeer 6 %, Indischer Ozean 21 %, Atlantik 22 %, Pazifik 47 %.

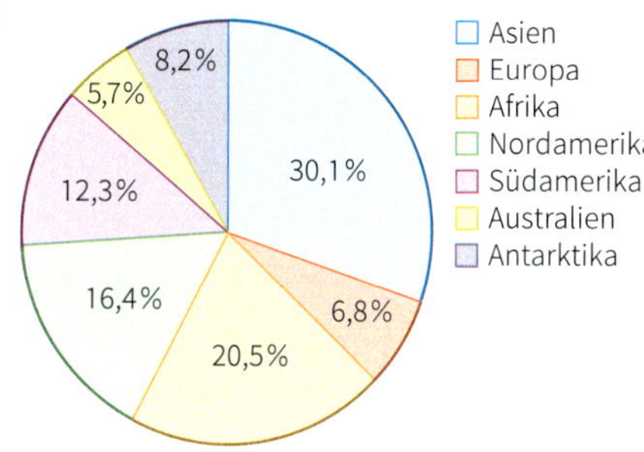

3 I **Kenngrößen**

Bestimme zu den Daten arithmetisches Mittel, Modalwert und Spannweite.

a) 3; 7,5; 7,5; 17; 17; 22; 52
b) 2; 5; 7; 18; 20; 22; 24

Verstehen

4 II **Kreis- oder Säulendiagramm**

Die 25 Schülerinnen und Schüler einer 6. Klasse wurden befragt, welches ihr Lieblingshaustier ist. Das Ergebnis der Befragung ist in der Tabelle dargestellt.

Tier	Hund	Katze	Goldhamster	Kaninchen	Wellensittich	Ratte
Anzahl	18	14	8	8	5	4

a) Woran erkennt man, dass bei der Befragung die Schülerinnen und Schüler mehr als ein Tier nennen durften?
b) Berechne den Anteil der Schülerinnen und Schüler, die das jeweilige Tier genannt haben. Warum kann man die berechneten Anteile nicht in einem Kreisdiagramm darstellen?

Anwenden

5 II **Statistik**

Laura ist Schülerin in einer Bläserklasse mit 15 Schülerinnen. Die Mitglieder der Bläserklasse werden befragt nach der Zeit, die sie an dem Wochenende vor dem Konzert geübt haben. Die von den Schülerinnen und Schülern angegebenen Übungszeiten:
0 h; 2 h; 1 h; 1,5 h; 1,5 h; 1,5 h; 2 h; 2 h; 2,5 h; 7 h; 3 h; 2 h; 0 h; 4 h; 5 h

a) Berechne das arithmetische Mittel und den Modalwert.
b) Veranschauliche die Daten in einem Säulendiagramm und kennzeichne in dem Diagramm den Modalwert und das arithmetische Mittel.
c) Laura, die besonders engagiert ist, korrigiert später ihre Übungszeit von 5 h auf 8 h. Warum verändert sich der Modalwert nicht?

Zum Erinnern und Wiederholen

Schriftliches Addieren

Addiere zunächst die Einer, dann die Zehner, dann die Hunderter usw. Achte auf die Überträge.

			4	9	2	0
Summanden	+			8	7	5
	+	$_1$	6_2	9_1	4	2
Summe		1	2	7	3	7

Schriftliches Subtrahieren

Ergänze zunächst die Einer, dann die Zehner, dann die Hunderter usw. Achte auf die Überträge.

Minuend		7	3	1	8
Subtrahend	−	2_1	3_1	6	7
Differenz		4	9	5	1

Schriftliches Multiplizieren

Multipliziere mit jeder Ziffer wie mit einem einstelligen Faktor und schreibe passend untereinander auf. Addiere anschließend die Produkte.

3	4	1	·	2	7	
		6	8	2	0	341 · 20
		2_1	3_1	8	7	341 · 7
		9	2	0	7	

Schriftliches Dividieren

```
T H Z E           T H Z E
4 3 7 4 : 3 =     1 4 5 8
−3      ←·3— 1
 1 3
−1 2    ←·3— 4
   1 7
 − 1 5  ←·3— 5
     2 4
   − 2 4 ←·3— 8
       0
```

Probe: : 1458 · 3 = 4374

Überschlagsrechnung

Eine Überschlagsrechnung liefert ein ungefähres Ergebnis.

Aufgabe: 587 · 7

Überschlag: 600 · 7 = 4200

Schriftliches Rechnen

1 Schriftlich Addieren und Subtrahieren

Mache zunächst einen Überschlag und rechne dann schriftlich.

a) 5149 + 2163 b) 3090 + 4907 c) 3979 + 4177
d) 3170 − 236 e) 4168 − 3912 f) 2019 − 1234

2 Zahlenmauer

In der Zahlenmauer steht die Summe der beiden direkt darunterliegenden Zahlen. Berechne den Spitzenstein.

a) 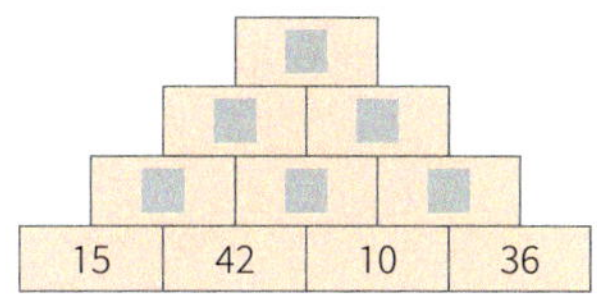

b) 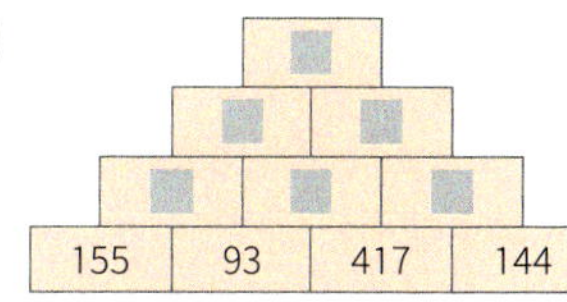

3 Addieren und Subtrahieren

Mache zunächst einen Überschlag und rechne dann schriftlich.

a) 312 + 4187 + 92 + 1056 b) 667 − 283 + 309
c) 500 − (145 + 56 + 119) d) 101 + 1001 + 10001

4 Fehlende Zahlen

a) ■ + 471 = 732 b) ■ − 245 = 396 c) 509 − ■ = 377
d) 3409 + ■ = 5000 e) 3001 − ■ = 73 f) 458 − ■ + 94 = 0

5 Schriftlich multiplizieren

a) 2376 · 4 b) 3267 · 5 c) 2020 · 9 d) 4087 · 6
e) 3791 · 34 f) 1596 · 43 g) 9321 · 109 h) 2774 · 154

6 Schriftlich dividieren

a) 4676 : 4 b) 8352 : 6 c) 4195 : 5 d) 12861 : 9
e) 1716 : 12 f) 1288 : 23 g) 3375 : 15 h) 8610 : 30

7 Auf Fehlersuche

Finde die Fehler und berechne richtig.

a)

3	7	·	5
1	8	3	5

b)

1	7	·	4	2
		4	8	
			3	4
		5	1	4

c)

6	7	·	5	0	2
	3	3	5		
		1	3	4	
	3	4	8	4	

8 Fehlende Zahlen

a) ■ · 18 = 810 b) ■ : 15 = 47 c) 300 : ■ = 25
d) ■ · 206 = 7416 e) 347 · ■ = 10063 f) ■ : 93 = 52

9 Lücken füllen

Ersetze die fehlenden Stellen passend.

a)

	1	3	■	0	4	■
+		■	5	■	■	5
	■	2	5	9	2	8

b)

	7	■	2	■	4
−	■	6	■	5	2
		5	3	2	8	■

c)

	■	0	■	0	2
−	1	■	3	■	5
		7	8	5	■

Geschicktes Rechnen

Runden
Betrachte die Ziffer, die nach der Rundungsstelle folgt.
Bei 0, 1, 2, 3, 4 → abrunden
Bei 5, 6, 7, 8, 9 → aufrunden
Beispiele: Runde 64 948 auf Tausender
64 948 ≈ 65 000
Runde 64 948 Hunderter
64 948 ≈ 64 900

Vorfahrtsregeln
Nur Strichrechnungen oder nur Punktrechnungen
Von links nach rechts rechnen

$37 - 8 + 12 = 29 + 12 = 41$
$70 : 5 \cdot 2 = 14 \cdot 2 = 28$

Punkt- vor Strichrechnungen

$13 + 6 \cdot 9 = 13 + 54 = 67$

Klammern zuerst

$8 \cdot (25 - 16) = 8 \cdot 9 = 72$

Rechenvorteile
Vertauschen der Reihenfolge und Zusammenfassen oder Zerlegen verschaffen häufig Rechenvorteile.

Kommutativgesetz
$a + b = b + a$

$25 + 37 + 75$
$= 25 + 75 + 37$
$= 100 + 37 = 137$

$a \cdot b = b \cdot a$

$4 \cdot 38 \cdot 25$
$= 4 \cdot 25 \cdot 38$
$= 100 \cdot 38 = 3800$

Assoziativgesetz
$a + b + c = a + (b + c)$

$18 + (94 + 6)$
$= 18 + 100 = 118$

$a \cdot b \cdot c = a \cdot (b \cdot c)$

$56 \cdot (5 \cdot 20)$
$= 56 \cdot 100 = 5600$

Distributivgesetz
$(a + b) \cdot c = a \cdot c + b \cdot c$
Beispiel: $(4 + 6) \cdot 11 = 4 \cdot 11 + 6 \cdot 11$
Von links nach rechts: Zerlegen:
Aus dem Produkt wird eine Summe
Von rechts nach links: Zusammenfassen:
Aus der Summe wird ein Produkt.

1 Runden
Runde die Zahl 375 548 auf die angegebene Stelle.
a) Zehner b) Tausender c) Zehntausender

2 Runden auf Tausender
Runde die Zahl auf Tausender.
a) 2789 b) 23 609 c) 109 498

3 Strich- und Punktrechnung
Berechne.
a) $3 + 16 + 47$ b) $15 - 8 + 22$ c) $102 - 40 + 18$
d) $67 + 15 - 17$ e) $45 - 13 - 7$ f) $1000 - 205 - 45$
g) $5 \cdot 2 \cdot 7$ h) $75 : 5 : 5$ i) $33 : 3 \cdot 6$
j) $20 \cdot 4 : 5$ k) $1000 : 4 \cdot 3$ l) $17 \cdot 2 \cdot 3 : 6$

4 Punkt- vor Strichrechnung
Berechne.
a) $3 \cdot 12 - 6$ b) $6 \cdot 3 + 2 \cdot 7$ c) $2 \cdot 15 - 11 + 3 \cdot 7$
d) $4 + 5 \cdot 6$ e) $24 - 15 : 3$ f) $4 \cdot 7 + 8 - 6 \cdot 6$

5 Klammern zuerst
Berechne.
a) $(5 + 22) \cdot 3$ b) $4 \cdot (16 + 14)$ c) $5 \cdot (56 - 25)$
d) $(5 + 2) \cdot (3 + 4)$ e) $12 - (81 : 9)$ f) $(4 + 9 - 6) \cdot 12$

6 Rechengesetze anwenden
Berechne geschickt.
a) $109 + 53 + 91$ b) $12 + (88 + 67)$ c) $(50 - 23) + 53$
d) $2 \cdot (5 \cdot 27)$ e) $4 \cdot (81 \cdot 25)$ f) $(2 \cdot 3 \cdot 2) \cdot 5 \cdot 5$

7 Terme aufstellen
Stelle den Term auf und berechne möglichst geschickt.
a) Addiere die Summe der Zahlen 289 und 576 zur Zahl 111.
b) Addiere zur Zahl 960 die Summe der Zahlen 789 und 540.
c) Multipliziere die Summe der Zahlen 24 und 16 mit 5.
d) Multipliziere die Summe der Zahlen 35 und 15 mit der Differenz der beiden Zahlen.

8 Klammern setzen
Setze die Klammern so, damit das Ergebnis stimmt.
a) $3 \cdot 12 + 8 \cdot 4 = 240$ $3 \cdot 12 + 8 \cdot 4 = 176$ $3 \cdot 12 + 8 \cdot 4 = 68$
b) $14 + 3 \cdot 3 - 2 = 21$ $14 + 3 \cdot 3 - 2 = 49$ $14 + 3 \cdot 3 - 2 = 17$
c) $5 + 75 - 4 \cdot 9 = 684$ $5 + 75 - 4 \cdot 9 = 644$ $5 + 75 - 4 \cdot 9 = 44$

9 Distributivgesetz
Wende das Distributivgesetz an und berechne.
a) $(90-7) \cdot 5$ b) $7 \cdot 13 + 7 \cdot 17$ c) $(120 - 48) : 6$
d) $34 \cdot 6 - 24 \cdot 6$ e) $47 \cdot 17 + 53 \cdot 17$ f) $15 \cdot 8 - 8 \cdot 7$

Brüche

$\frac{2}{5}$ — Zähler — Bruchstrich — Nenner

Lies: „Zwei Fünftel"

Brüche als Anteil eines Ganzen

$\frac{3}{4}$ eines Pfannkuchens

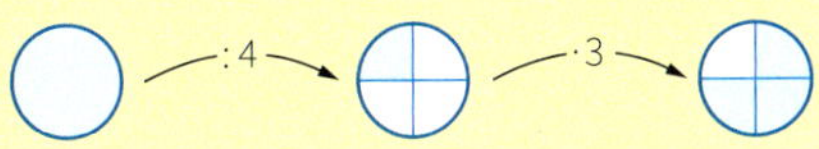

Erweitern

Verfeinern mit 3	Erweitern mit 3
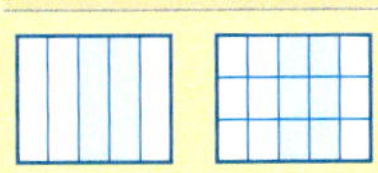 $\frac{2}{5}$ $\frac{6}{15}$	Zähler und Nenner mit 3 multiplizieren $\frac{2}{5} = \frac{2 \cdot 3}{5 \cdot 3} = \frac{6}{15}$

Beim Erweitern werden der Zähler und der Nenner mit der gleichen Zahl multipliziert.

Kürzen

Vergröbern mit 4	Kürzen mit 4
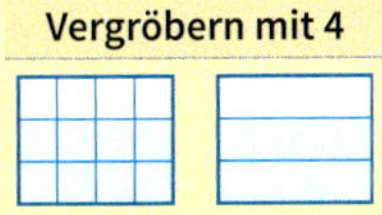 $\frac{8}{12}$ $\frac{2}{3}$	Zähler und Nenner durch 4 dividieren $\frac{8}{12} = \frac{8:4}{12:4} = \frac{2}{3}$

Beim Kürzen werden der Zähler und der Nenner durch die gleiche Zahl dividiert.

Brüche miteinander vergleichen

Brüche **gleichnamig** machen

- Einen gemeinsamen Nenner bestimmen, Produkt der beiden Nenner $3 \cdot 5 = 15$
- Brüche auf den gemeinsamen Nenner erweitern

$\frac{3}{5} = \frac{3 \cdot 3}{5 \cdot 3} = \frac{9}{15}$ (erweitern mit 3)

$\frac{2}{3} = \frac{2 \cdot 5}{3 \cdot 5} = \frac{10}{15}$ (erweitern mit 5)

- Brüche vergleichen: $\frac{3}{5} < \frac{2}{3}$, da $\frac{9}{15} < \frac{10}{15}$

Prozentangaben

Prozent bedeutet Hundertstel. $1\,\% = \frac{1}{100}$

 $\frac{1}{4} = 25\,\%$

 $\frac{1}{10} = 10\,\%$

Prozent	1 %	5 %	10 %	20 %	25 %	50 %
Anteil	$\frac{1}{100}$	$\frac{1}{20}$	$\frac{1}{10}$	$\frac{1}{5}$	$\frac{1}{4}$	$\frac{1}{2}$

Brüche

1 Anteile bestimmen

Welche Anteile sind gefärbt, welche weiß?

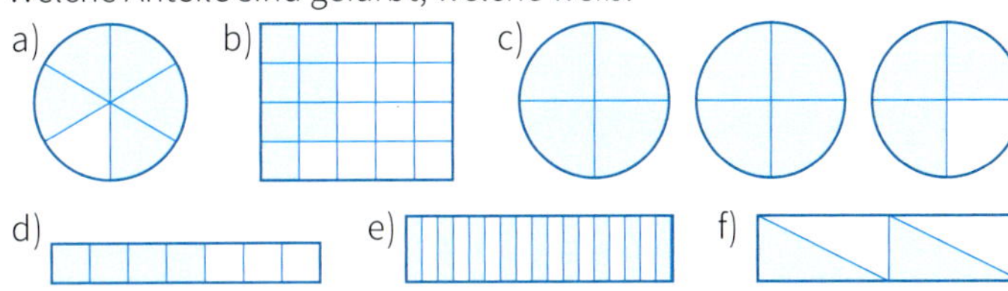

2 Brüche als Anteile

Bestimme den gesuchten Anteil.

a) $\frac{2}{3}$ von 6 b) $\frac{3}{8}$ von 72 c) $\frac{5}{12}$ von 48 d) $\frac{4}{5}$ von 15

3 Anteile von Größen

Gib den Anteil ohne Bruch in einer kleineren Maßeinheit an.

a) $\frac{2}{5}$ m = b) $\frac{3}{4}$ kg = c) $\frac{1}{10}$ h = d) $\frac{1}{5}$ km = e) $\frac{1}{10}$ cm =

4 Erweitern und kürzen

Erweitere oder kürze die Brüche.

a) Erweitere mit 5: $\frac{2}{3}$; $\frac{4}{15}$; $\frac{7}{10}$; $\frac{3}{8}$; $\frac{4}{9}$

b) Kürze mit 3: $\frac{6}{3}$; $\frac{24}{39}$; $\frac{21}{45}$; $\frac{15}{18}$; $\frac{33}{48}$

5 Kürzen soweit wie möglich

Gib immer an, mit welcher Zahl du kürzt. Kannst du auch in einem Schritt bis zum Endergebnis kürzen?

a) $\frac{3}{12}$; $\frac{24}{80}$; $\frac{36}{48}$ b) $\frac{49}{56}$; $\frac{36}{90}$; $\frac{42}{90}$ c) $\frac{125}{1000}$; $\frac{250}{75}$; $\frac{72}{108}$

6 Gemeinsame Nenner

Mache die Brüche gleichnamig.

a) $\frac{1}{2}$; $\frac{1}{5}$ b) $\frac{3}{4}$; $\frac{2}{5}$ c) $\frac{5}{8}$; $\frac{1}{5}$ d) $\frac{2}{3}$; $\frac{5}{6}$ e) $\frac{3}{4}$; $\frac{7}{12}$ f) $\frac{7}{12}$; $\frac{5}{18}$

7 Brüche vergleichen

Vergleiche die Brüche.

a) $\frac{4}{5}$ und $\frac{4}{7}$ b) $\frac{4}{6}$ und $\frac{3}{6}$ c) $\frac{5}{8}$ und $\frac{3}{4}$ d) $\frac{3}{11}$ und $\frac{1}{5}$

e) $\frac{4}{10}$ und $\frac{2}{7}$ f) $\frac{25}{4}$ und $\frac{42}{5}$ g) $\frac{6}{7}$ und $\frac{7}{6}$ h) $\frac{15}{3}$ und $\frac{30}{6}$

8 Prozente als Brüche

Gib die Prozentzahlen als gekürzten Bruch an.

a) 25 % b) 45 % c) 5 % d) 75 % e) 8 %

9 Kopfrechnen

Berechne im Kopf die Bruchteile folgender Größen:

a) 50 % von …

b) 25 % von …

c) 10 % von …

3,8 t 25 km 120 cm^2 16 kg 75 kg 2 m 18 m^2 30 min 4,4 km 500 g $1\frac{1}{2}$ h

Größen
Eine Größe ist immer aus **Maßzahl** und **Maßeinheit** zusammengesetzt.

Längen
Übersicht über die Längeneinheiten

1 km; 1 m; 1 dm; 1 cm; 1 mm

Umrechnung **von Längeneinheiten**

·1000
1 km = 1000 m
:1000

·10
1 m = 10 dm
:10

·10
1 dm = 10 cm
:10

·10
1 cm = 10 mm
:10

Zeitpunkt
Antwort auf die Frage „wann?“
Die Tagesschau beginnt um 20.00 Uhr.

Zeitspanne
Antwort auf die Frage „wie lange?“

Abfahrt: 13 : 20 → Fahrtdauer 45 min → Ankunft: 14 : 05

Übersicht über die Zeiteinheiten

1 d; 1 h; 1 min; 1 s

Umrechnung von Zeiteinheiten

·24
1 d = 24 h
:24

·60
1 h = 60 min
:60

·60
1 min = 60 s
:60

Gewicht (physikalisch Masse)
Übersicht über die Einheiten

1 t; 1 kg; 1 g; 1 mg

Umrechnung von Gewichtseinheiten

·1000
1 t = 1000 kg
:1000

·1000
1 kg = 1000 g
:1000

·1000
1 g = 1000 mg
:1000

Größen

1 Längeneinheiten umwandeln
Wandle in die angegebene Einheit um.
a) in m: 500 cm; 30 dm; 10 km; 1500 cm
b) in dm: 20 cm; 25 m; 3000 mm; 1 km
c) in cm: 5 m; 2 km; 23 dm; 2500 mm

2 Längeneinheiten ordnen
Ordne der Größe nach. Beginne mit der kleinsten Größe.
a) 250 cm; 3 m; 1 km; 300 dm; 40 000 mm
b) 100 m; 2000 dm; 30 000 cm; 6 km; 5000 mm

3 Längen addieren
Bestimme die Gesamtlänge.
a) 132 cm; 14 dm; 2500 mm
b) 2 m; 250 cm; 30 dm
c) 2 km; 2350 m; 50000 dm
d) 70 dm; 35 m; 4000 cm

4 Draht teilen
Ein 3 m 60 cm langer Draht soll in vier gleich große Teile geteilt werden. Wie groß ist jedes Teil?

5 Zeiteinheiten umwandeln
Wandle in die angegebene Einheit um.
a) in min: 5 h; 300 s; 1 d; 3600 s
b) in s: 4 min; 1 h; 35 min; 45 min

6 Zeitspannen
Gib die Zeitspannen zwischen den Zeitpunkten an.
a) 10.15 Uhr und 10.40 Uhr
b) 12.40 Uhr und 14.25 Uhr
c) 20.30 Uhr und 23.03 Uhr
d) 14.23 Uhr und 17.17 Uhr

7 Zeitenfragen
a) Es ist 12.35 Uhr. Wie spät ist es 2 h und 15 min später?
b) Es ist 23.30 Uhr. Wie spät war es vor 1 h 45 min?
c) Es ist 7.20 Uhr. Wie lang ist die Zeitspanne bis 11.15 Uhr?

8 Schall
Der Schall legt in der Luft in einer Sekunde ungefähr 330 m zurück. Wie weit ist ein Gewitter entfernt, wenn du den Donner 7 s, nachdem du den Blitz gesehen hast, hörst?

9 Gewichtseinheiten umwandeln
Wandle in die angegebene Einheit um.
a) in kg: 5000 g; 1 t; 60 000 g
b) in g: 200 kg; 25 000 mg; 1 t

10 Fehlerteufel
Finde die Fehler und korrigiere sie in deinem Heft.

12 t = 1200 kg | 50 000 g = 50 kg | 7 000 mg = 7 kg
2 kg 100 g = 20 100 g | 1 kg 10 g = 1010 g | 3 t = 3 000 000 g

Übersicht über die Flächeneinheiten

1 km²; 1 ha; 1 a; 1 m²; 1 dm²; 1 cm²; 1 mm²

Die Umrechnungszahl für Flächeneinheiten ist 100.

$\cdot 100$: 17 dm² = 1700 cm² $:100$: 3400 mm² = 34 cm²

Flächeninhalt A eines Rechtecks

A = Länge a mal Breite b
Schreibweise: **A = a · b**

Umfang u eines Rechtecks

u = 2 mal Länge a + 2 mal Breite b
Schreibweise: **u = 2 · a + 2 · b**

Übersicht über die Raumeinheiten

1 m³; 1 dm³ = 1 l; 1 cm³ = 1 ml; 1 mm³

Die Umrechnungszahl für Raumeinheiten ist 1000.

$\cdot 1000$: 2 m³ = 2000 dm³ $:1000$: 7000 dm³ = 7 m³

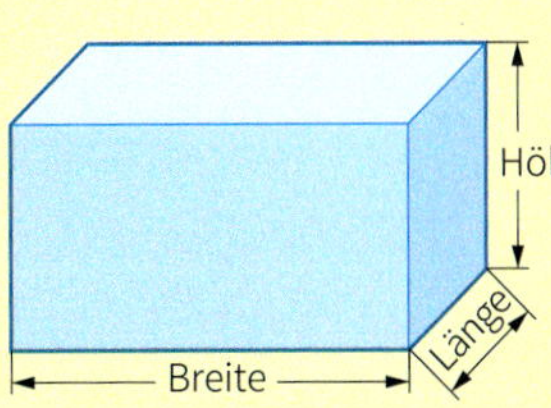

Volumen V eines Quaders

V = Länge mal Breite mal Höhe
Schreibweise: **V = a · b · c**

Oberflächeninhalt O eines Quaders

O = 2 mal Länge mal Breite
+ 2 mal Länge mal Höhe
+ 2 mal Breite mal Höhe
Schreibweise: **O = 2 · a · b + 2 · a · c + 2 · b · c**

11 Flächeneinheiten umwandeln
Wandle in die angegebene Einheit um.

a) in m²:	500 dm²;	30 000 cm²;	35 a
b) in a:	1 ha;	200 m²;	1 km²
c) in cm²:	500 mm²;	2 dm²;	15 m²

12 Restflächen
Welcher Flächeninhalt fehlt noch zur angegeben Größe:

a) zu 1 ha:	80 a;	800 m²;	900 000 dm²
b) zu 20 a:	1600 m²;	1 400 000 cm²;	1 m²

13 Flächeninhalt und Umfang
Bestimme den Flächeninhalt der abgebildeten Rechtecke.

a) b) c)

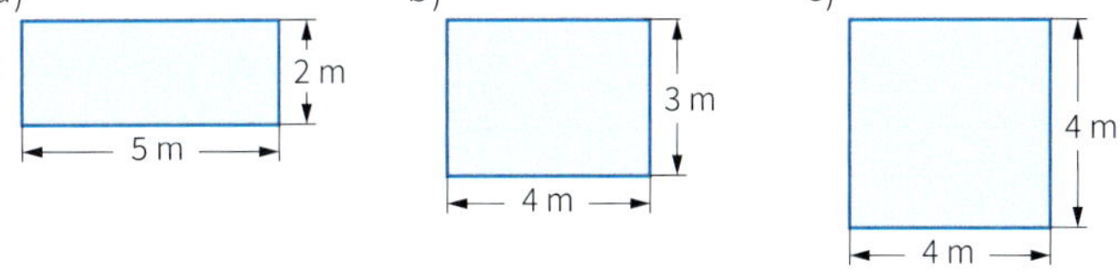

14 Raumeinheiten umwandeln
Wandle in die angegebene Einheit um.

a) in m³:	5000 dm³;	15 000 l;	350 000 dm³
b) in dm³:	30 m³;	1550 m³;	300 000 cm³
c) in l:	65 000 ml;	200 000 cm³;	25 m³

15 Volumen und Oberflächeninhalt eines Würfels
Bestimme das Volumen und den Oberflächeninhalt eines Würfels mit der Kantenlänge 3 cm.

16 Volumen und Oberflächeninhalt eines Quaders
a) Bestimme das Volumen und den Oberflächeninhalt eines Quaders mit den Kantenlängen 4 cm, 3 cm und 2 cm.
b) Welcher Quader hat das größte Volumen?
c) Welcher Quader hat den größten Oberflächeninhalt?

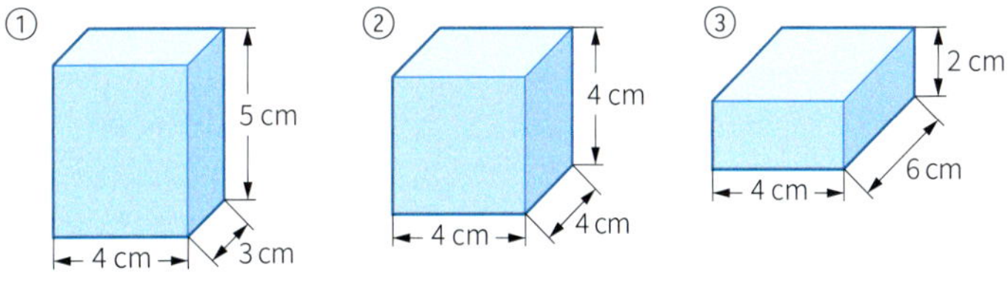

17 Quadernetz
Bestimme das Volumen und den Oberflächeninhalt.

a) b)

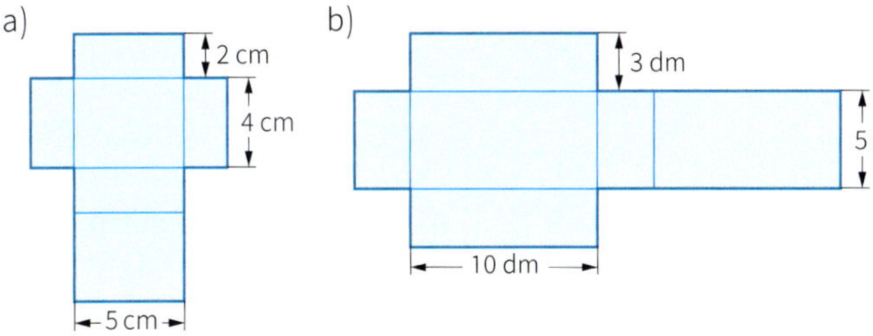

Körper

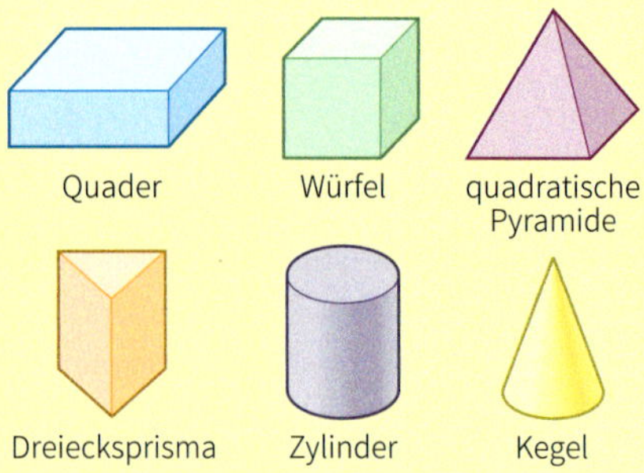

Vierecke

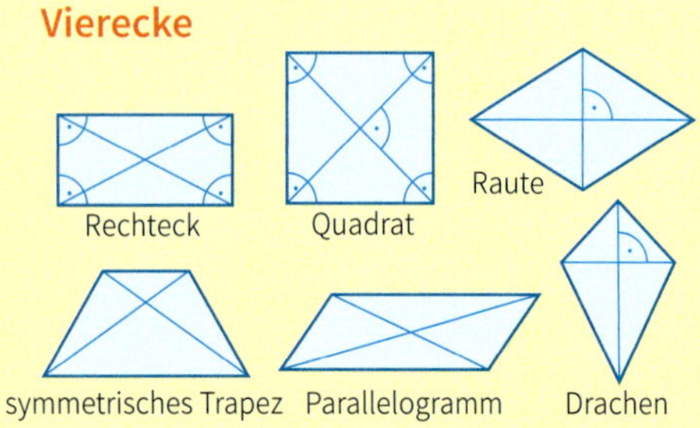

Gerade und Strecke

Eine Gerade ist eine gerade Linie ohne Anfangs- und Endpunkt.
Eine Strecke ist eine gerade Linie mit Anfangs- und Endpunkt.

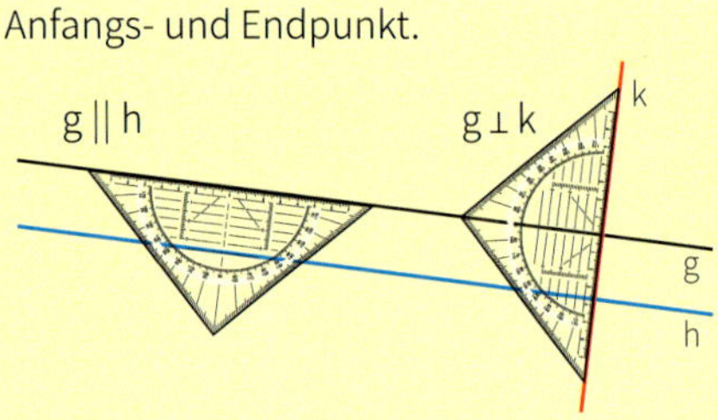

g und h sind parallel zueinander.
g und k sind senkrecht zueinander.

Abstand

Abstand zwischen den Punkten A und B:
Miss die Länge der Strecke $\overline{AB}$.

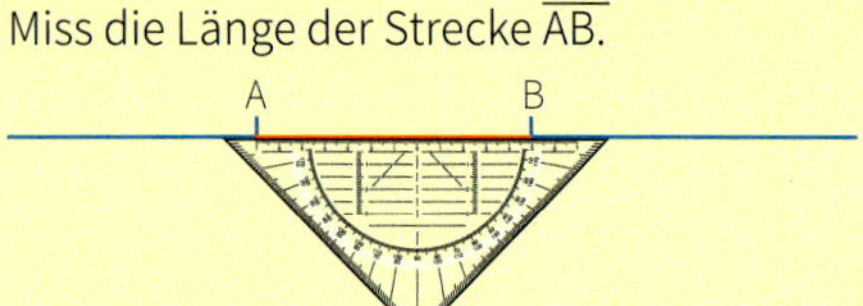

Geometrie

1 Ecken, Kanten und Flächen

Gib für den Körper die Anzahl der Ecken, Kanten und Flächen an.

a) Würfel
b) Quader
c) Dreiecksprisma
d) quadratische Pyramide

2 Netze

Zeichne ein Netz des Körpers.

a) Würfel
b) Quader
c) Dreiecksprisma
d) quadratische Pyramide

3 Körperdetektiv

Welcher Körper ist gemeint?

a) Meine Seitenflächen bestehen nur aus Quadraten.
b) Meine Seitenflächen bestehen aus einem Quadrat und vier Dreiecken.

4 Vierecke

a) Zeichne ein Rechteck mit den Kantenlängen 3 cm und 5 cm.
b) Zeichne ein Quadrat mit der Kantenlänge 4 cm.

5 Zeichnen von Geraden und Strecken

a) Zeichne drei Geraden, die parallel zueinander sind.
b) Zeichne zwei Geraden, die senkrecht zueinander sind.
c) Zeichne zu einer 5 cm langen Strecke eine 10 cm lange parallele Strecke.

6 Geraden im Koordinatensystem

Zeichne die Geraden AB und CD. Prüfe, ob die Geraden parallel oder senkrecht zueinander sind.

a) A(0|5); B(5|9); C(0|10); D(8|1)
b) A(1|8); B(7|4); C(1|5); D(5|11)
c) A(0|1); B(5|6); C(2|10); D(9|3)

7 Abstände

Zeichne in ein Koordinatensystem die Gerade AB. Bestimme den Abstand des Punktes C von der Geraden AB.

a) A(0|0); B(3|4); C(0|5)
b) A(2|3); B(3|6); C(6|4)

8 Geraden

Zeichne die Geraden AB und CD in ein Koordinatensystem. Bestimme den Abstand der Geraden.

a) A(0|4); B(4|0); C(0|6); D(6|0)
b) A(2|3); B(5|6); C(0|5); B(6|11)

9 Schnittpunkte von Geraden

a) Zeichne zwei Geraden, die genau einen Schnittpunkt haben.
b) Zeichne drei Geraden, die genau einen Schnittpunkt, genau zwei Schnittpunkte, genau Dreischnittpunkte haben.

Teiler

4 ist ein **Teiler** von 12, denn $12 : 4 = 3$.
Teiler von 12: 1, 2, 3, 4, 6, 12
Teiler von 40: 1, 2, 4, 5, 8, 20, 40
Der **g**rößte **g**emeinsame **T**eiler von 12 und 40 ist ggT (12, 40) = 4

Vielfache

20 ist ein **Vielfaches** von 4, denn $5 \cdot 4 = 20$.
Vielfache von 4: 4, 8, 12, 16, 20, 24, …
Vielfache von 10: 10, 20, 30, 40, …
das **k**leinste **g**emeinsame **V**ielfache von 4 und 10 ist kgV (4, 10) = 20

Teilbarkeitsregeln

Endstellenregel

Eine Zahl ist **teilbar** durch
- **2**, wenn die letzte Ziffer eine 0, 2, 4, 6 oder 8 ist,
- **4**, wenn die beiden letzten Ziffern eine Zahl bilden, die durch 4 teilbar ist,
- **5**, wenn die letzte Ziffer eine 0 oder eine 5 ist.
- **10**, wenn die letzte Ziffer eine 0 ist.

Quersummenregeln

Eine Zahl ist **teilbar** durch **3**, wenn die Quersumme durch 3 teilbar ist.

Eine Zahl ist **teilbar** durch **9**, wenn die Quersumme durch 9 teilbar ist.

Zusammengesetzte Regeln

Eine Zahl ist **teilbar** durch **6**, wenn sie durch 2 und durch 3 teilbar ist.

Primzahlen

Zahlen, die genau zwei Teiler haben, nämlich 1 und sich selbst, nennt man Primzahlen.
2, 3, 5, 7, 11, 13, 17, 19, 23, 29, 31, …

Primfaktorzerlegung

Die Primfaktorzerlegung ist die Zerlegung einer Zahl in ein Produkt von Primzahlen.
$120 = 2 \cdot 2 \cdot 2 \cdot 3 \cdot 5$
$\quad = 2^3 \cdot 3 \cdot 5$

Teiler und Vielfache

1 Teiler
Bestimme die Teiler von
a) 15 b) 18 c) 25 d) 30 e) 36

2 Richtig oder falsch
a) 3 ist ein Teiler von 36
b) 6 ist ein Teiler von 46
c) 5 ist ein Teiler von 75
d) 12 ist ein Teiler von 112
e) 10 ist ein Teiler von 10
e) 12 ist ein Teiler von 144

3 Vielfachenmenge
Gib die Vielfachenmenge an von
a) 5 b) 7 c) 12 d) 20 e) 25

4 Teilbarkeit
Prüfe, ob die Zahlen teilbar sind
a) durch 2, 4, 5 oder 10: 20, 25, 30, 56, 60
b) durch 3 oder 9: 18, 23, 27, 36, 45
c) durch 6 oder 12: 18, 24, 30, 42, 60

5 Teilbarkeit durch 6, 15 und 45
Erkläre, wann eine Zahl teilbar ist
a) durch 6 b) durch 15 c) durch 45

6 Zahlen mit Eigenschaften
Gib zwei dreistellige Zahlen an, die teilbar sind
a) durch 2, 3 und 5
b) durch 8 und 3
c) durch 5 und 9
d) durch 3, 5 und 7

7 Fehlende Ziffern
Ergänze die Lücken so, dass die Zahl

a) durch 3 teilbar ist:	2□456	3690□	149□2	626□1
b) durch 4 teilbar ist:	47□32	765□8	1357□	156□4
c) durch 6 teilbar ist:	3□124	35□16	7733□	□1622

8 Wahr oder falsch
Prüfe die Aussagen. Begründe, gib ggf. ein Gegenbeispiel an.
a) Von zwei aufeinanderfolgenden Zahlen ist eine durch 2 teilbar.
b) Von zwei aufeinanderfolgenden Zahlen ist eine durch 3 teilbar.
c) Von drei aufeinanderfolgenden Zahlen ist eine durch 3 teilbar.

9 Wanted – Primzahlen
a) Gesucht sind alle geraden Primzahlen.
b) Die kleinste zweistellige Primzahl mit der Quersumme 7.
c) Gesucht ist die kleinste dreistellige Primzahl.

10 Primfaktorzerlegung
Bestimme die Primfaktorzerlegung.
a) 32 b) 39 c) 61 d) 104 e) 250 f) 444

Zahlenfolgen und Muster

Rechtecksmuster

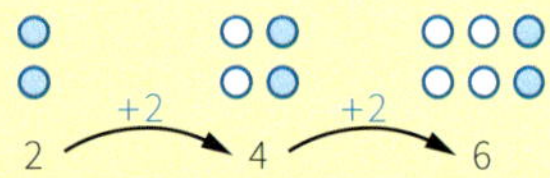

Stets die gleiche Zahl addieren.

Baummuster

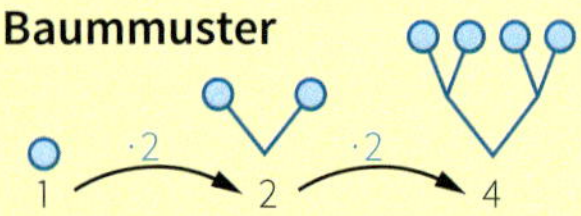

Stets mit der gleichen Zahl multiplizieren.

Dreiecksmuster

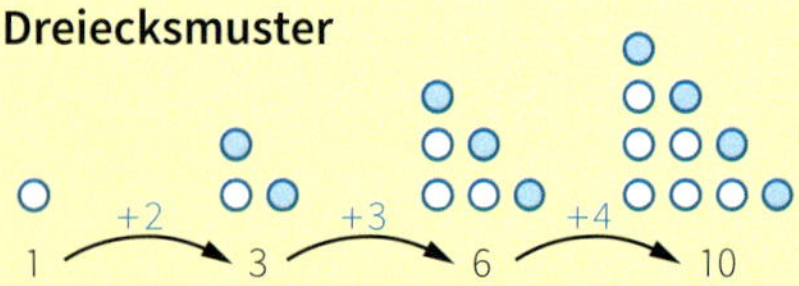

Stets eine um eins größere Zahl addieren.

Potenzen

z. B. $\mathbf{2 \cdot 2 \cdot 2 \cdot 2 \cdot 2} = \mathbf{2^5}$

Sprechweise: 2 hoch 5

2^5 wird Potenz genannt.

Die Zahl 2 ist die **Basis** (Grundzahl), die Zahl 5 ist der **Exponent** (Hochzahl).

Zweierpotenzen

2^1	2^2	2^3	2^4	2^5	2^6	2^7	2^8	2^9	2^{10}
2	4	8	16	32	64	128	256	512	1024

Quadratzahlen

1	2^2	3^2	4^2	5^2	6^2	7^2	8^2	9^2	10^2
1	4	9	16	25	36	49	64	81	100

Maßstäbe

Gegeben: Maßstab 1 : 20 000,
Länge auf der Karte: 7 mm
Gesucht: Länge in der Wirklichkeit
Strategie: Multipliziere mit der Maßstabszahl und wandle um.
7 mm · 20 000 = 140 000 mm
140 000 mm = 14 000 cm = 140 m

Gegeben: Maßstab 1 : 50 000,
Länge in der Wirklichkeit: 4 km
Gesucht: Länge auf der Karte
Strategie: Wandle um und dividiere durch die Maßstabszahl.
4 km = 4000 m = 400 000 cm
400 000 cm : 50 000 = 8 cm

Zahlen und Maßstäbe

1 Zahlenfolgen fortsetzen

Erkenne die Regelmäßigkeit und setze die Zahlenfolgen mit drei weiteren Zahlen fort.

a) 1, 3, 5, 7, 9, …
b) 1, 3, 6, 10, 15, …
c) 1, 6, 11, 16, …
d) 1, 2, 6, 24, 120, …

2 Muster

Erkenne die Regelmäßigkeit. Wie viele Punkte sind in der 10. Figur?

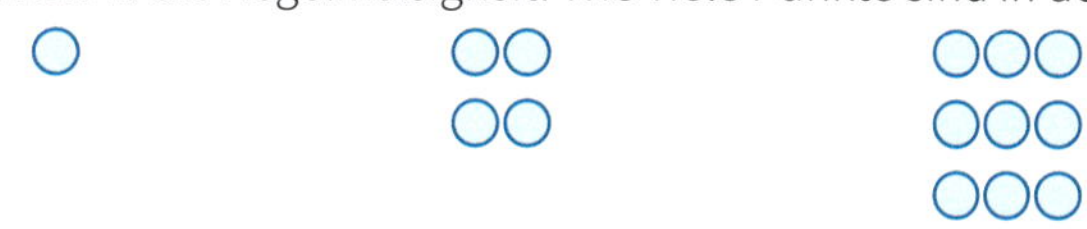

1. Figur 2. Figur 3. Figur

3 Potenzen

Schreibe als Potenz.

a) $5 \cdot 5 \cdot 5$
b) $8 \cdot 8$
c) $12 \cdot 12 \cdot 12$
d) $10 \cdot 10 \cdot 10 \cdot 10$

4 Rechnen mit Potenzen

Berechne.

a) 4^3 6^3 12^2 1^5 10^6
b) $3 \cdot 5^2$ $8 \cdot 10^2$ $3^2 \cdot 2^3$ $5^2 \cdot 2^4$ $6^2 + 8^2$

5 Zweierpotenzen

a) Wandle die Zahlen aus dem Zehnersystem in die entsprechende Dualzahl um: 15, 19, 39, 52, 120
b) Wandle die Zahlen aus dem Dualsystem in die entsprechende Zahl im Zehnersystem um: $(110)_2$, $(10011)_2$, $(11100)_2$, $(101001)_2$

6 Quadratzahlen – wahr oder falsch

Prüfe die Aussagen. Gib ggf. ein Gegenbeispiel an.

a) Die Summe zweier Quadratzahlen ist gerade.
b) Das Produkt zweier Quadratzahlen ist eine Quadratzahl.
c) Die Differenz zweier Quadratzahlen ist ungerade.

7 Maßstäbe

Übertrage die Tabelle in dein Heft und fülle sie aus.

a) Stadtplan Maßstab 1 : 25 000

Karte	Wirklichkeit
1 cm	■
5 cm	■
■	4 km
■	10 km

b) Karte Maßstab 1 : 200 000

Karte	Wirklichkeit
1 cm	■
5 cm	■
■	20 km
■	75 km

8 Maßstabsleiste

Wie lautet der passende Maßstab zu der angegebenen Maßstabsleiste?

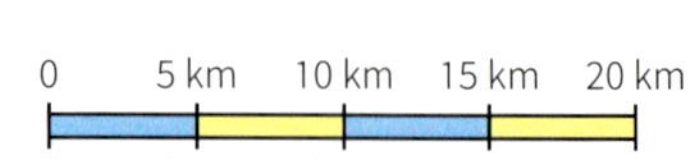

Werkzeuge - Geodreieck

Werkzeuge

Arbeiten mit dem Geodreieck

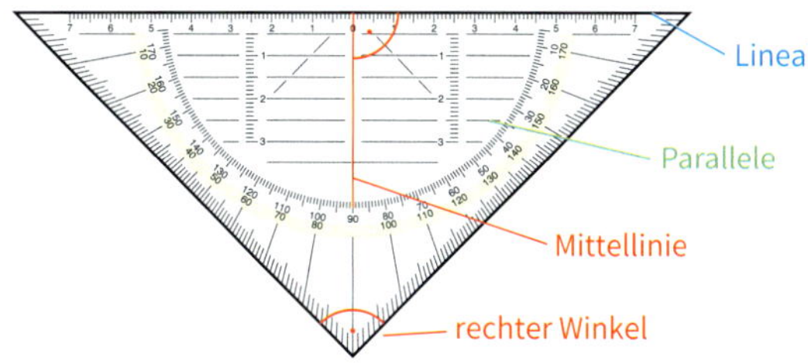

Konstruieren einer parallelen Geraden

Zeichne eine Gerade g.

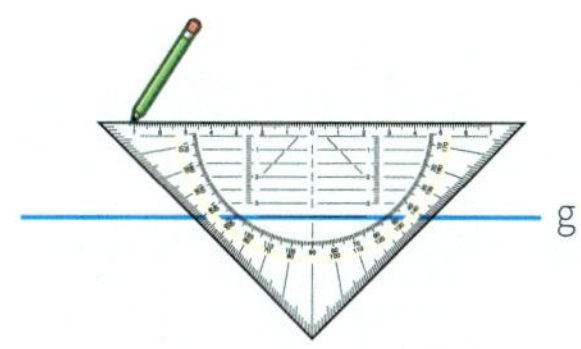

Lege das Geodreieck so an, dass die Gerade g auf einer Parallelen im Geodreieck liegt.

Zeichne die Gerade h, die parallel zur Geraden g liegt.

Konstruieren einer senkrechten Geraden

Zeichne eine Gerade g.

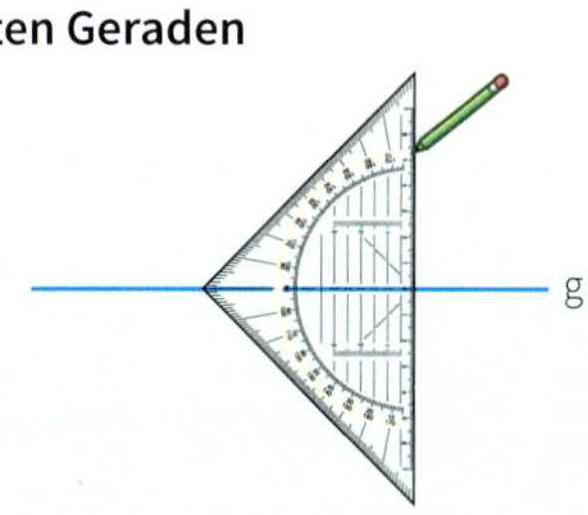

Lege das Geodreieck so, dass die Mittellinie auf g liegt.

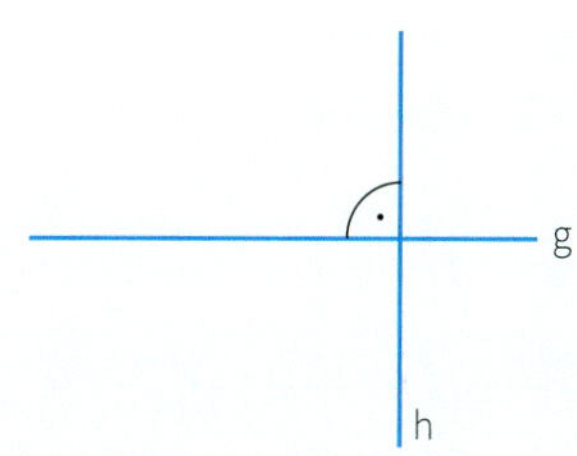

Zeichne die Gerade h, die senkrecht zur Geraden g liegt. Markiere den rechten Winkel.

Prüfen, ob g und h senkrecht sind

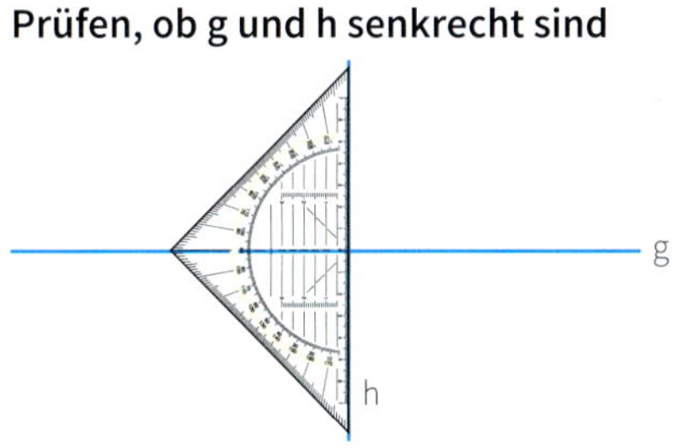

Lege das Geodreieck mit der Mittellinie auf die eine Gerade und prüfe, ob die Geraden einen rechten Winkel bilden.

Prüfen, ob g und h parallel sind

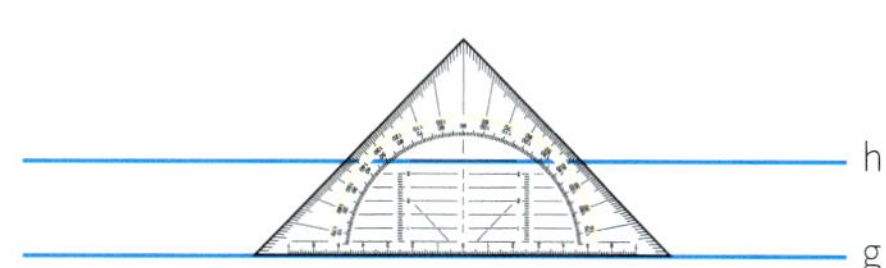

Lege das Geodreieck an einer der Geraden an und prüfe, ob die zweite Gerade auf einer Parallelen im Geodreieck liegt.

Lösungen Check-up

Lösungen zu Kapitel 1 Seite 40

1

	a)	b)	c)	d)	e)	f)
weiß	$\frac{1}{6}$	$\frac{13}{20}$	$\frac{1}{4}$	$\frac{3}{7}$	$\frac{8}{17}$	$\frac{2}{4}=\frac{1}{2}$
blau	$\frac{5}{6}$	$\frac{7}{20}$	$\frac{11}{4}=2\frac{3}{4}$	$\frac{4}{7}$	$\frac{9}{17}$	$\frac{2}{4}=\frac{1}{2}$

2 a) Kreismodelle

$\frac{1}{2}$ $\frac{3}{4}$ $\frac{5}{8}$ $1\frac{1}{2}$

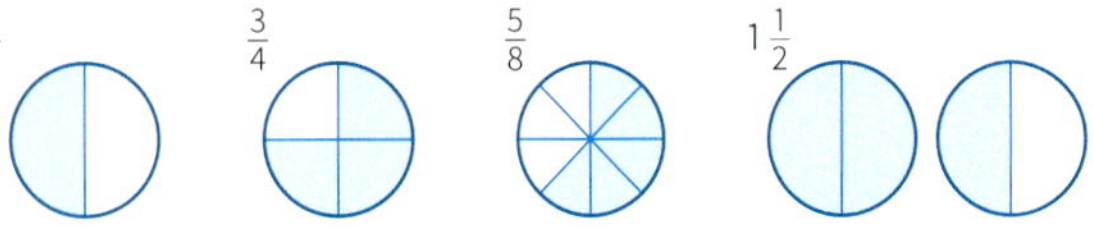

b) Rechteckmodelle

$\frac{7}{8}$ $\frac{5}{12}$ $\frac{3}{16}$ $1\frac{3}{4}$

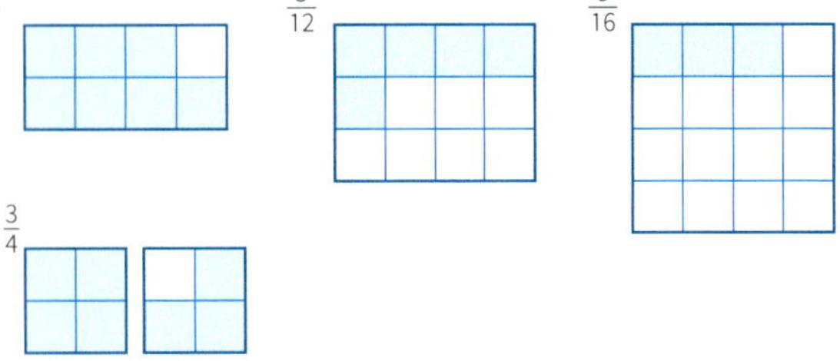

3 a) 1 m = 100 cm; 100 cm $\xrightarrow{:5}$ 20 cm $\xrightarrow{\cdot 4}$ 80 cm

b) 1 kg = 1000 g; 1000 g $\xrightarrow{:4}$ 250 g $\xrightarrow{\cdot 9}$ 2250 g

c) 1 dm = 10 cm; 10 cm $\xrightarrow{:10}$ 1 cm $\xrightarrow{\cdot 3}$ 3 cm

d) 1 km = 1000 m; $\frac{1}{4}$ km: 1000 m $\xrightarrow{:4}$ 250 m $\xrightarrow{\cdot 1}$ 250 m
4 km = 4000 m; zusammen 4250 m

oder $4\frac{1}{4}=\frac{17}{4}$; 1000 m $\xrightarrow{:4}$ 250 m $\xrightarrow{\cdot 17}$ 4250 m

e) 1 h = 60 min; 60 min $\xrightarrow{:6}$ 10 min $\xrightarrow{\cdot 5}$ 50 min

f) 1 l = 1000 ml; $\frac{1}{2}$ l: 1000 ml $\xrightarrow{:2}$ 500 ml $\xrightarrow{\cdot 1}$ 500 ml
20 l = 20 000 ml; zusammen 20 500 ml

oder $20\frac{1}{2}=\frac{41}{2}$; 1000 ml $\xrightarrow{:2}$ 500 ml $\xrightarrow{\cdot 41}$ 20 500 ml

4 a) Jedes Kind erhält $\frac{2}{5}$ einer Pizza.

b) Jedes Kind erhält $\frac{6}{5}=1\frac{1}{5}$ Pfannkuchen.

c) Jedes Kind erhält $\frac{6}{4}=1\frac{1}{2}$ Tafeln Schokolade.

d) Jedes Kind erhält $\frac{3}{7}$ eines Bleches Kuchen, das ist weniger als ein halbes Blech.

5 a) $3\frac{2}{3}=\frac{3\cdot 3}{3}+\frac{2}{3}=\frac{9}{3}+\frac{2}{3}=\frac{11}{3}$; $14\frac{1}{2}=\frac{14\cdot 2}{2}+\frac{1}{2}=\frac{28}{2}+\frac{1}{2}=\frac{29}{2}$;

$7\frac{5}{9}=\frac{7\cdot 9}{9}+\frac{5}{9}=\frac{63}{9}+\frac{5}{9}=\frac{68}{9}$; $15\frac{1}{10}=\frac{15\cdot 10}{10}+\frac{1}{10}=\frac{150}{10}+\frac{1}{10}=\frac{151}{10}$

b) $\frac{12}{5}=\frac{10}{5}+\frac{2}{5}=2\frac{2}{5}$; $\frac{13}{4}=\frac{12}{4}+\frac{1}{4}=3\frac{1}{4}$

$\frac{55}{23}=\frac{46}{23}+\frac{9}{23}=2\frac{9}{23}$; $\frac{1001}{10}=\frac{1000}{10}+\frac{1}{10}=100\frac{1}{10}$

6 Erweitere mit 3:

a) $\frac{2}{3}=\frac{2\cdot 3}{3\cdot 3}=\frac{6}{9}$ b) $\frac{4}{7}=\frac{12}{21}$ c) $\frac{1}{4}=\frac{3}{12}$ d) $\frac{5}{2}=\frac{15}{6}$ e) $\frac{6}{5}=\frac{18}{15}$

Kürze mit 4:

a) $\frac{8}{4}=\frac{8:4}{4:4}=\frac{2}{1}=2$ b) $\frac{16}{12}=\frac{4}{3}$ c) $\frac{24}{52}=\frac{6}{13}$ d) $\frac{76}{100}=\frac{19}{25}$ e) $\frac{24}{36}=\frac{6}{9}$

7 a) $\frac{6}{16}<\frac{7}{16}$ b) $\frac{81}{90}>\frac{80}{90}$ c) $\frac{77}{33}>\frac{69}{33}$

d) $\frac{4}{5}=\frac{16}{20}$ e) $\frac{1}{4}>\frac{1}{5}$ f) $4\frac{1}{5}<4\frac{1}{3}$, denn $\frac{1}{5}<\frac{1}{3}$

8 a) $\frac{2}{3}>\frac{2}{5}$, Drittel sind größer als Fünftel

b) $\frac{5}{6}>\frac{4}{6}$, gleicher Nenner c) $\frac{2}{3}=\frac{6}{9}$, $\frac{2}{3}$ mit 3 erweitern

d) $\frac{4}{5}>\frac{4}{6}$, Fünftel sind größer als Sechstel

e) $\frac{4}{7}<\frac{5}{7}$, gleicher Nenner

f) $\frac{3}{5}>\frac{2}{7}$, Fünftel sind größer als Siebentel und 3 > 2

g) $\frac{8}{9}<\frac{9}{8}$, denn $\frac{8}{9}<1<\frac{9}{8}$

h) $\frac{7}{4}>\frac{7}{5}$, Viertel sind größer als Fünftel

i) $\frac{15}{5}=\frac{6}{2}=3$ j) $\frac{11}{12}<\frac{12}{11}$, denn $\frac{11}{12}<1<\frac{12}{11}$

Lösungen zu Kapitel 1 Seite 41

9 a) Ein gemeinsamer Nenner ist $3\cdot 8=24$

$\frac{5}{8}=\frac{5\cdot 3}{8\cdot 3}=\frac{15}{24}$ und $\frac{2}{3}=\frac{2\cdot 8}{3\cdot 8}=\frac{16}{24}$, also $\frac{5}{8}=\frac{15}{24}<\frac{16}{24}=\frac{2}{3}$

b) Gemeinsamer Nenner $4\cdot 5=20$; $\frac{7}{4}=\frac{35}{20}$ und $\frac{8}{5}=\frac{32}{20}$, also $\frac{8}{5}<\frac{7}{4}$

c) Gemeinsamer Nenner $11\cdot 14=154$; $\frac{2}{11}=\frac{28}{154}$ und $\frac{3}{14}=\frac{33}{154}$; $\frac{2}{11}<\frac{3}{14}$

d) Gemeinsamer Nenner $8\cdot 13=104$; $\frac{5}{8}=\frac{65}{104}$ und $\frac{8}{13}=\frac{64}{104}$; also $\frac{8}{13}<\frac{5}{8}$

e) Gemeinsamer Nenner $10\cdot 12=120$; $\frac{3}{10}=\frac{36}{120}$ und $\frac{4}{12}=\frac{40}{120}$; $\frac{3}{10}<\frac{4}{12}$

f) Gemeinsamer Nenner $6\cdot 20=120$; $\frac{1}{6}=\frac{20}{120}$ und $\frac{4}{20}=\frac{24}{120}$; $\frac{1}{6}<\frac{4}{20}$

g) Gemeinsamer Nenner $3\cdot 5=15$; $\frac{25}{3}=\frac{125}{15}$ und $\frac{42}{5}=\frac{126}{15}$, also $\frac{25}{3}<\frac{42}{5}$

h) $\frac{1}{11}=\frac{1\cdot 11}{11\cdot 11}=\frac{11}{121}$, Nenner vergleichen: $\frac{1}{11}=\frac{11}{121}<\frac{11}{111}$

10 a)

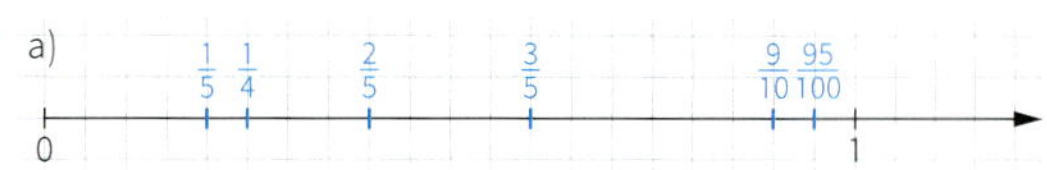

b)

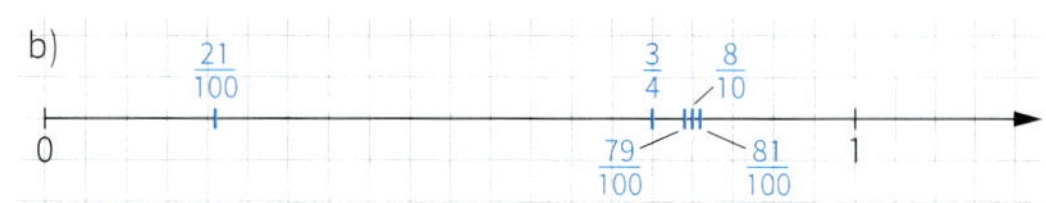

11

blau	gelb	grün	lila	rot	orange
$\frac{2}{5}$	$\frac{17}{30}$	$\frac{13}{10}$	$\frac{16}{9}, \frac{14}{8}$	$\frac{25}{11}, \frac{29}{12}$	

12 a) 20 % b) 75 % c) 30 % d) 100 %
e) 80 % f) 12,5 %

13 a) $\frac{25}{100}=\frac{1}{4}$ b) $\frac{65}{100}=\frac{13}{20}$ c) $\frac{8}{100}=\frac{2}{25}$ d) $\frac{36}{100}=\frac{9}{25}$
e) $\frac{96}{100}=\frac{24}{25}$

	3,8 t	25 km	$120\,cm^2$	16 kg	75 kg	2 m
a)	1,9 t	12,5 km	$60\,cm^2$	8 kg	37,5 kg	1 m
b)	0,95 t	6,25 km	$30\,cm^2$	4 kg	18,75 kg	0,5 m
c)	0,38 t	2,5 km	$12\,cm^2$	1,6 kg	7,5 kg	0,2 m

	$18\,m^2$	30 min	4,4 km	500 g	$1\frac{1}{2}h = 90\,min$
a)	$9\,m^2$	15 min	2,2 km	250 g	$\frac{3}{4}h = 45\,min$
b)	$4{,}5\,m^2$	$7\frac{1}{2}\,min$	1,1 km	125 g	22 min 30 s
c)	$1{,}8\,m^2$	3 min	0,44 km	50 g	9 min

a) $52\,\% = \frac{52}{100} = \frac{26}{50} > \frac{51}{100} > 50\,\%$ b) $\frac{995}{1000} > \frac{99}{100} > 98\,\% > 95\,\% > \frac{9}{10}$

50 % von 800 SuS: $\frac{50}{100} = \frac{1}{2}$; $\frac{1}{2}$ von 800 SuS
$800\,SuS \xrightarrow{:2} 400\,SuS \xrightarrow{\cdot 1} 400\,SuS$

10 % von 800 SuS: $\frac{10}{100} = \frac{1}{10}$; $\frac{1}{10}$ von 800 SuS
$800\,SuS \xrightarrow{:10} 80\,SuS \xrightarrow{\cdot 1} 80\,SuS$

70 % von 800 SuS: $\frac{70}{100} = \frac{7}{10}$; $\frac{7}{10}$ von 800 SuS
$800\,SuS \xrightarrow{:10} 80\,SuS \xrightarrow{\cdot 7} 560\,SuS$

1 % von 800 SuS: $\frac{1}{100}$ von 800 SuS
$800\,SuS \xrightarrow{:100} 8\,SuS \xrightarrow{\cdot 1} 8\,SuS$

An der Schule sind 400 Mädchen, 80 Schülerinnen und Schüler spielen Fußball, 560 Schülerinnen und Schüler kommen mit dem Fahrrad zur Schule und 8 Schülerinnen und Schüler sind größer als 1,90 m.

a) $\frac{1}{4}$ rot, $\frac{3}{4}$ weiß   Verhältnis: 1 zu 3
b) $\frac{1}{17}$ Sirup, $\frac{16}{17}$ Wasser   Verhältnis: 1 zu 16
c) $\frac{1}{26}$ Öl, $\frac{25}{26}$ Benzin   Verhältnis: 1 zu 25

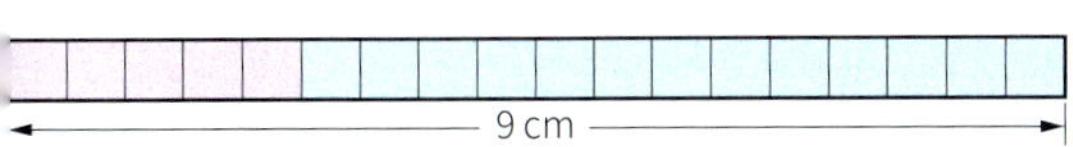

Lösungen zu Kapitel 2 Seite 66

a) b)
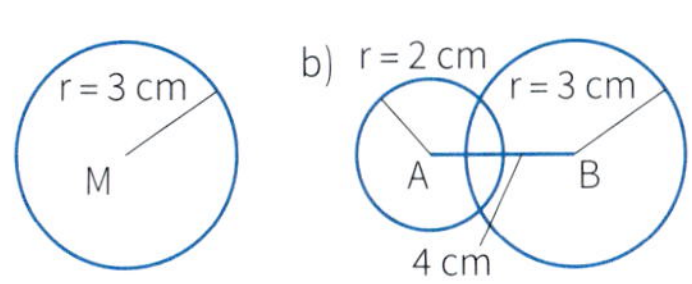

Es entstehen zwei Schnittpunkte.

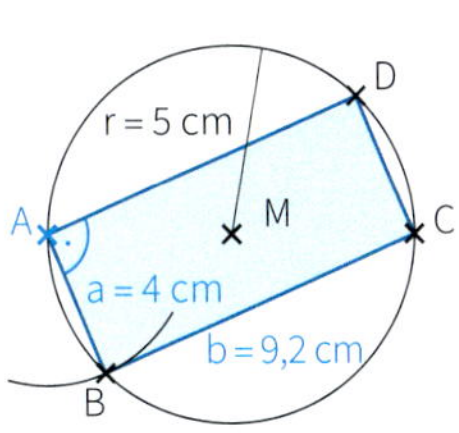

Konstruktion der Seite zum Beispiel mithilfe des Zirkels.

Das Rechteck ist 9,2 cm breit.

a) Der Mittelpunkt ist M (5 | 5). Der Radius beträgt 5 cm.

b) Die Strecke $\overline{EF}$ ist ungefähr 9 cm lang und damit kürzer als der Durchmesser d = 10 cm.

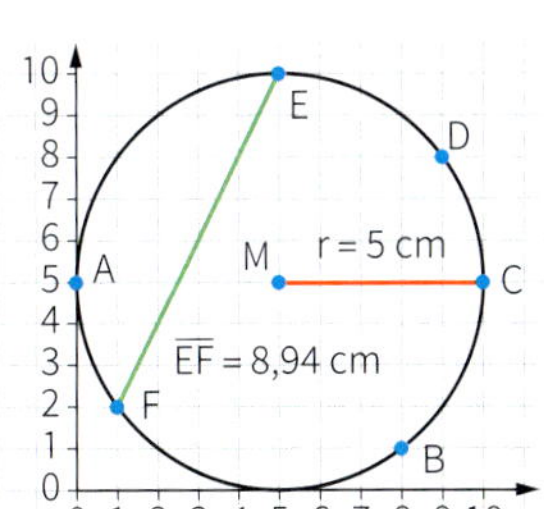

4 Damit die Kreisfläche beim Schnitt möglichst groß wird, muss der Schnitt durch den Mittelpunkt der Kugel verlaufen.
Der Radius dieses Schnittkreises beträgt 5 cm.

5 Aufzählung der Städte:
Dortmund, Duisburg, Düsseldorf, Essen, Wuppertal

6 a) Die Schachtel muss 114 mm hoch, 38 mm breit und 38 mm lang sein.
b) Das Volumen des Quaders ist $164\,616\,mm^3 = 164{,}616\,cm^3$

7 Nutze zum Zeichnen die Konstruktion des Sechsecks.

8 a) b) c) d)
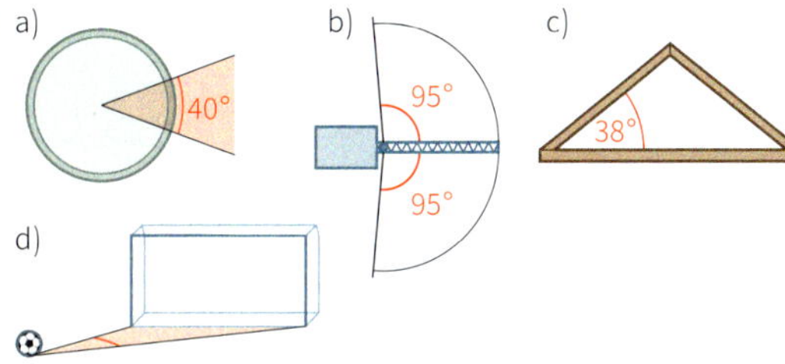

Lösungen zu Kapitel 2 Seite 67

9
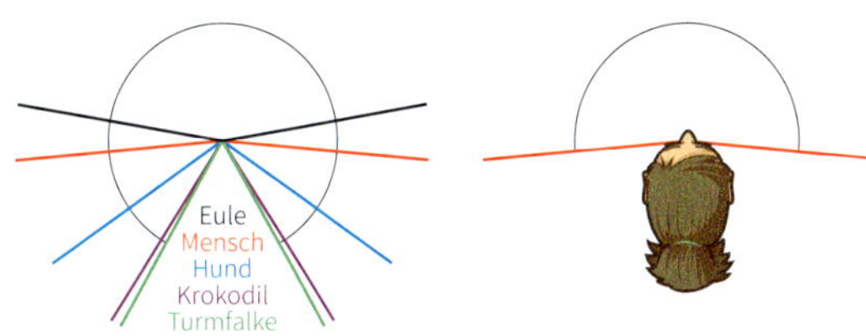

10
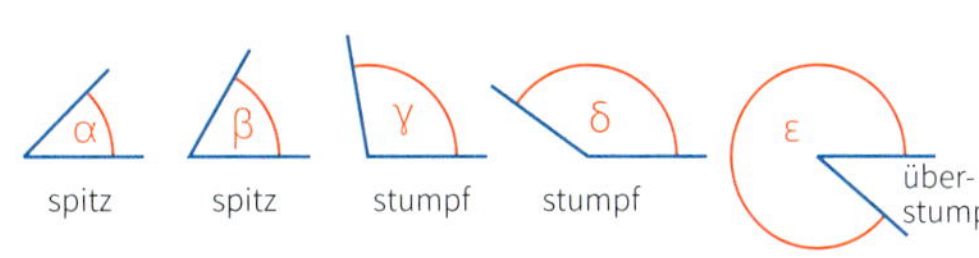

11 $\beta = \delta = 125°$

12 z. B. $\alpha = 180° + 30° = 210°$, gestreckten Winkel zeichnen, dann 30° nach unten abtragen

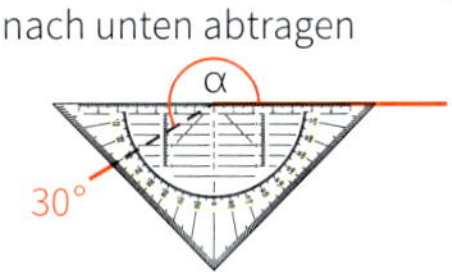

13 Die Winkel sind gleich groß: 17°.

14 $\beta = 145°$, $\gamma = 35°$, $\delta = 145°$

Lösungen zu Kapitel 3 Seite 101

1 a) $\frac{1}{2}$ b) $\frac{4}{5}$ c) $1\frac{1}{8}$ d) 1
e) $1\frac{1}{3}$ f) $\frac{1}{3}$ g) $\frac{7}{8}$ h) $1\frac{2}{5}$

2 a) $\frac{17}{18}$ b) $\frac{9}{28}$ c) $\frac{37}{60}$ d) $\frac{14}{15}$
e) $\frac{7}{16}$ f) $\frac{13}{24}$ g) $1\frac{5}{12}$ h) $\frac{4}{5}$
i) $\frac{5}{24}$ j) $\frac{17}{24}$ k) $\frac{19}{20}$ l) $1\frac{1}{18}$

3 a) $\frac{3}{10}$ b) $\frac{3}{8}$ c) $\frac{5}{6}$ d) $\frac{5}{10}$

4 $\frac{2}{3} + \frac{2}{7} = \frac{20}{21}$, Annika ist also fast am Ziel.

5 $\frac{2}{5} + \frac{2}{3} = 1\frac{1}{15}$, sie haben mehr als ein ganzes Fahrrad bezahlt.

6 a) $7\frac{11}{12}$ b) $2\frac{1}{18}$ c) $1\frac{5}{8}$ d) $4\frac{5}{9}$ e) $6\frac{2}{9}$

7 a) 20 b) 9 c) $17\frac{1}{2}$ d) $3\frac{4}{17}$ e) $2\frac{1}{2}$

8 a) $\frac{1}{12}$ b) 1 c) $\frac{3}{10}$ d) $\frac{3}{4}$ e) 0
f) $\frac{1}{5}$ g) $\frac{3}{16}$ h) $\frac{1}{2}$ i) $\frac{5}{24}$ j) $\frac{1}{10}$

9 Der Anteil der Cellisten am Symphonieorchester beträgt $\frac{2}{3} \cdot \frac{1}{5} = \frac{2}{15}$.

10 a) $\frac{3}{2} \cdot \frac{4}{5} = \frac{12}{10} = \frac{6}{5}$, also $A = 1\frac{1}{5}\,m^2$ b) $\frac{2}{5} \cdot \frac{15}{8} = \frac{1 \cdot 3}{1 \cdot 4} = \frac{3}{4}$, also $A = \frac{3}{4}\,m^2$

Lösungen zu Kapitel 3 Seite 102

11 a) $\frac{7}{3}$ b) $\frac{3}{7}$ c) 5 d) $\frac{1}{6}$ e) $\frac{4}{9}$

12 a) $\frac{1}{8} \cdot 8 = 1$ b) $\frac{1}{3} \cdot 12 = 4$ c) $25 \cdot \frac{1}{5} = 5$ d) $15 \cdot \frac{1}{5} = 3$
e) $\frac{1}{2} \cdot 6 = 3$ f) $\frac{1}{4} \cdot 16 = 4$ g) $39 \cdot \frac{1}{3} = 13$ h) $36 \cdot \frac{1}{9} = 4$

13 a) $\frac{1}{7}$ b) $\frac{1}{16}$ c) $\frac{1}{4}$ d) $1\frac{1}{8}$ e) $\frac{11}{90}$
f) 8 g) 9 h) $2\frac{2}{5}$ i) $1\frac{1}{2}$ j) $1\frac{29}{56}$

14 a) $2\frac{1}{2}$ b) 9 c) $\frac{3}{7}$ d) $\frac{8}{15}$ e) $\frac{5}{16}$
f) $1\frac{3}{4}$ g) $\frac{1}{2}$ h) $\frac{7}{12}$ i) $8\frac{1}{3}$ j) $\frac{4}{9}$

15 a) $\frac{2}{5}$ b) $\frac{1}{6}$ c) $\frac{1}{8}$ d) $1\frac{7}{25}$

16 $\frac{7}{10} \cdot \frac{1}{3} = \frac{7}{30}$ ist der gesuchte Verkleinerungsfaktor.

17 a) $\frac{1}{3} \cdot \left(\frac{3}{8} + \frac{1}{4}\right) = \frac{1}{3} \cdot \frac{5}{8} = \frac{5}{24}$ b) $\frac{1}{4} \cdot \frac{1}{2} + \frac{1}{2} = \frac{1}{8} + \frac{1}{2} = \frac{5}{8}$
c) $\left(\frac{1}{3} + \frac{1}{6}\right) \cdot \left(\frac{2}{5} + \frac{1}{2}\right) = \frac{3}{6} \cdot \frac{9}{10} = \frac{9}{20}$ d) $4 \cdot \left(\frac{5}{8} - \frac{3}{8}\right) = 4 \cdot \frac{2}{8} = 1$
e) $\frac{1}{3} + \frac{8}{9} : 4 = \frac{1}{3} + \frac{2}{9} = \frac{5}{9}$ f) $\frac{3}{5} - \frac{1}{4} : \frac{1}{2} + \frac{1}{3} = \frac{3}{5} - \frac{1}{2} + \frac{1}{3} = \frac{13}{30}$

18 a) $\frac{4}{9} - \frac{1}{3} \cdot \frac{5}{6} = \frac{4}{9} - \frac{5}{18} = \frac{1}{6}$ b) $\left(\frac{9}{10} - \frac{3}{5}\right) : \left(\frac{9}{10} + \frac{3}{5}\right) = \frac{3}{10} \cdot \frac{10}{15} = \frac{1}{5}$

19 Term: $\frac{4}{5} \cdot 450 : 9 = 40$
Schrittweise: $\frac{1}{5} \cdot 450 = 90$; $450 - 90 = 360$; $360 : 9 = 40$
Antwort: Eine Monatsrate beträgt 40 €.

20 a) Klammer zuerst, dann kürzen: $\frac{3}{7} \cdot \frac{7}{5} = \frac{3}{5}$
b) Ausmultiplizieren, dabei kürzen: $\frac{6}{7} \cdot \frac{21}{12} - \frac{6}{7} \cdot \frac{7}{18} = \frac{3}{2} - \frac{1}{3} = \frac{7}{6}$
c) Distributivgesetz: $\left(\frac{3}{4} + \frac{1}{4}\right) \cdot 6 = 1 \cdot 6 = 6$

Lösungen zu Kapitel 4 Seite 133

1 a) Zehntel b) Tausendstel
c) Hundertstel d) Tausender
e) Hunderttausendstel

2 a) $\frac{1}{5}$, $\frac{7}{20}$, $\frac{12}{25}$, $1\frac{1}{4}$, $\frac{3}{4}$, $3\frac{2}{5}$ b) $\frac{1}{4}$, $\frac{9}{10}$, $1\frac{3}{4}$, $3\frac{1}{4}$, $2\frac{1}{4}$, $\frac{9}{50}$
c) $\frac{3}{8}$, $\frac{1}{200}$, $\frac{2}{25}$, $\frac{4}{5}$, $\frac{1}{400}$, $\frac{1}{10}$

3 a) $\frac{51}{10} > 5{,}01 > \frac{10}{2} > \frac{51}{100} > \frac{1}{2} > 0{,}051$
b) $\frac{895}{100} > \frac{99}{100} > \frac{9}{10} > 0{,}89 > 0{,}88 > 0{,}09$

4 0,501; 0,502; 0,503; 0,504; 0,505; 0,506; 0,507; 0,508; 0,509; 0,5091
In der Mitte zwischen 0,5 und 0,51 liegt 0,505.

5 19,6 – 10,25 = 9,35; also 9,35 cm

6 a) 9,2; 0,95; 4,25 b) 13,3; 2; 5,55
c) 0,55; 0,28; 16 d) 0,9; 1,98; 11

7 a) 570,52 b) 166,7 c) 126,72
d) 1164,67 e) 150 f) 576,3

8 8,64 + 3,26 = 11,9 15,3 · 3 = 45,9
307,75 + 162,15 = 469,9 21,06 : 5,4 = 3,9
1245,09 – 617,19 = 627,9 156,28 + 52,62 = 208,9
101,1 · 9 = 909,9

Lösungen zu Kapitel 4 Seite 134

9 a) 10,75 b) 8,9 c) 0,119 d) 0,001

10 a) 7,728 b) 4159,25 c) 2,91408 d) 0,1449

11 Ulf hat das größere Zimmer mit 13,6611 m^2, Johanna hat ein Zimmer mit 13,3545 m^2.

12

Bodenbelag	500 € reichen	Kosten
PVC-Belag	ja	155,63 €
Auslegware	nein	547,55 €
Laminat	ja	495,51 €
Parkett	nein	808,01 €

13 a) 170; 0,4; 30 b) 20; 2; 4 c) 2; 30; 2 d) 150; 6; 0,2

14 20 000 : 2,6 ≈ 7692,3
7692 Teebeutel können gefüllt werden.

15 42,195 : 1,609 ≈ 26,224; Es sind 26,224 Meilen.

16 a) 3 b) 1 c) 3 d) 2 e) 2 f) 2 g) 3

17 a) 0,5; 0,75; 0,625; 1,5; 2,25; 0,2; 0,5; 0,7; 1,8
b) 0,32; 0,024; 1,75; 0,65; 0,425; 0,34; 0,012; 0,031; 10,8

Lösungen zu Kapitel 5 Seite 187

1 a) punktsymmetrisch, drehsymmetrisch (90°, 180°, 270°)
b) punktsymmetrisch, drehsymmetrisch (90°, 180°, 270°)
c) drehsymmetrisch (120°, 240°)

2 a) Es entsteht die Abbildung ③.
b)
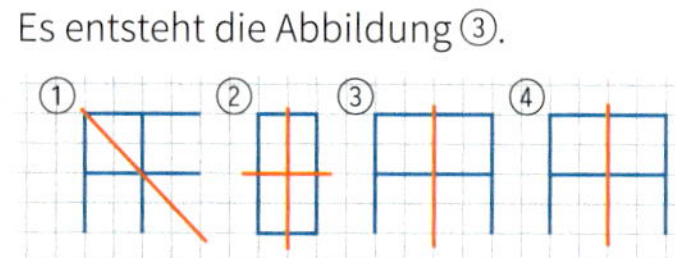

3

4 Es entsteht die Abbildung ③.

5 ① unendlich viele Spiegelachsen und 1 Drehzentrum
② 1 Spiegelachse
③ 4 Spiegelachsen und 1 Drehzentrum
④ 3 Spiegelachsen und 1 Drehzentrum
⑤ keine

Lösungen zu Kapitel 5 Seite 188

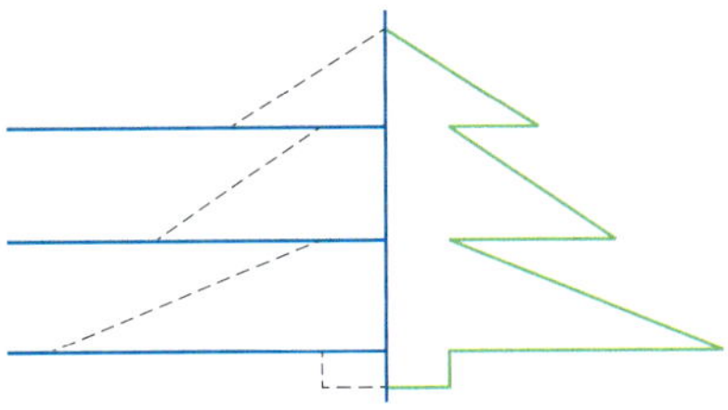

Die Spiegelachse verläuft nicht senkrecht zu $\overline{MM'}$, daher können die Mittelpunkte der Kreise nicht aufeinander abgebildet werden.

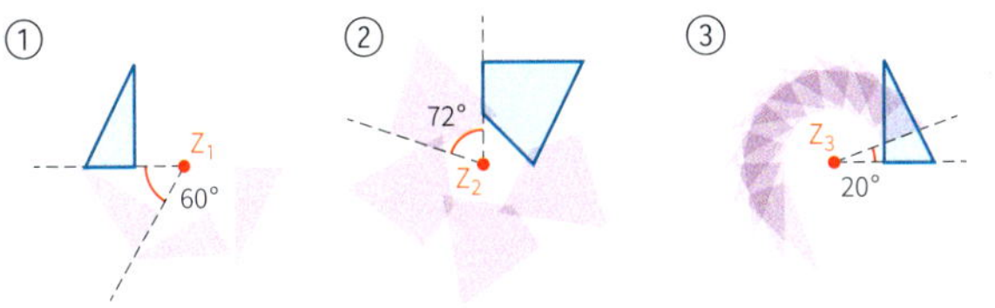

nicht drehsymmetrisch | drehsymmetrisch | nicht drehsymmetrisch

Abbilden durch Kästchen zählen:
Vom Drehzentrum Z zu einem Ausgangspunkt:
Gehe x Kästchen nach links und y Kästchen nach oben
Nach 90° Drehung: Vom Drehzentrum Z zum Bildpunkt:
Gehe x Kästchen nach unten und y Kästchen nach links

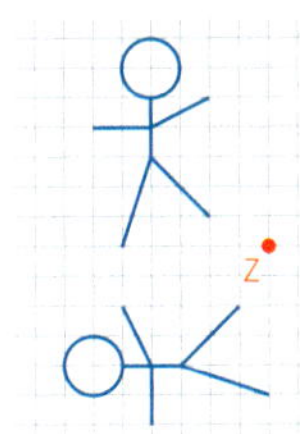

A′(8|0); B′(6|3); C′(4|0); D′(6|1)

Quadrat, Parallelogramm, Raute

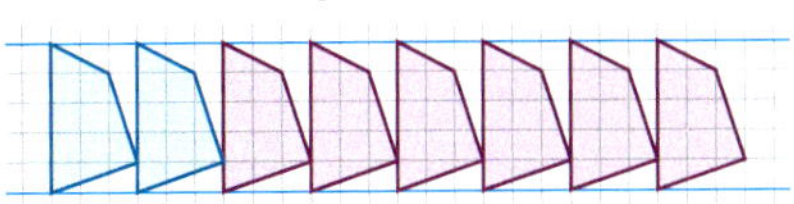

Lösungen zu Kapitel 5 Seite 189

a) BDFG
b) ACFG, CEFG
c) AEFG
d) ADFG, BEFG, BCFG, CDFG

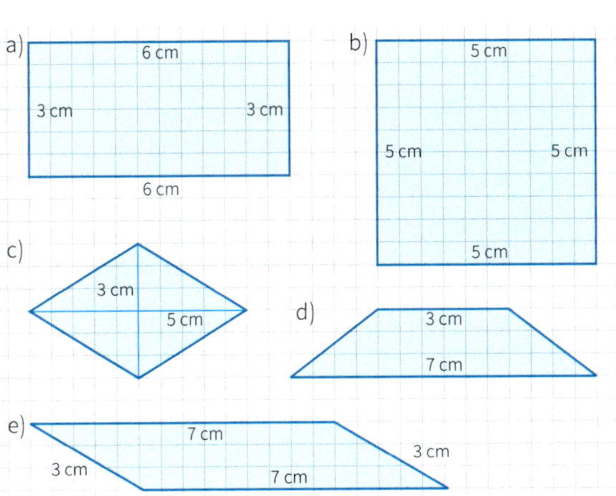

15

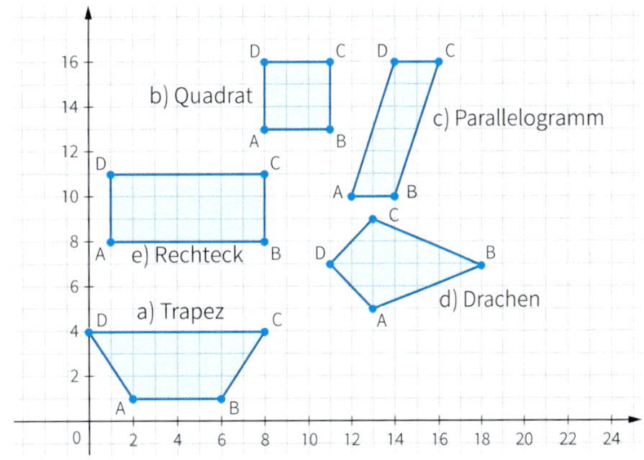

16 Zeichnungen siehe Wissensspalte.
a) Rechteck und Quadrat
b) Raute, Parallelogramm, Trapez
c) Drachen und weitere beliebige Vierecke, die keine besonderen Vierecke sind

17 Quadrat: zwei gleichschenklig-rechtwinklige Dreiecke
Rechteck: zwei rechtwinklige Dreiecke
Raute: zwei gleichschenklige Dreiecke

18
a) Parallelogramm, Raute, Rechteck, Quadrat
b) Rechteck, Quadrat, gleichschenkliges Trapez
c) Drachenviereck, Raute, Quadrat
d) Parallelogramm, Raute, Rechteck, Quadrat. Das Drachenviereck hat mindestens ein paar gleich großer gegenüberliegender Winkel.
e) Raute, Quadrat. Beim Drachenviereck ist mindestens eine Diagonale Symmetrieachse.
f) Parallelogramm. wenn es kein Quadrat und keine Raute ist.

19
a) ① stimmt ② stimmt nicht
b) ① Jede Raute ist auch ein Parallelogramm.
② Jedes Rechteck ist auch ein Trapez.

Lösungen zu Kapitel 6 Seite 207

1 $\alpha = 45°$; Gleich farbige Winkel sind gleich groß.
Blau (Scheitelwinkel): 123°;
Rot (Stufenwinkel): 57°;
Blau-Rot (Nebenwinkel);
Gelb (Scheitelwinkel): 79°;
Grün (Wechselwinkel): 101°;
Gelb-Grün (Nebenwinkel)

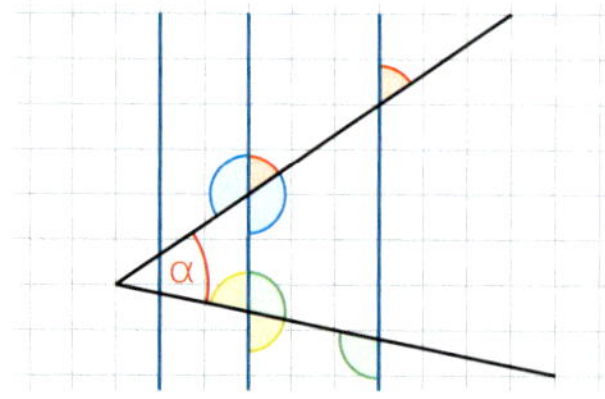

Es genügt, zwei Winkel zu messen, die verschieden groß und nicht Nebenwinkel sind.

2 a) $\alpha = 70°$, $\beta = 70°$, $\gamma = 110°$, $\delta = 100°$
b) $\alpha = 75°$, $\beta = 75°$, $\gamma = 75°$, $\delta = 150°$

3

	α	β	γ	α′	β′	γ′
a)	30°	67°	83°	150°	113°	97°
b)	99°	24°	57°	81°	156°	123°

4 a) $\gamma = 180° - 2 \cdot \alpha$, also $\gamma = 180° - 2 \cdot 25° = 130°$
b) $\gamma + 2 \cdot \alpha = 180°$, also $100° + 2 \cdot \alpha = 180°$, also $\alpha = 40°$

5 a) $\beta = 30°$; $\alpha + \beta + 80° = 180°$, also $\alpha = 70°$; $\gamma = \beta + 80°$, also $\gamma = 110°$
b) $2 \cdot \alpha + 40° = 180°$, also $\alpha = 70°$; $2 \cdot \beta + \alpha = 180°$, also $\beta = 55°$
$(180° - \beta) + 40° + \gamma = 180°$, also $\gamma = 15°$

Lösungen zu Kapitel 7 Seite 226

1

Fach	absolute Häufigkeit	relative Häufigkeit	Winkel im Diagramm
Deutsch	3	$\frac{3}{20} = 15\,\%$	$\frac{3}{20} \cdot 360° = 54°$
Englisch	2	$\frac{2}{20} = 10\,\%$	$\frac{2}{20} \cdot 360° = 36°$
Mathematik	5	$\frac{5}{20} = 25\,\%$	$\frac{5}{20} \cdot 360° = 90°$
Sport	6	$\frac{6}{20} = 30\,\%$	$\frac{6}{20} \cdot 360° = 108°$
Kunst	4	$\frac{4}{20} = 20\,\%$	$\frac{4}{20} \cdot 360° = 72°$
Religion	0	$\frac{0}{20} = 0\,\%$	0°

b)

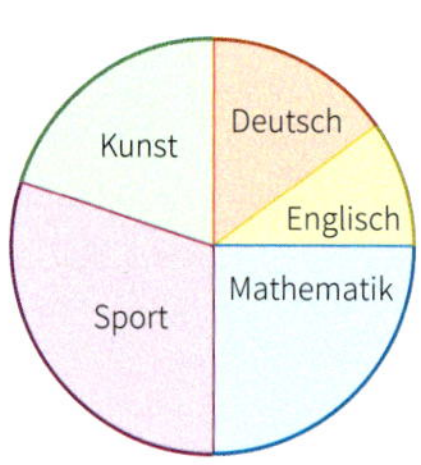

c) Anteil Mathe + Anteil Sport
$= 25\,\% + 30\,\% = 55\,\%$

2 a) Modalwert: 11; arthmetisches Mittel: 10; Spannweite 6
b)

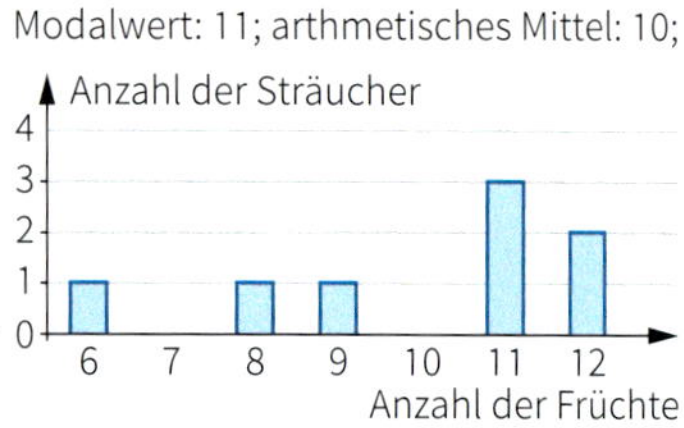

3 a) Der Durchschnitt kann ein Wert der Liste sein. Beispiel: 1,3,5:
Durchschnitt: $\frac{1+3+5}{3} = \frac{9}{3} = 3$.
b) Der Modalwert muss ein Wert aus der Liste sein, er ist der Wert, der am häufigsten in der Liste vorkommt.

4 a) geschätzt: ca. 25 m (grafisch Säulen ausgleichen)
exakt: 405 m : 15 = 27 m

b) Modalwert: 20 m; größter Wert: 40 m;
kleinster Wert: 15 m; Spannweite: 40 m − 15 m = 25 m
Olivers Sprünge reichten von 15 m bis 40 m und weisen damit eine deutliche Spannweite von 25 m auf. Am häufigsten sprang er 20 m weit, durchschnittlich jedoch 27 m weit.

c)

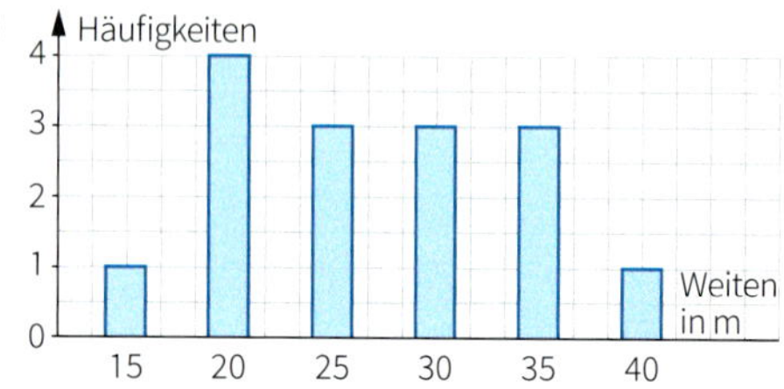

In dem ursprünglichen Diagramm lässt sich der Durchschnitt und aus dem neuen Diagramm der Modalwert besser ablesen. In dem ursprünglichen Diagramm kann man die Leistungen in ihrer zeitlichen Entwicklung erkennen. Das neue Diagramm ist übersichtlicher, da es weniger Säulen enthält.

Stichwortverzeichnis

W

Z

Verzeichnis der QR- und Webcodes

WES-125661-001 – 1.1 Brüche im Alltag

WES-125661-002 – 1.2 Brüche als Anteile eines Ganzen

WES-125661-003 – 1.3 Brüche beim Verteilen

WES-125661-004 – 1.4 Erweitern und Kürzen

WES-125661-005 – 1.5 Brüche miteinander vergleichen

WES-125661-006 – 1.6 Brüche als Zahlen

WES-125661-007 – 1.6 Brüche zwischen Brüchen

WES-125661-008 – 1.7 Prozentangaben

WES-125661-009 – 1.8 Brüche und Verhältnisse

WES-125661-010 – 2.1 Kreis und Kugel

WES-125661-011 – 2.2 Kreismuster

WES-125661-012 – 2.3 Winkel

WES-125661-013 – 2.4 Winkel messen und zeichnen

WES-125661-014 – 2.4 Überstumpfe Winkel zeichnen

WES-125661-015 – 2.5 Besondere Dreiecke

WES-125661-016 – 3.1 Gleichnamige Brüche addieren und subtrahieren

WES-125661-017 – 3.2 Ungleichnamige Brüche addieren und subtrahieren

WES-125661-018 – 3.2 Der Hauptnenner

WES-125661-019 – 3.3 Brüche und natürliche Zahlen multiplizieren

WES-125661-020 – 3.4 Brüche multiplizieren

WES-125661-021 – 3.5 Brüche durch natürliche Zahlen dividieren

WES-125661-022 – 3.6 Durch Brüche dividieren

WES-125661-023 – 3.6 Rechnen mit der 0

WES-125661-024 – 3.6 Dividieren kann verkleinern oder vergrößern

- WES-125661-025 – 3.7 Rechengesetze
- WES-125661-026 – 4.1 Dezimalzahlen und Stellenwerttabelle
- WES-125661-027 – 4.1 Dezimalzahlen vergleichen
- WES-125661-028 – 4.1 Dezimalzahlen runden
- WES-125661-029 – 4.2 Dezimalzahlen addieren und subtrahieren
- WES-125661-030 – 4.3 Dezimalzahlen multiplizieren
- WES-125661-031 – 4.3 Dezimalzahlen mit Zehnerpotenzen multiplizieren
- WES-125661-032 – 4.4 Dezimalzahlen dividieren
- WES-125661-033 – 4.5 Dezimalzahlen und Brüche
- WES-125661-034 – 4.5 Umwandeln besonderer periodischer Dezimalzahlen in Brüche
- WES-125661-035 – 4.5 Umwandeln periodischer Dezimalzahlen in Brüche
- WES-125661-036 – 5.1 Symmetrie in Raum und Ebene
- WES-125661-037 – 5.2 Figuren an einer Geraden spiegeln
- WES-125661-038 – 5.2 Mittelsenkrechte als Symmetrieachse erzeugen
- WES-125661-039 – 5.2 Winkelhalbierende als Symmetrieachse erzeugen
- WES-125661-040 – 5.3 Figuren um einen Punkt drehen
- WES-125661-041 – 5.3 Drehwinkel und Drehzentrum bestimmen
- WES-125661-042 – 5.4 Figuren an einem Punkt spiegeln
- WES-125661-043 – 5.4 Wie findet man das Symmetriezentrum?
- WES-125661-044 – 5.5 Figuren verschieben
- WES-125661-045 – 5.6 Besondere Vierecke
- WES-125661-046 – 5.7 Haus der Vierecke
- WES-125661-047 – 5.8 Raumvorstellung
- WES-125661-048 – 6.1 Winkel an Geradenkreuzungen

6.1 Prüfen auf Parallelität
WES-125661-049

6.2 Winkelsumme im Dreieck
WES-125661-050

6.2 Außenwinkel am Dreieck
WES-125661-051

6.3 Problemlösen: Winkelgrößen gesucht
WES-125661-052

7.1 Prozentzahlen in Diagrammen
WES-125661-053

7.2 Mittelwerte und Spannweite
WES-125661-054

7.3 Auswertung statistischer Daten mit Tabellenkalkulation
WES-125661-055

Lösungen Sichern und Vernetzen – Vermischte Aufgaben
WES-125661-060

An Stellen mit QR Code stehen digitale Zusatzmaterialien wie Videos oder Dateien dynamischer Geometriesoftware zur Verfügung. Dazu einfach den QR-Code scannen oder den Webcode unter www.westermann.de/webcode eingeben.

Bildquellenverzeichnis

|Alamy Stock Photo (RMB), Abingdon/Oxfordshire: Bildagentur Geduldig 145.3; History and Art Collection 51.5; imageBROKER/Blossey, Hans 140.4; imageBROKER/Sbampato, Thomas 62.2; PjrTravel 166.5; Sport In Pictures 108.1; Starikov, Anton 144.11; Zoonar/Sorokin, Nikolai 144.12. |Druwe & Polastri, Cremlingen/Weddel: 48.3. |Europäische Zentralbank, Frankfurt am Main: 111.1, 111.2, 111.2, 111.3. |fotolia.com, New York: dimdimich 105.5; fotofuerst 48.4; frogmo9 140.6; isonphoto 126.1; jarek106 142.4, 142.5, 142.6, 142.7, 142.8; RioPatuca Images 62.3; Rosskothen, Michael 38.1. |Getty Images (RF), München: Westmorland, Michele 127.1. |iStockphoto.com, Calgary: 25ehaag6 37.3; amenic181 141.3; barbaraaaa 61.5; Chillim 156.4; ChristianChan 175.5; Claudio Giovanni Colombo 140.5; CreativeNature_nl 166.4; Daisy-Daisy 113.1; ElementalImaging 141.1; hh5800 34.2; hilmi_m 46.6; izzzy71 46.3; joecicak 151.1; koya79 95.3; kschulze 184.5; MahirAtes 47.4; Meinzahn 105.1; Mizina 3.1, 8.1, 19.3; Morelli, Jessica 141.9; Moussa81 19.2; nazar_ab Titel; Nekrassov, Andrei 145.2; Nunes, R.M. 140.3; olaser 31.1; pookpiik 105.3; popovaphoto 105.4; Rawf8 19.1; Razvan, Radu 145.1; Rohde, Amanda 78.1; Ryan, Chris 4.1, 106.1; Schmitz, Olaf 140.2; shaunl 141.7; shoo_arts 49.1; simonbradfield 182.1; SolisImages 33.2; SondraP 193.2; Steidl, James 18.2; Tashatuvango 163.3; xxmmxx 141.13; ysuel 177.10. |mauritius images GmbH, Mittenwald: Birke, Roland 141.12; imagebroker/Nothegger, Adelheid 140.1. |Olafur Eliasson, Berlin: Cirkelbroen © 2015 / Anders Sune Berg / Ein Geschenk von Nordea-fonden an die Stadt Kopenhagen 51.1. |PantherMedia GmbH (panthermedia.net), München: artcasta 95.4; Bloch, Karl 202.4; fantasista 68.3; Harris Shiffman 189.1; igors 144.10; Kraus, Andreas 49.3; Sobolkov, Nikita 46.5. |Picture-Alliance GmbH, Frankfurt a.M.: dpa 69.1. |Schlierf, Birgit und Olaf, Lachendorf: 52.5, 52.6, 52.7, 52.8, 53.1, 55.5, 55.6, 56.2, 58.5, 58.6, 150.1, 150.2, 151.3, 154.2, 158.1, 158.2, 159.1, 159.6, 170.1, 171.1, 178.5, 179.1, 191.2, 191.3, 191.4, 191.5, 191.8, 191.10, 192.3, 192.5, 194.1, 194.3, 196.1, 196.2, 196.3, 196.5, 196.6, 202.1, 202.2, 203.1, 203.2, 205.4, 206.1, 206.2, 206.3, 209.1, 212.2, 212.3, 212.4, 216.2. |Science Photo Library, München: Dennis Kunkel Microscopy 118.1. |Shutterstock.com, New York: Amat, Aaron 144.9; bin Sulaiman, Abas Kamal 50.3; bodrumsurf 127.3; Catmando 38.3; Drazen Zigic 4.3, 200.1; Eskridge, Daniel 38.2, 38.4; FamVeld 3.4; frankie's 146.6; gallofoto 54.3; Janecek, Martin 163.5, 163.6, 163.7; Kozini 146.5; LittlePigy 163.2; Mainka, Markus 141.5; MattL_Images 38.5; Schmitz, Susan 146.4; Tsvetaeva, Lola 160.2; valeriya_sh 160.1; Zett, Dora 207.1. |stock.adobe.com, Dublin: _jure 163.1; Africa Studio 144.4, 144.5, 144.6, 144.7, 144.8; bluedesign 13.3; cartho 208.1; Castro, Javier 4.2, 138.1; Dozey 3.3, 70.1; fotoping 50.4; Luftbildfotograf 3.2, 44.1; lycidas84 35.1; MyWorld 141.11; Noey smiley 38.6; Seybert, Gerhard 34.1, 210.2; Sirichai Puangsuwan 38.7. |Valentinelli, Mario, Rostock: 10.1, 10.2, 11.1, 11.2, 11.3, 11.4, 12.1, 12.2, 12.3, 12.4, 12.5, 12.6, 13.1, 13.2, 14.1, 14.2, 14.3, 14.4, 14.5, 14.6, 14.7, 14.8, 15.1, 15.2, 15.3, 16.1, 16.2, 16.3, 16.4, 16.5, 16.6, 17.1, 17.2, 17.3, 17.4, 17.5, 17.6, 18.1, 18.3, 18.4, 19.4, 20.1, 20.2, 21.1, 21.2, 21.3, 22.1, 22.2, 22.3, 22.4, 22.5, 23.1, 23.2, 23.3, 24.1, 24.2, 25.1, 25.2, 25.3, 25.4, 25.5, 25.6, 25.7, 25.8, 25.9, 26.1, 27.1, 27.2, 27.3, 27.4, 27.5, 28.1, 28.2, 28.3, 28.4, 29.1, 29.2, 29.3, 31.2, 31.3, 32.1, 32.2, 33.1, 33.3, 35.2, 35.3, 35.4, 36.1, 36.2, 36.3, 36.4, 36.5, 37.1, 37.2, 39.1, 39.2, 39.3, 39.4, 40.1, 40.2, 40.3, 40.4, 40.5, 40.6, 41.1, 41.2, 41.3, 41.4, 41.5, 41.6, 42.1, 42.2, 42.3, 43.1, 43.2, 43.3, 46.1, 46.2, 46.4, 47.1, 47.2, 47.3, 47.5, 47.6, 47.7, 47.8, 47.9, 48.1, 48.2, 49.2, 49.4, 50.1, 50.2, 50.5, 51.2, 51.3, 51.4, 51.6, 51.7, 52.1, 52.2, 52.3, 52.4, 53.2, 53.3, 53.4, 54.1, 54.2, 54.4, 54.5, 54.6, 54.7, 55.1, 55.2, 55.3, 55.4, 55.7, 56.1, 56.3, 56.4, 56.5, 57.1, 57.2, 57.3, 57.4, 57.5, 58.1, 58.2, 58.4, 59.1, 59.2, 59.3, 59.4, 59.5, 60.1, 60.2, 60.3, 60.4, 61.1, 61.2, 61.3, 61.4, 62.1, 63.1, 63.2, 63.3, 64.1, 64.2, 64.3, 64.4, 65.1, 65.2, 65.3, 65.4, 65.5, 65.6, 66.1, 66.2, 66.3, 66.4, 66.5, 66.6, 66.7, 67.1, 67.2, 67.3, 67.4, 67.5, 67.6, 67.7, 67.8, 67.9, 68.1, 68.2, 69.2, 69.3, 69.4, 69.5, 69.6, 72.1, 72.2, 72.3, 72.4, 73.1, 73.2, 73.3, 73.4, 73.5, 74.1, 74.2, 75.1, 76.1, 76.2, 77.1, 79.1, 79.2, 79.3, 80.1, 80.2, 80.3, 81.1, 81.2, 82.1, 82.2, 82.3, 82.4, 83.1, 83.2, 83.3, 84.1, 85.1, 86.1, 86.2, 86.3, 87.1, 88.1, 88.2, 89.1, 89.2, 89.3, 89.4, 90.1, 90.2, 90.3, 90.4, 90.5, 90.6, 90.7, 90.8, 90.9, 91.1, 91.2, 91.3, 92.1, 92.2, 92.3, 94.1, 95.1, 95.2, 96.1, 96.2, 97.1, 97.2, 98.1, 99.1, 99.2, 99.3, 99.4, 100.1, 100.2, 104.1, 108.2, 108.3, 108.4, 108.5, 108.6, 109.1, 109.2, 109.3, 109.4, 110.1, 113.2, 113.3, 113.4, 115.1, 117.1, 117.2, 117.3, 118.2, 121.1, 122.1, 122.2, 122.3, 122.4, 125.1, 125.2, 125.3, 125.4, 126.2, 126.3, 127.2, 127.4, 127.5, 128.1, 130.1, 131.1, 132.1, 133.1, 133.2, 140.7, 140.8, 140.9, 141.2, 141.4, 141.6, 141.8, 141.10, 142.1, 142.2, 142.3, 142.9, 142.10, 143.1, 143.2,